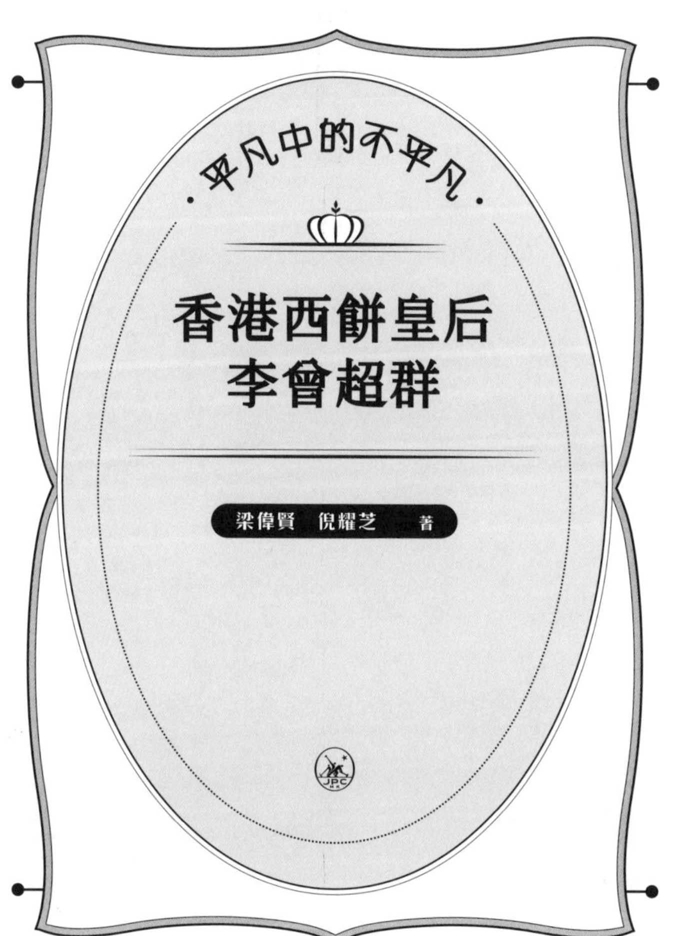

香港西餅皇后
李曾超群

梁偉賢　倪耀芝　著

目錄

第二部分　香港西餅皇后的傳奇人生

第三部分　結語：當眾水之聲歸於平靜

推薦序一

歷盡人間幾重雪，超然群鶴忘歲月

李　敏

在《平凡中的不平凡：香港西餅皇后李曾超群》一書中，我們看到了一個充滿曲折與挑戰的香港女性的不平凡的人生故事。從超群女士童年執著、好勝的性格初現，到抗戰走難的磨練，再到學校的教育與非常規自發性的終身學習，每一步都是她成長與奮鬥的痕跡。在邂逅、愛情、婚姻和家庭的章節中，我們見證了超群女士與家人共同經歷的溫馨時光。而當她進入教授烹飪的階段，從傳統大家庭的二少奶到烹飪學院的校長，超群女士展現了對烹飪的無比熱愛和奉獻。開設超群西餅專門店，更是她人生中一個重要的里程碑，展現了她的創業精神和堅韌不拔的意志。然而，生意的起伏與挑戰也在超群女士的人生中佔據了一席之地。從全盛時期到最終的清盤，超群女士經歷了巨大的生意失敗的痛苦和打擊。然而，即使在逆境之中，她也沒有放棄，努力還債、重返學堂，展現了超群女士堅忍不拔的人格品質。最終，當超群女士走過那段艱辛的十年還債歲月，她仍然堅持研發健康食品，講授藥膳食療，甚至出版《過敏症安全食譜》等著作，展現了超群女士對生活的熱愛和積極向上的人生態度。超群女士的人生故事告訴我們，即使面對挫折和困難，只要心中有夢，眼前有光，勇敢面對，依然能夠走出一條康莊的道路。

李曾超群女士在 2005-2006 年於香港中文大學校外專業進修學院選修兩科中醫課程之後，即對中醫學產生了濃厚興趣。如遇身體不適，即往延請中醫診治，並乘勢向中醫師一問長短。一次機緣巧合，2006 年在香港中文大學梁偉賢教授和夫人倪耀芝女士引薦下認識了李曾超群女士，從此結為知己良朋，時向超群女士討教，獲益良多。並在 2007 年與年屆八十的超群女士共同在香港電台主持了 26 講電台節目，播出了推廣宣傳中醫藥膳和保健食療的《藥膳廚房》。2010 年底，超群女士又為我的科普著作《戰勝腦退化症：癡呆患者的中醫藥調治與護理》一書撰寫序言，分享自己如何通過讀書、繪畫和義工慈善等方法克服對衰老的恐懼。在字裡行間，感受到了超群女士的積極樂觀、開朗豁達和自強不息的人格魅力，至今歷歷在目、難以忘懷。歲月荏苒，光陰似箭，轉眼間又是十幾年光陰似水逝去。近日承蒙梁偉賢教授夫婦邀請，為《平凡中的不平凡：香港西餅皇后李曾超群》一書作序，深感榮幸，故樂之為序。

香港是一個超高齡的長壽社會，近十年間，隨著老齡化人口的增多，與高齡相關的各種退化性疾病與日俱增，同時，因衰老而導致的身心疾病如焦慮、恐懼和抑鬱也時刻困擾著長者。怎樣扮演好自己人生後半場的角色，如何樂觀平靜充實地度過自己人生的最後階段，這是每一位長者都需要學習的重要功課。希望這本書能夠為眾多長者們帶來信心和希望，通過對李曾超群女士生動而感人的故事的解讀，啟發長者們面對老年生活的挑戰時保持勇敢、堅強和樂觀。

記得數年前與我的研究生去拜訪超群女士，臨別時她指著掛在客廳的一幅畫讀道：「西山紅日半凝妝，海浪滔天浴夕陽。一片金鱗生閃爍，黃昏未必暗無光。」原來此詩畫是在她欠債期間所繪，亦正是她的生活寫照。隨後，她又吟起另一幅自己的詩畫：「九霄雲外鬱蔥蔥，歷盡人間雪幾重。群鶴有情忘歲月，管他春夏與秋冬。」反映了超群女士一貫的豁達樂觀，在她笑靨盈盈的面上流露出一股瀟灑豪邁之情。

個人認為這部資料翔實、內容豐富、記錄準確且跨度近百年的李曾超群女士傳記，是梁偉賢教授夫婦憑藉多年努力堅持不懈而收穫的豐碩成果，它不僅講述了李曾超群女士一個個令人感動至深的人生故事，更是一個關於堅持、奮鬥、希望和博愛的香港故事。可以說，李曾超群女士是獅子山下的一顆璀璨的東方之珠，是香港人樂觀向上、熱心公益、自強不息的典型代表。讓我們每一個人銘記並踐行這種香港精神！

李敏　PhD, MD

馬百良創新神經藥物冠名教授

高智明伉儷柏金遜症研究中心主任

香港浸會大學中醫藥學院常務副院長

2024 年 7 月 30 日於香港銀湖天峰絳心齋

推薦序二

李曾超群與鄒氏姊妹的「傳承」

鄒潔瑜、鄒潔慧

雖然我們於八年前才認識李太，她的超群西餅卻彷彿陪伴著我們倆的成長。

猶記得小時候生日會的生日蛋糕，都是從「超群西餅店」訂造的，從最初的牛油蛋糕，慢慢變為鮮奶油唧花蛋糕，上面放置著我們不捨得吃的栩栩如生的人物或動物。

其實，「超群西餅店」的蛋糕，並不是每年生日才可以品嚐到的；平日買回家的芒果蛋糕和栗子蛋糕（前者為李太首創，後者為李太從上海引進），都是不少香港人所喜愛的；還有那橙色白色方格的蛋糕盒和餐巾，看上去總是給人健康溫暖的感覺。

隨著年紀漸長，我們經常在電視上看到李太的烹飪節目：螢光幕上，她沒有穿上烹調餸菜用的圍裙，卻順暢有序地將經過煎炒煮炸炆燉蒸焗的食物，從炊具中移到盤子裡，再端到餐桌上就變成一盤盤賞心悅目的菜式。雖在炊具前，口中不離油鹽餸菜與烹調方法，卻談吐大方、溫文爾雅，形象雍容華貴。

不知不覺間，李太成為我們學習的楷模、仰慕的偶像：她不單是香港第一間電視台的第一個電視烹飪節目的第一個主持，她更創辦了香港第一間西餅連鎖專門店，將西方鮮奶油蛋糕和各式餅點普及到香港每個社會階層；創辦自助麵包專門店，讓顧客可以透過落地玻璃欣賞到整個麵包製作過程，也可以在焗房的四周嗅到新鮮出爐的麵包香氣，令店內選購麵包成為一種多重感官的享受，既創新又受歡迎；後期，李太租賃雙層巴士並漆印上橙色白色方格的超群西餅廣告，讓車上乘客和路上行人都可以在港九新界不同地點不同時間，看到走動中賣相鮮艷的「超群」西餅糕點，為香港飲食界開創了先河，充分顯露李太的創意思維。

今天，回望過去的日子，我們姊妹倆所創立的「高達食品科技」，實在受到了李太的啟蒙：她令我們用心製作西餅糕點和所有其他產品，也鞭策著我們堅持選取優質食材，嚴控製作工序的管理。

可是，令我們感受最深的並非「超群西餅」的成功，而是李太的跨國飲食集團的倒閉：她於 1998 年 4 月宣佈全線結業時，寧願選擇集團全線清盤欠下巨債，也不選擇宣佈破產而無需償還債項 —— 那是何等的誠信與擔當；為了賺錢還債，她於 70 多歲時仍能生產銷售有創新食材和味道的健康月餅與年糕 —— 是何等的不屈不撓。當時，她曾撰寫七言絕詩：「人生得失道相承，莫為沉浮判愛憎。傳語香城諸父老，再見光芒月高升。」—— 那是何等積極豁達的人生觀。

李太實在是我們姊妹倆終身學習的榜樣，可是，我們並不認識她，而她亦不知道我們的存在。

直到 2016 年冬，潔瑜在一個食療養生同學群組的社交媒體帖子上，得悉她的一位同學將會跟隨一群中文大學營養學的同學到李家拜年，潔瑜連忙私訊告之：李太是我們姊妹倆的偶像和啟蒙老師。2017 年的農曆新年，潔瑜夢想成真，正式登門拜會偶像。初見李太，既興奮又緊張，恭敬地合十：「前輩，您好！我是 Linda，您是我和妹妹的偶像，從小仰慕的。」李太親切地回答：「哎呀，Linda，叫我 Maria 得嘞！」交談中，我跟李太分享了兒時開辦餅店的夢想，心中同時想著：「下次一定要和妹妹來拜候前輩！」

同年的中秋節，我們姊妹倆一起拜訪前輩；這次聚會中我們認識了梁偉賢教授和夫人倪耀芝女士。當時，得悉他們倆會為李太撰寫傳記，真的很期待！

隨後每年的春節和中秋節，都會相約前輩聚聚。每次到李家，前輩都安排茶點或午膳；除了希望享受一杯「超群鴛鴦」—— 李太常以此奉客 —— 更想跟她聊聊天，細聽她的人生經歷和創業故事；和她閒聊，感覺十分自在舒服。

認識梁教授和 Andrea，真是上天賜予的緣分：皆因前輩甚少安排不同圈子的朋友一起見面，而我們偏偏就遇上了；其後我們亦有聯繫，他們倆曾說：「你們姊妹跟李太有很多相同相似的地方，例如對美食的烹調興趣產生於幼年、經歷多年和多種磨練與堅持後得到國際認可、極重視所研發糕點美食的品質、特別喜歡選用具有藥療和保健作用的食材、對顧客和用家有著極重的責任心等。」

我們亦有同感：追夢彷彿是很浪漫的事情，在創業和守業的過程中，姊妹倆曾遭遇極大的經濟壓力：加租、迫遷、百物騰貴和各種難處，常感迷惘，不知所措。慶幸得到家人和朋友的支持，更加感恩的是：我們認識了李曾超群前輩，她是我們的人生導師，在她身上我們獲益良多，更體會到：每次越過似乎是難以克服的困難，都會得到新的感悟和啟迪；每次跟李太見面的時候，她都不會忘記鼓勵我們：「你們姊妹倆都比我叻！我只是叫人做，但你們倆卻自己落手落腳做……這樣很好，自己識，不怕被人欺騙……你們會越做越大㗎啦……。」但是，太多事物並不屬於我們行業的範疇，我們都不懂啊！「不用擔心，到時自然有人教你㗎啦！」確實如此，每次跨越高欄，或穿過一個轉捩點，守護天使總會出現。

前輩李曾超群的傳奇人生，畫家阿蟲曾經以四句語錄形容：「酸甜苦辣百味陳，原來飲食似人生。超群不只廚藝好，面對人生亦超群。」

李太的傳記《平凡中的不平凡：香港西餅皇后李曾超群》是梁偉賢教授和夫人倪耀芝，向高難度挑戰、前前後後花了二十載，把她的傳奇一生詳盡輯錄而成；而李太對真的、善的、美的追求實踐和堅持的個性，活活地跳躍於字裡行間；每個關鍵時刻的重大事件，毫無例外的激勵了我們姊妹倆。因此，我們相信：讀者必定能夠從書中得到感悟、啟迪和鼓勵——為此，我們衷誠地推薦此書給每一位香港人。

鄒潔瑜（Linda）、鄒潔慧（Nico）[1]

高達食品科技有限公司

創辦人、董事

---

1 鄒潔瑜，加拿大貴湖大學食物科學榮譽學士、英國倫敦大學帝國科學技術與醫學學院食物工業市場及管理碩士，獲國家食療養生師（中國）資格；鄒潔慧，畢業於 DTC 瑞士酒店管理學院，主修食品餐飲管理，二人合著《原食材@始健康》，香港：Forms Kitchen，2016 年。

李曾超群序

一

我喜歡分享！

我第一次將自己喜愛的東西與人分享，是發生在 1936 年 —— 那是一個難以忘記的經歷。

當時我年僅七歲，跟爸爸、媽媽和哥哥一家四口，從南京到廣州短暫停留後再到香港。

那天午飯過後，母親告訴我，下午三時會帶我去探望一間孤兒院，那是一間大屋，裡面住著幾十個出生不久便給父母送來居住的小孩。

「幾十個孩童一起住在一間屋子裡？嘩，那一定是個好熱鬧、很好玩的地方，住在裡面一定很開心的！可是，媽媽為什麼不把我送進孤兒院呢？」我心裡雖然有點納悶，卻也感到十分興奮。

可是，自我踏進孤兒院那一刻開始，到離開的時候，所見到的孩童，穿著的衣服，不是破舊便是不稱身；掛在臉上的不是我想像中那種天真爛漫的笑容；眼睛閃著我從未見過、無法形容、令人不舒服的眼神；[1] 陪伴他們的幾件玩具都是殘缺破爛的。

1　按：多年後我才明白，那是一種茫然，不知何去何從，好像沒有明天的一種落寞的眼神。

其實，那天下午的經驗並不愉快。我第一次發現，在南京、我家花園的圍牆以外，原來有這麼多年紀跟我相若的孩童，生活在沒有笑聲的地方。

有一個大約三歲的小女孩，臉色暗黃而透著蒼白，一直盯著我手中那個六吋高、黑頭髮、大眼睛、笑意盎然、穿著顏色鮮艷的小鳳英裝束、每天晚上陪著我入睡的洋囡囡。當我發現她那羨慕的眼神，我有一種突然的衝動，很想走過去將洋囡囡送給她。可是，我的腳仍然朝著大門走去，我的手緊緊地握著洋囡囡的手，而且越是接近孤兒院的大門就握得越緊——我的心也越往下沉，我絕不快樂。

當司機把車門打開，我要坐進去的時候，我再也按捺不住，轉身急步跑回孤兒院；母親並沒有喝止，只是以極其詫異的眼神，目送著我。

我一口氣跑進孤兒院，找到了那個小女孩，便把我喜愛的洋囡囡塞進她的手裡。我二話不說便轉身離開。轉身的一剎那，我看到小女孩的口張大了，閉不起來，卻充滿笑意；眼睛雖注滿了驚訝，卻也掩蓋不了喜悅。在那個天真無邪而暗黃蒼白的臉龐上，那種奇特的神情，叫我畢生難忘。

二

先父早逝，長兄侍母至孝，時刻想著如何令母親開懷。記得一次，適逢先母壽辰，長兄為母親安排了一個特別的生日會，事前母親並不知情，及至抵達宴會時，才發現是一個盛大的生日會，賓客全是母親的摯友。當時母親那種喜悅寬慰的神情，表露無遺；而長兄因有感母親的快慰而快樂。因此，長兄常對我說：「給人快樂，自己更快樂。」

就在 1971 年的農曆新年，一個乞丐老婦，帶給我一生難忘的快樂。

那是 1970 年初：當時我每天都必須往太子道的超群西餅店料理業務。某天早上，我在公司門口遇見一個年約 70 歲的乞丐老婦，扶著手杖，站立在公司門口；我見她年老貧苦，便隨意拿出十塊錢給她。她接到錢後連忙打恭作揖，感激萬分。自此之後，每隔十天八天，必見該老婦站立門前，而我亦例必捐贈。

這樣子一直維持了一年。1971 年的農曆正月初四日，公司開市，我早上抵達公司門口時又見老婦站在門口，雙手拱拱向我拜年，隨即將一紅封包塞在我手中：「老闆娘，祝您生意興隆，家宅安康。」

我將紅封包打開，裡面跌出九個一毛錢的硬幣；當時我感到十分詫異，隨著而來的是感動和激動，我的眼淚不由自主地湧出來：雖然只是個內藏不夠一元的紅封包，可是它給我的感受實在太深刻了 —— 乞丐給我紅封包、給我錢，還是有生以來第一次，更何況這九毛錢可以是她一整天行乞所得，叫我內心充塞著久久不能平復的感動。

後來老婦告訴我，她是廣東佛山人，跟兒媳來港不久，兒媳將她丟棄，不知去向；她投靠無門，迫於行乞，在九龍大坑東租一個床位作棲身之所，每月床租八元。故此，每次送給她的十元八塊，已足夠維持她的生活，所以，她感激之餘還是感激。

自此之後，她仍是十天八天來一次，直到半年後，就不再見到她的蹤影。每逢農曆年初，我總會想起她，未知她身在何處，遭遇了什麼事？

她給我的紅封包和裡面九個一毛錢硬幣，至今仍然好好地存放在抽屜底，紅封包的顏色，雖已隨著歲月日漸褪色，但是我對她的懷念、那份感動和快慰，至今未曾稍減。

三

上世紀 70 年代初，香港經濟開始起飛，從 50-60 年代勞工密集的手工業，如布面膠鞋、塑料花、針織毛衣等，發展到 60-70 年代的半勞工、半機械的玩具和手錶，服務行業如旅遊，新聞、廣播和電影等傳播行業也漸漸蓬勃起來；人均收入快速增加，市民大眾多有餘錢，直接促進消費和飲食業的發展。而我於 1966 年創辦的超群西餅店亦於 70 年代中拓展為西餅連鎖店，同時有十多間分店售賣來自兩個製餅工場的各式西餅；到 80 年代初，超群西餅飲食集團除設有 50 多間分店外，業務多元拓展至西餐廳、快餐店、麵包專門店、午間飯盒和到會服務；而西餅業務更越洋拓展至中國台灣和美國。

這個跨國西餅飲食集團於 1982-1989 年進入業務發展全盛期，每月銷售總額過億元，作為集團總裁的我，每月分紅不少。由於夫家經濟狀況並不匱乏，我在生意上賺到的錢全歸我所有。

可是，我不懂花錢！從不賭錢，也不買名牌衣著、首飾和汽車；我雖然教授烹飪多年，卻沒有特別鍾愛昂貴的山珍海錯。

我將集團賺得的毛利總額的 30%，分給公司上下所有員工 —— 上至總經理，下及西餅門市部的售餅員 —— 作為他們的年終花紅、獎金和福利。公司賺錢，是所有員工集體付出、共同努力的成果，所以，我希望所有同事都可以分享到成果帶來的喜悅。我也將個人收入 —— 包括總裁的薪酬、董事袍金和公司分紅 —— 的大部分當作善款，捐贈出去，讓有需要的人得到幫助，因為我相信「給人快樂，自己更快樂」。

雖然我早於 1969 年便作出第一筆慈惠捐贈，可是，我捐贈次數最頻密、數額最多的卻是在 80 年代中到 90 年代中，直到超群集團清盤，欠下巨債，我的慈惠捐贈才戛然而止。

就在 80 年代中，當我跟粵劇紅伶芳艷芬成立群芳慈善基金，其後三次粉墨登台，粵劇義演籌得巨額善款，捐贈給超過 20 多間慈善機構、大學及醫專，幫助各類有不同需要的人和機構，香港的新聞傳播媒介便開始訪問我。

這些訪問，數量甚多，有長有短；內容涉及不同範疇，如義演籌款，各項慈惠事工，或超群集團的業務發展，或烹飪佳餚評述，或我對事業、對人生的看法等；後來，有書報、雜誌為我的生平事略作較長篇幅的報道。可是，基於各種原因，這些訪問、報道或小傳，不是片面、不夠完整，便是偏頗一面倒地把我塑造得太完美。其實，新聞傳播媒體面對死線、篇幅和商業因素的考慮，內容錯漏偏頗是很難避免的。

然而，我並沒有考慮過為自己生平立傳，因為要寫一本全面完整、客觀真實，又能夠幫助讀者的傳記，是十分不容易的。

四

1998 年 4 月 28 日，超群集團全線清盤，並負債過億元，我個人亦負債 4,000 多萬。家人、親友和生意夥伴都建議我宣佈破產，巨額債務便可一筆勾銷。這個合法的選擇，的確十分吸引，既能迅速解決問題，又能保存我的資產；可是，每次想到這個看似十分容易作出的決定，我的內心便會忐忑不安。

我想到的是：公司拖欠員工的薪酬和長期服務金，都是他們為公司辛勞工作和儲存多年的血汗錢，我可以在法律的遮掩下，拒絕付給他們應得的工錢，假裝沒有償還債務的能力，而豁免負上應負的責任嗎？

我也想到：物料供應商是用真金白銀買下原材料，在無需即時付款的協議下，供應給我們烘製西餅糕點食品，而賣出時收款人卻是我們。我們可否站在法盾後面，對供應商這樣說：「我已宣佈破產，故此無需清還欠款，也不用為你的血本無歸負上責任？」

我更想到：公司向銀行貸款，銀行給公司現金營運，作為公司總裁，我曾向銀行承諾，倘若有朝一日，公司再沒有能力還款，我便會承擔責任，清還借款。我能否選擇法例提供的合法途徑去背棄承諾，逃避還債的責任呢？

我並沒有花太多時間便作出決定，而跟我禍福與共二十八載的集團副總裁馮劉旋君也沒有異議：我們決定堅守承諾、承擔責任、清還債務——我們放棄破產而選擇自動清盤。

作出這個決定的時候，以至以後還債期間，我都不太清楚自己是否真的有能力、也不知道如何清還巨額債項。

五

超群集團宣佈清盤那天，我剛過 69 歲生日不久，但我沒有慶祝，也沒有人為我慶祝。

終日盤旋腦際的是清還債務和如何清還的問題。九個月之後，跟清盤人安永會計師行商討，並跟銀行和物料供應商完成談判，我須在未來十年還清因堅守擔保人的承諾和責任而負上的 4,000 多萬元債項。

在以後的十年裡面，我拒絕接受饋贈並嘗試重出江湖，出版烹飪書；設網站；辦創意私房菜；搞中山文化美食旅遊團，並親自帶團；當飲食集團顧問，甚至不拒絕當「大妗姐」去接受豐厚的紅封包。其間，我必須節省每天的開支，因此，我十分樂意接受午膳晚飯的邀請，坦然到超市試食填肚、買幾塊錢的一個勞工飯盒分兩餐吃；拒絕坐計程車，而堅持乘坐巴士、電車、小巴和走路。

可是，這些努力都僅夠我餬口填肚，不至於捱飢抵餓罷了。最終，我依靠變賣物業清還所有債項。我十分快慰，因為我做到了堅守承諾，承擔責任，於十年內清還欠款。

正因如此，香港的新聞傳播媒體再次訪問我，內容卻轉而聚焦於十年還債的艱辛歲月，如何逆境自強，對金錢對人生的看法等。在這期間，不少社會福利機構和大、中、小學都邀請我作公開演講分享經驗。

2006 年初，當我確知兩年後的 2008 年，即十年還款期屆滿時，巨額債項應可還清，我決定重返學堂，到香港中文大學專業進修學院修讀專上課程，當時我 77 歲。

其後七年，我在中文大學完成了四個證書及文憑課程，包括為期兩年的「現代營養學及中醫食養食療學」專業文憑面授課程，當時我 82 歲。

香港的新聞傳播媒體也因此多次訪問我。最近幾年，越來越多社福機構邀請我向成年人及長者分享，我認為第三齡人士仍可活出彩虹般的人生、生命的理念和經驗。我對這些訪問、演講和分享的邀請都從不拒絕，因為它們都能帶來積極的回應和正面的影響，令我感覺十分良好。

可是，這些訪問的報道、演講和分享的紀錄，由於各種不同的原因，都無法避免流於片面、遺漏，甚至錯誤。但我仍然十分樂意接受這些邀請，因為分享，不論是金錢還是經驗，都令施與受雙方得到快樂，為了令更多人可以得到快樂，我會繼續分享下去。

不過，一個想法和渴望慢慢在心底形成、浮現：我希望接受分享的人，對我的認識可以比較真實和全面，而不至於扭曲。於是，我不再抗拒為自己的生平立傳。

六

2003 年和 2004 年間，我認識了前香港浸會大學新聞公關處處長倪耀芝女士，其後也認識了她那位任教香港中文大學新聞與傳播學院的夫婿梁偉賢教授。我首次跟他們見面便有一個直覺 —— 他們倆是為我撰寫傳記的最佳人選。我對人對事常有直覺，雖然不是都完全應驗，事後印證也離事實不遠。

在答應為我撰寫傳記之後，他們夫婦倆花了不少時間去認識我、去做研究，往不同地方搜集大量相關資料，訪問了許多人士和機構，並為搜集到的資料和訪問的紀錄多次多方考證，確立了事實和根據，才開始動筆。

提供資料最多和受訪次數最多的當然是我了。可是，他們倆對我提供的資料、數據、事件經過和年份，都不會假設是全部正確無誤而會多番求證。我慢慢開始信任他們，樂意回答他們所有的問題，提供所要求的資料文件，也願意向他們展露我的內心世界，甚至與他們分享我那些連向家人都不容易透露的想法和感受。

今天，距離全書初稿完成之日漸近，我好像走進了時光隧道，讓時間倒流，重拾逝去的年月日，好像近距離閱覽我一個好熟悉、好親密的人一生的經歷，是那麼透明、坦蕩、真摯和溫馨。看來，一個從全方位透視、立體建構出來的李曾超群，很快便會展現在讀者面前。

七

可是，我為什麼要為自己的生平立傳呢？為了糾正過去的報道或記錄，令我的形象不被扭曲是不是立傳充分的理由呢？

我越想越不是！因為新聞媒體的報道只聚焦於時空交錯某一定點上的人物與事件，何況，今日的新聞會變成明日的歷史，過去的記載或紀錄，很快便會被遺忘。正如基督教的舊約聖經所說：「已過的世代，無人記念；將來的世代，後來的人也不記念。」[2]

何況，我只是個平凡的女人，沒有受過高深的教育，也沒有什麼偉大的成就；多年來雖獲頒不少獎狀、獎牌、獎章、榮譽證書，但都已塵封在故鄉的中山市古鶴水庫旁的別墅內；[3] 就連上世紀 70-90 年代曾是家傳戶曉的超群西餅也在香港的集體回憶中漸漸褪色。

那麼，我為什麼要出版這本傳記呢？我相信跟傳媒訪問、公開演講和個人分享有關。

我清楚記得，在上世紀 80 年代中，當我多次作出數額不菲的慈惠捐贈之後，傳媒為此做了不少訪問和報道，我多次被邀公開演講，也跟小眾群體分享個人體驗。而我得到的回應，絕大多數是讚賞；但不久，這些便如飄過的白雲，剩下的只有藍天。

可是，自從我以堅守諾言和承擔道德責任，選擇自動清盤去清還巨債時，傳媒的報道和訪問立即引起一連串西餅、糕點以至餐飲業的「餅卡回收」行動，一位著名歌手更自掏腰包回收近 300 張超群已作廢的餅卡。

後來我重出江湖搞創意私房菜企圖創匯還債時，有食客聽了我於飯桌之間的分享，屢次多方支持我搞生意還債的努力與嘗試。一次電台訪問中，我分享了生意失敗後如何逆境自強的經歷，一位聽眾在訪

2　以上「箴言」，來自傳道書第一章第十一節。《聖經．啟導本》（增訂新版），香港：海天書樓，1989 年，頁 965。

3　這座建於上世紀 80 年代中的別墅已於 2005 年賣掉抵債，積存多年的獎狀證書、書畫藝術品都收藏在裡面。

問節目過後，致電到電台告訴我，他因聽了我那次分享而打消早前的自殺念頭。

在我高齡進修專上課程的七年間，不少比我年輕 40 年的同班同學，自言不會輕易放棄，努力終身學習。超群西餅飲食集團倒閉已經 26 年，而在超群服務二三十年的多位高級經理和他們的家人，每年於農曆新年期間都會來我家共聚，並重溫過去情誼；我教授烹飪的學生和他們的學生，會輪流每月跟我共享午餐。

以上種種的經歷令我相信：我雖然只是一個平凡的女人，我的一生似乎也有不平凡的一面，其中的得失、成敗、起跌、榮辱，透過傳媒的報道、公開的演講與個人的分享，似乎頗能激勵受眾，幫助他們建立積極的人生觀，勇敢面對環境給他們的挑戰。

八

我喜歡分享，因它帶給分享的與接受分享的人一份喜樂；我一生的經歷，似乎也可以帶給人頗為深刻而持久的感受；而一本比較全面真實的傳記，既可糾正過去的報道和紀錄，又能帶給讀者一些感受和幫助；因此我十分樂意出版這本傳記，分享我一生中的點滴。

對梁偉賢教授和倪耀芝女士夫婦倆花上十多年時間去撰寫這書，我心中無限感激。

李曾超群

寫於 2024 年

自序

梁偉賢、倪耀芝

一

Maria 願意邀請我們夫婦倆為她的生平撰寫傳記，是憑她和她女兒的一個直覺。

而我們夫婦二人先後答應為她的一生立傳卻是長時間深思熟慮的結果。

那是 2003 年：那一天，倪耀芝以香港浸會大學新聞公關處處長的身份，聯同一位浸大同事，探訪當時剛從香港移居故鄉中山市三鄉鎮古鶴水庫旁的別墅的 Maria，當時 Maria 和女兒康文一同接待。那是康文與倪耀芝第一次見面。

寒暄交談初步認識之後，母女倆有同一個直覺：倪耀芝既是新聞傳播學博士候選人，又在浸會大學新聞公關處任處長職 20 多年，對新聞寫作與編採和人物專訪與素描當有深刻的認識與經驗，若能邀請到她為 Maria 撰寫傳記，應該是合適人選。當日訪客離開別墅返回香港之前，母女倆的口頭邀約已經發出。

倪耀芝對邀約沒有作出即時回應，既沒拒絕，也沒有答允。那實在是個令人興奮、但又是頗有難度的任務和挑戰，所以，她將這個頗有誠意的邀請藏在心裡，仔細思量。

回港後，倪耀芝開始從 Maria 那裡接過厚厚的剪報，都是有關

Maria 的報道、訪問或小傳；她也開始從不同渠道和消息來源去嘗試多了解 Maria。

結果發現：這些報道或訪問，一般的內容大致都相同；細讀後卻發現：在重要的關節上常有不一致的地方，例如某事發生的年份，事件細節發生的時序，事情發生的前因後果及分析，在不同消息或資料來源所獲得的材料中，常有差異；要在一件事中消除這些差異、確定真假對錯，印證所言屬實，或許不太困難；可是，在她過去 80 年歲月中，[1] 發生過許多複雜的事情、縱橫交錯間出現眾多的關鍵人物，以及 Maria 在經歷許多這樣那樣的事情、過程中及其後的心路歷程與反思，要如何重整、理順、印證和確定，卻是個十分艱巨的任務，何況當中有不少檔案文件、資料記錄都已遺失，也有不少發生過的事情和經歷過的片段，在記憶中已漸淡忘甚至消失。

這是個難度極高的挑戰！

二

倪耀芝面對這個挑戰，考慮了一段時間之後，仍沒有作出答允或拒絕的決定，她跟梁偉賢介紹了這個對任何熱愛教授新聞寫作的人都可能有興趣的任務。經過深入的討論和仔細的研判後，結論仍是：那是個難度極高的挑戰！

第一個難度是重整與理順 Maria 80 年來經歷過的人和事，過程中如何在文件、資料或紀錄不完整、不一致的情況下印證和確知事情的真

---

1 Maria 生於 1929 年，決定立傳並發出邀請時，她 74 歲。

假對錯？

第二個難度是如何為一個不太認識的人撰寫傳記？[2] 要寫 Maria 是誰，是相對容易的作業：只要搜集資料和各方相關任務的訪問做得充分便可。可是，要寫 Maria 是個怎樣的人，可涉及她對不同事物的看法，她的內心世界、自身個性、價值取向和對人生的態度。要知道她對不同事物的看法，以至她的內心世界，可以透過多次深入的訪談；若要了解她的個性、價值取向和對人生的態度，卻必須藉著長時間近距離的觀察與接觸，才能奏效。

第三個難度是在認識了 Maria 之後，如何向讀者描述和介紹她？毫無疑問，她的一生充滿傳奇：她的創意、好學、誠信與擇善固執；她面對生意上起跌成敗的豁達；賺錢去捐錢的慷慨；因堅守諾言換來十年艱辛還債的歲月、被騙被欺後那種不懷恨不記仇的良善與胸襟；70-80 歲高齡重返學堂的單純與熱忱，還有倒下去後再爬起來的樂觀與信心，都是令人既詫異又敬佩的。難度在於重新建構 Maria 傳奇的一生時，不流於戲劇化和避免過程中可能產生的誇張與虛構；也在於達致立體透明與尊重保留隱私之間的取捨；更在於全面深入展露 Maria 的情和事時如何照顧家人與相關人物的感受。

這些都是不容易跨過的高欄，目標卻是要將 Maria 的一生立體、透明和傳神地構建起來。

---

2 筆者倆對 Maria 的認識，當時只限於早期電視烹飪節目中所顯示的外貌和後期報章雜誌內所讀到的資料，都是偶然的接觸；對她的認識，只能說是略有所聞。

三

要克服這些困難並達致立體、透明和傳神的目標，是有難度的，而且難度極高；不過，它們都並非不可能的事，條件是：

（1）時間必須充分——不論是資料收集過程中對各種人、事與情的印證和確定，還是筆者對 Maria 個人的認識與深入了解，都必須有充分時間去完成，成稿的死線不宜定得太僵硬。

（2）傳主 Maria 必須信任筆者，充分合作，願意提供資料文件，回答問題，開放自己的內心世界，毫不隱瞞。

（3）筆者跟 Maria 的關係必須拿捏得恰到好處：既要成為好友，獲得高度的信任，令訪談溝通和分享可以全面而深入，令觀察深刻而透徹；可是這種好友關係卻不應發展至密友的關係，因為密友的觀察與立論容易偏頗而有所傾斜。所以，筆者與傳主的關係必須是「保持距離的親密」（"distantly close"）。

有了這些操作原則，還要確立一個作者和 Maria 都必須同意的立傳原委：要為 Maria 立傳而編寫一個戲劇性動人的故事，還是如實客觀地重新建構一個傳奇人生？前者容易引致誇張甚至虛構，後者要求忠於事實。要堅持原委和克服立傳過程中遭遇到的困難並不容易，所需的時間更可能是超乎想像的長。

那麼筆者倆為什麼願意接受這個任務呢？

只因為筆者倆都相信：Maria 雖是一個平凡的女性，一生中卻充滿不平凡的傳奇，而這些真人真事會令聽者不單動心動容，得到激勵（encouraged）、啟迪（enlightened）、感悟（inspired）和建立（edified）；若能以文字立傳，述說便不會受到時間、空間和傳播渠道的限制，這種以生命影響生命的過程便得以延續下去。

這是高難度的挑戰，卻也是極具意義的任務。「不去嘗試，怎麼曉得成與敗？」[3]

結果，Maria 願意遵守立傳原委與操作原則，而筆者倆也接受這份向高難度挑戰的任務，那是 2004 年間的事；可是，誰也預料不到，這任務直至完成，長達 16 年。

四

雖然筆者倆於 2004 年夏正式開始了立傳的前期準備工作，進展卻十分緩慢。原因是倪耀芝於 2004 年後便為了探望在美國工作的女兒，奔波於中國香港與美國之間，未能長時間留在本地；而梁偉賢也在 2008 年 8 月退休後才將香港中文大學繁重的教研工作放下。其間筆者倆投入的時間雖然不多，卻跟 Maria 接觸多了，每次交談的時間慢慢延長，談話內容的深度漸漸增加，加上閱讀過去報章雜誌有關 Maria 的訪問與報道，對 Maria 的認識與了解開始立體起來。

閱讀已出版的資料，幫助筆者對 Maria 的人生有個比較全面的認識，雖然，那只是一個初步而平面、十分粗略、割裂而不完整的輪廓，卻為後來資料收集提供方向和焦點。同期間，筆者閱讀和參考了十多本中、外現代的傳記，特別是關乎全書的結構、時序的選擇、描述的方式、如何將主人翁的一生鑲嵌在歷史進程中、分析和立論如何跟主人翁生平事跡整合。這部分前期準備功夫為傳記的編、採、寫提供了有用的參考。

3　按：這是 Maria 經常掛在嘴邊的「口頭禪」，也是她一生充滿信心、勇往直前的寫照。

筆者較有系統地去參考已存資料始於 2006 年，先有 43 頁從 Maria 網站[4]各分頁上列印出來的資料，包括 20 頁內容豐富的童年生活，另外 23 頁則關於她參與過的社福活動、慈惠籌募及捐獻、食譜與藝術和社會各界對她的嘉許等，都以圖片或列表形式按年介紹，其中各事項的發展背景、因由、詳情細節皆欠奉，卻因此引出多次的跟進訪談，為資料重整、理順和印證提供機會。

不久，筆者透過 Maria 從香港大學亞洲研究中心口述歷史檔案取得了 340 頁資料，是該中心一位博士生，於 2002 年和 2005 年分兩時段八次共 19 小時的錄音訪問，筆錄下來關乎 Maria 一生的紀錄。其中提供資料最多的是超群西餅的創辦、拓展到倒閉，並當中的得失、成敗，過程中的心路歷程；而能夠充分反映她的內心世界、個性、價值取向和人生態度的，是她在公司清盤時和還債期間頭四年的感受。這份沉甸甸的檔案也觸及不少關於 Maria 童年的生活點滴，婚後與夫家同住的生活片段，如何兼顧家庭與事業等。可是，檔案中只是簡略提及、而必須填補大量資料的地方也不少，包括：第二次世界大戰日軍攻陷香港、Maria 一家逃難到中國內地的四年歲月、大戰結束重返廣州完成中學高三課程，再到上海攻讀大學的情形和 Maria 對金錢、慈善和社會服務的看法等。檔案差不多完全空白的包括 Maria 的先祖資料、到美國三藩市完成大學課程的記載、教授烹飪的緣起與發展、十年艱辛還債的方法與策略，以及 77 歲重返學堂、用七年時間讀畢四個網上和專業文憑課程的描述等。

4　Maria 於 1998 年 4 月 30 日宣佈將集團清盤，1999 年 4 月正式開始十年還債的艱辛歲月。同時 Maria 也在剛滿 70 歲時向女兒康文學習如何使用電腦打印、輸入並上載資料，企圖開設自己的網站。九個月後，<www.marialee.com> 正式於 1999 年 12 月 1 日公開亮相。到 2002 年夏，Maria 遷居到故鄉中山後，便停止上載資料到她的網站。故此，本書從 <www.marialee.com> 取得的資料，都是她在 1999 年 12 月 1 日到 2002 年夏期間上載的。

同期間，筆者從 Maria 手中獲得一份手稿，主要內容是關乎 Maria 父系和母系的家族歷史，童年在上海、南京和香港的日子；小學和中學的求學過程；因中日戰爭而逃難的四年間，從香港遷到澳門，再逃到廣西省的桂林、八步和柳州的經歷。這份資料最重要的貢獻有二：第一，它提供有關 Maria 父系和母系家族歷史的資料頗為豐富，而這資料在 Maria 的網頁上和香港大學提供的口述歷史中都找不到的；第二，它提供的資料幫助筆者重整和梳理了 Maria 童年時代和避難時各事件和經歷的時序，因為網上和口述歷史中所有的資料都來自 Maria，在記憶淡忘或消失中常有資料不齊全不一致和時序顛倒的情況。

這份來自易廷鎮教授的手稿，共 191 頁、分五次寄給 Maria；易教授是 20 世紀下半葉天津南開大學經濟系及歷史系教授，與 Maria 一家相熟，於 1980 年代末為 Maria 追尋家族的根源，考察 Maria 一家於逃避戰難時在內地的經歷，為此花上數月的時間到廣州、中山和上海搜集資料，也訪問了曾家幾位年長的近親。這份資料的撰寫始於 1990 年 5 月，完成於 1990 年 7 月尾，因此，Maria 於 1990 年後發生的一切，在這份手稿裡面都是空白的。不過，若將 Maria 的網頁資料、香港大學的口述歷史和易教授的手稿加起來，便為 Maria 的一生，從上海出生、南京的童年，一直到 60 年後在香港建立起她的西餅王國 —— 超群西餅飲食集團，提供了豐富的材料，為撰寫傳記奠下極佳的厚實基礎。

以上的分析顯示：若要網站資料、口述歷史和易教授手稿發揮到應有的功能，訪問 Maria 和相關人等以提供已掌握資料或文件以外重要的材料，特別是當事人對各重要的人、情和事的感受或評論，便顯得十分重要和必要。不過，訪問前的準備功夫必須十分充足，同樣重要的是訪問後對新增資料的鑑定和印證。

為了搜尋所需資料以填補空白，理順時序，鑑定和印證資料的真假對錯，並整合新舊材料於一爐，筆者：

（1）作出全方位、多維導向的一系列訪問，以建構一個立體的 Maria，除了多年居於英國，目前身在中國香港的大兒子、澳洲的二女兒、美國的三兒子，以及 Maria 的哥哥和弟弟之外，還包括：

1/. 六位不同時期（1941-2012 年）的同學；

2/. 一位「超群烹飪研究學院」的學生；

3/. 八位前超群集團的高層員工；

4/. 一位曾於超群西餅店生產線上短暫工作的學徒；

5/. 兩位老師；

6/. 兩位創意私房菜食客；

7/. 兩位影視舞台藝術工作者；

8/. 兩間曾頒授榮銜給 Maria 的大學；

9/. 為慈善舞台劇場刊題辭的漫畫家；

10/. 四位相識 50 年以上的莫逆交。

（2）仔細閱讀及分析那些能夠反映 Maria 的內心世界或個性的文字與刊物，以建構一個透明的 Maria，包括她於：

1/. 1978 年出版的《我的座右銘》；

2/. 1989 年出版的《玉蘭軒詩草》；

3/. 1989 年出版的《群芳藝苑書畫集》；

4/. 1999 年末至 2000 年 8 月上載於自己網站的童年軼事，當中不少於 20 頁夾雜清盤後的心情、思緒和感受；

5/. 中學畢業時同學給 Maria 寫的紀念冊。

（3）出席 Maria 作演講嘉賓的公開活動和講座，以便從距離中聆聽和觀察；參加 Maria 作主人或客人的私人聚會，如生日或節日晚宴，休閒的午間飯局或下午茶敘等，以便近距離接觸、交談和觀察，以建構一個傳神的 Maria。

（4）重讀有關超群集團重要時刻的新聞、報道和刊物，包括：

1/. 超群西餅於 1966 年 12 月 11 日刊登於報章的啟業廣告；

2/.《超群機構 15 週年特刊》（1981 年）；

3/.《超群機構黃金 20 年特刊》（1987 年）；

4/. 台灣報章有關「台灣超群」於 1996 年的報道（「台灣超群」於 1997 年結束）；

5/. 香港報章有關「香港超群集團」於 1998 年 4 月 30 日和 5 月 1 日的報道；

6/. 香港電視（無綫）和亞洲電視於 1998 年 4 月 30 日的晚間新聞。

（5）細閱一部分「香港超群集團」和「台灣超群」公司內部有關財務、法律及員工的文件及信件。

（6）進行五個小規模的文獻分析，包括：

1/. 香港自 1950 年代至 2000 年間的重大事件回顧；

2/. 香港自 1950 年代至 2000 年間的經濟發展；

3/. 香港西餅業發展簡史；

4/. 香港上世紀 80-90 年代商業地舖租金的起落與管制；

5/. 1998-2014 年期間香港傳媒有關 Maria 的報道及訪問。

（7）跟 Maria 從 2004-2019 年作了近百次的訪問、深談、閒聊和活動，並參考了以下材料，以便更全面和更深入地了解 Maria：

1/. 從上世紀 60 年代開始，Maria 在《華僑日報》撰寫過 219 篇西餅糕點食譜專欄，出版過 26 冊中西食譜、一冊中英雙語的愛心食譜和跟專研過敏病的教授並行醫近四十載的大兒子合著的《過敏症安全食譜》；

2/. 上世紀 80-90 年代跟粵劇名伶芳艷芬三次合作，同台慈善籌款義演的特刊和 2008 年為癌轉譯研究組織慈善籌款時將 Maria 一生事跡改編為舞台劇演出十場的劇本；

3/. 上世紀 90 年代末期，Maria 找中醫師就診的藥方紀錄；

4/. 2000 年 Maria 辦「網上名人飯堂」時曾邀約或希望邀約的名人名單及菜譜；

5/. 2001-2002 年間曾接受外國傳媒的訪問；

6/. 每週約會記事簿（2003、2008、2011 年）。

五

在這個基礎上，筆者採取了報道文學的寫作方式：因為一個人若要立傳記下一生的經歷，它必須真實；不論事件的大小長短，只要它是人生中重要的組成部分，對 Maria 曾經產生過重大的影響，那麼，事件發生的時間、原因、經過、涉及的各項因素與人物，都應該如實記下；因此，採用新聞報道所要求的客觀而忠於事實，全面而深入的寫作方法和態度，便成了一個自然合理的決定。

可是，人生裡面許多的事情，它發生的原因、經過、結果和影響，常常會因為人、地、時和各項已知或未知的潛在因素有機碰撞而產生不可預知的變化或結果，以致當事人都不一定全然清楚事情的來龍去脈或前因後果；因此，要全面深入客觀的反映事實的真相，要重新呈現一個立體透明傳神的傳主，將一個橫跨兩個世紀、貫穿四代人、涵蓋中國內地、中國港台地區和美國四地、一個香港人的故事講得客觀中肯全面，上一節所提到的前期準備功夫，將已存在的文獻、檔案、文件、紀錄、媒體報道和相關刊物的收集整理查證，對傳主中距離觀察、近距離接觸和全方位多維角度的訪問傳主與相關人物，便必須做得充分、全面和深入。

可是，80 年間存在著不少缺失的環節，一些不為人注意或已被遺忘的細節，以及一些不同資料來源帶出的不一致不銜接等，都需要填空補白和理順。此時，傳記作者必須在事情的前因後果有了充分理解之後，再按著事情理性發展的方向，處境帶來的張力與導向，人物既有的思維方式和行事習慣，作出一些重要缺失環節或細節的想像和填補，令缺失環節造成故事發展中的裂口可以得到橋接，令讀者對傳主的認識更透徹，令傳記的可讀性得到提升。

按著這個構思、計劃和原則，撰寫工作在筆者從香港中文大學新聞傳播學院於 2008 年暑假退休後便已開始；可是，因為個人、家庭或專業的需要或要求，筆者未能全情投入，過程也只能寫寫停停：2012 年 1 月，筆者被邀請到香港恒生管理學院（按：現為香港恒生大學）設計通識和傳播學課程，兩年後被邀請到澳門大學建立一所全新的住宿式書院，並設計一系列體驗式的個人成長學習活動，到 2019 年 1 月從澳門大學退下來後，撰寫工作才能恢復。其後的 24 個月裡面，筆者倆撰稿修稿不停，並在眾多原始材料、已出版刊物、已蒐集資料和眾多文件檔案之間，不斷來回翻查比較，反覆修訂；目前，全書初稿已經過倪耀芝作最後編輯修訂，而修訂稿也經過 Maria 和她的家人審閱，提出的增補及刪改意見亦已經反映在修訂稿中。不久將來，讀者將會讀到一個有關香港西餅皇后的傳奇故事，而 Maria 一生的傳奇將會透明立體傳神地展現在這個充滿集體回憶、香港人熟悉的故事裡面。

六

今日，是全書完稿之日，也是把書稿傳送給出版社之時；悠悠二十載，寫寫停停，實在是太長的一段日子，不論是什麼理由，包括筆者退休後到美國研讀聖經的兩年、還是後期到香港恒生管理學院和澳門大學紹邦書院服務的七年，停停寫寫，也實在太不像樣了；為此，筆者必須向 Maria 和她的家人表示萬二分的歉意，也必須向每一位曾經協助完成此書的人士和機構：包括每一位曾經接受訪問的人士、每一位曾經提供資料的朋友和機構，也包括曾協助筆者從手寫轉到語音書寫以加快寫稿速度的學生，表示我個人無限的感激！

可是，要鳴謝的人實在太多了，他們的幫助並不都在過去的 20 年間出現在同一時段裡面；為了避免掛一漏萬，忘記了把她或他的名字或貢獻列在鳴謝名單內，最初寫成的〈自序〉是沒有鳴謝名單的；但到了最後收筆重讀時，才發覺不能不提劉穎聰和楊德銘二人的名字：前者是澳門大學紹邦書院於 2014-2018 年的學生，他在過去六七年間，一直為全書書稿每頁的頁面格式設計；而後者也是我學生，現在是專業攝影師，於本年 7 月 24 日開始為全書拍攝新圖片，也為舊照片重拍，或替舊照片作專業技術的修飾，以令舊照片可以達到專業印刷的水平；沒有他們兩位的參與和幫助，這本傳記的出版是不可能完成的。

不過，只盼望讀者閱讀此書之後，可以得到一點兒的激勵、啟迪或感悟，便是我對每一位曾經對此傳記出版提供協助的人士 —— 無論

是揚名還是隱名的 —— 一份充滿內心的無言感激，因為生命影響著生命的過程也在無言無語中開始。

另一方面，從 2004 年提出委託、到書稿完成的今天，Maria 從來沒有詢問過寫稿的情況，也沒有催稿，更沒有因為我無法提出完稿的日期，而發出任何怨言，對這份信任和忍耐，我的內心更是充滿感激和感恩。對於耀芝多年來一直不變的支持和同行，我同樣是滿滿的感激！

梁偉賢、倪耀芝

2024 年 7 月

前言

李曾超群是誰？她是個怎樣的人？

她

多才多藝、創意不斷

好奇好學、樂觀開朗、積極豁達

勇於嘗試，永不言休，擇善固執

律己嚴、待人寬

誠信助人，樂於分享

開始了的事情，一定會完成

作出了的承諾，必然信守堅持

學習時：她認真、用心，不走捷徑

反思自己的不足時：她坦蕩、誠實

面對困難與挑戰時：她會下大決心、

排除萬難，全力以赴、絕不放棄

她以人為本，極重情義

時間空間環境和年齡落差，都未能對她設限

於不同處境中，跟不同背景年齡的人

都可以建立起真摯的友情

她宅心仁厚，總是相信每一個人都是良善的，

對人懷抱希望，付出誠和，總是給人機會

不拘小節、不斤斤計較，也不怕吃虧

所以，她曾被騙被欺被利用

卻不懷恨，也不記仇

「寧人負我，我決不負人」

她熱愛生命，有執念：對真的、善的、美的

她都追求、都實踐、都堅持

積極地活在當下、豁達地逆境自強

跌倒了，會爬起來；

爬起來後，會挺直腰板，

往前看，向前走；

充滿信心，迎接未來

她知道怎樣處豐富，也懂得如何處卑賤

認為豐盛的生命，不在乎囤積，而在乎施與

快樂的人生，也不在乎聚斂，而在乎分享

她不會管錢、不懂管理、不明生意之道

卻建立了一個西餅連鎖集團，一個跨國企業

她賺錢不少，但生活簡樸，視富貴如浮雲

不慕名牌，不在乎享受

曾月入千萬，卻不愛花錢在自己身上

獨愛慈善捐贈

若能幫助人排難解困
她樂意、也慷慨

生意失敗、背負巨債
再也沒有餘錢作慈善捐贈時
她會跟人分享逆境自強的經驗

她一生創意不斷
12-15 歲逃避戰難於內地期間，
炊具與食材皆缺，
卻以土法煙燻出西方煙肉、烤焙出西方蛋糕
婚後八年創立了香港第一間正規的烹飪學校
其後八年，她創辦了香港第一間西餅專門店
一年後，她成為香港第一間電視台的
第一個電視烹飪節目的第一位主持
三年後，到紐西蘭介紹中國飲食文化
69 歲時，集團倒閉，一年後，
她出版中英雙語的愛心食譜
希望端上飯桌的菜餚都帶著母親的愛
為賺錢還債，她創設網上「名人飯堂」
於寓所內創辦「創意私房菜」
雖達暮年，仍創意不斷，活出彩虹人生
75 歲生產創新味道的健康月餅及糕點
78 歲夥拍中醫藥教授主持電台節目
播出推廣中藥療效和保健作用的《藥膳廚房》

84 歲與長子合作出版《過敏症安全食譜》

她是誰？

她就是 20 世紀下半葉

一個集體回憶中一位平凡的香港人

活出一個不平凡的傳奇人生的李曾超群

第一部分

李曾超群前傳

①

②

① 全盛時期的超群西餅可以在中國港台地區、美國東西岸、加拿大的多倫多買到；而群芳慈善基金會也在此時成立，幫助中美各地有需要的人。她的成就與建樹也獲得不少商業組織或政府承認；而最早公開表示的是 1984 年美國紐約州丕士大學頒授給 Maria 的「商業科學榮譽博士」銜。

② 1989 年獲美國參議院邀請，參加 37 週年白宮祈禱早餐會，並獲列根總統及夫人接見。

③

④

③ 1995 年獲美國加州路德大學頒授「榮譽法學博士」銜
④ 1995 年獲英國女皇伊利沙伯二世頒授 MBE 勳銜

⑤ 在香港，Maria 的「西餅王國」全線清盤後，仍受各大學的校長敬重；這是 Maria 生日晚宴上的全體照。

⑥ 1999 年，Maria 獲香港大學專業進修學院頒授榮譽院士銜。

⑦

⑧

⑨

⑦ 接受正式學校教育前的 Maria，以及父母兄長在南京生活照。
⑧ 小學畢業時的 Maria 與父母、兄弟合照。
⑨ 面對固執、倔強和好勝的 Maria，曾媽媽的教導總含著提醒、叮嚀、勸勉、鼓勵、開解及安慰。

⑩

LEO AND MARIA IN THE YEAR OF 1933---2003

⑪

⑩ 相隔 70 年的兄妹情，處境多番改變情未變。

⑪ 50 年代初辦烹飪班時，設備簡陋，只有明火煮食爐一具。

⑫

⑬

⑫ 50年代中開辦烹飪班的第一天，便可以選學烘焙西方鮮奶油蛋糕。

⑬ 在眾多烹飪科目中，中菜一直是最受歡迎的選項。

⑭

⑮

⑭ Maria 鼓勵以電力煮食，既安全、清潔，又節約能源。

⑮ 未停過的合作夥伴：香港中華煤氣一直贊助 Maria 的烹飪班，而 Maria 也從未拒絕到前者舉辦的烹飪班示範或教授。

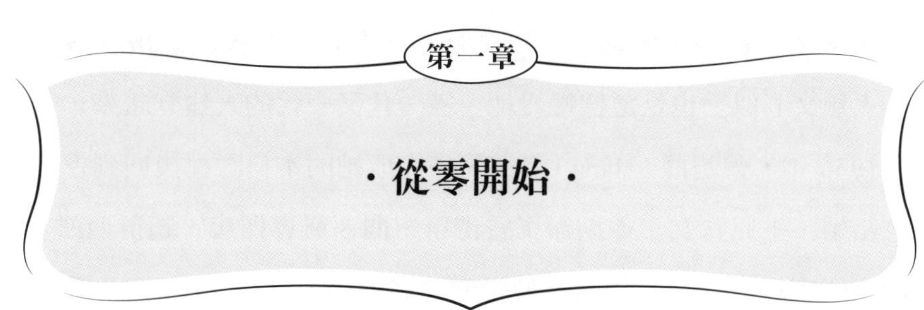

第一節　傳奇掠影

「虛空的虛空，虛空的虛空，凡事都是虛空……已過的世代，無人記念；將來的世代，後來的人也不記念。」[1]

2,000 多年前，一位猶太智者憑著他一生飽歷世事苦樂得來的知識和智慧，寫下上面引述的箴言，叫人反思人活著的意義。智者認為人生在世，萬事萬物都是虛空，日光之下凡事都是虛空，沒有什麼是永存的，人不可能永活，也不會被記念。

可是，有趣的是：智者所著的書，卻一直為人誦讀，留下的箴言所聚焦的「人生意義」，也一直是人類不斷反思的主題。

看來，世上萬事萬物都會過去、都會朽壞、人不能永存，也會被遺忘。但是，世上似乎也有一些事、一些情、一些音樂藝術小說、世

1　以上「箴言」，來自傳道書第一章第二和第十一節。《聖經 · 啟導本》（增訂新版），香港：海天書樓，1989 年，頁 965。

人所渴望所欣賞的美與善，可以久存不朽，也不斷被紀念被欣賞被反思。人類文明似乎也是這樣慢慢地、被一代又一代的人建立起來。

1950 年，曾超群（Maria）從三藩市完成她的本科課程後回到香港，不久結婚、生兒育女，並創辦了**香港第一間西餅專門店**「超群西餅」。這間小餅店經歷一次虧蝕之後便慢慢發展起來，其後 20 年間，業務多元拓展並跨越到中國大陸、中國台灣、美國和加拿大，全盛時期的「香港超群西餅」，就有 70 多間分店。

可是，她多次向人坦承：她不會管錢、不懂管理、也不明生意之道，卻建立了一個香港家傳戶曉的「西餅王國」。[2]

她生意越做越大、錢越賺越多，可是，她不懂享受、不買名牌、也不賭錢，獨愛捐錢和做善事。[3]

她多才多藝、創意無限，認為什麼都是可能的、勇者無懼，口中常掛著：「未試過點知唔得？」（廣東方言）

她讀書不多，學校正規教育都是零星、斷續和不完整的；可是，她不斷自發地學習，成為許多人終身學習的楷模與典範。[4]

她為人良善，相信她所認識的每一個人都是良善的；所以她多次被騙被欺，卻不懷恨不記仇：「寧人負我，我決不負人。」[5]

她豁達隨和、提得起放得下：「西餅王國」全線倒閉之後，她到超級市場試食填肚、買優惠價兩元的勞工飯盒分兩餐吃、免費入住只放雜物的小住宅單位、堅持乘坐巴士電車小巴和走路，甚至不拒絕當大妗姐

---

2 Maria 多番向親友同事和筆者坦承自己的不足，詳情請參閱本書第八章第四節。

3 有關 Maria 對金錢和慈善捐贈的看法與實踐，詳情請參閱本書的序言和第十二章。

4 Maria 好學，學習的活動並沒有限制在學校課堂內，也沒有限制於適齡入學的時間中，詳情請參閱本書第五章。

5 Maria 的良善個性，可見於她如何對待需要幫助的人，詳情請參閱本書李曾超群序和第十二章。

去接受豐厚的紅封包。[6]

「西餅王國」全線倒閉時，七十高齡的她放棄法律容許的破產方式，毅然選擇倫理要求的誠信而背負巨額債務，也絕不背棄曾許下的承諾：「實名簽署答允償還，豈能躲在法盾後面，假裝沒有償還債務的能力而不負應負的責任。」可是，這個堅持誠信的決定，換來了十年還債的艱辛歲月。[7]

她倒下去後會爬起來，挺直腰板抬起頭來，往前看向前走，充滿信心迎接未來；清盤後不久，她學電腦設立自己的網站，在網上創辦「名人飯堂」、在家中開辦創意私房菜，希望賺錢還債；八年後確知可以清還債務時，她重返大學學堂，花七年時間修讀四個專業文憑或證書課程，那是她於 77-83 歲之間對求知的單純與熱忱，無懼夕陽黃昏的勇氣與胸襟。[8]

這就是李曾超群（Maria）。

她曾說：「我只是個平凡的女人，沒有受過高深的教育，也沒有什麼偉大的成就⋯⋯。」可是，這位平凡的女性一生中卻充滿不平凡的傳奇。

而這些不平凡的傳奇，似乎都從她那些烹飪、造餅和賣餅的經驗中沉澱過濾出來——那是將一些由好奇而產生的意念，付諸嘗試和實踐的過程——而每一次，她都會問：「未試過點知唔得？」

若從 Maria 生命中的傳奇去看，傳奇似乎是好奇加上嘗試，再加上

6　Maria 的豁達隨和性格，可見於：她在集團清盤記者招待會上發言時的豁達與從容，詳情請參閱本書第一章第二節；以及於十年還債的艱辛歲月裡面，她如何放下身段節省生活開支，努力賺錢餬口和還債，詳情請參閱本書第九章。

7　集團生意全線倒閉時，Maria 為了堅守承諾、承擔責任和清還債務，決定放棄宣佈破產、選擇自動清盤；她作出決定時的心路歷程，詳情請參閱本書李曾超群序和第八章第六節。

8　Maria 樂觀、勇於嘗試、不輕易認輸放棄、對未來總是充滿希望和熱忱，詳情請參閱本書第十章。

實踐和堅持的連串經驗所產生。其實人類的文明發展又何嘗不是如此！

「也許，當中一些不平凡的傳奇，並不空虛；相反的，值得紀念和反思。」

第二節 序幕升起

日期：1998 年 4 月 30 日

時間：**下午 6 時**

事件：超群西餅飲食集團清盤記者招待會

講者：集團總裁李曾超群

「我的事業由零開始，今日回到零；零與零之間，我覺得已做得很夠！」停頓了一陣子⋯⋯。

「我是一個好勝的人，不到最後一個關頭，我不會認輸。可是，現在已到了最後關頭，我認輸了！」又停頓了一陣子⋯⋯。

「如果我不堅持到最後，我是不會服氣的，我現在心服了。」

「我是但求無愧於心，為了支撐這盤生意，我和另一股東一次又一次地將私人物業抵押給銀行⋯⋯這七至八年來，我們二人加起來差不多將 9,000 多萬元私人資金注入『超群』，可是到最後仍是得不到員工的體諒」，李太眼中充滿了無奈的唏噓。

「對員工、對餅卡持有人、對供應商，我是感到內疚的。但我必須指出：我已盡了我的心意和能力。我真的不願意欠別人的錢，更不希望他們有損失」，然後，李太再面對著鏡頭：「員工們，我想對你們說，有一些員工以為我們仍在收廠房的租，卻不發薪水給他們。其實，我們的廠房已經抵押了給銀行，公司有好幾年沒有交租了。」

「雖然我是個能屈能伸，提得起放得下的人，但如今，我是很傷感、好唏噓、十分無奈的！」雖說傷感、唏噓和無奈，Maria 並沒有難過得流下眼淚；事實上，她的家人、親友以至觀眾都認為她的發言情理兼備，豁達從容。

這是超群西餅飲食集團總裁李曾超群——熟悉她的人都稱她 "Maria"——在結束她 32 年前一手創辦、後來成為家傳戶曉的超群西餅，於清盤記者招待會開始時的發言。

Maria 發言後，法庭委託的臨時清盤人安永會計師樓代表廖耀強透露：根據清盤人初步計算，超群西餅的流動負債約一億多元，截至 1998 年 3 月的累積虧損為 8,500 多萬元，長期債務 400 多萬元，另外欠員工工資及遣散補償共 2,000 多萬元。而清盤人初步點算的結果，發現超群公司內的保險箱只得 30,000 多元流動現金，加上 4 月 28 日西餅售賣所得的 10 多萬元現金，遠遠不足以支付員工 4 月份工資和 3 月份加班費和津貼，相關支出總數約 300 多萬元。

根據廖耀強的解釋，超群西餅能夠經營到 1998 年 4 月，完全是因為兩位董事每人各注資 4,000 多萬元來支持，否則，經過多年虧蝕，超群西餅一早就會結業。

回顧 1966 年，在超群烹飪研究學院眾多學生的鼓勵下，Maria 創辦了**香港第一間西餅專門店**；其後 20 年，超群西餅的業務伴隨著香港經濟的急速發展而多元化，拓展為超群西餅飲食集團，全盛時期的超群在香港擁有 70 多間分店，八間麵包專門店，兩個製餅工場，也包括七間西餐廳或快餐店，兩間獨立到會服務公司，而超群的西餅在中國港台地區的部分城市、美國東西岸、加拿大多倫多都可以買到。

Maria 在商業上的成就似乎並不止於生意越做越大，錢賺得越來越多，因為世界各地的商業組織或機構、大學或政府，都承認她的成就，從 1984 年到 1998 年，就有超過十個來自世界各地各種不同的榮譽頒給 Maria，包括：成功企業家、國際商界風雲人物、傑出國際商界婦女成就，獲頒商業科學榮譽博士學位，獲英國女皇伊利沙伯二世頒授 M. B. E. 勳銜，獲美國參議院邀請參加 37 週年白宮祈禱早餐會，並獲列根總統及夫人接見；於 1998 年即超群西餅飲食集團清盤的那一年，榮獲摩洛哥頒授「世界最傑出女企業家獎」，並獲雷尼爾親王接見。

可是，這個獲得世界各地這麼多讚譽的跨國商業集團，為什麼會以清盤告終？是什麼原因令它倒閉？究竟 Maria 被稱譽的成就是否名過其實，還是所讚譽的是另有所指？在發言時，Maria 表示她很不願意欠別人的錢，也不希望他們有損失；可是，她卻選擇自動清盤，意味著她要繼續拖欠別人的錢，直到清還所欠下的所有債務；為什麼她不選擇宣佈破產，而無需清還任何債項呢？

從臨時清盤人的初步估算看，Maria 的事業顯然並非於 1966 年的時候「從零開始」，到 1998 年清盤時「回到零」，因為超群西餅清盤時負債一億多元，事實上是由「從零開始」回到一個頗大的「負數值」。對 Maria 來說，這個「負數值」，無論是對公司還是對個人，似乎是一個極大的虧損；可是，超群西餅清盤後數天，新城電台一個廣播節目主持人在她的節目中發起一個餅卡回收行動：「李太熱心公益，我們應該幫她一把。」

率先響應這個餅卡回收行動的是聖安娜餅店，他們於 **5** 月 **6** 日宣佈：一張已作廢的超群餅卡加 20 元可以換取一張價值 12 件西餅的聖安娜餅卡；結果，聖安娜在一天之內便兌換了 50,000 張已作廢的超群餅卡，而最高的兌換紀錄是一個顧客換購 300 張餅卡。另一間將於 **5**

月 12 日開業的王子餅店在同一個電台上宣佈，持有超群餅卡的市民可以致電該電台登記，然後在 5 月 14 日到王子餅店以一張超群餅卡換取六件葡國蛋撻。新光酒樓給凡惠顧 200 元的客人可以用一張超群餅卡代替現金 42 元使用。潮州城酒家的食客可以用一張超群餅卡點叫滷水鵝一客。農場餐廳的顧客可以用十張超群餅卡換取十張價值共 300 元的餐券。電影導演張堅庭送出 2,000 張港產片《全職大盜》的戲票，讓觀眾可以用作廢了的超群餅卡換取戲票。著名歌手葉蒨文透過電台節目表示，只要聽眾能夠說出一個可信充分的理由，她個人願意以 30 元回收一張已作廢的超群餅卡；結果，葉蒨文付出接近 9,000 元回收了 295 張超群餅卡。

這種種反應似乎顯示：超群西餅清盤後的負數值似乎又隱含積極正面的元素；其實，Maria 並不認識這些餅店、酒家或餐廳的老闆，也不認識張堅庭或葉蒨文。是同情心令這些人這麼踴躍幫助年屆 70 歲仍要負債 4,000 多萬元的 Maria 嗎？還是一如新城電台節目主持人所說，Maria 熱心公益，幫助過好一些人，所以，她值得香港市民的幫助？

各方資料顯示：Maria 於 1969 年作出第一筆慈善捐款，幫助東華三院改善小兒科病房的設施；而經常性的慈善捐贈則始於 1980 年代初，到 1998 年公司倒閉時才停止。捐贈的對象涵蓋個人與機構，前者透過在香港政府社會福利署設立的「危疾基金」，去幫助個人有急切需要的貧病老弱孤寡或殘障人士；後者包括慈善機構、醫院或教育機構如大、中、小學；涵蓋地域則包括中國香港、Maria 的家鄉中山和美國。而最令人津津樂道的是 Maria 與著名粵劇花旦王芳艷芬二人同台演出的三次慈善粵劇折子戲籌款 —— 1987 年、1994 年、1997 年 —— 三個晚上的義演總共籌得 4,600 萬元，全數捐贈給香港十個慈善機構、香港醫療專上學院、香港四所大學和群芳慈善基金會。是否這樣的一個持續 30 年的慈善捐贈紀錄，和年紀老邁而背負巨額債項，令這個負數值隱含的正面積極元素浮現出來，還是 Maria 那種擇善固執的無比堅持 —— 不知何年何月何日可以還清，仍以七十高齡堅持背負 4,000 多萬元債項的精神 —— 因為她不願意也不能背棄曾經作出的承諾：「向銀行借貸、答應過償還，怎麼可能不償還？」

究竟 Maria 是個怎麼樣的人，讓人這樣那樣的對待她？

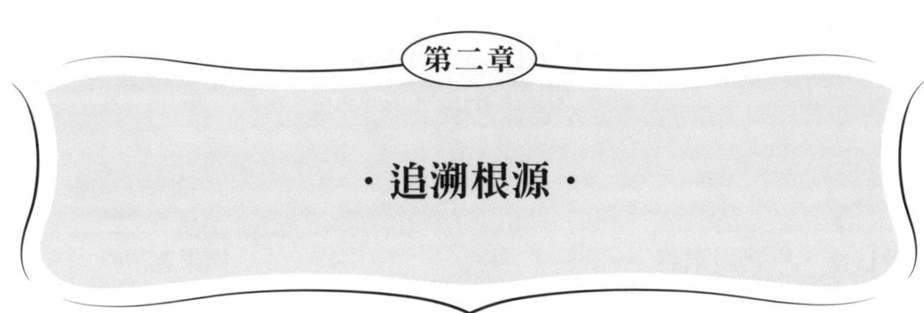

第二章

·追溯根源·

第一節　父系家譜

從曾家族譜和廣州府《香山縣志》提供的資料、Maria 和近親的憶述，Maria 的父系先祖最遠可追溯到 500 年前明朝的曾日富氏與夫人容氏；而母系家譜則可追溯到外曾祖父陳可良先生。[1]

根據曾家族譜的記載，Maria 的父系先祖最遠可追溯到 13 代之前的 1537 年（明朝世宗嘉靖十六年），他名叫曾日富，原籍廣東惠州府歸善縣，商界人士，因貿易關係攜同家人從惠州府遷到廣州府香山縣古鶴村（今廣東省中山縣三鄉鎮古鶴村——即澳門拱北的北面和石岐的南面）定居。

1　第一章的原始資料土要來自易廷鎮教授送給 Maria 的手稿。易教授是 20 世紀下半葉天津南開大學經濟系及歷史系教授，與 Maria 一家相熟；於 1980 年代末為 Maria 追尋家族的根源，花上數月時間到廣州、中山市古鶴鎮和上海蒐集資料，也訪問了曾家幾位年長近親，一共撰寫了 191 頁有關 Maria 和曾家的家譜資料。

曾超群父系家譜

（曾日富，原籍廣東惠州府，於明朝世宗嘉靖十六年生〔1537年〕）
廣東惠州府
曾日富——容氏
攜家人遷居廣州府香山縣古鶴鎮
（長子）曾蘭所（第一代．第一支）
（次子）（名字不詳）（第一代．第二支）
（曾日富卒於明穆宗隆慶三年〔1569年〕）
長子曾蘭所於父離世後，留在香山縣古鶴鎮，為曾家第一代第一支
夫人容氏攜幼子返回惠州府，為曾家第一代第二支
曾協華（第十代．第一支）
曾卓軒（第十一代．第一支）
二女（名字不詳）
長女（名字不詳）
曾廣濂（六子）
曾廣植（五子）
曾廣惠（四子）
曾廣智（三子）
曾廣驤（二子）
曾廣鵬（長子）
曾昭陽（三子）
曾超群（二女）
曾昭遠（長子）
李智康（三子）
李康文（二女）
李德康（長子）

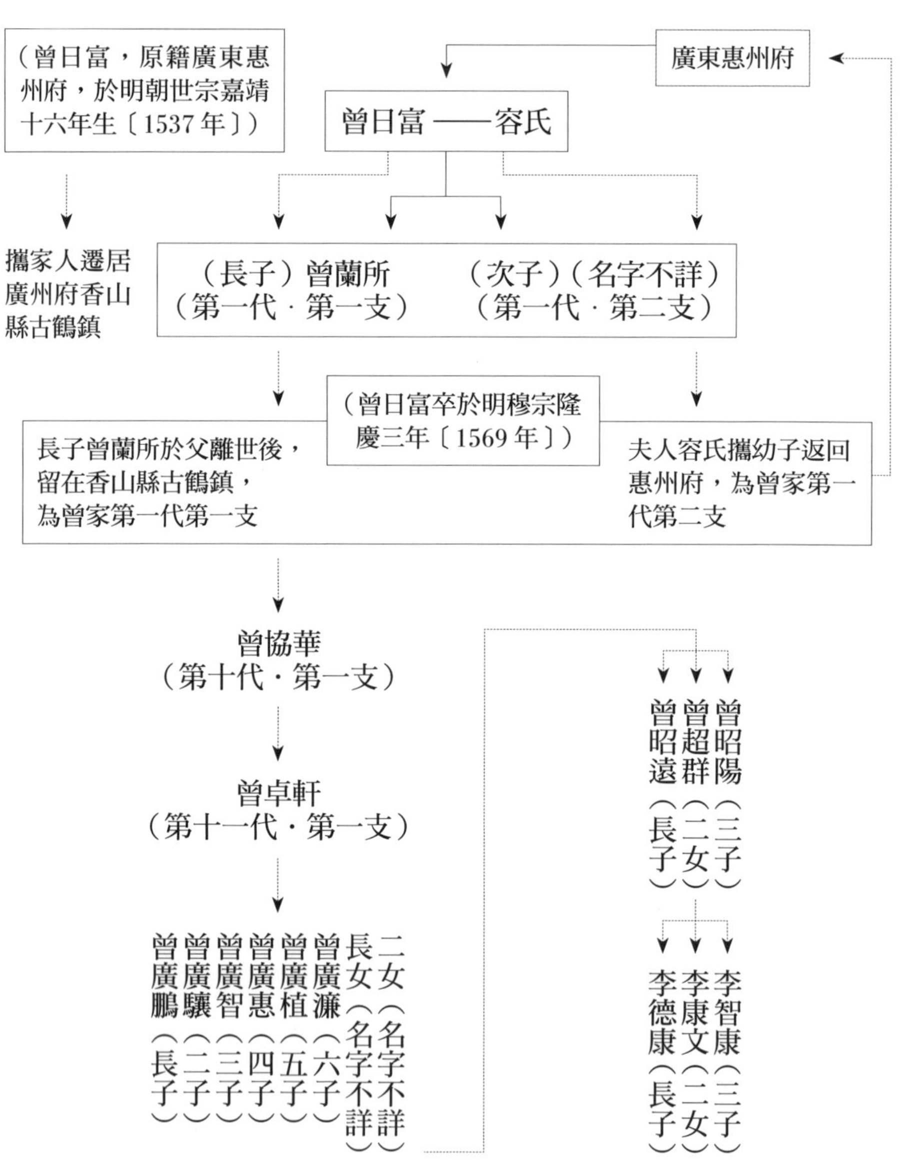

明朝嘉靖年間（1522-1566），葡萄牙人已取得澳門作為對中國和日本進行貿易的基地，而香山縣的石岐市在當時已成中葡貿易的集中地，因此曾日富選擇遷到石岐，定居於下恭鎮的古鶴村似乎是個經過考慮的決定。根據曾家族譜記載，曾日富受過明朝皇帝恩賜登仕郎的九品官階；但他既不是當地大戶，只是從外縣遷來的商人，朝中也沒有族人當官，為一個極邊陲的小市鎮花錢買官位又沒有門路，顯得匪夷所思；加上曾日富是為了進行貿易才遷到香山縣的，因此，朝廷恩賜登仕郎的官階相信跟他在中外貿易的開展上有一定程度的貢獻有關。

1569 年（明朝穆宗隆慶三年）曾日富離世，夫人容氏帶同次子返回家鄉惠州府定居，是為曾家可追溯的第一代第二支；長子曾蘭所則繼續定居於香山古鶴，是為曾家第一代第一支。350 年後，曾家於香山縣古鶴村的第 11 代子弟中，出了一位名聲顯赫的僑商曾卓軒，他就是曾超群的祖父。

曾卓軒的父親曾協華是個木匠，在澳門做雕花木工為生，有六子二女，卓軒為次子。當時謀生不易，收入微薄，一家又食指浩繁，因而生活困苦，曾協華更因此積勞成疾，40 多歲便與世長辭，留下孤兒寡婦；幸得香山府大戶鄭氏兄弟二人同情其遭遇，獲得曾協華夫人同意後，鄭氏兄弟帶同聰明伶俐的卓軒到日本經商，讓他當童僕。

當時卓軒只有十餘歲，到日本後，勤奮好學努力工作，得到鄭氏兄弟的賞識，獲委為茶莊買辦；作為買辦的曾卓軒，做事能幹為人可靠，逐漸在商界建立起自己的名聲；稍有積蓄後便自行開設茶莊，並經營絲綢生意。曾卓軒最初以日本橫濱為他的商業基地，其後將生意地域拓展到神戶，業務範圍則進一步包括出入口貿易，後來更開辦旅館和投資地產。到了上世紀 20 年代初期，曾卓軒已經富甲一方，成為日本赫赫有名的僑商。

卓軒育有六子二女，其中有長子廣鵬，次子廣驤，三子廣智，四子廣惠，五子廣植，六子廣濂；廣植就是曾超群的父親。

根據長子廣鵬的女兒曾雯娟憶述：她幼年時曾住在祖父家中，當時的橫濱宅邸佔地極廣，家人出入會以汽車或馬車代步；進入宅邸大門後有一條長長的車路，引到大宅門前；車路兩旁種滿一排排的鮮花，花後有大樹，排花後面每隔一個短距離便樹立一支燈柱，入夜後照亮長長的車路；屋前屋後都有花園，園中建有一個金魚池、一座假石山、一座噴泉、一座高塔和一個網球場，環境極其優美。

在橫濱，富甲一方的曾卓軒熱心公益，捐贈和舉辦慈善活動多不勝數，他更關心華僑子弟的學業問題，曾捐出巨款創辦一間專為華僑子女而設的大同學校。根據曾卓軒的長孫昭憲於 1990 年的憶述，這所大同學校有一個很大的運動場，當年地方上的運動會和其他體育活動都在這個運動場上舉行；為了順應華僑的習俗，他也捐款興建一座關帝廟。

其實，曾卓軒的公益活動並不限於日本橫濱；約在 1920 年，有一次回到三鄉鎮探望同鄉親友時，他看到古鶴村街道泥濘不堪，交通極其困難，便發起由村人集資修路，不足之數由他全部負起。當時，村人用大麻石鋪路，修築了一條現今仍然相當完好的古鶴村石街；此外，對鄉中有經濟需要的曾姓子弟，他也不斷資助他們的教育費用。

正當曾卓軒的各項業務十分興旺發達的時候，日本發生有史以來最為嚴重的大地震：一個以東京和橫濱為震央的八級大地震發生於 1923 年 9 月 1 日，給震央以外方圓數十哩的地區帶來極大的破壞，除了死亡人數超過 10 萬，傷者不計其數之外，財產損失更無法估計。曾卓軒也沒有例外，他的邸宅、旅館、地產和其他業務也都遭受到極慘重的損失。目睹自己苦心經營多年的產業被毀於一旦，曾卓軒懷著十分傷感的心情回歸闊別多年的故鄉。

回到三鄉鎮後，一向熱心公益的曾卓軒沒有閒下來多久便投入建設家鄉的活動：他出資建祖屋、築祠堂、捐贈 40 畝田地給曾家祠堂作春秋兩季祭祠的費用，並捐出專款，在村口放置茶水方便來往行人旅客。他關心鄉里，樂善好施，贏得村人普遍稱頌。

可是，三鄉鎮的商貿活動似乎仍未夠頻繁活躍，因此，充滿魄力、活動能力強和腦子仍然充滿投資意識的曾卓軒並沒有待在三鄉鎮太久，便選擇去上海定居。

在 1920 年到 1930 年代之間，上海人口已經有 300 多萬，不僅是長江流域，並且是全中國最重要的一個商業、金融業、工業和東西方各國經濟文化交流的現代化城市；顯然，曾卓軒選擇去上海定居，並不是一個偶然的決定。事實上，當時很多廣東人都往上海發展，且在不少行業中嶄露頭角：如經營先施百貨公司的馬家、永安公司的郭家、大新公司的蔡家和南洋煙草公司的簡家等；辦洋務方面則有陳潤東、陳冠一和陳雪佳等。陳雪佳的父親很早便擔任英國太古洋行的買辦，陳雪佳的長子陳康齊於 1934 年當宋子文創辦中國建設銀行時，就是主要股東之一，後來並擔任宋子文的秘書長，在中國金融界舉足輕重。陳雪佳先生就是曾超群的外祖父，超群的母親陳鳳瓊便是雪佳先生的長女。

不過，上海自從 19 世紀末已經發展為三個政治、法律、社會、文化和經濟都有差異的地區 —— 公共租界、法國租界和一般中國人地區 —— 可以說是軍、政、商和黑白二道都交叉混雜，社會動亂頻仍，卻又是繁榮富裕的大城市。在經歷了一些投資挫折後，曾卓軒決心脫離十里洋場的紛亂，在上海作寓公安享晚年，至 90 歲才與世長辭。

第二節　母系家譜

曾超群上三代家譜

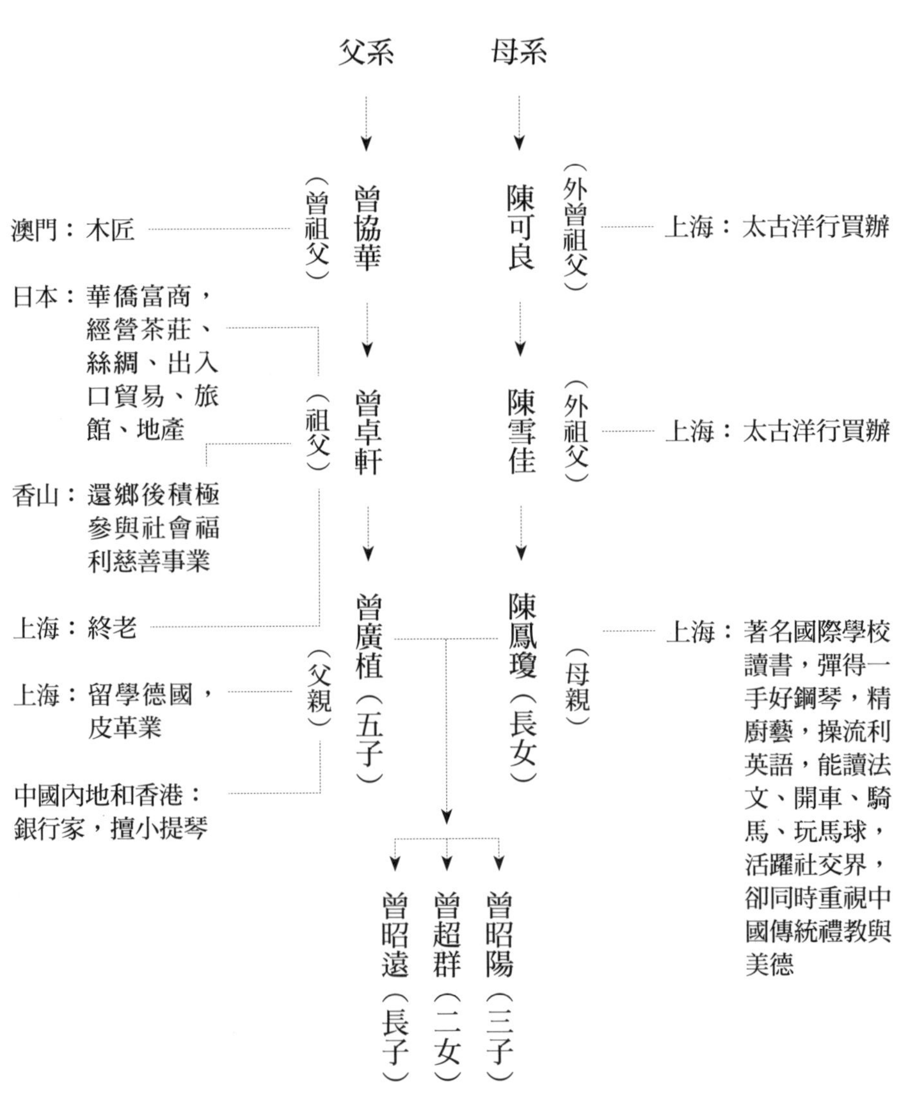

曾超群的外祖父陳雪佳當時在上海國際貿易和航運界佔極重要的地位，根據超群的舅父陳康齊的憶述，陳雪佳的父親陳可良當時已是上海的太古洋行買辦，熟悉進出口貿易、國際航運和金融業務。陳可良有七子二女，陳雪佳為第三子。陳可良去世後，太古洋行最高管理層挑選了陳雪佳為接班人，造就父子二人相繼擔任太古洋行首席華人經理的佳話。

接任買辦職位後，陳雪佳長期主持太古洋行的業務，深受中外同事的尊敬。從保存下來太古洋行全體員工的合照中，可以看到陳雪佳每次都坐在最主要的中央位置上，而旁邊是英國董事局主要成員和外籍經理，可見其地位舉足輕重。當時太古洋行擁有很大的船隊，經營不少進出口的業務，是英國在中國最大洋行之一。

陳雪佳住在上海舊法國租界霞飛路，是當時上海高級住宅區中最富麗堂皇的宅邸之一。大門後面是一片綠油油的草坪，草坪後面是一座巨大的噴水池，然後又是草坪和小樹叢。進入大門後，左右各有一條行車碎石路，兩旁是整齊的常青樹，汽車進入大門後還要行駛一段相當長的時間才到達住宅的主樓。進入主樓大門後是一個佈置得富麗堂皇的中廳，中廳兩邊各有一個偏廳，一個是西洋風格，全部是英國古典與現代的設計；另一個是中式風格，全部家具都是紅木製造，上面以貝殼鑲嵌出各種人物花草，其中一套八仙桌椅，上面雕有極其精緻的龍鳳呈祥圖案，據說這套八仙桌椅的傢俬曾參加 1917 年巴拿馬博覽會的展覽，備受讚譽。

陳家大宅的後院有兩個硬地網球場和兩個草地網球場，可以想像：經常在這四個網球場上運動、打球和社交的，顯然並不只於陳雪佳的子女，也包括跟陳雪佳有商務往來的客戶和好友；年青一代的子女和他們的同學和朋友，當然也常常在場上發球抽擊奔跑救球。據 Maria 的舅母陳康齊夫人的憶述：Maria 的母親陳鳳瓊就是網球場上好手；即使婚後還常常於週末回娘家打球，而經常的對手就是堂嫂陳康齊夫人，常常打得難解難分。

除此，陳家宅邸也是當時上海中外工商界社交中心，每年總會有一次兩次在家中大廳舉行舞會，而中廳或偏廳也常常是宴會的場所。令陳康齊夫人印象最深刻的一次舞會，是 Maria 的爸爸曾廣植和媽媽陳鳳瓊結婚一週年的宴會 —— 當時，Maria 仍未出生，她只能從親友中耳聞母親在娘家舉行那次舞會的盛況。

Maria 的爸爸曾廣植是曾卓軒的第五子，曾留學德國，專習皮革製造，回到上海後創辦一間皮革廠，在上海實業界初露頭角，被認為是明日之星；不久，曾廣植被委任為郵政儲金匯業局局長一職，因而帶同夫人鳳瓊、長子昭遠和二女超群（Maria）離開出生與成長的上海，移居南京。

陳鳳瓊是陳雪佳的長女，亦是他的掌上明珠，活躍於上海社交圈子。鳳瓊與廣植的相識相愛與結合，成為城中佳話。

根據陳康齊夫人的憶述，第一個結婚紀念日的舞會當日，草坪上搭起了一個不高卻很大的木板舞台，柔和的音樂，五彩繽紛的燈籠，穿著禮服彬彬有禮的男士們和衣飾非常華麗的女士們在台上翩翩起舞。一對年青的主人家，男的倜儻瀟灑、女的秀麗高雅，在樂隊伴奏中輕盈漫舞，更成為全場焦點。台下草坪上的男傭工，身穿白衫黑褲，白襪黑布鞋，褲腳縛緊，頭髮梳得順滑緊貼，單手托著盤子，上有四至五隻內載雞尾酒或果汁的刻花玻璃杯，端到賓客面前，讓客人選擇。「無論是跳舞台上的羅曼蒂克，或是台下草坪上社交酒會中互相高調地遙遙問好、或低聲耳語，景象都十分深刻，好像電影片段，令人不容易忘記。」

在上海長大的陳鳳瓊，中學時在貴族私立女子國際學校（McTyeire

School）讀書，[2] 主修「家政」（Home Economics），英語是教學語言，是必修科目，每位學生必須在英文以外選讀另一種外文，鳳瓊選讀法文，中文則在家中跟私人補習老師學習。由於陳家詩禮傳家，重視中國傳統文化，故此，鳳瓊本人對中國的詩詞歌賦也十分熟悉；另一方面，當太古洋行買辦的外公邀請銀行界高級管理人員或經理級員工到家中參加花園派對時，當中少不了會有一些西方或英美人士，能操一口流利英語的鳳瓊便常常充當外公的翻譯。

根據 Maria 的憶述，母親陳鳳瓊性格外向、活潑好動爽朗，年輕時已經懂得駕駛汽車、騎馬和玩馬球，有音樂細胞，彈得一手好鋼琴，常作公開表演，也常獲稱讚，是音樂會、西方歌劇和講座的常客，是社交界年輕貌美的風頭人物。更是烹飪高手，[3] 充滿愛心和憐憫心腸，有空時會到孤兒院探望小孩。

陳鳳瓊雖然在上海長大，卻是在國際學校讀書，思維比較洋化，但家庭的薰陶卻令鳳瓊謹守中國傳統禮教和重視中國傳統美德。對於 Maria 來說，母親鳳瓊是中西文化融合的典範，既尊重子女的自由選擇和興趣，也重視和教導子女以中國傳統的禮儀和美德去待人處事。[4]

跟陳鳳瓊來往親密的堂嫂，也就是 Maria 的舅母陳康齊夫人，有這樣的觀察：「超群很像她的母親！」

從 Maria 的祖父和外曾祖父以降，曾陳兩家族譜的記載似乎顯示了一些先祖輩共通的特徵：從事商業貿易或實業活動；從事的商貿活動都

2　就讀於 McTyeire School 的學生都是名門閨秀或富家女兒，宋美齡當時便是陳鳳瓊十分友好的同級同學。

3　Maria 的母親陳鳳瓊於 1953 年移民美國，定居加州。不久便出版烹飪專著 *Chinese Cooking Made Easy*，相信是第一本以英文撰寫的中國食譜；此書於 1965 年獲 Charles E. Tuttle Co.: Publishes 在美國和日本同步重印出版。

4　有關 Maria 如何受母親鳳瓊和父親廣植教導，特別是童年時候和抗戰走難的日子，詳情請參閱本書第三章、第四章和第五章。

有開拓或創新的元素；從事的商貿活動都是跨境或跨國的；都積極捐贈並參與社會福利慈善活動，而這四項特徵似乎都能夠在第四代的 Maria 身上發現一些痕跡或影子，究竟是不是 Maria 從出生時便在基因裡承接了父母或先祖輩的影響，還是她於童年時性格初步形成的過程中、少年時跟隨父母走難的日子裡、或接受正規教育或是非常規的自我學習過程中，一個個人的選擇？

不過，父母對 Maria 的影響於 1950 年代初便已停止。父親曾廣植於 Maria 婚前已罹患肺病，為了尋求有效的治療方法，父母於 1950 年飛往瑞士，一邊接受治療，一邊在寧靜的環境中療養；但不久，廣植便與世長辭，母親陳鳳瓊帶同丈夫遺體與 Maria 飛往美國西岸洛杉磯，在大兒子昭遠的家中稍作安頓，然後辦理殯葬事宜。廣植的遺體後來安葬在洛杉磯的福樂紀念墓園（Forest Lawn Memorial Park），而鳳瓊也在同期移民到美國，在大兒子附近的一幢公寓安享晚年，於 1967 年 5 月 6 日辭世。

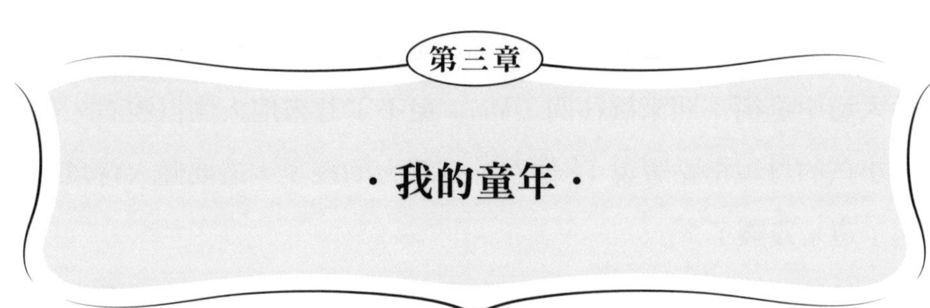

第一節　固執、倔強和好勝的性格初成

(一) 掙扎於先天缺陷

Maria 五至六歲之間，任職郵政儲金匯業局局長的父親從南京調職到廣州；不久，即發現 Maria 日漸消瘦，易感疲累，而毅然求醫。經醫生檢查診斷後，證實患有先天性心臟缺陷的心律不齊，不應過分操勞。

根據 Maria 的憶述，父母對這顆掌上明珠突現可能喪命的惡疾，感到難以理解，無助、無望與無奈充塞心頭；而信奉基督教的母親，更不斷祈求上帝的憐憫與眷顧。

因父親工作調配關係，Maria 舉家再從廣州遷往香港；最初，Maria 就讀於嶺南附小，其後為了往返方便而轉讀嶺英中學附屬小學。

其間，Maria 必須定期往心臟專科醫生的診所跟進病情，每天定時吃藥，並須每週打針增強身體抵抗力。Maria 遵從醫生的囑咐，避免過度勞累；而每次外出或上學時，必有一位年輕力壯的女傭背負著。

兩年後的一天，七至八歲的 Maria 被女傭背著，跟母親在港島中環皇后大道中逛街；熙來攘往間，Maria 免不了惹來他人側目觀看，更有拖著小孩的母親指點著說：「你看，這麼大的孩子，還要傭人背負，是患病了還是殘廢了？」

此等情景，令 Maria 感到十分難堪無奈，忐忑不安，自尊受損。可是這種有苦自知而無法申訴的處境，卻在過去兩年每次外出時都會發生；而每次面對這種目光或注視，Maria 的內心都不由自已地回應：「我就是這個樣子，我不喜歡你這樣看我！」回家後，Maria 不再需要傭人背負，她會不斷告訴自己：「我必須堅強面對，我要尋找出路。」

這種自以為是的逞強、我行我素的固執自信、不屈不撓的堅持和不認輸的性格特徵，其實早於南京的幼年時期已經萌芽。

（二）廬山避暑

Maria 三至四歲的時候，父親從上海調職到南京，當時母親已接近產期，故行動不便。因此，父親下班後常常背著 Maria 逗她開心。可是，父親每次逗她開心的時候，總是不忘叮嚀一句：「媽媽好快便生孩子了，你要聽話，不要惹她生氣啊！」

對於這句因愛惜母親而發的叮嚀，Maria 當然沒有還嘴，內心卻懷著不明的怨忿：「父親為什麼如此不公平，總是指著我而不叮囑哥哥？而且，我並沒有不聽教啊 !? 」

自四歲到六歲之間，Maria 一家住在南京。這幾年間的夏天，曾家會連同至親好友，攜眷往廬山避暑；六至七位表兄弟姊妹，每天都會聚集在一起，隨處亂跑，攀山涉水，爬樹捉蟬，何等自由奔放，其樂無窮。

一天，Maria 忽然出鬼主意，建議大家比賽，看誰可以捕捉到最多夏蟬。為了獨佔鰲頭，Maria 不停地往樹上爬，從這棵樹爬到另一棵樹上，務求搜捕到最多的獵物，全然忘記了危險。

回家後，一眾小孩躲在睡房內，將門窗緊鎖，然後數算出誰獲勝，結果由 Maria 勇奪冠軍；數算過程中，卻讓捕捉到的夏蟬全部逃脫。一時間，群蟬急飛逃命，眾小童忙亂追捕，蔚為奇觀。夏蟬鼓翼的響聲、急飛逃命撞到門窗的雜聲和孩子尖叫的歡聲，卻驚動了幾位母親；急促拍門和開門之後，群蟬被自然光吸引，爭相從門口飛出，正好撞到眾母親的身上、頸上和頭上，引發更多驚恐與責罵聲。

疾言厲色的訓誨之後，Maria 仍然反覆思量：「究竟捉回已搜捕到的夏蟬有什麼不對呢？」

除了捉蟬以外，往山中溪澗玩水是小孩們的摯愛。那天烈日當頭，涓流不息的溪水，處處透出清涼。小伙子們來到溪畔，二話不說，便不分先後地跳進溪水裡，享受著酷暑裡溪流沖著皮膚的清涼快感。

忽然間，他們都看到不遠處有幾隻大西瓜，浮在溪水上飄來飄去。Maria 和一眾表兄弟不約而同涉水到那邊，將西瓜當水球般滾動著推來推去。得意忘形之中，「砰」的一聲，一隻西瓜撞在溪邊石上，裂成幾塊。眾表兄弟立時嚇得呆若木雞，不知所措，互相對望。不知是誰，首先發難，大喊一聲，眾男孩都趕忙爬回路面，拔足狂奔，卻獨留 Maria 一人，垂涎著浮在水面上大塊大塊的紅紅西瓜。[1]

四顧無人下，Maria 並沒有等待多久，便順手拿起其中一塊往嘴裡塞；正在享受著滿口清甜爽脆的西瓜時，耳邊已響起母親的呼喚聲。正

1 西瓜在廬山並非名貴水果，水果檔旁的路邊，常常會見到堆成小山丘似的大大小小的西瓜，任人選購。西瓜受太陽長照會變熟，故賣瓜者常將西瓜放在附近溪澗內，使之吸收溪流涼氣。

要把手上最後一口西瓜送進嘴裡，母親已把西瓜搶過去，遠遠地丟到山邊，並將 Maria 拖回岸上，一邊走一邊大聲叱責。

Maria 卻是滿腦子問號：「我們不是常常在溪澗裡涉水玩耍嗎？我們不是經常吃西瓜嗎？母親為什麼這般生氣？究竟我錯在哪裡？」

在廬山度假避暑期間，每天都有下午茶的時間；每到下午 4 時，一隻母羊會被牽到大門口，眾表兄弟姊妹會按照慣例，由小到大排隊自己去擠羊奶飲用。[2] 由於擠羊奶要用手力，年幼者多會手力不足，故排在後面較年長的表兄可以幫上一手。

這一天，當輪到 Maria 擠奶時，卻因為她的年齡是第二小的，又是女兒家而力有不逮；而較年長的表兄和胞兄都視若無睹，或旁觀譏笑，或拍手叫囂，自得其樂。

Maria 知道他們在戲弄她，要她低聲哀求才肯施以援手。可是，倔強好勝的她卻不甘啟齒求助，更不願意讓他們窺透自己內心的狼狽；故強裝用力的時候，卻慢慢深呼吸，凝聚全身力量於雙手，突然間發盡全身力量強擠母羊乳房；大概是用力過猛，Maria 身體失去平衡而摔倒在地上，而羊奶被強力擠出後直射到剛伸頭下來做鬼臉的二表哥臉上。

那實在是個十分滑稽的情景：年幼的 Maria 坐在地上，裝模作樣地擠羊奶；在旁的二表哥滿頭滿臉都是白色的羊奶，而其他表兄姊們都跑去向母親告狀。

母親出來了，稍年長的表兄們都以手指指向 Maria，意思是這是 Maria 闖的禍。此刻，Maria 知道不能坐以待「屈」，雖較年幼，卻必須據理力爭：「他們恃大欺侮我，不但不幫助我擠羊奶，更嘲弄我，現在還

2 廬山山上沒有乳牛，只有母羊；傳統說法認為擠出即飲的熱奶對人體最有益處。

捏造謊言，要累我受罰。」

母親看到 Maria 如此理直氣壯，振振有詞，再四顧默然低頭的眾表兄姊，已知大概。教訓了眾人之後，母親蹲下身，跟 Maria 一起擠羊奶，並說：「Maria，你常常闖禍，都因為你太固執、太好勝了。你知道嗎？固執令人處事不夠靈活，凡事沒有商量餘地；好勝雖然可以是向前向上的動力，卻容易盲動，引致失敗。」

對母親的教誨，Maria 其實只是一知半解，可是，她記住了。而令 Maria 記得更牢更久，甚至影響她一生的是「解開五個毛絨結」的故事。這個給 Maria「極大啟迪」的「母女互動對話」，跟「擠牛奶」事件，同樣發生在同一年避暑於廬山的夏天：

這一天，表哥們都不知跑到哪兒去了，Maria 便走到母親的房間，看看有什麼可以解悶的玩意。當時，母親在編織毛衣，便很自然地說：

「我教你編織毛衣，好嗎？」

「你已經在教我彈琴，爸爸又教我象棋，我又要讀書，讀書之餘又要我寫詩畫畫，我不要學……！」

「多學一點，不是很好嗎？」

「你要我學的實在太多了，我應付不來，我不要學！」

看到女兒抗拒的模樣，母親便從容地從毛絨球上剪下一條長長的毛絨線，並在上面打了五個鬆緊不一的結，跟著遞給 Maria：

「你可以把這五個毛絨結解開嗎？」

「你剛剛才叫我學習編織毛衣，為什麼現在又叫我解開毛絨的結呢？」

「我這樣做是有原因的。我知道你心中有不少難以解開的『為什麼』。你試著把五個結解開以後，我會詳細告訴你為什麼！」母親用一種神秘的語調去鼓勵女兒尋找答案。

一向固執逞強的 Maria，想也沒有想便從母親手中接過絨線，很快便把鬆鬆的毛結解開；可是，剩下的三個結，卻困難得多：絨線纖幼而結打得很死，外圍的絨毛卻又十分鬆散，遮住了視線，找不到鬆解的方向。Maria 先用指甲尖，也嘗試用牙齒，都不成功；洩氣的 Maria 坐在那裡，一言不發，越想越氣，「我不要再做啦！」便把絨線丟在地上。

母親溫柔地把 Maria 擁進懷裡，用母親獨有那種充滿愛的眼神，打量著極其沮喪的女兒：「你要不要再試試用刺繡的針來挑鬆打死的結？」

聰慧的 Maria 眼球不停轉動：「為什麼我想不到這個方法的呢？」手已經伸出去要從母親手上接過刺繡用的針。

母親拿著針的手卻很快地縮回去，「你要很小心啊！這根針是很尖銳的、會刺破你的手、會流血的，你還要慢慢地、仔細地、在不同的地方插進去，往不同的方向挑動……。」母親握住 Maria 的手，重複地教導著女兒怎樣握針、嘗試從不同的地方和方向挑動。

一般情況下，急性子、脾氣暴躁的 Maria，是不會有耐性去做一些似乎沒有成功機會的事，更不會有毅力去堅持一些似乎不可能完成的事；可是，逞強、好勝和不服輸也是 Maria 的一部分；加上那份源源不絕、永不放棄的母愛所流露出來的溫柔鼓勵，Maria 那天從下午到黃昏，再到晚上，一直跟那條打著五個結的毛絨線鬥爭糾纏：丟掉了，再拾回來；放棄了，再堅持著。結果，Maria 終於把五個毛絨結都解開了，那是翌日下午的事。

回顧多年前這段往事，Maria 的耳邊仍響起母親不絕如縷、重複著的叮嚀與鼓勵：「人的一生長如毛絨線，漫漫長路上會出現 5 個或者 50 個困難或挑戰如毛絨結；要成功抵達終點，你要有耐心和毅力去嘗試並堅持，絕不言休，永不放棄的去面對挑戰，克服困難；跌倒了，可以再站起來……。」

（三）學習儀態：從任性魯莽到溫婉斯文

因國家政局不穩，父親於郵政儲金匯業局的工作地點會因時局變化而被調動。在上世紀 30 年代的中國內地，這種覆蓋全國範圍的調動是常見並且可以說是頻繁的。因此，在短短幾年間，Maria 隨著父親工作地點的改動，先從上海遷到南京，再從南京移到廣州，最後於七歲時搬到香港，在那裡停留了六年，完成了她整個小學的課程。[3]

到 1941 年 6 月，Maria 從嶺英中學附屬小學畢業；同年 12 月 8 日，日本侵襲美國夏威夷州的珍珠港，17 日之後，日本軍隊進佔香港，開始了香港三年零八個月的「日佔時期」。

為逃避戰亂，Maria 一家在其後的四年裡不斷遷徙，從香港遷到澳門，再從澳門逃避到廣西的桂林和八步，到第二次世界大戰結束時轉赴廣州。[4]

在香港的頭三年，Maria 的心臟病情並沒有惡化，但仍要定期檢查和打針，仍要每天定時食藥，也就是說，每次上學或出外的時候，Maria 仍要女傭背負，仍要面對那些令她極不愉快的目光。

在學校裡，體育課是最令 Maria 感到無聊苦悶和不快的一課；因有醫生證明，Maria 的體質不適宜劇烈運動和過分勞累，因此，每當上體育課的時候，Maria 只能呆坐操場一角，看著一大群興高采烈的小朋友打球、跳繩、踢毽子、到處追逐奔跑呼叫。

當此時刻，Maria 只能輕嘆奈何，而此景此情，不斷重複著，直到十歲的那一年，那一天，同樣是體育課的時刻，Maria 同樣坐在操場的

3　Maria 在國家政局不穩和戰亂中接受教育的過程，可以說是零星、斷續和不完整的，詳情請參閱本書第五章。

4　關於 Maria 如何在戰亂與逃難中受到各種磨煉成長，詳情請參閱本書第四章。

同一個角落。

突然間，有人呼喚 Maria 的名字。她抬頭看見雅儀同學邊叫邊走，朝自己坐的角落走過來。「不要再呆坐這兒了，跟我們一起圍圈拋球吧！不會太劇烈的……。」話未說完，已將 Maria 拉到一群同學中。不久，拋球變了踢球，Maria 在不知不覺間忘我地又踢又跳，更跑起來。

不知不覺間，體育課的時間過去了，老師要求各項活動必須立刻停止的哨聲響徹操場。Maria 才如夢初醒地停下來，發覺汗濕滿身，但心臟跳動並未見異常，反覺身心輕快。

那是從未有過的經驗，令 Maria 深感奇怪。

次日，在離家返校的初期，Maria 嘗試將這種奇怪的經驗延伸到徒步走路返校的路程中，看看走路引起的疲勞，會不會對心臟跳動有不良反應。於是 Maria 叫女傭不用背負她，讓她做一次實驗。女傭害怕出事，怎樣都不肯答應，但敵不過 Maria 的決心和苦苦哀求，於是讓步了，但協議彼此都不能將此事洩露。

如是者，日復日，月復月，Maria 的健康大有進步：不單胃口大開，食量驚人，體重增加，精神也飽滿了。母親高興極了，卻大惑不解。這時候，Maria 才將真相告訴母親。母親不但沒有責備，且擁著女兒，喜極而泣：「上帝聽禱告，上帝聽禱告；祂把你醫好了！」

Maria 知道自己體質無須顧忌劇烈的活動之後，昔日初現於南京和廬山的逞強，固執與不認輸的性格，漸漸化身為罔顧校規的霸道欺凌行為，出現在校園課餘活動之中。有這麼一次：下課後等待女傭期間，Maria 在操場的盪橋上，獨個兒享受著空中飛翔的快感；興趣正濃間，另一位女同學突然出現，並跳上盪橋，並肩搖曳。這時，一種無名怒氣湧上心頭：「是誰闖入我私人享受的時間和空間內？」

沒有任何警示下，Maria 便毫不講理地把這位女同學推下盪橋，令她跌在沙地上翻滾。對方並沒有示弱，立時再跳上盪橋，跟 Maria 拉扯推撞。兩人不久即跌下盪橋，繼續在沙地上，如瘋狗般亂抓亂咬；校服被抓破，手臂被咬傷，滿身沾滿泥沙。這時，女傭來了，目瞪口呆地大叫：「發生什麼事？」

兩女孩視若無睹，繼續在沙地上鬥勁打滾，扭作一團。最後，終由女傭將二人強行拉開，並迅速地一邊將 Maria 拖走，一邊將她身上的泥沙拍去。

回家後，母親的嚴詞責備是免不了的。可是，這次跟過去很不一樣：以前責備以後，很快便再歡顏相對，而這次在學校打架之後的幾天，母親一直都悶悶不樂，臉色凝重。內心蹺蹊的 Maria 覺得奇怪：「這幾天我都在自我檢討，自問再沒有越軌行為啊！為什麼母親這麼不開懷？」

又過了幾天，母親把 Maria 拉進房間，語重心長地說：「Maria，你現在已經開始慢慢長大了，不應該再像一個『男仔頭』，又跳又叫又打架，一點女兒嬌態都沒有，成何體統？我已經決定了，從明天開始，每星期兩次，有導師來教導你學習儀態，你必須用心學習淑女應有的行為舉止，學文靜、學斯文。」

十歲不到的 Maria，靜靜地聽完母親的訓誨，仍然不太明白：「我不是女兒家嗎？為什麼要學做淑女？淑女是怎麼樣的？儀態又是什麼？學了又有什麼用？」這些仍未有答案的問題，令 Maria 如墮五里霧中，一種莫名的抗拒，從心中湧起。「我不要學！這跟學校功課無關，為什麼要學？」

「你看，你的任性脾氣又發出來了。學儀態就是要矯正你的任性、魯莽和不羈」，母親循循善誘地說。

翌日，導師來了。根據 Maria 的憶述，這位教儀態的導師完全不像學校裡面一本正經的老師。這位蠻漂亮的女士，臉上充滿笑意，一見 Maria 便笑著問：「小妹妹，你很漂亮啊！」Maria 覺得很奇怪：「這不正是我要對她說的話嗎？為什麼她會把我想要說的話先說出來呢？」

Maria 正在納悶之際，她已經說：「我們開始上課吧！」開始的時候，導師首先講「玻璃鞋」的故事。她講故事很動聽，有節奏感，也有表情，一舉手一投足都像在演戲，Maria 很快便被吸引住，投入到故事的內容裡面，覺得灰姑娘很可憐。多年後，Maria 才了解到：這就是美態。

故事講完了，儀態課程第一講就是學習如何有美態地坐下來。導師先囑咐 Maria 走向沙發坐下來，Maria 卻馬上撲向沙發，再蹦坐下去，兩腿岔開伸直，形態恰似一個「大」字。導師眉心皺了一下：「沒想到你這麼活潑好動！」

然後叫 Maria 從沙發站起來，伸直身體，兩腿並排貼近，慢慢坐下，並排貼近的兩腿再一起慢慢擺向一方。對於這個動作，Maria 完全不習慣，感覺非常不舒服，擺了大半天都不成功；擺對了又不能維持多久。故此，不停地將穿在小腳的皮鞋互相踢撞，發出「卜卜」的響聲：這原是 Maria 平常上課感到沒興趣的時候，用來解悶的玩意，為的是要引起全班同學的注意。

可是，Maria 這種任意妄為的習慣與個性，在儀態導師細心和耐性的示範訓練下，卻慢慢被糾正過來。五個月之後，Maria 恍似脫胎換骨，變成另一個人似的：最明顯的改變是走起路來，不再蹦蹦跳跳；坐下時腰背筆直，兩腿膝蓋會自然合併起來。回到學校，同學和老師都感到奇怪，為什麼 Maria 在短短幾個月之內，可以從任性魯莽，變得溫婉斯文？

上完最後一課的時候，導師講了一句到今天還是深深刻在 Maria 心版上的話：「你是個非常幸運的小妮子，因為你有一位要把你訓練成為淑女的母親！」也是這一句話，影響了 Maria 以後一生如何待人處事。

其實，一個人在年幼成長過程中形成的個性特徵，雖說不容易改變，卻也不是一成不變的。

第二節　與烹飪結緣

如果說，Maria 是上世紀下半葉香港的「西餅皇后」，相信那個時期的香港人是沒有異議的了。[5] 可是，她於 1958 年開辦了可能是香港第一間烹飪學校，運作近 30 年；於 1967 年成為香港第一個電視烹飪節目的主持人，為無數家庭主婦介紹中西各地菜式和中西糕點，播足八年；而出版的食譜就接近 30 本。[6] 可見，若稱她為教授烹飪的專業人士中的「老前輩」，相信也不為過。

可是，她是什麼時候開始對烹飪產生興趣的呢？

據 Maria 女兒李康文憶述，Maria 對烹飪的濃厚興趣來自她的母親陳鳳瓊，而康文的外祖母早於 50 年代便在美國出版英文食譜 *Chinese Cooking Made Easy*（《中菜烹飪大全：簡易版》）；而 Maria 在她出版的食譜中也屢次提起：「自幼秉承先母傳授各地名菜之烹調原理及秘訣。」因此，祖傳影響應該是毫無疑問的了。

可是，究竟是什麼時候、什麼處境，促使這位家中有傭人，廚房有專任廚師的 Maria，對烹飪的興趣提升到要走進廚房下米煮飯，切菜

5　詳情請參閱本書第八章。
6　詳情請參閱本書第七章。

炒餸呢？

根據 Maria 於 1999 年末設立的個人網站資料，[7] 她第一次入廚是發生於她四歲到六歲期間，跟家人與親友到廬山度假避暑的一個夏天、一個下午：

> 這天很無聊，表兄們都不歡迎我（這個女孩子）參加他們的遊戲；正在納悶，忽然見我家（廚房）大師傅買菜回來，手上挽著兩個大菜籮；好奇心驅使我走過去看看他買了什麼東西。只見籮內裝滿了各種不同的蔬菜和肉類、魚及其他很多醬醋等食糧；當時我聯想到飯桌上美味的菜餚，覺得很神奇⋯⋯。

那一刻，Maria 想起幾天前，隨表兄們山上玩行軍打仗時跌倒，擦傷臉頰與膝蓋，為 Maria 清洗傷口的是十分疼惜她的世交唐伯母，邊呵護邊搽藥水的唐伯母曾這樣說：「你這個年紀，活躍好動，本來是很自然的。不過，也應該多做些女兒家該做的事，比如到廚房去看看大師傅如何煮飯做菜，請他教教你，長大後也許會喜歡廚房的工作⋯⋯。」

雖然 Maria 並沒有完全明白唐伯母的話：「什麼才是女兒家該做的事？為什麼她希望我長大後喜歡廚房的工作？我為什麼要喜歡廚房裡面的工作呢？」但 Maria 沒有追問，因為 Maria 十分喜歡聽她的話，總覺得她所說的話，都有道理。

⋯⋯於是，Maria 嚷著要大師傅教她煮飯炒菜，也不理會大師傅的反應，高高興興地跟著進廚房去⋯⋯。

7　<www.marialee.com>，2000 年 3 月 17 日、29 日和 4 月 6 日。

「大師傅開始將他買回來的食物處理，先將菜蔬洗乾淨，然後分門別類地切、剁或摘。蔬菜整理好之後，就是處理魚肉類，我看著他在工作，洗洗切切，手法很純熟；但我不明白為什麼他會用不同方法去預備不同食材。於是我不停地發問，他亦不厭其煩地一邊做一邊解釋。

「後來大師傅將鹽撒在魚及肉上面，再用手在上面揉搓；我覺得奇怪，於是問為什麼？他的回答是：『天氣太熱了，又沒有冰櫃，如果不放鹽醃著，那些肉類會很容易變壞發臭。』

「那麼，抹了鹽的肉為何不會變壞和發臭？」這問題卻難倒了大師傅：「我都不知道為什麼。」

「你不知道，又為什麼要做？」這下子，大師傅開始不耐煩了：「不要問這麼多啦！出去玩，不要妨礙我煮飯。」Maria 當然不依，仍然纏著他東問西問。

「……他開始煮飯了，看著他放些米在鍋內，洗一洗，倒些油又倒些鹽在米裡面，再將這米鍋放在一旁，然後開始在爐灶內生火。（當年）在廬山這些偏僻的地方，都是用木柴煮飯；火旺了，他把一個鑊放上去，然後把剛才切好的菜加油鹽炒一炒，看來很容易又很快……菜炒好放在一個大碗內，然後大師傅用很熟練的手法，在水缸內盛了一些水（因為沒有水喉設備）倒入米鍋內，（並將米鍋）放在爐灶上，再加上蓋……然後他在另一爐灶煮其他菜式，我還記得有栗子燜雞、冬筍燜五花腩……他一直沒有停過手，最後我看見他把米鍋打開，再將剛才炒好的青菜，隔去水分，倒入飯內拌勻，再加上蓋，然後將柴枝（從灶內）拉了出來，但灶內還有一些火光……（其實是在焗飯了，當時他煮的是上海人愛吃的菜飯。）看了半天，我發覺煮菜飯最簡單容易。我相信已經學會了煮飯。」

到晚飯時，母親跟 Maria 說：

「怎麼老半天不見了你？……。」

「我跟大師傅學煮飯。」

「什麼？學煮飯？你學到了什麼？」

「我學會了煮白菜飯。」

「你會煮飯？黃毛丫頭，你懂得多少？下次不要再去阻礙大師傅工作……。」

「等我有一天煮給你看。」（Maria 心中不服，盤算著。）

「……這一天早上，我太貪睡，故此遲了起床；正梳洗間，忽然感覺外間出奇的安靜，平時喧嘩叫囂之聲可傳百里，何以這天忽然周遭靜如止水，連大人的談話都未聞一句。跑出去看一看，只見王媽在打掃。

「怎麼所有人都不見了？」

「他們都行山去了，太太說要去小村買些用品。」

「為什麼不叫我？」

「王媽沒有搭理我，我正沒趣地回頭走……我走入了廚房，看著有什麼東西可以吃的，可惜什麼東西都沒有。忽然我想起大師傅在後院種了些蔬菜，曾說為了預防萬一沒有食糧，亦可以炒青菜。於是走出後院看一看，果然有些矮細的青色菜，但體積很細小；我隨手拔了十棵八棵，亦只有一小把。拿回廚房，用水洗，且將泥頭腳洗得很乾淨；但我不懂得要將菜根切去，看見這些菜如此短小，亦不需再切了。於是我用一個米鍋，照大師傅一樣倒些米進去，學他加些油、加些鹽，放在一旁……（然後）生火，先放些小樹枝，然後將大柴放在小樹枝之上，大師傅是如此生火的……下一步就是將一些水倒進米鍋內蓋好就可以放在爐灶上煮飯了。可是我不夠高將米鍋放上爐頭，到處找，找來一張椅子；於是踏上椅子，試將米鍋放好，但是還差一點……。」

（這時候，）唐伯母忽然走進來：「嗳喲，你在幹什麼？」

「你不是叫我學煮飯嗎？」Maria 還不知天高地厚地回嘴。

「哎呀！我的老天爺，我不是叫你這個三尺丫頭現在學呀！是長大後才學。」

「我實在不懂，現在和長大有什麼分別。結果，唐伯母看看米鍋，將水倒了一大半出來，我嚷著：『倒了水，怎麼煮飯呀？』

「你一知半解，水不倒，會煮成粥。」

「我又不懂了，但我不敢再問了，只是告訴她菜已洗好，但還沒有炒；結果，唐伯母把菜根切去，再炒一炒，後來也是放進飯鍋內焗……飯終於煮好了，大師傅回來只需弄別的菜。當晚圍枱吃飯，唐伯母特別逗我開心，說飯是我煮的，母親們都很驚訝：『很像樣啊！』吃了一口，怎麼會都是甜的？原來我誤將糖作鹽放進飯裡，大家將我取笑一番……。」

由於母親十分盼望將女兒培育為「淑女」，既「出得廳堂」，又「入得廚房」；加上唐伯母的鼓勵，母親決定讓 Maria 閒來無事的下午，跑進廚房，隨便看看大師傅如何做菜煮飯，卻暗暗地吩咐大師傅，非不得已，不要把女兒趕出廚房，就容讓她東看看、西問問吧！

最初幾趟，Maria 也真的是隨意地進進出出廚房，東看看，西摸摸而已。可是，Maria 的好奇心極強，好學精神也不弱，碰到奇怪的事，總忍不住要發問。令她覺得特別神奇的是：同樣是豬、牛、雞肉，同樣是那些調味的油鹽醬醋，為什麼大師傅可以弄出這麼多不同賣相、不同味道的菜式？同一道菜式，為什麼不同師傅做出來的味道會不一樣？可是，同一位師傅，同一道菜，他卻不一定每次都做出同樣的味道，為什麼？

好多這樣那樣的「為什麼」，促使 Maria 不再停留在隨意看看的階段；她開始走到近處，仔細地看，摸摸肉質肌理或軟硬度，嗅嗅發出的氣味，讓舌尖上的味蕾作出判斷；最後，Maria 終於忍不住，要求大師傅讓她試著做。

從此，Maria 跟烹飪結下不解緣。

從 Maria 個人網頁的記載、幼年回憶的片段似乎顯示：除了我行我素的固執自信，逞強不認輸的性格特徵，她極強的好奇心、觀察力、記憶力和好學的傾向，都在自由放任的童年時期相繼出現。

第三節　創意不斷的源頭

除了開辦可能是香港第一間烹飪學校，亦是香港第一個電視烹飪節目的主持人，Maria 也製作了香港第一張錄音烹飪解說的黑膠唱片；更創辦了香港第一間西餅專門店，第一次從上海引進栗子蛋糕，也第一次研發並提供芒果蛋糕；超群西餅更是香港第一間租用大巴士作廣告，推銷各款西餅的商業機構。[8]

超群西餅飲食集團於 1998 年清盤結業，但是 Maria 的創新意念並沒有因為生意失敗而乾涸，她以七十高齡創建香港第一個網上名人飯堂，開辦創意私房菜，研發使用香港食療用的中藥食材作糕點，並於 83 歲時出版全球第一本適用於那些對不同食材有過敏反應的人的《過

8 Maria 的無限創意，展現在經營超群西餅期間的還包括飯盒保暖箱的設計、首推可隨時換領各式西餅的預購餅卡、經營首間開放式生產間的西餅麵包專門店，以及首用顏色和設計相同的餅盒和紙巾，而售餅員也必須穿上設計相同的制服，詳情請參閱本書第八章。

敏症安全食譜》。[9]

如果「創新」可以定義為創造、建立、研製或發展出過去沒有出現過的新事物、新產品、新領域，或新運作模式，那麼，把 Maria 看為具有高度創新能力的人，相信不會有太多人反對。

可是，究竟是在什麼時候和什麼處境下 Maria 的創意思維會被刺激到高度活躍起來，並且一生不斷？

根據 Maria 的個人網站資料，[10] 以及一份 1990 年易廷鎮教授的訪問手稿，[11] Maria 最早接觸到可能刺激其創意思維的事件有二，而且都是發生在 Maria 四至六歲生活在南京的時候：其一是南京街頭巷尾常見的中國傳統民間藝術「麵塑」（或稱「捏人兒」）；其二是廬山避暑期間父親導演的小電影。

生活在南京時，Maria 的家住在五台山附近一條大街內，街口常常有一個擺著小木架的老年攤販，人們稱他為「捏麵人」，他的木架上常插著三、五、七個五顏六色、栩栩如生的麵塑，或是玩偶人物如孫悟空、關雲長、玉皇大帝，或飛禽走獸如仙鶴、老虎、蝴蝶，或植物如花朵、仙桃，或民間傳說故事如八仙賀壽等。這些千姿百態、唯妙唯肖的麵塑，常常將 Maria 帶進什麼都可以變為可能的想像空間，而最令 Maria 感到奇妙並難以置信的是每當捏麵人捏造麵塑的時刻：只見他將糯米粉和著麵粉，用水攪拌糅合，再放在開水裡煮熟，涼了後加入蜜糖、油、色素顏料，然後將猶濕的粉團，熟練地或捏搓或揉撳，再以小竹刀

9　有關「網上名人飯堂」和創意私房菜，詳情請參閱本書第九章；有關研發健康食品和出版《過敏症安全食譜》，詳情請參閱本書第十章。

10　<www.marialee.com>，2000 年 4 月 13 日。

11　跟 Maria 一家相熟的天津南開大學教授易廷鎮於 1980 年代末為 Maria 追尋家族的根源，考察 Maria 一家於逃避戰難時在內地的經歷，為此花上數月時間到廣州、中山和上海搜集資料，也訪問了曾家幾位年長近親。

靈巧地切、點、刻、劃，很快便塑造成身、手、頭、面，再另塑髮飾和衣裙，頃刻之間，便捏出一位婀娜多姿、衣裙飄逸的美女；同樣是圓圓的粉團，卻又可以被揉捏成猙獰的妖魔。

據 Maria 憶述，街口的捏麵人和他揉捏出的各種人物造型，給她留下極深刻的印象。原來百態面相，都是揉捏戳撳出來的。

南京、夏天、廬山度假。這天是唐伯母的生日。長輩們說要為此舉行一個別開生面的慶祝活動，讓大人小孩都可以盡興。

清早，各人用過早點後，便開始分工：眾父親帶領著眾傭工，將數日前到市鎮買回來的幾個大箱子打開，裡面是各式各樣裝飾物品，有大小不一的紅燈籠，各種顏色長短不一的紙帶和掛在不同高度的兩串燈飾。他們花了好幾小時，才把大廳、客飯廳、各房間、花園和大門口佈置得五彩繽紛，小燈泡閃爍著不同顏色的彩光，喜氣洋洋的。

母親們卻帶領著孩子們分批進入客房，每位母親都為自己的孩子化妝，穿上又闊又大、設計古怪、顏色並不和諧互襯的衣服，面部化妝和服飾的設計都以引笑為目的；母親們發揮了極大的想像力，過程中笑聲不絕。

Maria 站在母親面前差不多有半小時，眼睛畫得大大、眉毛的顏色加深了、臉蛋搽得紅紅，再塗上胭脂；衣服方面，母親為 Maria 選了一襲快垂地的白色長裙，在頭上披了一條長長的極淺黃色的蚊帳紗，直垂到地，再在地上拖近兩呎，頭頂帳紗上放了一圈由野花編織成的花環。這時候，Maria 已經知道，母親要將她化妝為新娘子；雖然 Maria 不太喜歡臉上的塗彩，卻十分喜愛新娘子的模樣，因為母親曾經帶她到教堂參加婚禮，也看過新娘子，在所有親友欣羨祝賀的眼光中走向神壇。

當眾人都齊集大廳後，Maria 才知道這一天的慶祝活動是由父親做總指揮和導演，分配 Maria 的胞兄昭遠當新郎，Maria 扮新娘，舅父大兒子做證婚牧師，另外兩位表哥做伴郎，表弟當花童。可是，牧師太年輕了，不夠老成持重，手中又沒有聖經；兩位伴郎的衣服又太特異，不適合莊嚴的結婚典禮；於是導演在大屋內張羅了一副平光黑眼鏡，給牧師架在扁扁的鼻樑上，又找來一本黑封面線裝書當成聖經，讓牧師翻開托著，而兩位伴郎則換上深色的衣服，配合較莊嚴的氣氛。

此時，父親開始指導各位小演員站立的位置、行走的方向與速度，並須留意：導演高叫「開嘜啦」之後，母親彈奏《結婚進行曲》便會開始，但各演員必須等待全曲彈奏完畢，在第二輪重奏時才可以按導演指示開始行動；而父親亦在這時候啟動他剛買回來不久的電影錄像機，為這個結婚典禮拍了一段紀錄片。這齣紀錄片，後來成了 Maria 的嫁妝之一。

根據 Maria 憶述，她對父親用剛買回來的電影錄像機把整個婚禮活動的過程如實地記錄下來，感到極大的興趣，不單因為它是嶄新的科技錄像產品，在上世紀 30 年代是富裕人家新潮時髦的玩物，更因為在拍攝的過程中，所謂如實的紀錄是可以修改的。

不少人都認為人生如舞台，可是，舞台上的人生，無論是過程還是結局，似乎都是可改編可修訂的。

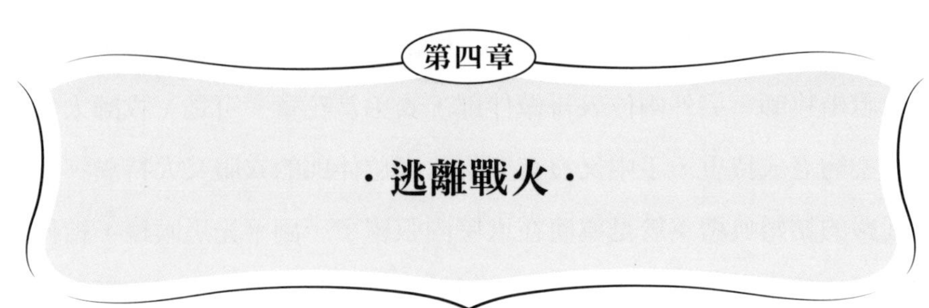

第一節 從香港到桂林的磨煉旅程

「……日本仔打到嚟香港啦……我哋要走難啦！……。」[1] 剛從嶺英中學附屬小學畢業不久的 Maria，即面臨戰爭逃難的日子。當時她只有 12 歲零 9 個月。

雖然日本早於 1937 年 7 月 7 日藉「盧溝橋事變」向中國發動全面侵華戰爭，但日本軍隊要到 1941 年 12 月 25 日才侵佔香港，開始三年零八個月的日佔時期。

侵佔香港第二日，日軍將日本的軍用手票（俗稱「軍票」）取代港幣，令港幣成為不合法貨幣；由於糧食短缺，為了緩減當時人口所需的壓力，日軍佔領後一週，即宣佈糧食配給，每人每日只可以買四兩四錢

---

1 李曾超群博士，「香港口述歷史檔案計劃：檔案編 061」，頁 8，訪談錄音光碟第一隻，香港大學亞洲研究中心，香港大學社會學系，2002 年 7 月 14 日。第四章的資料大部分來自「口述歷史」和筆者跟 Maria 多次的面談訪問；小部分有關 Maria 在八步的兩年生活來自易教授的訪問手稿。

白米；同時成立歸鄉指導委員會，每月安排火車和輪船，將市民強逼運送出境。

留在香港的居民，配給的糧食嚴重不足，很多人以樹皮、樹葉、樹根、番薯藤、木薯粉充飢，結果不少人餓死。根據天主教香港教區檔案，日佔時期的香港市區每天收集到的屍體，平均有 300-400 具，最多一日達 731 具。

而被逼離港返鄉的居民，各人從香港邊境返鄉的路程都要自理。在交通工具缺乏的情況下，大部分人只能徒步回鄉；不少家庭在途中走失走散，或被逼拋棄幼小老弱，或餓死途中；途中被洗劫的家庭更不計其數。根據政府統計，日軍佔領後首週，已有 60 萬居民離開香港；到 1945 年 8 月，香港人口從 1941 年的 160 萬下跌到 60 餘萬。

在日軍佔領香港之初，曾家並沒有逃到別處；可是，每天輪領那不足以填肚充飢的米油糖鹽，活在不知何時被殺害的恐慌之中，更懼怕女兒遭受日軍性侵犯，要剪短 Maria 的頭髮，為她穿上男孩服裝，那段苟延殘喘的日子實在不足為外人道。

一個月後，曾家逃避到沒有遭受日軍侵襲的澳門，在那裡等候了一年，曾爸爸才接到銀行的通知，調派到廣西桂林主理那邊的銀行業務。其間，Maria 入讀澳門培正中學。[2]

離開澳門後，曾家先到廣東西部雷州半島東北的廣州灣（即現在的湛江市），短暫逗留後便往東北步行十多天到柳州，再轉乘火車到廣西桂林。

在戰亂中活下去必須面對極多極難的挑戰，如何面對卻塑造了各

2　有關 Maria 接受教育和積極學習，詳情請參閱本書第五章。

式各樣的生活態度與人生觀。對 Maria 來說，離開澳門前往桂林是磨煉與體驗之旅；而令 Maria 體會最深的磨煉是從廣州灣步行到柳州那十多天的各種經歷，以及站立在從柳州到桂林的火車上一整天的感受。

曾家在那十多天裡，雖然每天都在天剛亮便啟程，到入夜才停下來，行程卻十分緩慢。因為隨行的大廚兩邊肩膊已挑滿了路上必需的行裝、食具與乾糧；父親除挑起自己與太太的衣物，還要沿途時刻照顧著體弱的太太；而大兒子昭遠、二女兒 Maria 和三兒子昭陽則必須自己選擇、收拾和攜帶自己的行裝。

13 歲不到的 Maria，把不少喜愛的衣服與玩具放進自己要扛起來的兩個袋子裡，塞得滿滿的。但是，從來沒有挑擔重物的 Maria 很快便覺得力不從心，越走越慢；結果是：內心很捨不得，臉上還是要掛上笑容地把心愛的東西送贈他人；後來乾脆把再不能抬起來的東西丟掉——這都是不容易的抉擇。

曾家因為有女眷的緣故，每天入夜前都盡量投宿客棧。可是，有這麼一天：一路走下來都找不到客棧，只好走到一間較大的村屋，敲門請求住宿一個晚上。可是，任何民居都絕不可能在屋內再添置六個人的床鋪：曾家父母、三子女和一家僕；結果，滿有善心的村屋主人讓他們睡在曾養過豬的柵屋內，那裡沒有床鋪，只有乾草。雖然地上的豬糞已經風乾了很久，味道還是從草堆下散發出來。可是，挑著重擔，走了一整天路，兩腿已經酸軟無力的曾家成員，已滿心感激，嘴巴不停地道謝著，只等大廚把隨身帶著的床單鋪在草上，便急不及待地和衣躺下去。

第二天，清晨天剛露白，每個人都要起來，到屋外水井打水洗臉；早飯嗎？沒有。事實上，那十多天的早飯，都在路上尋覓，豆漿油條、白粥泡菜，對 Maria 來說，這已經是求之不得的美點。碰上了，是極大的運氣；碰不上的時候，就只有餓著肚子走路；真是捱不住的話，父親才吩咐大廚把小量非不得已不拿出來吃的餅乾，分給真忍不住的孩子。但是，在長期奔波和口腔萬分乾渴的情況下，要吞嚥沒有茶水和著吃的餅乾也不是一種享受。肚子餓得咕咕直響，怎辦呢？

結果是：在十多天的行程裡，Maria 和哥哥、弟弟多次用生冷的井水和著餅乾填空肚。「……那個時候那種情況下，我們沒有拉肚子，沒有生病，實在是幸運極了。事實上，我們沒有選擇，只有適應」，Maria 在 2011 年一個訪談中滿懷感恩地跟筆者分享。

有這麼一趟：走了整個上午，在靠近車站的地方看到一個賣飯的熟食檔，架上掛著兩三隻油雞，他們高興得不得了；可是，每次客運或貨運車子經過的時候，泥地上的塵土都會飛揚起來，而車子經過後，油雞身上都披上一層或厚或薄的泥塵。一時也顧不了這些，先買下來，再用開水為雞塊「浸浴」一下，便放進嘴裡。那頓午餐，Maria 吃了兩大碗白飯。「……那是其味無窮的油雞啊！」Maria 在同一個訪談中笑著說。

快到柳州時，許多難民從不同方向擁進柳州，路上不單人多熱鬧起來，各種賺錢服務也應運而生。曾家僱了一乘兜轎給母親坐，讓體質柔弱的她不會疲累成疾。除了母親在抵達柳州前的一段路坐兜轎外，曾家所有成員都是每天走上八至十小時，不停地走了十多天；而穿在腳上那對從地攤買回來的布鞋，很快便磨穿見洞。對懂得縫紉、針織和刺繡的 Maria 來說，這是划不來的買賣。所以，在穿破了兩三對品質差劣的布鞋後，Maria 便把買回來的布鞋加以改良：用優質布料加厚鞋底或以整塊布料對摺自製鞋底，換掉原來用破爛布塊造成的鞋底。穿了改良過或是自製鞋底的布鞋後，Maria 才醒悟過來：省錢是好事，但它只是枝節問題，保護雙腳免受不必要的傷害才更為重要。

抵達柳州安頓下來的第一件事，就是上酒樓吃點心；據 Maria 憶述，那都是過去常吃的點心，吃多了就並不覺得有什麼特別，有些更是很久沒點過的。可是，這些點心還是一盤一盤地端上來，而且都被吃光，而平常並不太受歡迎的白米飯，那天也特別香。在柳州停留不幾天，曾爸爸便買到從柳州到桂林的火車票，卻不是對號入座的票；因此，幾經辛苦才在擠得插針不入的乘客堆中找到兩個座位給曾爸爸和曾媽媽，還是年輕的善心人讓出來的。曾家三子女當然是跟其他乘客一樣，全程站在車上；因為站著的乘客太多了，就連舒展手腳或坐在地板上的空間都沒有。結果，麻痺的感覺先從腳跟、小腿開始，慢慢傳到大腿、腰間、手臂、肩膊、頸部，直到全身都麻木了，各肢體也只能在原來的位置或姿勢上扭動一下，簡直就是一種難以忍受的刑罰。

從廣州灣到柳州，雖然只有十多天的路程，Maria 體會到放棄心頭愛所帶來的矛盾，深刻體驗在負重擔勉力向前行以抵目的地所必需的那份堅持和忍耐，忍受了以為不能忍受的，適應環境突變帶來極大的落差，在匱乏中珍惜手中僅有的，欣賞帶著瑕疵的美好，理解到幸福並非必然的道理。

第二節　桂林：勇於創新的一年

到了桂林之後，日子便好過多了，因為曾爸爸可以立刻上班，很快便找到一間房子，雖是木頭蓋的，也確實有臥房，有客廳，有木板間隔開的清潔間，也有自己的睡床。雖然簡陋，卻很快便安頓下來，並且一住就住上一整年。

事實上，到達桂林，搬進居所後的第二天，即使仍未安頓下來，曾家便已經享受著大師傅的廚藝，在戰亂中各類食材供應不穩定和不足夠的情況下，端上飯桌的簡單菜餚都好像過去在上海、在南京的日子，每頓飯都是一次新的享受。

對 Maria 來說，對廚藝產生「神奇」的感覺，是發生在廬山度假避暑的一個夏日：Maria 在下午看到大師傅菜籃裡面未經煮過的菜蔬、肉類和魚，到晚飯時卻變成美味的菜餚。同一個暑假的另一個下午，令她覺得「特別神奇」的是：為什麼同樣的豬、牛、雞肉和同樣的調味料，大師傅可以弄出這麼多不同賣相、不同味道的菜式？[3] 在這一趟，六年後 13 歲的 Maria，對廚藝可真的著迷了：為什麼大師傅可以在各樣食材都嚴重缺乏的情況下，做出來的每頓飯菜都讓人有新享受的感覺？

「實在是不可思議！」這一趟，Maria 不是看、摸、嗅和嚐，而是親自下廚。

原來大師傅年紀大了，經歷了 20 多天的長途跋涉，累了。到桂林不久便病倒，並表示要從工作崗位退下來，返回家鄉揚州，跟家人團聚。大師傅離開之後，曾家在當地僱了一個 15 歲不到的小伙子，負責家居清潔、打掃和糞便清理等雜務；而每日晚上做飯的責任便落在 14 歲不到的 Maria 身上。

比起廬山避暑時近距離接觸大師傅的廚藝所引起的神奇感覺，在桂林一年親自下廚的經驗是將這種感覺轉化為真實的歷程：到市場買菜時，除了要自備桿秤以防被騙，Maria 會到不同的蔬菜肉類檔比較各類食材的新鮮度、質量和價錢；入廚前要打水、挑水、燒水；做菜時只能用有限的炊具，卻要做出蒸、炒、煮、焗、燜的效果。做出這樣的效果當然不容易，若要做到不同煮法的效果，同時又顯出獨特的美

3　有關 Maria 如何在廬山度假時對烹飪產生持久興趣，詳情請參閱本書第三章第二節。

味，難度更是極高。對於初次下廚的 Maria，這個要求確是太難滿足。不過，廚藝精湛的曾媽媽此時便成了 Maria 的導師，不單傳授基本原理與技法，更為她帶來各地名菜烹調秘訣的啟蒙對於好奇、好學，又勇於嘗試與創新的 Maria，抗戰走難的三年歲月便提供了極多極佳的機會，為她的烹調技巧和能力奠下了堅實的基礎，去嘗試不同烹調方法和探索新菜式。

這個過程於曾家在桂林安頓下來後不久便開始：那時，大師傅已離開，曾爸爸在桂林的銀行業務也上了軌道，對美食和美味都有要求的曾爸爸遂慢慢不自覺地表達了他對大師傅的懷念；而每天都在兩個燒柴小風爐上燒菜的 Maria 當然滿不是味兒，她個性裡面的好勝、不肯認輸和逞強心理也就活躍起來。

由於 Maria 知道爸爸一向喜歡吃煙肉，於是鍥而不捨地思量：「如何可以在此時此地自製煙肉，而味道又可以滿足到爸爸舌尖上味蕾的要求？」

思量了一段日子的結果是：她買了一塊五花腩肉，清洗過後，用醬油和小量糖和鹽，擦遍肉塊，再細細地按摩，將調味醬料的味道滲透到內層，然後掛在陰涼的一旁讓它風乾；風乾後吊在小風爐上面，用柴火和發出的煙去熱燻。

「噢！不錯呀！真的有煙肉的味道！」曾爸爸一邊嚐一邊用極欣賞的語氣和目光對女兒說。

Maria 樂極了。對她來說，這嘗試是一次創新、一項「發明」！這個讚賞來自對美食美味都有很高要求的父親，給了 Maria 極大的鼓舞：烹調佳餚是個創新過程，對享用者是一種享受，更可以讓同桌享用美食的親友建立或維持良好的關係。[4]

不久，Maria 考慮向更高難度挑戰：為父親烘焙他愛吃的西方蛋糕。那個時候的桂林，既沒牛油，又沒有雞蛋，[5] 更沒有焗爐。結果，她用豬油當牛油，鴨蛋代替雞蛋，至於焗爐就必須尋找能夠達到焗爐效果的代替工具。當時，Maria 找到一個空的火水鐵罐，內置一個較小的餅乾鐵罐，以蒸飯鐵架墊高，而餅乾罐則作為烤爐，裡面放置用鴨蛋與豬油和著麵粉攪拌均勻的蛋糕麵團。整個裝置放在兩個小風爐上，以炭火從下面烘焙，至於已蓋好的火水鐵罐上面則另放已燒旺的炭，令鐵罐上下都有溫度相若的炭火。

結果是一個似模似樣的蛋糕給烘焙出來。

「哈哈！你竟然可以在缺乏適當食材和工具的情況下把蛋糕弄出來，也真是奇妙啊！你長大以後應該開設餅店。」曾爸爸開懷地讚賞女兒那從無變有的能力。

「對呀！餅店就叫 'Maria's Cakes' 吧！」曾媽媽趁熱鬧地和應著。[6]

這種土法創新的製餅方法因曾爸爸愛吃西餅而變得純熟，而曾爸爸的口福範圍也因此而擴闊到鹹、甜餡餅；在製作餡餅和蛋糕的時候，Maria 覺得豬油缺乏了西方傳統以牛油製作的蛋糕那種牛油特有的「香味」。因此，她在豬油中加入少許牛的肥膏，在沒有減少餅內餡料的凝固性的同時又能加入「牛油」的香味。而用這種混合油烘製的蛋糕，就

4　Maria 一直堅信：能夠在飯桌上擺上自己烹調的美食佳餚，有助於建立或維持良好的人際關係，與家人如是，跟親友甚至是第一次見面的朋友也如是，詳情請參閱本書第七章和第九章。

5　根據 Maria 憶述，當時不少人自養雞鴨，但雞蛋太昂貴，因大部分人都將雞蛋用作孵小雞而不會拿到市場上去賣。

6　雖是戲言，Maria 卻真的於 23 年後的 1966 年在香港開設超群西餅（Maria's Cakes），並在其後 32 年將之發展為一個龐大的跨國西餅飲食集團。有關超群機構的發展史，詳情請參閱本書第八章。

更具牛油蛋糕的口味。當時 Maria 僅是 14 歲。

對 Maria 來說，廚房作業的時間——不論是晚上做飯，還是假日烘焙蛋糕或餡餅——都能令她聚精會神，感到興奮，並有所期待。在抗戰走難期間，這是福氣。

另一個令 Maria 感到興奮和愉快的時刻是參加校內的話劇演出。

原來曾爸爸十分重視女兒的學業，逃避戰難期間，每到一個地方他都會讓女兒入讀當地學校，繼續哪怕是零星、斷續而不完整的學習，澳門如是，桂林也如是。因此，當曾家抵達桂林後不久，Maria 便入讀香港培正和培英中學遷到桂林後合併的培聯中學，開始修讀她的初中課程。過了一段時間，Maria 在香港小學畢業的嶺英中學也遷到桂林，於是，Maria 便轉回母校，在桂林完成初中一年級的學業。

就是在嶺英這大半年，Maria 參加了校內學生組織的話劇團，參加演出的著名劇目包括《茶花女》、《雷雨》和《日出》，都是擔綱演出女主角[7]；而同台的男主角是同班同學黎鏗，是香港「電影之父」黎民偉的長子。黎鏗熱衷於推動話劇表演藝術，參與組織了校外另一專業話劇團，希望到各地巡迴演出。而 Maria 因為喜歡舞台上的話劇表演，故此跟專業話劇團的一些團員交往相熟；當中有一位叫劉蘇，為後來著名演員鮑方的太太，鮑起靜的母親。

根據 Maria 憶述，劉蘇演戲投入，有深度，故受 Maria 所仰慕；而劉蘇也經常說：「超群，你既然這麼喜歡話劇表演，就跟我們一起玩吧！你可以客串一下啊！」

跟 Maria 多次同台演出的黎鏗，也認為 Maria 很有演戲天分；事實

7 根據 Maria 憶述，她年紀輕輕，但個子高大，長相美麗，故被選為女主角。

上，Maria 也躍躍欲試。可是，跟父母商量之後，曾爸爸和曾媽媽異口同聲地說：「你目前還未完成中學的學業，暫時不要考慮其他事情了。讀書明理是很重要的，你知道嗎？我們恐怕：你踏足舞台表演之後，你會迷失於掌聲、喝彩聲和艷羨的目光之中；何況，話劇團一定會到處巡迴演出，你根本就沒有機會唸書！」

對於父母出於愛心的關懷，為自己未來設想的分析和忠告，Maria 還是願意受教的。從此，Maria 再也沒有在舞台上表演，直到 44 年後，跟粵劇名伶芳艷芬粉墨登場，為香港十間慈善機構義演粵劇折子戲，一場籌得善款 1,300 萬。[8]

不過，Maria 也沒有停止跟話劇團的朋友來往，相反地，Maria 轉而為劉蘇在不同劇目中角色所需的服裝設計並製作服飾。

這個情況一直維持到湘桂戰役，中國軍隊敗退，日軍逐漸向桂林逼近；曾家不得不跟隨許多人一起往東南逃到湘（湖南）桂（廣西）粵（廣東）交會點附近的八步，在這個只有一條大街的小鎮作短暫停留，再定行止。

可是，誰也想不到，這短暫的停留卻長達兩年，也想不到，這短暫的兩年，讓 Maria 經歷了另類的磨煉。

8　有關 Maria 參與過的各項社會慈善活動，詳情請參閱本書第八章第五節。

第三節 八步：活在當下的兩年

八步是個極細的小市鎮，[9] 只得一條長長的大街，大街後面各有兩三條較短平行的街道，垂直於主街的十多條短街窄巷中，有不少房屋是臨時搭建的。因曾爸爸與公司有聯繫，得以安排住進一間廠房內，卻為市鎮細人口少，缺乏分行設施而不用上班；同樣原因，八步並沒有中學設施，故此，Maria 也不用上學。

八步因並非中日兩軍爭奪之地而未受戰事影響，吸引了不少逃難的國民，包括許多來自香港的同胞。根據 Maria 憶述，當時暫避於八步的就有一個來自香港的粵劇團，團員包括名伶紅線女和馬師曾，電影明星張瑛和梅綺也逃到八步，而在桂林和 Maria 一起於嶺英中學演出過話劇的黎鏗也隨話劇團避難於此。

一時之間，星光熠熠，走在大街上隨時可碰到明星、名伶或演員。在小鎮如八步，人們都熱情友善，在八步相遇的香港人更是如此；也正是在街上，Maria 碰到了黎鏗，於是，跟劉蘇在桂林開始的友情，繼續在八步發展。在話劇團演出期間，Maria 繼續幫劉蘇設計服飾和參與後台一些雜務。

不過，在逃避戰亂的日子，每個人的內心都是過客，也在等待和平來臨；其間經歷過的事和碰到的人，都可能跟未來毫無關係，令人感到生活並非連貫的。如何在這些割裂、零碎，甚至是凌亂的生活片段中尋找整體生命的意義，這可能是另類的磨煉。

---

9 根據 2002 年的網上資料，八步是中國廣西省壯族自治區賀州市的市轄區，總面積約 5,000 平方公里，人口 90 萬人。

由於第二次世界大戰在 1945 年才結束，曾家在八步的過客日子，長達兩年才完結。其間，Maria 每天為家人預備兩頓飯食，在曾爸爸和曾媽媽的建設性意見下，她的烹調技巧不斷進步。雖然不用上學，Maria 並沒有放棄晚上的自習機會；而 Maria 並非無所事事、遊手好閒之輩，於是，她跑到賀州市的醫院當義工，擔起助護的角色。

戰亂時期，不論是大城市還是小市鎮，醫務人員都嚴重不足，所以，Maria 長期到醫院當義工。對於女兒這種自發主動的利他行為，曾爸爸和曾媽媽是高度讚賞並且鼓勵的。「……只要能夠幫助別人，都應該去做……至於做飯嘛，從醫院回來再做吧！」

父母的認同、讚賞和鼓勵，顯然對於 Maria 後來怎麼看待金錢和積極參與各種社會公益事務，產生了極深遠的影響。

不過，當到達醫院時，即使義工處理的雜務跟醫療疾病沒有直接關係，但接受醫療服務的人都是比較虛弱且易受感染的，因此義工也必須小心注意細微的徵象；這要求對好奇好學、好發問和勇於嘗試的 Maria 是個極佳的訓練。

最初，Maria 被派到兒科部門，為一位兒科醫生提供事務性的協助。站在門口附近，等待指示及吩咐的 Maria 因此有很多機會，聽到醫生和護士對父母的教導或指引，應該如何觀察疾病徵狀，如何預防和照顧患病的嬰孩及小童，常見疾病如發熱、咳嗽、痲疹等。「這種近距離的觀察和經驗，對我後來照顧自己的小朋友是很有裨益的。」

每年一兩次防疫期臨到時，Maria 會被加派更多的工作，包括替接種疫苗的人打防疫針。「那是挺恐怖的：因為不收費，人很多；我們每一次打針的工序要很快完成，包括拆下剛用過的針嘴，丟在正在燒開的滾水容器去消毒，跟著從已完成消毒過程的容器內拿取已消毒的針嘴，安裝到剛注射完的空針筒上，接上疫苗瓶吸滿疫苗，給輪候者一個一個注射……當針嘴用過多輪後，慢慢不再尖銳而變得鈍起來，這時候，有一些人需要更換兩三個針嘴才能完成注射的工序。其實，我們不能確知這樣的工序是減慢還是加速病毒的傳播」，在多年後的訪談中，Maria 仍能清晰地把細節描繪出來。

相對於女兒，曾爸爸就比較清閒。有粵劇公演時，他會流連於戲棚內輪流觀賞不同的劇目；沒有粵劇公演時，曾爸爸會邀約相熟的紅伶馬師曾，或其他好友，在家中對弈象棋。好客的曾爸爸曾媽媽偶爾會做些酒菜，跟三五好友把酒話桑麻，為等待和平到來前的鬱悶中增添生活的樂趣。

有這麼一次，大概是喜慶的節日，曾媽媽與 Maria 一起策劃並烹調了一桌 12 人的筵席，與被邀的好友盡興了一個晚上。這一天的忙碌，其實早於三天前已經開始，從構思菜單、菜式調配、採購食材、清洗切醃、下鍋、掌控火候，到上菜，那是烹調筵席的一條龍體驗，也是 Maria 多年後仍然津津樂道、加強其烹調技巧與能力的另一個重要里程碑。當時，Maria 15 歲。

雖然曾爸爸不用上班，卻跟坐落上海的公司總部保持聯繫，也經常跟一起逃到八步的金融銀行界朋友聚首；而這些朋友中，有不少是京劇票友，票友中也有一部分人的太太也在學唱；一時間，票友聚首對唱或學習就成了時髦的消閒方式。在曾媽媽的鼓勵下，Maria 有一陣子去跟叔叔阿姨們學唱京戲，比較熟練的有〈賀后罵殿〉和〈蘇三起解〉。「這些似乎早已忘記的唱功與做手，竟然有助於許多年後與芳艷芬一起登台義演粵劇折子戲，實在奇妙」，Maria 在 2012 年的一次訪談中表示。[10]

10　有關 Maria 如何從對粵劇一竅不通到登台義演，並為台上所唱小調譜曲填詞，詳情請參閱本書第八章第五節。

在八步住了一段日子後，大家開始習慣了生活的規律與節奏而安頓下來，卻又突然聽到嶺英及其他中學因日軍侵襲，從桂林遷到柳州的消息。對女兒的學業十分重視的曾爸爸，便看到給 Maria 繼續學習的機會：因為曾爸爸跟總公司保持聯繫，知道運送郵包和信件的郵車路線和日期，或許 Maria 可以乘坐下一輪路經八步到柳州的郵車，繼續在嶺英的初中學業。

可是，這個做法將會遇到不少難度頗高的挑戰：首先，路程是兩日兩夜之遙，路面並不平坦，是十分顛簸的泥路；車內沒有床鋪，視乎郵包多少，Maria 可能要全程躺臥或坐在郵包上；由於兩個司機都是男性，女兒的安全便成了一個考慮；而為了郵包的安全考慮，兩個司機要輪流不停地開車，只在有衛生間或有食物的地方稍駐，因此，這會是個食無定時的旅程。

另一個重要的考慮是居住的問題：剛遷到柳州的嶺英中學沒有宿舍設施，故此，曾家必須為女兒找到既安全又接近學校的住處。滿足這兩個要求的住處只有一個：曾家的一個親戚，全家住在賀州市柳州河的一艘船上，而這個親戚的女兒年紀與 Maria 相約，在桂林時已是同學；這個親戚跟曾爸爸的想法完全一致：無論挑戰有多少、困難有多大，幫助女兒繼續接受教育才是最重要的考慮。所以，到柳州後，Maria 將會跟他們的女兒同睡在船上一個用布帳隔著的窄小空間內；飯餐呢，是僅可填飽肚子的米飯和只有很少油的蔬菜；肉類嘛，隔好多天才有一盤。

再一個考慮是：究竟這個安排可以維持多久？倘若日軍侵襲柳州，女兒便必須立時返回八步。倘若日軍在很短時間內進逼柳州，他們所作出的這些努力都會白費。

面對這些挑戰與困難，曾爸爸的決定仍然是：沒有什麼比女兒可以繼續接受教育更重要。於是，Maria 坐進了裝滿信件與包裹的郵車，車子顛簸在沙塵滾滾的泥路上 50 多個小時，坐在高低不平偶爾移位的郵包上，Maria 常常會被拋起，有時候頭還會撞在車頂上。沿途兩餐只能在路邊的小店小攤解決；口渴時沒水喝，司機卻早有準備，把早前買好的西瓜猛力擲在地上，然後拾起一大塊沒有沾著太多泥沙的西瓜遞給 Maria。Maria 把看得見的泥沙抹去後急不及待地把西瓜塞進口裡。

「⋯⋯可能是口渴得太久了，那大塊西瓜真的很好吃，很清甜⋯⋯那個時候，真想把西瓜皮都吃掉啊！」Maria 在訪談中對筆者笑著說。

50 多個小時說長也並非很長，兩個算是曾爸爸下屬的郵政儲金匯業局司機，終於將 Maria 帶到賀州市柳州河的船上。

此後，每晚四面漆黑一片而窗外夜空佈滿閃爍的天星，河流不斷撞擊船身的水聲，都給 Maria 一陣陣樂此不疲的浪漫感受；可是，每天都重複吃著相同的飯菜，令 Maria 漸漸鬱悶起來。突然有一天，司機將滿滿一大鍋用五花腩燜的紅燒肉送到船上給 Maria，說是曾爸爸吩咐送來的。

「⋯⋯五花腩燜的紅燒肉⋯⋯這可是戰亂時期糧食短缺的日子啊，還要經過兩日兩夜的運送⋯⋯。」隨著撲面而來的肉香，是對爸爸、媽媽無遠弗屆無微不至的關愛的滿腔感激。

不過，這令 Maria 深深感動的情懷立刻轉化為分享的喜悅；親戚一家跟 Maria 四人，圍著砂鍋紅燒肉樂了兩三天。可是，柳州那平靜而帶著學習喜悅的停留，卻因日軍逼近而令開展兩個月不到的課堂學習立刻停止。幸好，這時剛巧有郵車經柳州到八步，於是，Maria 得以乘夜離開柳州，返回八步，重複著舊日的規律：白天做飯、晚上自修，都是她喜愛、用心的事。白天空閒的時間，她繼續跑到醫院當義工，幫助那些有需要的人，在那裡，她看到、感受到，以及明白到肉體和心靈的需要是怎樣的一回事；有話劇公演的時候，Maria 會幫助劉蘇設計需要的服飾，在後台幫忙瑣碎的事務，或到台前觀賞以藝術方式展現於舞台的人生片段。

這樣的日子，似慢實快；不久，日軍節節敗退，抗日戰爭勝利，第二次世界大戰結束的消息從四面八方傳來，人群走到街上歡呼，鞭炮響遍八步的每一個角落。「當時，人們爭相走告的都是勝利了、和平了、可以回家了。苦難的日子，似乎都已經成為過去，新的生活似乎很快便要開始。」

「1945 年 8 月 14 日實在是個難忘的日子！」Maria 在半世紀以後 2012 年的一個訪談中，緬懷過去，仍感唏噓。

不過，當時所有人第一件想做的事就是慶祝。曾家的朋友，金融銀行界的和演藝界的名伶，明星和演員都樂於聚在一起，參加慶祝和平的派對。為了增添歡樂氣氛，Maria 買了一大疊五彩花紙，裁剪成圓形尖頂的派對帽，給每個人戴上。慶祝活動中，跳舞是少不了的，而創意思維能力不低的 Maria 便跑到中藥店買滑石粉，回來撒在地上促進舞步順滑；食物嘛，更少不了 Maria 的貢獻：那天晚上，她預備了大量各款飲料和食物，簡直就是一頓自助餐。

慶祝的歡樂過後，絕大部分想要回家的人都會考慮：如何處置在八步生活了一段不短的日子所積累下來、又不願意長途搬運的東西，如煮食炊具、不合身或準備替換的舊衣服、舊家具和各種不會帶回家的物品等。結果是市集裡或家門前的空地上，都擺滿了大小不一的地攤，讓八步的原住民和附近務農的村民以極便宜的價錢購買。

這是個雙贏的做法，而曾家拿到屋前地攤擺賣的多是舊衣物，其中一項是曾媽媽用過的幾條紮肚用橡筋褲；這本來是女士用來收窄腰身的衣物，卻被當地男性顧客誤以為是特別的保暖衛生褲而買去。根據

Maria憶述，當時負責買賣的大哥昭遠和Maria都覺得納悶：為何男士會買女士貼身衣物？不過，既然顧客興致勃勃地選購，賣家就沒有必要多作解釋，破壞買賣的進行了。這是Maria有生以來第一次真金白銀的生意買賣經驗，卻是扭曲的。雖是扭曲的，卻埋下了Maria對做生意的一些看法。[11]

坐在門前擺賣舊物，有顧客時會令人興奮，但沒有顧客時卻是十分沉悶，而令人沉悶的時間卻比興奮的時間多得不成比例。此時，Maria想到家裡面還有許多在離開八步之前都不可能用完的麵粉。於是，她請昭遠繼續主理地攤的買賣，自己卻轉身走進家裡的廚房，做起蔥油餅來；完成一盤後，便請三弟昭陽將那盤熱氣騰騰的蔥油餅端送到門前給大哥昭遠作「出爐熱賣」。

Maria這個包含直接生產、物流運送和門市售賣的「商業模式」證實是可行而且能賺錢的，故此，這門生意一直維持到曾家離開八步為止。而這個利用自己烹調技巧成功賺錢的經驗馬上引發Maria想到自己縫紉、針織和刺繡的技能：這技能曾經令曾家從廣州灣步行到柳州時因改良所穿的布鞋而節省到金錢；問題是：這個省錢的技能可否變成賺錢工具？沒想多久，Maria便去買了12塊白色全棉的小手帕回家，加以適當裁剪，繡上彩色的花樣和飾邊，然後放到地攤上賣，竟然吸引了不少顧客。

有別於前兩次，小手帕的買賣是將原始用品加工以變成手工藝精品才賣出。這三次買賣，性質都和「商業模式」不一樣，但都是成功的經驗；而這些成功的經驗，是不是跟20多年後成功開辦烹飪學校和

---

11 Maria雖曾建立了一間跨國西餅飲食集團，也賺過大錢，但賺錢卻不是她做生意的目的，詳情請參閱本書第八章第四節。

創建一間跨國西餅飲食集團有著某種關係或影響，卻是不能證實的。不過，Maria 在得到爸媽的同意後，便將部分賺到的錢，到賀州市的金舖訂造了一條金項鏈和一個小十字架，掛在頸上，直到如今 —— 是紀念、是回憶，還是證明？

擺地攤做買賣賺錢的日子很快便過去，而生活了兩年的八步也沒有令 Maria 眷戀不捨，戰亂逃難的三年歲月將很快便結束。重返和平的生活，曾爸爸選擇先到廣州；離開八步，先往西走到陽朔，然後從陽朔放舟沿著桂江順流而下，經梧州會合潯江轉入西江，直奔廣州；全程十多天，也換了好幾隻船。

船上的日子，一家都屈居船艙內，並不是最舒適的時光；但遠眺群山高聳入雲、層巒疊嶂，近看兩岸綠蔥蔥的田野和成蔭的綠樹，或俯瞰悠悠晃動的河水，細聽潺潺流過的水聲，也有另一番和平與寧靜。每日伙食都要自己料理，所以，每次船靠岸的時候，三兄弟姊妹便跑上岸去採購蛋、菜、肉、油鹽醬醋及雜物。船艙窄小，Maria 需蹲身爐旁，先煮飯後炒菜，熬湯是不可能的了。

回到闊別十年的廣州，大家心情都極為興奮。但見這個南中國第一大的城市，經過戰爭破壞已是滿目瘡痍。最令人觸目驚心的是：廣州最大的大新百貨公司已被燒燬，十多層的大樓只剩下一個空殼。珠江北岸的長堤馬路，到處是被毀的樓房，街道上也不像過去那樣熙熙攘攘。

由於當時曾爸爸的工作職務仍在等待上級安排，身上現金不多，食宿要求只能將就一下。雖住進珠江江畔五星級的愛群酒店，一家五口也只能擠在一個小房間內；睡床當然是讓給父母，三個孩子只得睡在地上。第一天晚上，五人分吃了三碗雲吞麵，父母一碗，三子女兩碗。

「其實，為了省錢，爸爸只買三碗麵，本意是我們三兄弟姊妹每人一碗；爸媽忍餓不吃⋯⋯怎麼可能！⋯⋯我們都不要吃，把麵推回給他們……爸媽說他們不餓，要我們先吃……我們還是決意不吃……在你推我讓之間，我們都哭了」，Maria 在訪談中向筆者細述當日情境。

可幸的是，這種日子並不長，郵政儲金匯業局便要求曾爸爸返回上海，協助重建戰後的銀行業務。家庭會議的結果是：除了曾爸爸和曾媽媽必須返回上海，三子女都必須決定到哪裡入讀什麼學校。由於過去多年曾家都十分重視家中自學與自修，即使在戰亂時期，孩子們的學習在父母的指導下是沒有完全停頓下來，而且是與年齡同步增長。因此，大哥昭遠希望入讀上海的預科大學，Maria 因戰後高中入學考試成績優異而入讀廣州白鶴洞的真光（女子）中學，三弟昭陽年紀較幼故沒有選擇，於是跟隨曾爸爸、曾媽媽和大哥昭遠返上海，在當地入讀初中。

從這時開始，Maria 於學校課堂內的學習生活，得以長期穩定持續地開展。

第五章

·終身學習·

第一節　七斷八續的學校教育

香港中文大學新亞書院的「學規」這樣說：「1. 求學與做人，貴能齊頭並進，更貴能融通合一。2. 做人的最高基礎在求學，求學之最高旨趣在做人。」

「學規」共有 24 條，這裡引述的是頭兩條，反映了創校諸先生，包括國學大師錢穆和新儒家諸公唐君毅、張丕介、吳俊升等人，於 1949 年從中國內地到香港創立新亞書院時的辦學理念與精神，以及他們對教育與求學目的綱領性的堅持。[1]

簡而言之，這幾位創辦新亞書院的新儒家哲學大師認為，追求知識學問的終極目的是建立個人完美的人格；完美人格既是多面向的，以追求學問知識作為過程與手段去達致完美人格的建立，顯然不能單靠正

1 「學規」，香港中文大學新亞書院。<www.na.cuhk.edu.hk>，2020 年 1 月 20 日。

規的課堂學習，也必須加入非常規、人生不同階段不同經歷的體驗、磨煉與反思，所以求學與做人，應該齊頭並進，融通合一，並且必須終身不懈地努力。

從這個角度看，Maria 的正規學校教育雖然不長，而且零星、斷續而不完整，她爸爸媽媽對女兒教育的重視，以及她個性中的好奇、好學、固執與堅持，卻有助於她積極地終身學習以達致更美好的人格。

根據 Maria 個人網站的資料、易教授的手稿、香港大學的口述歷史檔案和其他資料來源，[2] Maria 入讀學校，接受不同級別的正規教育的年份和城市如下：

教育級別	年份	城市	入讀學校
學前教育	1932-1934（4-6 歲）	南京	家庭教師（3 年）
小學	1935-1940（7-12 歲）	香港	嶺南中學附小 / 嶺英中學附小（6 年）
中學（初中一）	1941-1942（12-13 歲）	澳門	培正中學（1 年）
中學（初中二）	1942-1943（13-14 歲）	桂林	培聯中學 / 嶺英中學（1 年）
中學（初中三）	1944（15 歲）	柳州	嶺英中學（2 個月）[3]
中學（高中三）	1945（16 歲）	廣州	真光中學（1 學期）
大學（先修班）	1946（17 歲）	上海	滬江大學（1 學期）
大學（大一至大三）	1946-1948（17-19 歲）	上海	滬江大學（2 年半）
大學（大四）	1949-1950（20-21 歲）	三藩市	三藩市大學（1 年）

2 由於不同消息來源提供的日期有少許差異，故有關 Maria 接受正規教育的資料，特別是入學或畢業的日期，或會有幾個月至一年的誤差。其他資料來源包括 Maria、她的家人及親戚。

3 入讀柳州嶺英中學的兩個月，曾家住在八步；從八步到柳州，Maria 需坐在運送各地信件的郵車上兩日兩夜，到達柳州後住在停泊於柳州河畔親戚船上的家，但兩個月不到，日本軍隊逼近柳州，故此又再輟學，詳情請參閱本書第四章。

從上表可以看到，本來大、中、小學的完整課程要用 16 年才能完成，因為戰爭與政局的因素，Maria 只需 13 年；不單如此，這 13 年正規的學校教育是在廣東、廣西兩省七個城市的九所學校進行，其中柳州兩個月不到的初中三年級的學習，是經過兩日兩夜的車程才能參與其中。雖說這種情況在戰亂逃難的日子是不難理解的，受到影響卻是不爭的事實。

可幸，在整個求學過程中，曾爸爸和曾媽媽為女兒提供了極強、貼身和必要的幫助，令這種零星、斷續而且不完整的學校教育不致造成破壞性的影響，為女兒於年幼時奠定學習語文的必要基礎，並且在正規的學校課程以外，教導女兒待人處事之道。

（一）小學之前：在家學習

在南京時，曾媽媽覺得當地的幼稚園未能提供恰當良好的學前教育，故此，Maria 與哥哥昭遠的南京歲月，都是接受家庭教師按需要和興趣而特設的課程活動。結果，Maria 的中文根基扎實，昭遠的英文能力甚佳。

除了家庭教師的特定課程，曾媽媽在日常生活中，會不忘藉著各種事件或機會對女兒作適時的教導、勸勉、提醒或鼓勵，例如夏天廬山避暑的各項活動中：[4]

與眾表兄姊於擠羊奶的欺凌事件中，曾媽媽的教導與提醒是：「……固執令人處事不夠靈活，凡事沒有商量餘地；好勝雖然可以是向

4　有關廬山避暑的日子中 Maria 如何成長，詳情請參閱本書第三章。

前向上的動力，卻容易盲動，引致失敗……。」

於「解開五個毛絨結」的經驗中，曾媽媽的教誨是：「……人生漫漫長路上會出現 5 個或者 50 個困難或挑戰，要成功抵達終點……要有耐性和毅力去嘗試並堅持，絕不言休，永不放棄……跌倒了再站起來……。」

（二）小學：學校、家庭和博雅教育

到了香港之後，Maria 最初入讀嶺南中學附小，不久轉讀嶺英中學附小。在嶺英，Maria 讀畢整整六年的小學課程，是她整個正規教育中最悠長、最完整的一個學習階段，也是她在求學與成長的過程裡面一個重要的分水嶺。

在這六年期間，Maria 的心臟病不藥而癒，學習禮儀令任性魯莽的個性變為溫婉斯文；[5] 在 Maria 初次進入學校於學生群體中接受有課程範圍和結構的基礎教育時，曾家父母特別注重女兒的家庭和博雅教育。[6]

曾媽媽希望女兒成為淑女，懂琴棋書畫，有文化素養，以致修心、養性、怡情，在面對多變事情和壓力挑戰時仍可以心平氣和。[7] 於是 Maria 於此時開始跟隨他的姑丈、名畫家鮑少游學寫詩詞畫國畫。[8] 為了這位「未來淑女」可以「入得廚房，出得廳堂」，曾媽媽教導女兒縫紉、刺繡和編織。

---

5 有關 Maria 心律不齊卻不藥而癒和學禮儀讓其個性改變，詳情請參閱本書第三章第一節。

6 博雅教育跟通識教育相似，但後者著重為學生提供多元視野與分析架構，幫助學生能夠從不同觀點去觀察、理解和分析同一事件；而前者除了通識教育的訓練，對「雅」的能力培養同樣重視，包括對音樂藝術、文學和哲學的認識與欣賞。

7 李曾超群博士，「香港口述歷史檔案計劃：檔案編號 061」，頁 11-13，訪談錄音光碟第一隻，香港大學亞洲研究中心，香港大學社會學系，2002 年 7 月 20 日。

8 有關 Maria 寫詩習畫，詳情請參閱本書第八章第五節。

曾爸爸也特別著重女兒的「淑女」形象，希望她能外貌與美德並重。因此，當 Maria 11-12 歲正開始發育時，他每天早上會帶她到天台做運動；天氣和氣溫許可時，到海灘或泳池游泳，希望女兒通過經常運動保持體態身材健美，除去自卑和建立自信；同期間，曾爸爸教導女兒象棋博弈，幫助她在對弈中多元思考，增強她面對與解決困局的能力。

小學後期，痊癒後的 Maria 特別活躍，不單是校運會田徑場上的短跑健將，也是籃球和排球場上接受喝彩聲的隊員；即使是平時的盪橋角力，她也常把其他同學從縱向擺動的盪橋推下來，成為唯一站在盪橋上的角力者。

根據 Maria 在口述歷史檔案的憶述，由於她身材高挑，樣貌漂亮，眼睛大大，又喜歡跳舞演戲，學校每年編排的聖誕劇都會找她扮演聖母瑪利亞和表演踢躂舞。

如此風頭十足，惹來閒言閒語是可以想像的。對此，曾媽媽的勸勉是：「……做人必須忠於事實，對得住天地良心，別人的閒言閒語，無須懼怕……更不用懼怕別人怎樣看你……。」[9]

（三）中學：零星、斷續、不完整

到中國的八年抗日戰爭開始，曾家為逃避香港三年零八個月日佔時期的惡劣情況，從香港遷到澳門，展開了四年的走難歲月。[10] 其間，曾爸爸與曾媽媽對女兒能夠持續接受中學學校正規教育的無比重視充

9　李曾超群博士，「香港口述歷史檔案計劃：檔案編號 061」，頁 7，訪談錄音光碟第二隻，香港大學亞洲研究中心，香港大學社會學系，2002 年 8 月 30 日。

10　李曾超群博士，「香港口述歷史檔案計劃：檔案編號 061」，頁 7，訪談錄音光碟第二隻，香港大學亞洲研究中心，香港大學社會學系，2002 年 8 月 30 日。

分顯露 —— 在走難期間，從香港到澳門，再從澳門到廣西的桂林、八步、柳州，到最後回到闊別多年的廣州，曾爸爸、曾媽媽都堅持讓女兒入讀該地的學校，哪怕入讀這些學校有各種困難或不方便，例如：南遷香港後即讓女兒入讀嶺南中學附小，該校雖位處家居附近，每天上學時卻必須徒步走上一條長長的斜坡，這對心臟健康情況不佳的女兒，似乎並非最佳的選擇；可是為了讓女兒不會荒廢學業，寧肯特別僱用一位年輕力壯的女傭，每天背負著 Maria 到學校上課。不過，這種安排卻無可避免地惹來同學好奇的目光與議論，對女兒的心理健康構成負面影響；但為了女兒可以持續接受正規的學校教育，曾爸爸、曾媽媽只好一方面不斷鼓勵女兒，無需理會那些不知底蘊的好奇目光與流言蜚語，另一方面積極尋找轉校的可能性，直至覓得無需走斜坡的嶺英中學附小，Maria 便立刻轉校。

從桂林逃難到八步後，由於市鎮細人口少且欠缺中學設施，令曾家停留在八步的兩年期間，Maria 無法入學；但當知道嶺英中學已遷到鄰近的柳州時，曾爸爸、曾媽媽便不遺餘力地設法把 15 歲的女兒，單獨坐郵包車兩日兩夜，送到柳州河畔寄住在船上的親戚家中，白天上學，晚上睡在船上，吃的是粗米飯和少油的菜蔬。可惜，這種努力只能維持兩個月，又因為日本軍隊的逼近而終止。

其實，即使是和平後入讀廣州真光女子中學，曾家父母和 Maria 都是老早便知道，高中三年的課程，只有一個學期便完結。可是，對曾家父母而言，沒有其他考慮比女兒能夠在學校完成學業更為重要。

抗戰結束，一切重回正軌。曾爸爸回上海協助重建戰後的銀行業務，兩兒子選擇跟隨父母親返上海繼續學業，而 Maria 雖未完成初中課程，卻因戰後高中入學試成績優異而於 1945 年秋季入讀廣州真光女子中學。

根據易教授的手稿、香港大學口述歷史檔案和 Maria 憶述補充，真光中學位於遠離廣州市區的白鶴洞，交通很不方便，要從廣州坐船才能到達，而且由於戰爭剛剛結束，各樣物資都短缺，宿舍設施十分簡陋，全部學生都要睡在自備的床板和蓆子上。學校伙食因各類食品供應不足而辦得並不理想，學生常常會在半夜餓醒，只以餅乾充飢。晚上，宿舍也不只是休息睡覺的地方，事實上是挺熱鬧的：當舍監巡房過後，學生會共享零食或組織舞會，考試前夕更會挑燈夜讀至深夜。

「零食會」是同房或聯同隔壁同學把各式各樣的零食拿出來，一起共享談天說地的時光；「地下舞會」更是拋開功課交友談情的機會，對 Maria 來說，那是她大顯「舞藝」的場合。「因為我喜歡跳舞，特別是西洋舞，不論是三步、四步，華爾茲還是探戈，我都跳得不錯，所以不少同學就趁那個時候找我教她們跳舞。」多年後，Maria 仍然十分緬懷那段「好開心」的時光。

考試前的一兩個晚上，跟平日是另一個極端：絕大部分學生都專注於自己的課本、筆記或作業，喧嘩吵鬧的噪音絕跡；即使是小組複習的同學也將聲量降低。對於 Maria，真光中學這個學期的學習是進入大學的關鍵，她沒有辜負爸媽的期望，成功完成高中三年級課程。「這是我一生最快活的時期，當時我們都非常年輕，沒有憂慮，愛說愛笑，玩得開心，一切都愜意極了。」

Maria 於 1946 年 1 月底離開廣州，到上海升學去。

（四）大學：斷續、分散、不完整

1946 年初，Maria 離開廣州，到上海跟大哥昭遠會合，並效法大哥，考進滬江大學先修班。1946 年秋季開始修讀社會學的主修課程，當時 Maria 17 歲。

由於曾爸爸於 1945 年秋季重返上海總公司不久，被差派到香港開展當地的銀行業務，所以，Maria 入讀先修班時已開始寄宿。本來 Maria 可以寄住外婆上海的家，可是滬江大學位於離上海頗遠的郊區黃浦江畔，故所有學生必須住在校園宿舍內，每四個或六個學生編進同一房間，每個房間有兩張或三張三層碌架床，而 Maria 因身高而睡上層。

當時，Maria 的表姊有一位好朋友，她的妹妹同樣考進滬江大學的社會學系，如此巧合令兩個互不相識的「未來同窗」，未踏足校園便成為朋友這對初相識的少女手牽著手，一起去註冊，一併去申請宿位，結果，她們倆入住同一幢宿舍的六樓的同一個房間，修讀同一學系的主修科目。上課時，坐在隔鄰，聽同一位老師授課；書寫授課重點時，兩人又能互補長短：一個能夠以極速記下老師所講，另一個記憶力特佳，可以只聽而不寫下筆記。Maria 會於下課後將對方的筆記抄寫一遍，重溫一次上課的內容，同時指出筆記中漏去的重點或細節。

除了課堂上，飯堂內也常常見到二人出雙入對的身影；遇到飯堂伙食欠佳時，她們會以 60 公尺短跑的速度跑到小食部點吃她們喜愛的炸醬麵或上海麵 —— 遲了恐怕會吃不到喜愛的麵食。對於校園內的短跑，Maria 並不陌生，因為她身高腿長，舉凡大學運動會中的短跑項目如 60 公尺、100 公尺或 400 公尺四人接力賽，她都會參加，也常常獲獎，故被封為「田徑之星」。至於水上活動，Maria 就更有信心了，因為爸爸和大哥昭遠在 Maria 小學後期曾給她密集式和耐久力的訓練，因此除了獲頒「好多好多金牌……（和）獎狀」外，她也獲得另一個封號，就是「南國美人魚」。[11]

11 李曾超群博士，「香港口述歷史檔案計劃：檔案編號 061」，頁 4，訪談錄音光碟第三集，香港大學亞洲研究中心、香港大學社會學系，2002 年 9 月 23 日。

事實上，Maria 也參加其他隊制體育活動如排球和籃球，是體育和比賽場地上的「風頭人物」，由此引來妒忌的閒言閒語是不難想像的。對此，曾爸爸與曾媽媽如此教導：「……只要行事端正，問心無愧，便無需理會他人的是非評論……。」[12]

可是，有一些事跟「行事端正、問心無愧」似乎毫無關係，而妒忌的閒言閒語和批評，也會不請自來：根據 Maria 憶述，入讀滬江大學不久，不少男同學便想跟 Maria 作私人約會，「……可能我當時比較高挑、眼稍大。黑長頭髮有些鬈曲，有一丁點混血少女的美態吧……其實我是百分百中國人呀！」

要約會嗎!? 就必須接觸，但男女生分別入住不同宿舍樓，而宿舍也不容許異性訪客，當時又沒有電話，唯一有把握可以見到 Maria 的地方是她入住宿舍的大門口。可是，女生宿舍門口站著男生，有時候不只一個，而且經常出現，那就可能造成了惱人的不便。

經過同學投訴、校工勸喻後，這些男生便不再在宿舍門口出現，卻跑到宿舍樓下 Maria 房間那一邊，在她房間窗口下面呼喊她的名字，甚至有男生投擲小石塊企圖引起她注意，令 Maria 有所回應。這種行徑所產生的騷擾性噪音，對專注學習與休息的干擾是不言而喻的，由此引起他人對 Maria 的微言與不滿漸增。

面對男同學的邀約，與因此構成的對其他室友各種騷擾性行為，Maria 的取態是被動的：「……我怎麼能阻止別人不具惡意的提請呢？」

由於不滿與批評不斷增加和升溫，Maria 終於陪同一眾室友當面狠狠地責備企圖約會的男生。結果：他們不約而同跑到不同的課室等待

12　同上，頁 5。

Maria 的出現。

然而，Maria 在滬江大學的三年光陰是愉快的，課堂的學習讓她儲足被承認的學分，到美國完成大學最後一年的課程，而建立美好人格則視乎她在那些非常規、於人生不同階段不同經歷中的磨煉、體驗和反思了。

可惜 Maria 未能在滬江大學完成她的大學課程，主要因為 1948 年秋季開學不久，曾爸爸從香港緊急致電剛開始三年級課程不久的 Maria，告訴她中國政局將會大變，必須即時離開上海，南下香港與家人團聚。收到信息後，Maria 便立刻去買機票，卻已是候補名單上第三天的票。因為手上有候補票，Maria 便跑到機場等候，看看有哪一班從上海飛往香港的航班會有空位出現，以便補上。

當很多人都十分希望離開內地的時候，有機位空出來的可能性是十分低的。但 Maria 還是去了，在那裡一等就等了三天三夜，吃、喝、睡都在航空公司櫃枱附近解決。

「那是一個很長很長的等待，眼睛一直盯著航空公司的櫃枱，每一次有職員出現宣佈補位的時候，大家都一窩蜂地湧上、擠近、挨前去，那種情景，實在難以忘記。」

令 Maria 更難以忘懷的是：包括 Maria 自己在內，能夠進入機艙的乘客，都應該是幸運兒吧！可是，面上掛著笑臉的，好像只有她。大家都是靜靜地，甚至是嚴肅地坐著，好像在等什麼似的，只有少數人在低聲地談話。Maria 也坐下來，沒什麼事做，也在等著，機艙服務員偶爾拿著飲料走過。時間在靜靜的等待中溜過，沒有聲色，也不留痕跡。一小時、兩小時、三小時過去了。突然間，機長透過揚聲器宣佈，這航班得到了批准可以起飛啟航。大家好像都鬆了一口氣，談話多了，聲浪大了，機艙內的氣氛也輕鬆起來了。可是，一直等到螺旋槳轉動，飛機在跑道上滑行，整架飛機飛離地面了，大部分乘客才不約而同地歡呼起來，有坐著的，有站起來的，又高舉雙臂的，有拍掌的，「我沒有辦法忘記那種逃出生天的感覺」，多年後的訪談中，Maria 仍然唏嘘。

Maria 抵達香港的家，已是萬分疲累的了；不過，當她獲悉她兩位很要好的（女）朋友，分別在同一天結婚，並於當天晚上在同一間酒店的不同樓層，分別宴請個別親朋好友時，她的精神狀態立時高漲起來。就在當天晚上其中一場婚宴中，Maria 邂逅了一位鑽石王老五，一年半後挽著他的臂彎走上紅地毯，共偕連理。[13]

由於 Maria 仍未完成大學的課程，而曾爸爸曾媽媽又認為完成學業至為重要，故 Maria 於婚宴翌日便到美國領事館申請學生入境簽證。四個月後，Maria 於 1949 年 1 月到美國三藩市大學（University of San Francisco）進修，以完成她的大學教育。

最初 Maria 原考慮到美國東北波士頓上學，那裡有 100 多所大學，包括世界頂尖的哈佛大學、麻省理工學院、衛斯理（女子）大學等。由於飛美航機必須先在西岸三藩市清關，而曾家多年的家庭好友唐伯母[14]剛巧住在三藩市，故此 Maria 抵美後就在唐家作短暫停留，為入學作初步安排，才再飛往波士頓。

在唐家停留期間，Maria 重遇唐伯母的兒子，是 Maria 年幼住在南京時，每年夏天到廬山度假的玩伴之一。自從離開南京之後，他們倆已經沒有聯繫多年，但 Maria 對他的印象甚佳，因為廬山度假期間，Maria 曾在山野間奔跑跌倒，唐哥哥攙扶著她返回住處；她跑進廚房學燒菜做

---

13 Maria 飛往美國時，已經跟這位年輕英俊、學業有成的男友頻繁約會；男的盼望情定終身，女的猶豫未決，以學業為重。有關 Maria 的愛情、婚姻與家庭，詳情請參閱本書第六章。

14 唐伯母十分疼惜 Maria，而 Maria 又十分喜歡她，相信她所說的都有道理，詳情請參閱本書第三章第二節。

飯時，唐哥哥在旁協助；她被眾表哥欺負哭了，唐哥哥安慰她。「……在那個年紀，我懂得了多少？我當時不會有什麼感覺，只知道他很遷就我，很保護我，沒有其他的想法。但現在回味那段日子，就會明白，什麼叫做青梅竹馬，兩小無猜……。」[15]

根據 Maria 在口述歷史檔案的憶述，昔日的「廬山小男孩」，十多年後已變得高大英俊，具男子氣概，既有風度又幽默，彬彬有禮之餘更顯教養。「……跟他在一起會給你一種安全感和莫名的歡愉……。」[16]

顯然，Maria 是「再見鍾情」。

後來，Maria 並沒有到波士頓，而是在三藩市大學完成社會學本科第四年的課程。由於 Maria 在滬江大學的成績頗佳，有一部分學分獲得承認，故得以在一年內修完畢業所需的學分。這當然是個不容易達致的成就，因此，Maria 在學業上所作的努力和花上的時間是可以想像的。在上課、寫筆記、做作業、啃書本、考試前的複習，這個充滿壓力甚至是枯燥乏味的日子裡，唐哥哥每天下班後接她外出晚膳，週末駕車到外面到處兜風，遊覽三藩市的景點，是鬆弛、娛樂的賞心樂事，更是 Maria 乏力向前時的支持。這種生活緊湊而充實，平淡中有驚喜。

顯然，Maria 是在愛河中暢泳。

愉快的一年，很快便過去。當 Maria 還在等待成績單的時候，曾爸爸從香港來的電話鈴聲響起，要求 Maria 盡快回港，因為他身體不適，希望女兒返港早日結婚，讓父親可以了結心頭上一件大事。

這個電話訊息把 Maria 擠進一個極大的煩惱夾縫中：順從爸爸的心意嗎 !? 結婚的對象將不會是唐哥哥；不順從的結果：Maria 將會是個不

---

15 <www.marialee.com>，2000 年 3 月 16-17 日。

16 李曾超群博士，「香港口述歷史檔案計劃：檔案編號 061」，頁 14-15，訪談錄音光碟第三集，香港大學亞洲研究中心，香港大學社會學系，2002 年 9 月 23 日。

孝的女兒，而爸爸的病情將有可能惡化。

收到電話後，Maria 想了很多：她想到爸爸對自己的愛，撫養她長大的恩情；她比較了爸爸和男友對她的愛，也比較了兩人的長處和優點，細想究竟哪一位更適合她，自己跟哪一位更匹配等。

Maria 很少哭，她認為自己並非一個太感性的人，她相信自己可以承受衝擊和挫折，所以她絕少哭。可是，這一次，她哭了，而且哭得很傷痛，久久不能停止。

最後，她決定離開三藩市，返回香港。

離開三藩市，終止了跟唐哥哥繼續深化關係的可能，同時也為正規的課堂學習劃上休止符。不過，在人生不同階段和經歷中，充滿著磨煉與反思的非常規學習卻一直延續，並跟著 Maria 返回香港。這種非常規的學習既源自各種生活經歷中的磨煉與反思，學習的內容自然跟建立自己的人格和如何待人處事有關。其實，對於 Maria，這種課堂以外的學習，自幼即在父母的教導下開展：

學前（南京）時期：	應恰當理解「固執」和「好勝」的優點與盲點。
小學（香港）時期：	學琴棋書畫以具備欣賞藝術的審美能力；學象棋博弈以建立對弈中的多元思考和面對困局的健康態度；如何看待流言蜚語和無理批評。
中學（戰亂）時期：	逃避戰亂中學習面對匱乏和在匱乏中如何變通，培養出積極主動、不疏懶不輕易放棄的態度；土法醃製煙肉和烘焗蛋糕體會「嘗試」能夠將「可能」變為「真實」，不再懼怕「嘗試」、「創新」及「發明」；當醫院義工建立「自發、主動、利他」的同理心心態；擺地攤體驗到創業成功的興奮、做買賣賺錢的喜悅及其中所需的靈活機敏；親身感受到父親對女兒必須接受教育和持續學習的強烈信念和無比堅持。
大學（中、美）時期：	如何處理別人的注目、仰慕、妒忌與關愛；在愛情與婚姻的抉擇中深刻體會到：涉及他人的重大決定不應只考慮個人利益。

以上種種的學習——是感受、啟迪、態度、理解或是信念——都跟隨著 Maria 返回香港，並且逐一浮現在後來的 70 年歲月裡面，不同人生階段、不同事件，以及不同人際關係中。

第二節 自發性的非常規學習

跟學校提供的正規課堂學習不一樣，非常規的學習不單止源自生活經歷中的磨煉與反思，內容跟建立自己的品格和待人處事有關，也兼具以下一項或多項特徵：

它沒有既定的時間表：既是終身學習，它可以在一生人中任何一個時期，按個人的需要或興趣、可用的時間或資源，去開始、延續、結束或放棄。

它沒有既定的目標或目的：它可以是功能性利己的學習，如建立自己完美人格，增加自己的競爭能力，或提升自己對外界事物的欣賞力、跟別人溝通的能力等；也可以是功能性利他的學習，如修讀一些短期課程去有效地幫助別人，如智障兒童、獨居老人等；至於利益，獲得者可以是自己或是別人，可以是有形或是無形的；而目標的設定則完全視乎個人當時的需要、興趣或要求。

它沒有既定的內容範圍、結構、測試或考核：由於非常規的終身學習是個人主觀的抉擇，學習可長可短、可深可淺、可繁可簡、可多可少，視乎個人的需要、興趣、要求或能力。教育機構提供的延伸課程是一種例外的情況：它有時間表，有既定目標或目的，也有課程內容範圍和結構——考核可有可無——卻可以按個人的興趣、需要、能力和要求，在自己抉擇的時空中為己或為人而學習。

從以上的理解來看，Maria 在課堂內雖然「讀書不多」，而且零星、斷續和不完整，她在課堂以外終身學習的經歷卻堪為典範：

（一）追求美善人格的學習

Maria 十分好學，每次聽到或看到可以幫助她追求美與善的格言，她都會記住，並抄寫在一本小冊子上。1978 年她出版了一本小書《我的座右銘》，記錄了 93 則有關人生真諦的自勉格言，[17] 例如：

「存忠厚、養和平、明是非、惜廉恥」——外祖父的教誨（1940 年代初）；

「君子不隱其短，不知則問，不能則學」——中學國文老師的教導（1941-1945）；

「念自己有幾分不是，即人之氣平」——中學同學的告誡（1941-1945）；

「涵養怒氣時，留心順口言；提防忙裡錯，善用有時錢」——廣州姨丈家中牆上懸掛的格言（1945 秋）；

「能吃虧，是大便宜；能受苦，是大安樂；能平氣，是大力量；能散財，是善聚守」——父親的提醒（1950 前）；

「錦上添花何足奇，雪中送炭心感領」——Maria 的母親中學時一位好友，因急病必須入院醫治，她女兒情急下把病危母親送進

17　李曾超群：《我的座右銘》（第二版），香港：李曾超群企業有限公司，1982 年。

私家醫院，病癒出院時無力繳付龐大數目的醫藥費；母親得知此事即為同學解困。Maria 目睹此事後所寫下的格言（1950-1960）；

「給人快樂，自己更快樂」—— Maria 的長兄昭遠為母親安排了一個龐大的驚喜生日會，被邀的全是母親摯友。當好友一起出現時，母親那副驚喜寬慰表情，不單溢於言表，更多次重提，令母子以至其他家人都久久不能忘懷；長兄更以此格言相贈、勸勉 Maria 要時刻謹記（1950 年代中至 1960 年代中）；

「登天難，求人更難；黃蓮苦，貧窮更苦；春冰薄，人情更薄；江潮險，人心更險 —— 知其難、甘其苦、耐其薄、測其險，可以處世矣！可以應變矣！」—— Maria 的一位公司董事，其夫開設酒樓；一次偶然的機會 Maria 進入酒樓的董事長辦公室而看到掛在牆上的格言（1970 年代初），於是抄下自勉。

雖然 Maria 不是香港中文大學新亞書院的學生，對書院倡導「為學與做人，貴能齊頭並進，更貴能融通合一」的理念，卻在實踐中學習；她不只是抄錄一些她喜愛的格言，空閒時自勉，也在生活中實踐出來。

（二）功能性利己的學習

此類學習於早期或年幼的時候，不論是烹飪、書法、詩詞、水墨畫，還是音樂，都是父母所要求，期望 Maria 長大後成為一個具中國傳統文化素養、有高尚情操、懷豁達寬厚心態的人。倘若這種學習是自發、自學或自習時，它可以是為了在忙碌中、壓力下，或於負面情緒裡面忘掉當時的自己，以進入另一個想像空間，得以自娛、鬆弛或抒情；也可以是基於需要而自發的利己學習。有趣的是：Maria 這些自發自娛的學習，後來都成為另類學習——利他學習：為了令別人得到某些利益而學習。

（1）烹飪

五至六歲南京廬山避暑時期的學習，始於被啟發和自身的好奇；而於 13-14 歲在桂林、八步戰亂走難時期的學習，則是因為生活上的需要，並且因為其強烈的好奇心，在不斷創發新的烹飪方法、器具和食品的過程中得到延續。

婚後自發到歐、美、日進修的短期烹飪課程，是希望成為更優秀的烹飪導師所推動的。

至於 1970 年到紐西蘭作一個月的烹飪示範（分享介紹中國飲食文化）、1975 年到台灣主持兩星期電視烹飪節目（介紹香港粵式飲食文化和推廣台灣超群西餅業務），到 1967-1974 年在香港麗的電視主持烹飪節目（介紹烹飪技巧與各種菜式，附帶間接推廣香港超群西餅業務），以至 1958-1987 年開辦超群烹飪研究學院（幫助家庭主婦以美食去維繫愉快的家庭關係，並間接推廣超群西餅業務），都是利他的學習。[18]

（2）書法、詩詞、水墨畫

小學後期，Maria 的心臟病不藥而癒，為了幫助女兒更進一步成為「入得廚房，出得廳堂」的淑女，曾爸爸和曾媽媽在 Maria 上完五個月的儀態課程後，便要求她跟隨名畫家姑丈鮑少游學習書法、詩詞和水墨畫。兩年間，Maria 對這三種傳統的文化載體產生了極濃厚的興趣，也

18　有關 Maria 如何從嫁入一個傳統大家庭到走出去，開辦香港第一間烹飪學校、主持香港第一個電視烹飪節目、到海外示範烹飪技巧，詳情請參閱本書第七章。

奠下了一定的根基。可惜，因第二次世界大戰要逃避戰難四年，戰後又要到中國上海和美國繼續學業，令這些養性怡情的學習都停頓下來。

直至婚後不用工作，便以此自習消閒，可是，當教授烹飪的工作於 1950 年代中開始以後，這興趣的進階發展又不得不再次放下。一直到 20 多年後的 1980 年代，當超群西餅已經發展為多元業務的跨國飲食集團，來自日常工作與責任的壓力，以及來自市場競爭和業務發展的挑戰，都令公司決策者經常處於精神緊張的狀態；而 Maria 就是於 1984-1988 年從陳錦懷老師學水墨畫，於 1988 年 6 月到 1989 年 11 月從盧逸巖老師學作詞寫詩和書法，目的都是為了「……忘記生活上不如意的事……舒緩工作的壓力……平靜人生中的波瀾……增加生活情趣……」。[19]

為了籌募善款，Maria 於 1989 年 10 月出版《玉蘭軒詩草》，於同年 11 月舉辦「群芳藝苑」慈善書畫義展，並出版《群芳藝苑書畫集》，所有收益撥入群芳慈善基金會，作各種慈善用途。[20]

（3）粵劇

Maria 年幼的時候，彈鋼琴極有天分亦有技巧、更常公開表演的曾媽媽，曾多番要求並鼓勵 Maria 去學彈鋼琴，但並不成功，而 Maria 在以後的日子也沒有再重新去學這西洋樂器。至於歌唱，Maria 的一位小學音樂老師十分喜愛唱歌，是位女高音，也認為 Maria 有唱歌的天分，而 Maria 中學走難到廣西八步時，曾有一段短時間學唱京劇消閒，但離開八步之後，就沒有繼續學習。

---

19 李曾超群博士，「香港口述歷史檔案計劃：檔案編號 061」，頁 12，訪談錄音光碟第一隻，香港大學亞洲研究中心，香港大學社會學系，2002 年 7 月 20 日。

20 有關 Maria 學習詩詞書法和她的慈善事業，詳情請參閱本書第八章第五節。

1980 年代初，當 Maria 在西餅飲食業的生意做得十分成功、也十分忙碌時，她跟著名粵劇紅伶、也是好友的芳艷芬學唱粵曲，也跟隨曾受聲樂訓練的明星張天愛的母親，學唱意大利歌劇以減壓自娛。可是，歌劇的學習，也是不了了之。

只有粵曲，在芳艷芬的教導和鼓勵下，Maria 不單止學唱，也學古琴以助填寫曲詞，其後竟然與芳艷芬二人同台公開演出。這實在是匪夷所思的，因為 Maria 認識芳艷芬之前，對這廣東民間藝術從未涉獵、毫不認識，更談不上欣賞，卻在很短時間內學習、練習和籌備了四場二人粵劇折子戲，更在利舞台大戲院為香港十間慈善機構義演籌款。隨著 1987 年這次空前成功的慈善籌款義演，二人在 1994 年和 1997 年分別為香港醫學專科學院和香港四所大學義演籌款。[21]

1987 年的演出，是超群西餅飲食集團的業務發展最興盛、國際疆界拓展得最遼闊的一年。1994 年集團從業務發展的頂峰下滑到谷底，到 1998 年 4 月，整個集團全線清盤。[22] 由此可見，Maria 這三次義演中，不論是 1987 年的學習 —— 學唱曲、學樂器助填詞、學功架表演 —— 以至其後兩次義演，都是在極大的工作壓力、精神繃緊而內心焦慮的狀態下進行，目的只有一個：幫助更多有需要的人，哪怕是放下自己的利益考慮。

雖然三次義演都是慈善工作，但只有第一次是讓一生大部分時間都生活在富裕中的 Maria，可以比較全面地了解香港那些貧病老弱孤寡的人是如何生活的；而第二和第三次義演則讓 Maria 穿梭於她必須專注

---

21 有關 Maria 跟芳艷芬的友情交往，詳情請參閱本書第十一章；有關 Maria 與芳艷芬的三次義演籌款，詳情請參閱本書第八章第五節。

22 有關 Maria 如何於 1966 年創辦一間小餅店，到發展為業務多元的跨國西餅飲食集團，經營 32 年後最終以自動清盤結業，詳情請參閱本書第八章。

和努力付出的兩個方面：

1/. 義演籌款贊助香港的醫療服務和高等教育，讓這兩類專業人士可以站在科研與知識的前端，去幫助香港更健康更具活力地運作；

2/. 費盡心思、想方設法去挽救瀕臨崩潰的跨國生意。

因此，在長達十年的時間裡面，Maria 經常處於利己與利他的矛盾張力中，而這個經歷中的磨煉與反思，似乎又必然影響到 Maria 終身學習的態度和學習的目的。

（三）功能性利他的學習 [23]

這類學習跟利己的學習完全不一樣，無論是動機還是目標，都是為了他人利益而作出。由於涉及他人利益，課程開始了便會努力去完成，不輕易放棄，因為這是內心對己對人的一個承諾。生意失敗之後，Maria 花了十年嘗試去賺錢還債，2006 年初，當她知道高達 4,000 多萬元的債項有望於翌年還清，便急不及待地於 2006 年春天與秋天報讀香港中文大學專業進修學院有關中醫藥的課程。當時 Maria 77 歲。

其後的七年，Maria 在中文大學專業進修學院修畢兩個分別三個月長的網上課程：「中藥學」（2006 年春季網上教學課程）和「中醫基礎

23 Maria 一生學習的動機與態度 —— 從幼年時候到 77 歲以後的暮年時期 —— 呈現一個極其有趣的過程，乃是從純然利己，漸漸走向純然利他的動機和態度；而本節從追求美善人格的利己學習開始，到 77 歲以後重返校園的學習，其動機與態度都以利他為目的，可算是她一生學習動機的縮影。

理論」（2006 年秋季網上教學課程），以及兩個分別長達兩年的專業文憑面授課程：「兒童成長治療」（2007-2009）和「現代營養學及中醫食養食療學」（2011-2012）。

Maria 報讀有關中國醫藥的理論課程，嘗試學習各種有關中國藥材和食材的療效與保健功能，是希望有效選用一些常用而又有保健功能的藥材或食材，去創製新糕點，除滿足顧客口腹之慾，更有利於他們的身體健康。

至於報讀「兒童成長治療」課程的原因也不難理解：從 1969 年捐助香港東華三院小兒科病房、1987 年捐款興建香港弱智兒童院、1988 年捐款東華三院成立群芳託兒中心、1990 年捐款滬江小學成立獎學金，都可以見出 Maria 對兒童健康成長的重視與關懷；而報讀一個長達兩年的面授課程，去認識有關兒童成長期間遭遇到的問題和挑戰，以及其理論、解決方法和個案，就揭示出 Maria 的一個意圖：她希望她對這些機構和兒童的幫助，能夠超越金錢的捐贈。

到 2010 年夏，Maria 已過了 81 歲，適逢在英國倫敦大學的國王學院（King's College）和帝國學院（Imperial College）當醫學教授、又是過敏症專家的兒子建議：母子合作撰寫一本專以食物過敏患者為對象的中菜食譜，醫學部分由兒子撰寫，食譜部分由母親負責。對於跟兒子合作撰寫這本可能是「獨一無二、絕無僅有」的《過敏症安全食譜》，Maria 十分興奮地說：「這簡直就是個完美的夢幻組合」，又豈能拒絕呢？

於是，Maria 於 2011 年春季報讀「現代營養學及中醫食養食療學」這一個兩年制面授的文憑課程，因它提供了西方現代營養學的基礎知識，也提供中國傳統食養食療經過整理的經驗，對構思和撰寫《過敏症安全食譜》有不少幫助。不過，相關營養學和醫學名詞既抽象又難懂難明難記，科研報告及數據又不少。因此，她知道這將會是個艱辛的學習過程。

事實上，她在第一次測驗時便交了白卷，可是，她卻在試卷上寫下「一片空白，不怕補考」八個字。此後，每逢測驗或考試，她必然邀請兩位同學跟她一起複習，考試前夕更會通宵達旦地預備。

為了幫助食物過敏患者享受美食佳餚時無需恐懼過敏的突發反應，同時也為了幫助醫生兒子於英國退休後在香港養和醫院全港首設的過敏病科中心的發展，Maria 是鼓足勇氣，下大決心，排除萬難，咬緊牙關，盡最大努力，去完成這個課程。

經多次向人表示：她要放棄了；可是，她仍堅持著！2012 年 11 月 15 日，Maria 終於從專業進修學院院長手中接過了專業文憑。至於這本獨一無二的《過敏症安全食譜》卻早於 2012 年 6 月便在香港各大書局上架。

「我不能背棄自己，也不能背棄承諾。」

（四）終身學習的典範

在 2019 年 5 月 2 日的一次 30 分鐘的電話聊天中，Maria 對筆者說：「我有一個不近人情的請求：希望你多來我家中跟我聊天，因為我覺得在你的談話裡面，我常常可以找到一些具啟發性的東西，是我可以、也應該學習的⋯⋯。我經常這樣做，卻不會告訴跟我交談的人。他們大概不會曉得，我會在交談中向他們學習。」

這是 Maria 90 歲生日後第三次跟筆者電話聊天。當中，她告訴筆者，農曆新年前的身體檢查顯示，她的健康狀況良好，只是記憶力會慢慢減退。

也許，Maria 已經忘記了：這是她第七次向筆者提到記憶衰退的事；也許，Maria 已經忘記了：她一生中有許多令人感動的經歷和故事，叫人不能忘懷。可是，當這些觸動心弦的故事都不復記憶的時候，Maria 卻沒有忘記，說：「我會向他們學習！」

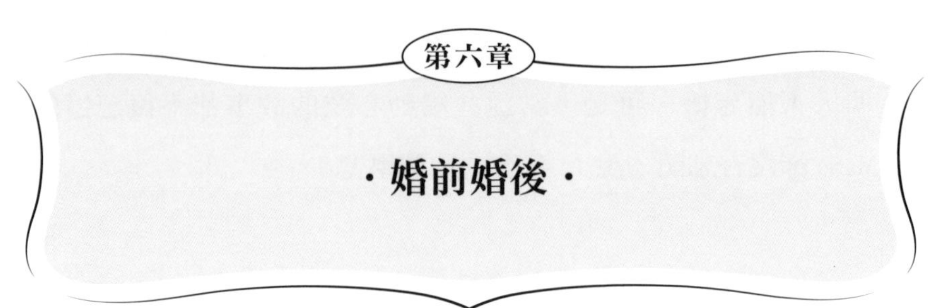

第一節　好友婚禮中的邂逅

第二次世界大戰之後，Maria 在廣州真光女子中學只讀了一個學期的高中課程，便在 1946 年初，到上海跟大哥昭遠一同考進滬江大學先修班。一個學期後，Maria 於同年秋季開始其四年制的本科課程，主修社會學，可惜面對內地政局動盪和曾爸爸要求她返港之下，最終未能修畢。

抵港後翌日晚上，高挑的 Maria，身穿旗袍、披肩的長髮戴上大紅花一朵，在哥哥昭遠的陪同下到達酒店，出席好友婚宴。甫入會場便吸引了不少男士的注意，包括出身上流社會、不久前才畢業於哈佛大學水利工程博士課程的李明。

根據 Maria 憶述，在她進入雙方視野的範圍內時，當時仍是鑽石王老五的李明，便已經「生蟣貓入眼、色瞇瞇」地注視著她，並連忙向身邊朋友打聽，要求將他介紹給曾氏一家。

那一天晚上之後，李明多次拜訪曾家，似乎也獲得曾家父母的好感。在該年聖誕節前的某一天，李明得到了曾爸爸曾媽媽的允許，邀請 Maria 參加聖誕舞會。跳舞的過程中，李明「獨特的舞藝」令他不斷踩到 Maria 的腳；就在舞會上一個「無意的踩踏」、另一個「有意的迴避」之下，兩人的距離漸近。

第二節　愛情與婚姻，婚姻與愛情

約會多了，李明知道 Maria 希望到美國升學以完成大學學位課程，但他卻未能確定：她到美國要多久才把本科課程讀畢？讀完本科課程後會不會繼續深造？到了美國之後，她會不會再回香港？一連串問題令李明的內心不太踏實。

「其實，你本科的課程也差不多唸完了，就不要去美國吧！即使去了，也不過是為了一個 'B. A.' 的學位銜頭而已！不如我給你另一個銜頭吧，你就不要去美國了！」

「你可以給我什麼銜頭呢？」Maria 好奇地問。

「我給你 'MRS.' 的銜頭，好嗎？答應我不要去美國，好嗎？!」

「可是，還有一年我就可以完成整個大學課程了⋯⋯何況，我還未到 20 歲⋯⋯。」

Maria 沒有接受李明送出的銜頭，但也沒有拒絕；雖面露難色，內心卻是甜絲絲的。

自此，特別是接近 Maria 離開香港前的日子，二人的約會就更趨密集。對李明來說，結婚組織小家庭是最理想、最穩妥，是令他最安心的選擇；對 Maria 的父母來說，李明應該是女兒的最佳配對：才貌兼備，家庭背景優厚，婚後生活的安定必期；對 Maria 來說，對方既英俊瀟灑，風趣幽默，又擁有全球最佳學府的博士銜，學識廣博，是難得之選。不過，令 Maria 猶豫不決的有兩個考慮：18 歲結婚是不是早了一些？大學教育仍未完成，是否可以等待一下？加上曾爸爸對女兒完成大學教育無比重視，Maria 決定將愛情與婚姻暫時擱置一旁，先以學業為重。

1949 年 1 月，Maria 飛往美國，短暫停留三藩市時重遇唐哥哥，二人感情升溫之餘，亦為她在三藩市的讀書生活增添驚喜與情調。直至學期末收到曾爸爸的來電，讓 Maria 陷入了父愛與分別和兩位男友間的感情掙扎。返港後，Maria 明白到臥病在床的曾爸爸，對李明顯示了毫不含糊的好感，亦對她的擇偶標準慢慢增加了指導性，而 Maria 自己又十分仰慕學者，曾有成為大學教授夫人的幻想。結果：她於 1950 年 4 月 11 日跟李明共偕連理。

本來，李明正要考慮加入香港大學的教授團隊，但家族生意缺少恰當人選，李明於是擔起家族生意的責任。婚後，因家族生意的需要，李明經常出外公幹，到新加坡或婆羅乃，一去便是一週或兩週不等，而 Maria 很多時候需要單獨留守家中，照顧幼少兒女。就是在此時，Maria 開始跟粵劇紅伶芳艷芬相熟，常常到她家中盤桓，過從甚密。

其實，Maria 的婚姻生活並不十分愉快，除了丈夫經常因家族生意不在家，婆婆自 Maria 嫁入李家時便對她有一種看法：認為她剛從美國讀書回港，是個「番書女」，不懂中國文化、禮教或傳統，也不懂得如何持家，如何侍候家翁家婆；其後更反對她出外教授烹飪，認為會失禮夫家。

其實，婆婆這個看法的形成，是基於兩個誤會：一是以為在外國讀書的少女，是不可能對中國文化、禮教或傳統，有什麼認識的；二是以為媳婦出外教授烹飪是為了出外工作賺錢，可能被親友誤為有辱李家聲譽。

其實，婆婆並不知道，Maria 在美國三藩市大學接受的西方教育只有一年，其餘所有正規的學校教育 —— 從學前教育到大學本科四年級之前 —— 都是在中國內地或香港接受的。事實上，Maria 的中國語文、傳統文化與藝術、禮儀和個人修養，都早已在大學之前打下一定的基礎。[1] 至於反對 Maria 出外教授烹飪，其實也是出於誤會，因為 Maria 從 1955-1958 年在香港女青年會教授烹飪班都是義務的社會公益服務，對李家只會是一種榮譽。[2]

理論上，這兩個誤會都可以通過溝通得到解決，可是，香港 20 世紀 50 年代初的傳統大家庭裡面，婆媳之間卻仍然有著那種表面平靜內裡繃緊的關係：一方面，婆婆仍是一個不可抗逆的威權，所求於媳婦的是安靜地順從；另一方面，無論媳婦如何有能力或學歷，沒有人會期望她會如數家珍般告訴婆婆，那會被認為是囂張無禮；加上文化和家庭背景的差異，以致「代溝」的存在，婆媳之間的溝通是：婆婆提問之後，媳婦才可作答；婆婆不開口的時候，媳婦不可搶先發言；任何跟這個「家規」不符的行為，而又被認為是不當的話，媳婦一定是錯誤的一方。

其實，自從嫁入李家後不久，Maria 已經發現李家和曾家在生活習慣、大家庭成員間彼此的期望和行為方面，都存在不少差異，Maria 常常默默地聆聽、細細地觀察、輕輕地回應，以便順利融入李家的規矩與期望中。

1　有關 Maria 幼年時候學習中國傳統文化與藝術，詳情請參閱本書第五章。
2　有關 Maria 於 1950 年代到香港女青年會義務教授烹飪班，詳情請參閱本書第七章第一節。

在 2012 年 11 月的一個訪問中，Maria 有這樣的描述：「……其實，我的父母相當西化，無論是思想上的，還是生活上的，他們都給我很多自由的空間。可是，他們也有傳統的一面，不論是婚前還是婚後，他們曾多次鄭重地叮嚀：婆婆的話必有道理，只可附和，不能提異議，更絕對不可回嘴反駁……。所以，即使我有什麼不滿，我都不會投訴，更不會在李明面前訴苦……。其實，婚姻就是如此的了，我不會有太多的不滿，也不會介懷。」

第三節　家庭、家庭生活

1950 年，Maria 跟李明共偕連理，婚後跟老爺奶奶、各房已婚兄弟和奶奶的一位年長姐姐，同住在李家於九龍太子道的一座大宅內。

李家是 50 年代香港一個富裕的傳統家庭，家公李耀祥擁有兩間公司：李耀記和世界洋行；前者是 50 年代前後香港最著名的浴室廁具供應商，專為政府辦公大樓、公務員宿舍、大型住宅屋邨和商業樓宇等供應浴室廁具；後者是出入口洋行，都由李耀祥自己主理，直到李明結婚後，李耀祥才退休，讓二兒子李明作為長子嫡孫，去打理家族生意。

由於夫家是香港傳統富裕的大家庭，每一房已婚男丁都會有兩位女傭去照顧日常生活中的家務，以及小孩的起居飲食，因此，自從 1951 年大兒子德康出生以來，直到 1958 年 Maria 在九龍塘表姨丈的家中開辦收費烹飪班之前，Maria 在家中主要的任務就是陪伴孩子，逗他們玩樂，或帶他們到附近公園散步，或探訪住在附近唯一的好友、前粵劇紅伶芳艷芬。精於縫紉、刺繡和針織的 Maria，平時亦會為德康和康文設計、裁剪和縫合他們的衣服，或陪伴老爺奶奶打麻雀消閒耍樂。

李明沒有離港出外公幹的週六晚上，一家四口 —— 智康於 1961 年出生 —— 會步行到附近的一間酒樓品嚐粵菜，或跑到尖沙咀吃上海菜。週日早晨，他們會開車到沙田的卡爾頓酒店（Carlton Hotel）享受一頓豐富的自助早午餐（brunch）；或聯同好友芳艷芬的一家，到沙田紅莓谷或馬料水野餐，走進大自然，悠然享受毫無拘束和沒有工作壓力的一天。每逢星期日的下午中段時候，這個小家庭便回到李家大宅，跟整個大家庭的各房叔伯與他們的子女，一起用膳。每年夏天公眾假期的日子，整個大家庭會相約到青山道青龍頭的別墅，遊樂一整天。

根據 Maria 憶述，那是一個佔地 23 畝、橫跨兩個山頭的別墅，裡面有亭台樓閣、小溪流水與池塘，水中有金魚和鴨子；平坦的草地上更有一個奧林匹克大小的游泳池，實在是個消暑休閒、鬆弛玩樂的好地方。

Maria 憶述她和李明婚後的頭五至六年，都住在太子道李家大宅裡面，直到 1955-1956 年間，家公在九龍塘又一村買地另建一幢三層高大廈，讓三個已婚的子女家庭分別住進去；李明一家住在二樓，Maria 到這個時候才真正有自己獨立的家庭生活，她的事業也從此時開始萌芽。

從 1958 年於九龍塘開辦收費的烹飪班，1960 年增設針織刺繡和裁剪課程，到 1963 年遷到九龍太子道 182 號二樓繼續營運，Maria 的烹飪班越來越受歡迎。超群西餅又於 1966 年 12 月 11 日開始營業，一直到 1971 年業務開始多元化和國際化時，Maria 要同時負責管理和營運兩個性質完全不一樣的業務。1967 年開始主持電視烹飪節目，由每週一次、每次 30 分鐘的節目，到後來每週十個 30 分鐘的節目，所以，在 1972 年之前的十多年間，Maria 每天的工作日程都排得密密麻麻。

1966 年超群西餅店創辦的時候，德康雖已到了英國讀書，但 Maria 仍要照顧夫婿、康文和智康；超群西餅店開業後一年，即是 1967 年，康文 15 歲，到英國繼續她的中學學業；到了 1972 年，11 歲的智康被送到英國插班入讀小六的課程。李明和 Maria 的小家庭頓成空巢，從那時開始，Maria 差不多是全天候全情地投入到烹飪學校和西餅店的業務發展上。

不過，無論 Maria 多忙碌多辛苦，她都沒有放棄照顧好家人的飲食健康和照顧好兩子女學業的責任，不光是因為那是曾對夫婿作出的承諾，更因為她認為這是做母親應有的責任。

到 1972 年初，Maria 的超群烹飪研究學院已經開辦了 15 年，而超群西餅店的業務也運作了五年，Maria 其時的家庭生活如下：

「每天清早，我必定為李明和子女預備好他們喜愛的早餐，照顧好他們上班上學必須帶備的東西才送他們出門；然後，我才返回餅店工作……下午中段學校放學的時間，我會先回家，或親自開車到學校接他們；回家後我會幫助他們完成要做的作業和複習比較艱深的課本內容；然後，我會再返回餅店，收拾並完成當天關門休息前的例行公事：包括結算當天造餅賣餅的數目，將收銀機台裡面的現金帶回家中點算，並於翌日早上存進銀行……不過，每天晚上，我一定會跟家人一起享受一頓輕鬆愉快的晚餐……。

「對於我每天睡前能夠按優先次序寫下待辦清單，我是十分感恩的，因為它令我可以在照顧家人、教烹飪班與管理校務和營運餅店中作出平衡，讓我每天的生活雖忙碌卻不忙亂，有成就和滿足感。」

多年後，Maria 於 2012 年夏天的一個訪問中表示，高效能的時間運用和安排的確幫助了她，在兼顧教學與生意之餘，仍可照顧家庭，與家人共度週末，並且於夏天學校暑假期間，一家到海外旅遊度假。

（一）家庭教育——對兒女在家時的教導，Maria 是一絲不苟的；智康對此的回憶是：「媽媽管教得很嚴，無論是餐桌禮儀，待人禮貌，還是用錢的原則，她都會仔細重複地教導。」對於母親嚴格的管教，特別是餐桌禮儀，姐姐康文跟弟弟的感受是高度一致的。

事實上，Maria 於 2002 年 7 月 20 日就曾對香港大學口述歷史檔案計劃的訪員詳述自己昔日如何教導子女餐飲的禮儀，總的原則是：「長者先、幼者後。」在這個原則下，子女必須於開始飯餐前，首先禮貌性地招呼長輩；在李家，德康、康文和智康，會由長到幼地說：「爺爺吃飯、奶奶吃飯、爸爸吃飯、媽媽吃飯、哥哥吃飯、姐姐吃飯、弟弟吃飯、妹妹吃飯。」然後，爺爺和奶奶首先喝湯夾菜，其他人才可以開始；拿筷子必須恰當，每次夾菜到自己碗上不可太多，免得丟在桌上；不可將筷子插在碗的飯中，更不應該用筷子翻動盤子中的菜餚以尋找自己喜愛的食物；吃飯喝湯時不可發出聲響，也不可拿著飯碗離開飯桌到處跑；晚飯結束大家離席的時候，長輩未離席，晚輩也須安靜地坐著。

除了餐桌禮儀之外，母親 Maria 對用錢原則和獨立處事能力的培養也是十分重視的，例如：

（1）用錢原則：在 2011 年 7 月 9 日的一個訪問中，智康憶述了母子倆的一件趣事：有一次，母親給他兩塊錢，要他到附近一間理髮店剪髮。過了不久，智康便返回家中，但頭髮還沒有剪，因為他在往理髮店途中碰到一位年紀老邁、樣子十分可憐的乞丐；當時，智康摸著口袋裡的兩塊錢，考量著「要不要幫助這個老人家」時，想起每年清明節掃墓的時候，母親總是預備一袋五角錢硬幣，在上山掃墓途中，每見到一個乞丐，便將一枚硬幣塞在他們手中，從山腳到山上的墓地，母親是不停地將硬幣送出。結果，智康沒有考慮多久，便將口袋裡的兩塊錢掏出來，送給了老乞丐。「媽媽沒有罵我，只是微笑著，說：『以後可以先理髮，剩下來的才給乞丐，因為這些錢是有預設目的，不應未達目的便改變它的用途。』」

（2）獨立處事的能力：對李明和 Maria 來說，幫助孩子培養獨立處事的能力，是十分重要的；而培養獨立處事的能力卻必須有一個單獨面對各種困難和挑戰的處境，這些處境最好能夠在年幼的時候出現；正因為父母有這個想法，當德康十歲的時候，他會單獨帶著九歲的妹妹到附近診所，讓醫生診治染病的妹妹。也因為這個想法，李家的三個孩子很早便被送到英國讀書：德康 10 歲、康文 15 歲、智康 11 歲。

根據康文憶述：雖然李家有車有司機，母親 Maria 卻堅持要他們盡可能坐巴士。當她 11 歲那年，康文需要佩戴矯正牙齒位置的牙箍而要定期到牙醫診所接受檢查，當然是要坐巴士的了。有一次，康文離開診所後在電梯外被一個陌生人脅迫，幸好有其他人經過才沒有受到傷害。此事之後，康文每次到牙醫診所接受檢查時，還是要坐巴士；不過，她學到了一課：一個女孩子不可以單獨進入電梯。

這個似乎奏效的訓練，到 1967 年當康文 15 歲要到英國完成高中課程時，才真正受到考驗：離港前夕，康文告訴自己，必須勇敢地面對離開父母獨立生活的日子。是那一天，當爸爸媽媽將康文帶到英國的中學宿舍前，「我毫不猶豫地跳下車，從車尾箱一手拿起隨身行李，再跑到車側，笑著向坐在車廂內的父母揮手，然後頭也不回地跑進學校宿舍內……。第一天晚上，面對那個既新奇又陌生的環境，我沒有掉下一滴眼淚……；可是，到了第二天晚上，當我面對著盤子裡漿糊般的食物時，鼻子酸了，眼淚不由自主地流個不停」，康文跟筆者分享她最初到英國讀書的經驗時透露。

不過，Maria 對待兒女也有她輕鬆好玩的一面，根據智康對幼年的回憶：

「媽媽管教雖嚴，卻喜歡逗著我們，常常在我上床進入被窩後搔弄我們的頸窩和腋窩，叫我扭動呵笑不停。」她對出生不足磅的女兒康文，年幼時常以「小貓兒」的暱稱逗著她。不過，這個表示愛的暱稱也曾經令康文感覺尷尬：那是她 60 歲的生日，「母親見到我的時候竟然說：『我的小貓兒，你什麼時候長得這麼大了？』」在 Maria 心中，康文似乎永遠都是「小貓兒」。而不約而同地藏在三個子女心中、更不能忘懷的愉快回憶就是：每年的生日會。

智康於 11 歲的時候，離開香港到英國繼續學業，40 年後的一個訪問中這樣對筆者說：「那天，媽媽會把許多我最熟悉、最喜愛的小朋友，都邀請到家中參加為我籌辦的生日。那天可高興了，不單止有各款好吃的食物糕點，更有許多生日禮物……最特別的是：母親會特別烘焗一個特別設計的生日蛋糕，而每年的生日蛋糕都各有一個不同的、新穎的主題設計。」

而在眾多新穎設計的生日蛋糕中，康文最喜愛的是：用奶油唧出來的芭比娃娃，藏在多層摺邊的彩裙裡面，五彩繽紛地構成整個生日蛋糕。她更清楚記得，每個小客人的頭上都帶著一頂惹笑的七彩紙帽，手中握著一大袋，內藏一隻染紅了的雞蛋、各種糖果和生日小禮物。

（二）海外旅遊、一家團聚 —— 海外度假是李明和 Maria 一家團聚、共享天倫的絕佳機會，對父親李明和母親 Maria 來說，這可以讓他們放下繁重工作、離開工作間和會議室，走進一個沒有工作時間表限制、也沒有任何工作壓力的一個環境，聚在一起的就只有心中摯愛的三個兒女；那麼，他們選擇到哪裡作為一家團聚的度假地點呢？

當兒女還年幼的時候，Maria 認為應該讓他們多往外國走走看看，經歷外國的文化生活，特別是外國的家庭生活；所以，到外國旅遊的時候，他們常常會選擇民宿，好讓一家人都可以同住在一個較大的生活空間內，一方面可以照顧小孩，另一方面可以跟屋主有交流互動的機會。出外遊玩的時候，他們會租車聘導遊，然後晚上回到住處吃當地的住家菜。

當三個兒女慢慢長大、可以自由走動的時候，一家團聚全天候共享天倫的旅遊地就必須具備兩個條件：一個是可以令人完全鬆弛的大自然美景，如冰川、陽光與海灘；另一個是一家五口都可以暢快地享受到的美食。

過去多年來，李家就曾經到過夏威夷的毛伊島（Maui Island）、滑雪勝地瑞士、日本東京、法國巴黎、西班牙南部臨海的度假小鎮托雷莫利諾斯（Torremolino）和美國東北麻省鱈魚角（Cape Cod）；其中在西班牙托雷莫利諾斯和美國的鱈魚角，度過了他們不能忘懷的兩個夏天。

（1）1967 年，本地左派受到內地「文化大革命」的影響，而引發出一連串對抗香港政府的暴動。從 5 月於九龍新蒲崗一個工業罷工行動開始，發展並蔓延至全港各區的遊行示威、集會、罷工、縱火、無目標地放置土製炸彈，暴徒甚至跟警察或軍隊駁火等引致宵禁的非法行為，從 5 月一直到 12 月才平息。

為了避開這個為期八個月的紅色暴動，李明決定舉家到歐洲西班牙南部的海岸小鎮、位處太陽海岸的托雷莫利諾斯度假。

那是一個令人愉快的夏天，除了德康、康文和智康，李明和 Maria 還另外帶著三個好友送來的小朋友，一夥八人浩浩蕩蕩的，經歷兩番轉機，去到西班牙南部臨海的一間度假屋，屋前有延綿幾哩的幼滑海灘，附近有水族館、鱷魚潭公園和兒童的主題公園。他們差不多每天都外出到處尋找美味小吃，走進餐館時都會點吃當地傳統美食；不過，有一樣必點的是蛤蜊或蚌，這是指定動作，也是選擇餐館的必要條件。根據康文憶述：為了吃到新鮮美味的蛤蚌，李家走遍世界各個臨海的海鮮市鎮。

（2）1972 年的夏天，李明和 Maria 帶著幼子智康從香港出發，長子德康則從英國劍橋大學啟程，二女兒康文則隻身從美國伊利諾州大學動身，差不多同一日抵達美國東北麻省的波士頓，然後往東南開車約一小時到鱈魚角，在那裡的一間度假屋一起度過差不多整個暑假。

由於父親李明曾就讀麻省理工學院（M. I. T.），並獲哈佛大學頒授博士學位銜，一家人就跟隨著這位「哈佛人」訪尋他過去的住所，並遊覽那些曾被拍攝並多次出現在 1970 年極受歡迎的電影 *Love Story* 中的建築物和景點。

在波士頓，他們會光顧 Union Oyster House，享受當地的新鮮生蠔和龍蝦。另一個李家經常流連躑躅的地方是鱈魚角，這個古老的海濱小鎮於 400 多年前便開始它的捕鯨產業，是美國捕鯨重鎮之一，也是美國東部人士非常喜愛的度假勝地。除了美麗的海灘，鱈魚角還有許多用鯨魚油製造的各類產品，供旅遊人士購買。

有朋友從 M. I. T. 或哈佛到訪的日子，Maria 和康文可忙個不可開交：有一次他們從超市買了大量減價的鮮活龍蝦，是專程從緬因州運到的；經過前一晚通宵醃泡、並於翌日冷藏整天後才進食的龍蝦刺身，叫所有人停不了口；另一次將 15 磅、醃泡了整天、剛烤熟的牛肋骨肉排端上餐桌後，本以為足夠兩天食用，但不消一頓飯的光景，留在餐桌上的就只有一枝枝光禿禿的牛肋骨頭。

愉快的時光特別難忘，但日子過得特別快，假期完了，德康和智康回到英國，大哥進入 Guy's Hospital Medical School，開始他學醫的日子；三弟插班入讀小學六年級，在英國完成他的小學課程；康文則回到伊利諾州大學完成她本科第四年的學位課程；李明和 Maria 返回香港，李明繼續為家族生意努力，而 Maria 則剛從太子道的西餅業務多元拓展到摩理臣山道的咖啡屋業務。1972 年的秋天是李家每一位成員都將要面對重大變化的新里程，自此，一家五口，聚少離多。

（三）佳餚美食的家庭 —— 從 1958 年開始到 1972 年，Maria 已經教授烹飪 15 年，主持一星期七天的電視烹飪節目也已經五年，1970 年更被邀前往紐西蘭，一個月內共 26 場、在電視上或現場介紹中國飲食文化和烹調技巧，在這樣一個國際星級名廚的家中長大的孩子，平日或節日會吃到什麼樣的菜式呢？他們又特別喜歡什麼樣的佳餚美食呢？

根據女兒康文憶述，父親李明是美食專家，不用上班的日子，李明可以整天不停地一面看書一面吃零食，累了休息；休息過後，他會繼續看書吃零食，然後再休息，如此循環不息地度過一整天。康文承認爸爸這個習慣著實影響了她，而她腦海中常常出現的一幅圖像亦十分清晰地說明了兩父女共同擁有的習慣：爸爸與女兒半躺在寬敞的沙發上，兩雙腿一長一短地擱在沙發對開的茶几上，茶几上的兩雙腿中間放著一大碟零食：是李明最喜歡吃、Maria 精心炮製的溏心鮑魚，兩人肚皮上各放著一小碟切片鮑魚，一隻手握著書，一隻手極慢地從小碟將鮑魚片輸送到嘴巴去，兩雙眼睛卻遊走於字裡行間。

康文依稀記得，當她仍然住在李家於太子道的大宅時，每個星期天各房叔伯的家庭聚集晚膳的時候，家用廚師阿堅最常炮製他拿手的鹽焗雞、燒乳鴿和薑蔥鹽油佐吃的白切雞；遷到九龍塘又一村的住所後，他們在家裡最常吃的是：梅菜蒸魚、酸梅醬肉排、腐乳雞翼、梅香鹹魚、包括有鮮豬肉粒鹹菜頭粒冬菇粒和蝦米粒的廣東小炒、清炒新鮮菜苗，而每年秋天必會吃到的特別美食是大閘蟹和蛇羹。

週六晚上到附近酒樓吃粵菜的時候，他們喜歡點吃鍋煎鵝腸、燒腩肉、章魚炒中國芹菜蘸蝦醬、紅燒豆腐、黑豆炆雞；到尖沙咀吃上海菜的時候，他們最常點吃棒棒雞、炸鱔魚和饅頭。

農曆新年的慶祝讓不用上班的 Maria 同樣忙碌：她會先到港島上環的海味舖購買各類農曆新年的傳統禮品，例如鮑魚、北菇、髮菜、金華火腿等，再安排傭人送到家翁家婆和各叔伯親友的家中。大年初一的前一兩天，Maria 會將每年只用一次的餐用銀器，拿出來給傭人清洗擦亮，以備拜年訪客之用。過年前六至七天，Maria 會到花店選購水仙花頭，按預計開花的日子切割花頭。同樣是過年前六至七天，Maria 會到新界花農的田中選購一棵預計會在農曆新年初才開花的桃樹，帶回家插在一座雕有中國傳統彩圖的高大花瓶中。倘若預計正確，農曆新年一開始，家中桃樹不單止花開滿枝，寓意「生意興隆」，更會令滿室充滿桃花的香氣。

慶祝農曆新年的傳統菜餚美食盡在年初一的晚飯，一共有九款菜式，寓意「長長久久」，包括蠔豉髮菜寓意「好市發財」，清蒸大魚寓意「年年有餘」，紅燒豬肘寓意「横財就手」，年糕寓意「年年高升」，吃羅漢齋的諧音和寓意是「吃掉災禍」的「一家平安」，而湯丸則寓意「團團圓圓」。

拜年的訪客，除了每人都會收到一封「100 元利是」外，Maria 家會奉上紅棗蓮子杏仁糖茶，以有蓋、雕有精美彩圖、矮身闊口的傳統中式茶杯盛載，佐以鮑魚或火鴨粥、炒米粉和內藏中式臘腸粒和北菇粒的蘿蔔糕，同樣以雕有精美彩圖的傳統中式小碟盛載，並以銀筷銀匙食用。

一家海外旅行的時候，餐桌上所有人都喜歡吃的是牛扒和龍蝦、鮑魚、生蠔、蛤蜊、蚌、深海魚刺身等各類海鮮佳餚。

第四節 Maria 與子女

Maria 與李明於 1950 年結婚，當時李明 28 歲，Maria 21 歲。一年後大兒子德康出生，組成一個三人小家庭。翌年，二女兒康文也跳進來，幼子智康則於九年後才加入，共同組成這個五人家庭。Maria 的三個子女都在小學高年級或完成初中課程後便到英國繼續學業，後來都到美國繼續進修深造或研究，學業和專業上都取得驕人成績和令人欣羨的成就。

（一）長子李德康

（1）簡歷 —— 1961 年，十歲的德康便到英國上寄宿小學，父親一位好友是他在英國的監護人，照顧他生活上的需要，放假時德康便住在父親好友的家中。父親李明及母親 Maria 每年總有一兩次到英國探望兒子。

從 Marlborough College 中學畢業之後，德康於 1972 年在劍橋大學的 Clare College 以一級榮譽畢業，隨即進入 Guy's Hospital cum Medical School 讀醫，畢業後在 Guy's Hospital 當駐院醫生，於 1982 年到美國哈佛大學醫學院當研究員（Research Fellow）。自 1980 年及 1984 年開始，德康在兩間醫學院當講師，並於 1988 年及 1994 年被兩個全國性法定的醫學組織"Ashma Research Council"和"United Medical and Dental Schools"委任為兩個不同領域的講座教授。

當大學教授期間，德康同時擔任多間醫院及英國多個醫學研究中心的顧問、榮譽顧問，或兼任主管職銜。德康著作等身，退休前出版的學術論文有 214 篇，專題評論文章 26 篇，醫學評論或專書篇章共 174

篇，9 本學術專著，是 8 位醫學博士和 12 位醫學哲學博士的指導導師。

到 2011 年，德康在這所國際知名的醫院暨醫學院已經服務了 45 年，也達到 60 歲的退休年齡；為了表揚李教授差不多半世紀極其優秀的服務、特別是在哮喘和過敏病學上的醫學研究成就和貢獻，醫院高層決定在他正式退休前一天（9 月 29 日）安排一整天的惜別活動，包括國際學術研討會、同事間的惜別聚會和榮休晚宴開表達醫院和醫學院對李教授的服務、貢獻和成就那份深深的感激與讚賞。

為一個講座教授或醫生的退休而作出這樣隆而重之的盛大安排，在這所著名的醫院以至英國都是罕見的。對此，德康是十分感動和感激的；為了分享這份難得的喜悅，德康特別邀請母親 Maria 飛往英國倫敦 Guy's Hospital 參加醫院為他舉辦的國際學術研討會和榮休晚宴。然後，他更邀請母親一同參加一個為期七天的地中海郵輪之旅。[3]

退休後的李德康醫生，回到香港成為養和醫院首設的過敏病科中心的首位主任，十年後的今天，德康繼續在養和醫院為香港過敏症患者服務。

（2）Maria 與長子德康 —— 根據 Maria 憶述：自從德康十歲那一年被送到英國入讀寄宿小學以後，他一直居住在英國。從小學、中學，到大學的求學歲月中，都是父親李明和母親 Maria 到英國探望兒子，每年一次到兩次、每次一星期到兩星期不等，那就是整年中一家共聚天倫的日子了。其間，都是一起到處觀光遊玩尋找美食的時光。「安靜下來深入對談的機會嗎？簡直是絕無僅有，這是連我也覺得奇怪的！」Maria

---

3　2011 年 10 月 25 日和 31 日，Maria 剛從地中海郵輪之旅返港不久，筆者跟她做了兩次專訪。詳談中，Maria 向筆者詳細憶述了她於 9 月 29 日到倫敦參加 Guy's Hospital cum Medical School 為兒子德康退休而舉辦的國際學術研討會、惜別聚會、榮休晚宴，以及乘坐郵輪遊遍歐洲古代文明遺址的詳情。

於 2011 年 10 月 31 日的專訪中透露。

到考進 Guy's Hospital cum Medical School 之後，德康每天的學習生活是十二萬分的密集忙碌和緊張；而遠在香港的母親 Maria，她的西餅店業務亦進入了多元化國際化快速拓展的階段，就更加忙得不可開交。當上駐院醫生之後的德康，每天都在醫院診治病人、在實驗室裡作醫學科研，週末不是陪伴家人，便是忙於撰寫報告和學術論文；而參加研討會或在國際學術會議上發表有關呼吸系統和過敏病理的最新發現和發展，就更是長假期的重點活動。在這個時期見面聚首、促膝談心，簡直就是一種奢侈。

母子之間，毫無疑問是血脈相連，關切之心是濃之又濃，彼此都知道對方在地球的另一邊，每天 24 小時、每週七天都在忙碌；可是，她 / 他究竟在忙些什麼呢？卻又說不上來。母親心目中的兒子，就好像在倫敦的濃霧中若隱若現；而兒子心目中的母親，就好像在香港維多利亞港清晨的煙霞中，能見度極低。

多年來，Maria 與德康之間的母子情，就靠著信件電話電郵，依連著維繫著。從 1961 年夏天德康到英國讀小學，到 2011 年 9 月 30 日德康從 Guy's Hospital cum Medical School 退休時，半世紀的時光是夠長的了，但通信通話和見面的機會卻是不多，兩人在彼此的心中似乎越來越迷濛了。

Maria 前往倫敦參加兒子一整天的退休惜別活動就好像撥開了濃霧，看到了德康每天的生活和其中忙碌的因由：「你知道嗎？我這次到倫敦，主要是為了捧德康退休前、醫院為他舉辦的國際研討會的場！」不過，她最終沒有參加，因為聽不懂那些醫學上的專有名詞，壓根兒就不懂各種醫學理論及病理，更不認識發表論文的專家學者。可是，當她從刊印出來各項研討會的細節中得知，超過 100 名專家學者醫生從歐洲、美國、加拿大、中國香港和新加坡，到來發表論文，交流分享和研討各項有關呼吸系統、哮喘、過敏病學和免疫系統的研究成果、觀察心得與未來發展方向，她知道兒子必然走在醫學專業的前沿，有參與、有貢獻、有影響。「雖然我不太明白，可是，我內心的喜悅和激動，是禁不住地湧上心頭；我為這個兒子感到十分驕傲，我開心極了！」

沒有參加早上研討會的 Maria，參加了下午的惜別聚會和晚上的榮休晚宴。惜別聚會同樣是在帝王書院（King's College）的另一個演講廳內舉行。Maria 到達時已坐上了 70 多位醫院的高級行政人員、醫生與教職員、跟德康比較熟稔的同行和親友。不久，聚會正式開始，醫院院長從座位走上低矮的講台上，簡單卻充滿誠意地介紹惜別會舉行的緣由，然後，各人一個接一個走上講台，述說他／她本人跟李德康教授的工作關係，在他們眼中，李教授是如何的一位同事、上司、醫生或科研工作者。

Maria 靜靜地坐在那裡，努力地嘗試聆聽每一個人對兒子的評價。可是，由於涉及太多醫學和技術名詞，Maria 並沒有聽懂太多的惜別致辭，但從講者提及兒子名字的次數，展露感激或不捨的面容，她便知道兒子這 45 年並沒有白過，所提供的服務獲得讚賞，所作的貢獻是被珍惜的。

晚上的榮休晚宴沒有任何演講或致辭，Maria 坐在主家席上，愉快地看著兒子在六七張飯桌之間遊走、舉杯、談笑或擁抱；同時間，她也在享受著投向她的每一道尊敬和羨慕的目光。

幾天後，Maria 跟著德康、他的未婚妻和幾位未婚妻的家人，一起走上郵輪，開始他們七天地中海郵輪之旅。這是 Maria 一生人第一次乘坐郵輪，也是一生人第一次遊覽歐洲古代文明的遺址，特別是古羅馬的鬥獸場和古希臘的帕特農神殿。對於好奇好學的 Maria，能夠聽到導遊從歷史的角度和人類文明發展的脈絡，去介紹這些充滿歷史痕跡的古代建築，她是十分雀躍的；能夠走進歷史憑弔一番，更使她興致勃勃，所以，從踏上郵輪的一刻，Maria 便開始期待著要上岸走進歷史。

不過，郵輪上首先令 Maria 開心的是兒子的體貼：進入郵輪的房間後，德康給了她一封大利是，內有 3,000 歐羅，讓她可以在郵輪上或陸上名店中自由購物；可是，不喜逛名店購買名牌衣物的 Maria，在整個旅程中就只花了 500 歐羅。

其實，Maria 說她在郵輪上的享受是無需花費的：善於交際、也樂於分享經驗的 Maria，往往能夠跟來自歐陸或美國、初次認識的船友，天南地北地閒聊；談天說地間，微溫而濕潤又帶著鹹味的海風，不斷輕拂著臉龐，地中海的太陽更不停地灑下溫暖，鑽進身上每一個毛孔裡，那時間那空間再也容不下任何煩惱與壓力，真是一種享受。七天下來，Maria 發現船友都十分友善有禮，歐陸人士似乎比較含蓄內斂，而美國人則更見開放健談；令 Maria 開懷不已的，是那些只是見過一次面、短暫閒聊過的美國朋友，每當晚飯時見到 Maria，雖相隔五六張餐桌以外，都會高叫 "Maria"，再走過來擁抱她，恍似是異地相逢的故友。

不過，最令 Maria 開心的是：這七天地中海郵輪之旅，給予她不少機會跟兒子單獨相處，過程無所不談，讓她重新將心目中的兒子那久已模糊褪色的形象重新聚焦、添上色彩；這些機會的出現，是因為德康的未婚妻與其家人，都喜歡上岸觀光購物，而他們母子倆卻不熱衷此道。

「媽咪，過去 50 年雖是一段漫長的歲月，我們卻沒有太多機會彼此認識。說實在的，我在今日之前知道您的並不多，而大部分都是來自傳媒和親友，所以我對您的了解並不深入。同樣，您對我的認識也不多。可是，我今天很高興，因為我可以真正認識我的母親。」坐在郵輪上餐廳裡母親旁的德康，注視著母親，慢慢地道出他內心的感受。

那一個時刻，與這一番說話，從這個十分親密卻又似乎頗遙遠的、熟悉卻又頗陌生的兒子口中道出，令 Maria 內心充滿著一種難以形容的感受：是感動？是激情？還是欣慰？似乎都有，但又似乎不能十分確定。不過，她絕對是喜歡的。

在 2011 年 10 月 31 日的專訪中，Maria 重複著說：這次歐遊之旅，最令她滿心欣慰的時刻是：每當上岸觀賞歷史遺蹟、特別是要爬上鋪上石塊的梯級時，德康總是快步走到 Maria 身旁，拉著母親，說：「媽咪，太高了，真的要爬上去嗎？」因為德康知道，母親曾兩次從樓梯上跌下來，導致腳骨跌斷、盆骨破裂，[4] 而且，當時她已是 83 歲高齡，無論如何應該小心謹慎；可是，看到母親興致勃勃的樣子，德康還是嚷著：「媽咪，等等我，讓我扶著您！」

事實上，Maria 自己也知道，她已經是一大把年紀了，而且很久沒有走過遠一點的路，她那兩條腿是絕對沒有能力撐起她的身軀爬上那麼多梯級的；其實，她最初也不清楚：究竟是什麼原因令她爬上第一條長長的梯級，爬完後已經叫兩條腿發酸發軟、疲累得要命；可是，到了第二個歷史遺蹟，當又要爬上第二條長長梯級的時候，Maria 還是嚷著要爬上去？

4　Maria 的公司於 1998 年 4 月 28 日全線結業，5 月初到銀行商討還債計劃、離開時心神恍惚而跌下五級雲石樓梯，令盆骨破裂，需即時動手術以七口鋼釘將爆裂的盆骨穩固鎖定。（詳情請參閱本書第八章第六節）。兩年後的 2000 年初，馮太邀請 Maria 返中山古鶴水庫旁察看她自建別墅的施工進度，但 Maria 從仍未完工的樓梯上下來時，因猛烈陽光刺眼，一腳踏空而失去平衡，倒栽蔥的滾下十多級樓梯而頭破血流；被送到附近的一間醫院接受檢查，幸好頭骨沒有破裂，卻須縫上七針。其實，2005 年初，Maria 第三次在街上跌倒嚴重受傷：當時，她賣掉於中山住了三年的別墅，返回香港住在馮太於銅鑼灣一幢儲存雜物的空置單位內，繼續她的小本生意來賺錢還債。一天下午，跟友人飯後的回家路上，踢到凸起的去水道鐵蓋，仆倒在地，著地時口部撞到行人路旁的花崗石邊；結果，大部分牙齒的牙根都撞斷了，當然是滿口鮮血，上下唇即時腫起。朋友立刻傳呼救護車，並在救護車上作臨時護理；醫院急症室的診斷卻認為無需住院，觀察一會便回家休息。（詳情請參閱本書第九章第三節。）

事實上，當 Maria 爬完第一條上斜石板梯級的最高一級時，她已經清楚知道：「從德康出生的那一天，到今次歐遊，足足有一甲子的歲月；60 年來，我與德康從未如此親近過，這個孩子從未如此小心地拖住我，用力攙扶我，全心全意地照顧我；我很欣慰！我很滿足！」

令 Maria 不斷回想又反覆回味的地中海郵輪之旅，很快便走到最後一天，也就是她必須即日飛返香港，馬不停蹄地準備參加香港中文大學兩年制專業文憑課程「現代營養學及中醫食養食療學」中期考試的一天。[5]

話別的時候，Maria 把 2,500 歐羅交還給德康。「為什麼？」德康詫異地問。

「既然歐遊已經完結，我是再沒有需要花錢觀光購物的了；那麼，我不是應該把餘錢還給你嗎？」Maria 理所當然的說。

「媽咪，請您保管著這些錢，留待我們下一次旅行時花用，好嗎？」德康不明所以地把錢退回給母親。

「我想我已經年紀大了，我兩條腿都不再像從前那樣強壯有力、可以行走遠路了……。」Maria 婉拒著。

「媽咪，我是醫生，我看過您最近身體檢查的報告，您身體情況很好，適宜遠程旅行，您收回這些錢吧！您怎麼知道我們不會再一起遠遊呢？……請容許我在以後的日子裡彌補以往失去的時間，好嗎？」兒子誠懇地說。

最後，Maria 把 2,500 歐羅放進手袋裡，欣慰的笑意慢慢浮上臉龐，也從眼睛裡綻放出愉快的光芒。

---

5 有關 Maria 從 2006-2012 年，也就是她於 77-83 歲之間，花了七年時間重返校園，修讀香港中文大學專業進修學院兩個分別為期三個月的網上課程，以及兩個分別長達兩年的專業文憑面授課程，詳情請參閱本書第五章。

（二）二女李康文

（1）簡歷 —— 1967 年，康文 15 歲，在香港名校女拔萃讀完中三課程後，便到英國牛津入讀當地的 Headington School，三年後完成中學課程，於 1969 年到美國 California Lutheran College 修讀頭兩年本科課程，然後在 1971 年到 Champagne-Urbana 的依利諾州大學完成第三和第四年的新聞專業學位課程。畢業後返回香港，在一間廣告公司內當撰稿員，一年半後加入母親成立不久的 Maria Lee's Enterprises Limited 公司內，任總編輯出版《超群婦女雜誌》和《兒童電視雜誌》，直到 1980 年，康文返回美國，入讀 Loyola Law School，以兩年半的時間完成三年的 J. D.（Doctor of Jurisprudence）法律課程，並在畢業的同時成功考取加利福尼亞州的律師執照，是該校第一位同一時間獲頒法律學位證書和律師執照的畢業生。

擁有律師資格的康文，於 1983 年加入加州洛杉磯一間專門處理商業和移民事務的律師行，服務兩年半之後加入以香港為基地的國際律師事務所（Winston & Strawn），專責中國商貿項目。1987 年 9 月，康文轉到 Search Asia Investment (Holdings) Ltd.，作為高級法律顧問，主要負責收購合併的項目。不久，被借調到剛收購回來的 Scilla Holdings Ltd. 為該公司的總經理，因常與香港法定的證券及期貨事務監察委員會（證監會）接觸，而對財經事務的監管工作產生濃厚興趣。1989 年 4 月，香港證監會重組，康文便轉投證監會，作為高級經理專責企業融資項目，並被委為收購合併委員會的秘書長。

大約就在此時，父親李明患上末期癌症，而母親在北美的生意又陷入危機，公司行政極其混亂、帳目不清，虧蝕情況嚴重，不久，更發現有虧空事件，甚至可能有法律訴訟。1991 年 10 月父親離世後，康文便辭去證監會的工作，一方面處理父親留下的家族生意，另一方面，自己或聯同母親 Maria 多次穿梭北美與香港之間，嘗試理順公司內部混亂的行政與帳目，清除公司內的貪腐行為與相關管理層。可惜，所有的救亡行動都已經來得太遲，已到了不可挽回的局面；結果，在康文的協助下，超群集團的美加業務，於 1997 年賣掉最後一項資產後便全面結束。

為了專業發展的理由，康文於 1994 年 12 月返回律師事務全職工作，加入 Smith Barney (Asia) Ltd. 為法律及合規部門亞太區總監，只在公司的工作時間之外，處理家族及母親的生意事宜，直到 1998 年 1 月；當時，台灣超群和美國超群業務都已結束，而香港的整體業務也在逐步收縮和結業中。因此，康文選擇在此時離開 Smith Barney，協助母親處理超群集團因倒閉而可能引致的各項法律問題；也就在此時，康文在空閒時候自學電腦上的網絡運作、網站和網頁的設計，頗有成績。結果，她於超群集團清盤結業之後三個月，被委任為 Esquel Group 的企業傳訊顧問，其後，更幫助母親設立「李曾超群漫步人生路」的個人網站，於 1999 年 12 月 1 日啟動，讓公眾瀏覽，開啟了母親十年還債期間第一份嘗試賺錢還債的線上線下工作。[6]

2000 年，全球科網熱在香港發展得熱火朝天，Maria 在她的網站裡首創網上名人飯堂，並於不久之後在家中變形發展，成為香港首個名副其實的創意私房菜。康文此時夥拍母親創辦中山美食文化旅遊團（“Inspir Asians: Cooking School Vacations —— A Culinary Journey to the South of China”），參團成員集體到內地中山市古鶴水庫湖邊 Maria 的

6 有關 Maria 學習電腦運作、設計網站，並在集團生意倒閉後工作賺錢還債，詳情請參閱本書第九章第三節。

私人別墅超群閣，度過一個四天或七天，集旅遊、美食、烹飪班於一身的假期。[7]

2002 年中，康文正式退休，移居澳洲，而母親 Maria 則返回中山的私人別墅長住。

（2）Maria 與二女兒康文 —— 大學本科畢業後，康文曾幫助母親 Maria 管理兩份雜誌的出版工作，其後考取律師資格，亦協助母親處理超群集團清盤前後的法律問題和財務危機。

超群集團倒閉後，康文把母親接到港島大坑道、自己住所樓上的另一個住宅單位居住，以便鄰近照顧。一年後，於 1999 年中，這位對母親不離不棄的女兒，協助年屆七十的 Maria 學習使用電腦、建立和操作「李曾超群漫步人生路」的個人網站；當 Maria 嘗試創辦可能是香港第一個「網上名人飯堂」，卻發現缺乏商機之後，康文跟母親 Maria 一起創辦香港首間名實相符的創意私房菜；到 2002 年，康文移居澳洲，而 Maria 則搬回中山的別墅長住，這個十分受歡迎的創意私房菜便發展為中山美食文化旅遊團，由 Maria 一人獨力支撐。

因此，從 1973 年大學畢業後返回香港工作，一直到 2002 年退休到澳洲長住之前的 30 年裡面，康文有 25 年是跟母親 Maria 一起生活在香港的，雖然工作性質不一樣，上班地點也不同，更是一樣的忙碌；可是，若想見面的話，也無需克服太多的困難。在這 25 年裡面，康文有六年（1975-1980）是在 Maria Lee's Enterprises 工作，也就是在母親的公司內上班，見面交談和商討的機會極多，共同面對和解決的困難、問題和挑戰，應該也不少；不過，那是 Maria 生意上積極擴張快速拓展的時

7　有關中山美食文化旅遊團的創辦及經營的詳情，請參閱本書第九章。

期，結果應該都是正面和愉快的。

從 1991 年 10 月到 1994 年 12 月的三年多時間裡面，康文辭掉她的法律專業工作，協助處理父親離世後留下的家族生意，但更多時間是幫助母親應付北美生意上的行政和財務危機；對於後者，母女二人共同面對困難和挑戰，雖然帶來極大壓力和不安的負面情緒，但同時也將兩條心緊緊地綁在一起，牽動著一起跳動的脈搏。

那是母女倆共同喜樂與憂戚的十年，但是，即使在康文全職於法律專業工作的七年間——從 1994 年 12 月至 1998 年 1 月和 1998 年 7 月到 2002 年退休移民澳洲前——在工作時間以外，她同樣幫忙處理跟父親和母親有關的事務，並支持著母親以高齡工作還債。

「康文愛家，付出了很多，不單止分別照顧了父親和母親，也處理和收拾好父親留下來的家族生意，處理好母親的公司清盤後所涉及的法律和財務事宜；對此，我內心是十分感激的。」Maria 於 2011 年 7 月跟筆者的分享。

對此，康文說：在整個清盤過程中，自己的角色除了幫助 Maria 面對和解決跟清盤有關的財務及法律問題外，她還考慮到母親是否有足夠的錢安度退休後的晚年生活。康文指出：雖然他們三兄弟姊妹多年來天各一方，個別專注於自己的專業發展，對母親的生意並沒有太多的關注——事實上，是不甚了了——不過，他們都惦念著母親，為母親的成就而高興，為她的負債而休戚。

事實上，德康、康文和智康在母親的生意失敗後就曾商議，一致決定會一同照顧母親生活上的一切，包括衣食住行、醫療康健、交通旅行等所有需要，讓母親無憂無慮地安享晚年。

在 2011 年 8 月 23 日的一次訪問中，Maria 曾表示，公司清盤之後，三子女返港探望母親多了，當中以德康和康文比較多；有小病的時候，Maria 不會告訴在英國做醫生的大兒子，只讓已經退休並移民澳洲的二女兒知道；當 Maria 生病要住醫院的時候，康文也必定會從澳洲返港陪伴。幼子智康是極少返港探望母親的，因為多年前有一次返港後嘔吐不止的經驗，引致他對坐長途機有萬二分的恐懼。事實上，智康就有一項 16 年來從未返回香港一次的紀錄。

而在較早前（2008 年）的一個訪問中，康文曾表示：自從 2002 年移民澳洲之後，Maria 曾多次到澳洲探望她，母女二人在一起花時間最多的地方是廚房，談論最多的是跨文化美食佳餚的融合創新，共享的經驗當然就是一起品嚐研發出來的美食。

（三）三子李智康

（1）簡歷 —— 1972 年，智康 11 歲，父親李明與母親 Maria 決定於該年暑假後送他到英國完成小學最後一年的課程。1978 年，智康在英國完成中學六年級（lower 6）的課程後，便轉到美國加州柏克萊大學（U. C. Berkeley），主修經濟，副修哲學。本科四年畢業之後，隨即開始修讀 J. D. 法律課程，於 1985 年取得律師資格，並開展其法律專業的服務，先後在一間律師行作全職律師和兩間大機構作法律顧問（in-house counsel）。智康於 1994 年開設自己的投資公司，並於 2011 年在加州洛杉磯的西方學院（Occidental University）教授 Financial Marketing。

（2）Maria 與幼子智康 —— Maria 的公司清盤後，德康從英國、康文從澳洲回港探望母親的次數較前多了，而幼子智康因為有飛行恐懼症，是唯一一個沒有回港探望母親的；因此，智康會在每週的一個晚上、凌晨時分開始，透過電話或電腦跟母親互訴心中情。這個每週一次、多年來從未間斷的「綿綿情話」，將生活在香港的母親和生活在外地的兒子之間的關愛與掛念不斷更新。

「這幾十年來，媽一直沒有停下來，不是忙於生意、拓展業務，就是忙於慈善工作，為大學、醫院或慈善團體義演籌款……；有人為一個理念而活，有人為家庭的美滿幸福而努力，也有人為前途事業去拚搏。對母親來說，工作是十分重要的。她喜歡接觸人、與人交往。她似乎也享受別人對她的注目，她重視成就，所以很努力地工作，是個不能停下來的人……。她很愛我們，卻不是整天陪伴著、呵護著我們的母親；他一直訓練我們，讓我們能夠獨立……。」（2011 年 7 月 9 日筆者跟智康的訪問）

第五節 Maria 與父母、兄弟

（一）Maria 與父母

Maria 在 1999 年 12 月 1 日首次公開給公眾瀏覽的個人網站中，曾經這樣描述：「……她是父母所盼望的女兒……是父母心中唯一的掌上明珠，寵愛有加……。」

在 2012 年 11 月的一個訪問中，Maria 指出：

「……我的父母相當西化，無論是思想上或生活上的，他們都給我很多自由的空間……。」在一個愉快無憂和自由放任的童年生活中，慢慢形成固執倔強和好勝的個性是可以理解的；可是，曾爸爸和曾媽媽對 Maria 的教導，[8] 卻絕不是全然的溺愛和放任，相反地，他們對這顆掌上明珠個性的形成或塑造，是有期盼目標和努力的：

例如曾媽媽盼望女兒是個具有中國傳統文化素養、有高尚情操和豁達寬厚心態的人，於是安排 Maria 去跟隨嶺南派名畫家鮑少游讀詩詞背詩格畫國畫習書法；當 Maria 跟同學在學校打架之後，曾媽媽為女兒禮聘教導儀態的老師到家中，幫助 Maria 從任性魯莽轉化為溫婉斯文，成為既有內涵也有儀態的一位淑女；對於幼年時頑皮好玩而犯錯不認，就好像廬山度假期間，將在郊野捕蟬比賽所捉到的數十隻蟬帶回度假屋活放，令屋內各人亂作一團而受責；Maria 坦承「終於領教了母親疾言厲色的教誨」。

同樣是發生在廬山度假期間，於一個下午茶時間中，Maria 因用力太大去擠羊奶而失去平衡，不單跌倒、更弄髒了嘲笑她的表兄；結果，眾表兄姊們捏造謊言扭曲渲染，要令 Maria 受罰。小小年紀的 Maria，不甘「坐以待屈」而理直氣壯的據理力爭，叫眾表兄姊都低頭無言以對。面對此情此景，曾媽媽和顏悅色並循循善誘地為 Maria 分析和比較「固執」與「好勝」之優劣。

也是發生在廬山度假期間，曾媽媽要求 Maria 去解開五個毛絨線的死結，好讓女兒親身體驗長時間努力之後仍未能成功解開毛絨線死結那種洩氣的感受，隨後以母愛獨有的耐心與溫柔，去勸勉 Maria 在人生漫漫長路上可能會遭遇到 5 個或 50 個困難與挑戰，必須以耐性與毅力、嘗試與堅持、絕不言休和永不放棄的精神去面對。

而曾爸爸也透過幫助女兒在象棋博弈中學習：如何在困局的壓力

8　有關 Maria 的父母如何在她幼年時候，用各種不同方式方法和態度，教導女兒待人處事應有的態度，以及其中事件中反映出他們之間的關係，詳情請參閱本書第三章和第五章。

下尋找出路、甚至克敵制勝；中學時期在體育比賽中如何面對謠言與批評，以及男女關係的處理等。

事實上，到 Maria 結婚前後，曾爸爸與曾媽媽更多次鄭重地叮嚀，婆媳關係中，作媳婦的應如何敬重和順服婆婆。

以上事例顯示了父母對女兒的關愛，也顯示其關心的範圍涵蓋了生活各個不同的領域和不同人等，過程中有教導、提醒、叮嚀、勸勉、鼓勵，開解和安慰，而 Maria 雖有其固執、倔強和好勝的一面，卻也會在獨立思考之後作出順從與孝順的決定。

其實，曾爸爸因為長期患有肺病，到女兒婚後仍未痊癒，為了尋找有效的治療，Maria 的父母飛往瑞士，一邊接受治療，一邊在寧靜的環境中療養。但不久，曾爸爸便與世長辭，曾媽媽帶同曾爸爸遺體與 Maria 飛往美國西岸，先在大兒子昭遠在三藩市的家中稍作安頓，然後辦理殯葬事宜。曾爸爸的遺體後來安葬在洛杉磯的福樂紀念墓園（Forest Lawn Cemetery）。從此，Maria 對雙親的愛便只能回饋在母親身上了。

Maria 的母親 Rosy 喜愛旅遊，更盼望能夠環遊世界；對母親孝順有加的 Maria，便十分渴望能有機會陪伴母親去實現她的夢想。

1958 年，Maria 已經開始收費教授烹飪班，到 1960 年，已略有積蓄，於是在九龍尖沙咀買了一個小住宅單位，希望將來給母親作居所，以方便照顧。當時，母親 Rosy 是住在美國三藩市大兒子昭遠的家。1961 年，Maria 的內心隱隱覺得：母親年紀漸大，在世日子未必太長，認為必須盡早陪伴母親環遊世界各地，以了卻她多年來的心願。於是毅然賣了供款只有一年多的住宅單位，以便有足夠的錢跟母親旅遊去。可是，當時小兒子智康出生不久，仍未夠一歲，且遭到婆婆的反對，但 Maria 覺得自己母親年事已高，應趁著體力容許的時候外遊；於是，Maria自行出錢聘請一個女助護，連同家中兩個傭人去照顧智康，自己則飛往美國三藩市，帶同母親周遊美國各大城市。

過了六年，到了1967年，Maria覺得那是恰當的時候為母親圓了環遊世界的夢，到歐洲旅行去。雖然超群西餅店才剛剛開業不夠半年，業務仍未上軌道，賺蝕仍是未知之數；但她認為為母親圓夢不單應該，更是必須的。於是，她將西餅店的生意和每日的運作交給另外三個股東，自己則在1967年5月初飛往加拿大的溫哥華，希望在那裡與母親會合，再旅遊歐洲，令母親夢圓無憾。

從Maria冒著奶奶的反對，賣掉供款只有一年多的住宅單位，自己出錢聘請女助護以照顧不足一歲的幼兒，放下她才剛剛開業不久的西餅店，再單獨飛往加拿大溫哥華，為母親圓夢，可見Maria十分重視母親的快樂與美滿，甚至不理會別人如何看待她，寧肯自己被誤會、吃大虧，都希望母親生而快樂、死而無憾，再一次顯露出她個性中那種堅持與倔強：只要她認為是善的、美的和應該做的，她都會無悔地堅持。

5月6日，母親Rosy的幼子昭陽，即Maria的三弟，剛拿到博士學位，即帶同家人從洛杉磯到三藩市探望大哥昭遠，並跟母親一起慶祝團聚。當晚，Maria仍在飛往加拿大溫哥華途中，而母親Rosy也在開懷地跟昭遠和昭陽兩家人一起慶賀昭陽的學業成就，享受一家團聚之樂。晚飯後，年青人或清潔餐桌，或在廚房清洗碗筷，母親Rosy則在客廳沙發上跟兩個兒子聊天。談話間，母親Rosy說她感到頭暈轉向；因年紀關係，家人立時將母親Rosy送到醫院急症室接受檢查治理；同一天晚上，她在兩個兒子和親人陪伴下，因心臟病離世。她的遺體於稍後運回洛杉磯的福樂紀念墓園，葬在丈夫曾廣植的墓穴旁。

最令Maria感到痛心與惋惜的是：她盡了最大的努力、做了所有可以做的事，可是，在與母親會合的途中，正要跟她一起圓夢之際，她卻撒手塵寰，連見她最後一面的機會都未能把握到，哀哉！

(二) Maria 與兄弟

(1) 大哥昭遠 (Leo)—— 曾家三子女中，Maria 跟哥哥昭遠的關係比較密切，原因是：Maria 跟哥哥相差只有一歲，跟弟弟相差六歲，故生活上的經驗與話題都比較接近。根據 Maria 憶述：自從母親 Rosy 和兩兒子 50 年代中移民美國，昭遠於美林證券 (Merrill Lynch) 的工作穩定後，便會趁長假期時返港探望與他一同長大的妹妹，十分關心她嫁入傳統富裕大家庭後的生活狀況；自從 Maria 生意失敗後，昭遠更是每隔幾年便返港探望 Maria 一次，每次一週到十天不等。

昭遠沒有子女，卻領養了一子一女，都已長大並已婚，女兒且有孩子；他們一家兩代共七人，於 2011 年 8-9 月間，一起到港探望 Maria —— 那是 Maria 跟家人中年青一代建立新關係的開始，卻也不乏跟哥哥一起懷舊的時光。那一天，就只有昭遠和 Maria 兩人有興致從港島東乘坐有軌電車，一直到港島西的尾站；途中，二人慢慢地瀏覽不斷改變中的城市面貌。由於昭遠弱聽而需佩戴助聽器，但助聽器又帶來頗多雜音，令這次本應話題不絕的兄妹同遊，變得「意會」多於「言傳」。不過，當日有幾個有趣的對話情境，顯示了「意會」比「言傳」更能令這兩兄妹對彼此的關愛有更深刻的體會：

一向疼惜妹妹的昭遠，跟 Maria 上了電車坐在高層不久，即感覺到車速不單止十分緩慢，走在路軌上的車廂也是顛簸不堪，比不上其他公共交通工具如巴士、地鐵，當然就更不如計程車般舒服，也不能跟私人房車相比了。

「超群，以你過去出入有司機接送的房車相比，這種有軌電車實在是太不舒適了，不如改乘計程車吧？」昭遠關切地問著 82 歲高齡的妹妹。

「大哥，真的謝謝你的關懷！能夠跟哥哥在一起，慢慢細味香港城市面貌的變化，同時反思自己這些年間的改變，也實在是一種福氣；比起當年我們逃避戰亂時，徒步到廣西，從八步乘坐郵包車到柳州讀書的情境，現在電車軌上的顛簸，又算得什麼？其實，自從公司清盤以後，這十多年來，若不是非不得已，我是絕少乘坐計程車的了。我現在很開心，謝謝你，大哥！」

這次港島電車上的懷舊之旅，將兄妹倆帶到一間專業人像藝術攝影店，重拍一幀 75 年前拍下的兄妹合照：二人同樣是排坐在長椅上，左腳撐在地上，右腳彎曲地擱在左腳的大腿上，右手托著下頦，眼睛含著笑意，望向鏡頭。——兄妹情，75 年不變。

電車上，兄妹倆「喋喋不休」地重複著提出過的問題和已作出過的回應；對此，Maria 認為：可能是哥哥的助聽器效率並不很高，故未能充分了解她的回應內容。因此，哥哥不停地問著相同的問題，而妹妹也就不厭其煩重複著她的回應。對於這個「雞啄唔斷」的傳意情境，當事人似乎並不太重視內容的意涵是否全被接收及明白，他們似乎已經對不斷有信息來回的傳送感到滿意，因為他／她在那裡已經聽到了、已經回應了。

一起在路上走的時候，昭遠不停地指出：「超群，你在向左轉啊！不是應該向前走嗎？……妹妹，你是向東行而不是向南走啊？你清楚這方向對嗎？……。」Maria 在專訪中笑著對筆者憶述當日的情境，充滿感恩地說：

「哥哥很關心我，常常害怕我會迷路。」

（2）弟弟昭陽（Eddie）——美國加州路德大學（California Lutheran

University, CLU）的教授，於 2011 年退休，同年 11 月到港探望二姐 Maria，並告知她：她於 1984 年捐贈給路德大學和丕士大學（Pace University）的 120 萬美元所設立的基金，到該年仍然運作良好，每年皆頒發獎學金給中國及亞裔學生，鼓勵他們在學業上更上一層樓。

在 11 月 18 日的一個訪問中，昭陽透露了 Maria 設立獎學金的經過：當超群集團分別於 1982 年及 1984 年將西餅業務拓展到美國西岸和東岸後，曾被譽為香港十大女富豪之一的 Maria，便每年都到洛杉磯和紐約視察業務，也趁機探望弟弟。由於昭陽曾看過姐姐所寫的中國書法、所畫的水墨畫和所寫的詩作，認為可以將這些中國傳統文化藝術，介紹給美國人認識，於是向姐姐建議：可趁她訪美視察業務時向美國大學生示範、介紹她熟悉的中國傳統文化藝術。不過，Maria 雖曾在三藩市大學留學一年，卻也從未試過在外國人面前作公開演講；因此，用英語公開向美國大學生介紹中國傳統文化藝術，的確是有難度且具挑戰性，但能夠向西方介紹中國文化中的藝術精華，既具崇高本質，更有深遠意義和價值，一向有強烈分享意識和勇字當頭的 Maria，便「膽粗粗」地答應只作現場示範表演加上簡短介紹，有需要時由弟弟幫忙解釋。

與此同時，哥倫比亞大學（Columbia University）的一位華人教授，為李明就讀哈佛大學時的同學，曾多次來港探望李明與 Maria 夫婦，並常常讚譽 Maria 的詩與畫，曾多次表示：希望介紹 Maria 到紐約他所熟悉的丕士大學作公開示範演講。由於這位哥大教授的推薦，丕士大學校長於 1984 年初發函邀請 Maria 到訪該校；在兩所大學誠意邀請下，Maria 於 1984 年 6 月 9 日首先到紐約訪問丕士大學。

那一天的示範演講中，Maria 大部分時間在作畫示範，間中以英語解釋，畫完後再簡單介紹她所熟悉的中國水墨畫藝術。簡短的演講完結時，除了掌聲，還有 17 隻手舉起、希望得到 Maria 示範的畫作；而

Maria 也寫了上款，簽了名字，蓋上自己的印章，然後送出。此時，昭陽走到姐姐面前，恭賀姐姐示範演講成功，並即時邀請她到加州路德大學作公開示範演講。在昭陽的穿針引線下，Maria 在這兩所大學設立了群芳畫廊、群芳東亞文化研究所，以及獎勵中國及亞裔學生的獎學金，為東西文化交流架設橋樑，鼓勵學者研究東亞文化，並栽培具潛質的年青學生成為未來領袖；在這些事上，兩姊弟隔洋攜手盡了一點力。

而 Maria 訪問丕士大學作示範表演數天後卻獲告知：該大學考慮頒發商業科學榮譽博士榮銜給她，以表揚她在國際商業上的建樹及貢獻。[9]

9　香港超群西餅從 1966 年的一間西餅店，發展到 1985 年的 75 間分店、七間西餐廳及快餐店、十間麵包專門店和兩個到會服務部門；1980 年，將台灣西餅業務轉為獨資經營後，在不足一年內便站穩當地的西餅糕點市場，並迅速崛起，不單止成為囍餅業的龍頭，還佔據西餅糕點市場的領導品牌地位，在全台灣經營 29 個分店；1984 年，美國超群西餅從西岸的洛杉磯拓展到東岸的紐約，在短短九個月內，在紐約設立一間總店、一個製餅工場、四間分店和一間西餐廳。

第二部分

香港西餅皇后的傳奇人生

⑯ 60 年代商舖啟業的傳統指定慶祝活動：燃燒爆竹以吸引顧客、驅除妖魔小人，超群西餅也沒有例外。

⑰ 超群西餅首創的芒果鮮奶油蛋糕和栗子鮮奶油蛋糕最受歡迎，從開業第一天便供應給顧客。

⑱ 1981 年 7 月 29 日為英國王儲查理斯王子結婚大典日子，為慶祝這個盛會，法國 Herme's 在香港舉辦皇室婚禮蛋糕設計比賽，超群西餅在 16 個參賽單位中奪得大獎，奠定了本地西餅行業中優質出品的領導地位。

⑲ 1971 年，Maria 邀請既是烹飪班學生、也是朋友的馮劉旋君加入超群集團，成為第二大股東，為公司拓展本地業務和海外市場奠下基礎、創造條件和鋪平道路。

⑳

㉑

⑳ 1974 年 3 月，香港超群進軍台灣，跟當地人合資經營，頭六年收益不多；1980 年轉為獨資不久，即站穩台灣西餅糕點的市場領導地位，皆因其積極的宣傳和促銷手法。

㉑ 轉為獨資經營的台灣超群，由於價格和行銷手法都獨具一格，在當地西餅糕點市場站穩不久，即開創西式訂婚囍餅潮流，16 年間被譽為囍餅業的龍頭廠商。

㉒ 全盛時期的超群集團，生意遍及中國港台地區、美國、加拿大，Maria 的工作壓力極大，後來聽從閨中密友、也是退隱多年的粵劇紅伶芳艷芬的勸勉，跟她學唱粵曲。

㉓ 除了學唱粵曲，Maria 也跟馮劉旋君一起學彈古箏。

㉔

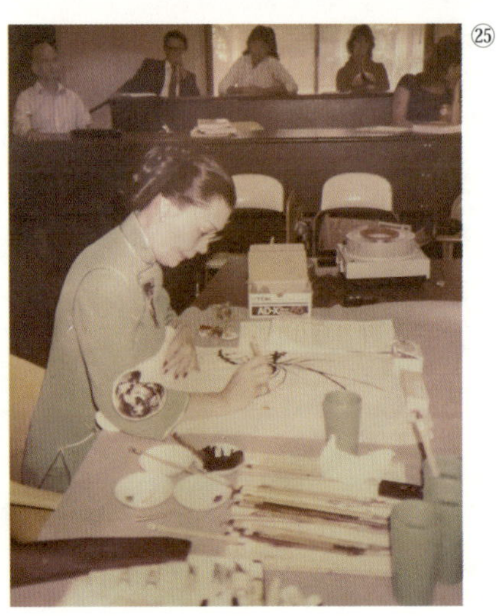
㉕

㉔ Maria 學有所成後，古箏彈奏可達公開表演水平。
㉕ 中國傳統藝術中，Maria 最鍾愛而藝術造詣頗高的是水墨畫，曾在本地和美國示範表演，以及舉辦慈善展覽、出版畫作。

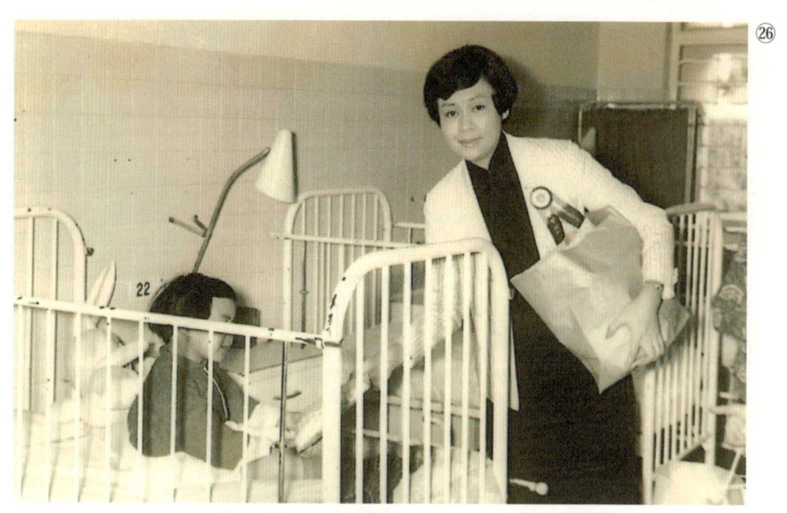

㉖

㉗

㉖ 早於 1969 年，Maria 與兄弟共同作出第一筆慈惠捐贈，給東華三院改善小兒科病房設施。以後 30 多年的慈善捐贈中，也是如此「出錢出力」。

㉗ Maria 和芳艷芬的慈善捐贈，除了「出錢出力」，還會「讓公眾參與」，1980 年代後期的慈善書畫展和拍賣就顯示了這特色：所有展出作品都是個人或二人合作的結果，都用作公開拍賣。

㉘

㉙

㉘ 超群集團於 1998 年 4 月底清盤，清還債項的方法和時間表於 1999 年 3 月敲定，第一期債項於該年 6 月開始繳交；而 Maria 亦努力尋找工作賺錢還債：首先是出版中英雙語食譜《李曾超群中菜食譜》，第一版於 1999 年 6 月發售，第二版於同年 9 月已被搬往暢銷書架上發售。

㉙ 群芳念慈護理安老院由 Maria 和芳艷芬各捐出 1,000 萬，再由香港政府撥出 1,000 萬配對專款興建；這個服務了香港許多無助孤寡老人 30 年的安老院，於 1987 年向政府提出申請，1994 年正式投入服務；圖中為該院建成後的平頂禮。

㉚

㉛

㉚ 2014 年 11 月群芳念慈護理安老院慶祝服務 20 週年紀念，繼續幫助孤寡老人過著老有所依的晚年生活，讓敬老護老的傳統美德繼續發出光輝。

㉛ 自上世紀 80 年代初開始，Maria 每一年都到老人院舍或中心探望長期孤單度日的老人。中秋節前後會帶同月餅，陪伴他們聊天、喝茶、吃餅。有一年的中秋節，Maria 又去探望長者時，碰上了從小照顧和服侍自己的女傭，二人相認後流淚相擁，久久不能平息。

㉜

㉝

㉜ 2000年11月，Maria應邀擔任香港耆英協進會主辦的「長者IT認知課程」的主講嘉賓，並親自教導長者學用電腦。

㉝㉞㉟「長者IT認知課程」共有十多位長者參加，其中包括影視界藝人，Maria向他們示範電腦運作，甚至作個別指導。

㉞

㉟

㊱

㊲

㊱ 2007-2009 年，Maria 在香港中文大學專業進修學院修讀一個兩年制面授的專業文憑課程；其間，Maria 對學習的認真與用心、反思自己不足時的坦蕩與誠實、迎向困難與挑戰時的勇氣和尋求幫助的決心，都成了班中每一位同學的啟迪與鼓勵。

㊲ 40 年的年齡落差，並沒有在 Maria 與同學間築起代溝；秋天遠足郊遊的約會，Maria 從不缺席，因為「她沒有架子，樂意體貼，肯投入，又玩得奔放！」

㊳

㊴

㊳ 77 歲之後，Maria 用了七年時間在香港中文大學專業進修學院分別修畢兩個網上課程和兩個專業文憑面授課程；84 歲時她又再到香港嶺南大學持續進修學院修讀「綜合理療師專業文憑課程」；90 歲之後，當記憶力逐漸減退時，Maria 仍然念念不忘地從別人的談話內容中有意識地學習 —— 一個終身學習的典範。

㊴ Maria 和芳艷芬兩人互不相識，有著不一樣的家庭背景、成長經歷、文化素養和興趣，竟然能夠走在一起，攜手展開長達 20 年的慈善捐贈活動，幫助貧苦老弱及各類提供重要社會服務的機構；Maria 和芳艷芬創立的群芳慈善基金會本身就是一個傳奇。

㊵

㊶

㊵ 傳奇中的傳奇：一個退隱 20 多年的粵劇花旦王，跟一個反串的粵劇盲同台演出三次（1987、1994、1997 年），為多間醫療服務高等教育機構和貧苦老弱有需要的人，籌募經費和善款共 4,600 多萬元。

㊶ 1987 年，芳艷芬跟 Maria 第一次同台義演粵劇折子戲。令人詫異的是：粵劇花旦王竟與粵劇盲聯手演出；更令人詫異的是：演出的四齣折子戲中的〈紅綾配〉，乃由 Maria 寫詞，芳艷芬譜曲，並由 Maria 反串戲中駙馬的角色。

㊷

㊷ 為感謝香港政府以配對專款，支持群芳慈善基金會的捐贈，以興建位於沙田威爾斯親王醫院旁邊的群芳念慈護理安老院，李曾超群和芳艷芬合作完成中國水墨畫一幅，於 1994 年護老院落成開幕之日送給時任港督彭定康先生的合照。

第七章

·走出廳堂，以教授烹飪起家·

第一節　開辦香港第一所烹飪學院

Maria 於 1950 年結婚，婚後一直跟老爺奶奶住在九龍太子道夫家大宅；五年後遷到又一村自建的一棟三層高大廈裡面的二樓。從此，Maria 和夫婿李明、大兒子德康、二女兒康文，便有了自己獨立的生活空間，自由安排每天各項活動的時間。

由於夫家是香港傳統富裕的大家庭，每一房已婚男丁都會有兩個女傭去照顧日常生活家務和小孩。

根據 Maria 憶述，她會在空閒的時候，設計、裁剪和縫合兒女的衣服、床上用品如枕頭和軟枕等。有一次，她用了幾塊顏色不一樣的布料，為大兒子德康和二女兒康文裁剪縫製了兩套週日到禮拜堂的套裝：德康的西褲與康文的襯衣用同一塊布料，兒子的上衣與女兒的短裙，卻用了不同顏色的布料；結果是顏色、布料和設計的配搭都大受讚賞。

不過，每天悉心照顧子女之後的 Maria，仍然有不少空閒的時間。加上夫婿李明因家族生意的緣故，經常要出外公幹，每次都會是一至兩星期，因此，Maria 在家空閒的時間就更多了。由於 Maria 活躍好動，要她停下來呆坐著是十分困難的；夫婿李明也十分理解，故此鼓勵 Maria，既然出國留學完成大學的訓練，就應該學以致用，並建議太太在閒暇時到社福機構當義工。大概就在這個時候，也就是 1955 年搬遷到九龍塘自建居所前幾個月的一天，閒來無事往外跑，途經女青年會便進去，看看有什麼學習班或活動可以參加。據 Maria 憶述，當時只有水墨畫和書法班。但是，Maria 並不感興趣，因為她早於十歲左右便已跟名畫家姑丈鮑少游學習；於是，她跑去接待處詢問：

「請問貴會有沒有專為家庭主婦開設的學習班，例如家務清潔、餐桌禮儀、烹飪等？」

「對不起，我們目前沒有這些學習班。」

「對不起，我剛從外國返港，不大清楚香港的情況；其實，我相信香港不少家庭主婦都希望學習烹飪，可以改善烹調菜餚的技巧，讓家人可以一起享受美食，增加家庭中的歡樂氣氛，甚至改善家人間的關係。」

對於這種見解，女青年會非常感興趣，繼續深入交談的結果，Maria 獲邀在該會教授烹飪班，是客串義務，並且是嘗試性質的。

1950 年代中的香港，還沒有發展出正規的烹飪班或學校，而女青年會願意給 Maria 客串嘗試，是因為她對自己的廚藝充滿信心，言之成理，或許 Maria 可以協助女青年會發展出一項幫助香港家庭主婦的學習班。

而 Maria 樂意去女青年會客串教授烹飪的原因，除了消磨餘閒之外，她對自己的烹調技巧其實也充滿信心，希望看看：是不是可以將過去在南京、桂林和八步學習與實踐的經驗總結下來。[1]

---

1 有關 Maria 年幼時如何跟曾家大廚學習煮飯炒菜的有趣經驗，以及在抗日戰爭走難到廣西桂林和八步的三年期間，在資源和食材都嚴重短缺的處境中，如何以創新的炊具烹調出美味可口的餸菜，詳情請參閱本書第三章第二節和第四章。

可是，Maria 很快便發現：這種消磨時間的方法也具有一定的社會意義，因為真的可以幫助不少家庭主婦烹調出美味的菜餚，讓家人在享受美食之餘，增進彼此間的關係。由於口碑不錯，不久，她也被邀去香港婦女福利會義務教授烹飪。

慢慢，Maria 意識到：這種挺有意思的消磨時間方法，其實也可以延伸到自己認識的親朋戚友當中。這個想法令 Maria 很快便在家中開設烹飪班，因為機構的烹飪班上課時間並沒有太大彈性，而在家中開設的烹飪班卻可以自由安排。於是，以小組形式教授、研究切磋烹調美食的非正式烹飪班，便在家中開始。

在家中教烹飪跟在機構中教烹飪，兩者之間是有分別的：在女青年會或婦女福利會所教導的對象都是彼此不認識的家庭主婦，接受資訊和參與討論的能力比較參差；而在家中所教導的對象都是認識的朋友，接收資訊和參與討論的能力比較容易趨向一致。兩者相同的是：不論是在女青年會或婦女福利會，還是在家中教導烹飪，都是不收費的，目的是幫助家庭主婦透過烹調美食以增進家人之間的關係。

讓 Maria 樂意去義務教授烹飪工作 —— 不論是家中跟相識的朋友，還是在機構裡跟不認識的家庭主婦 —— 的另一個原因是：小班教學。

在學員人數不多的情況下，Maria 可以跟三至四位，多則七至八位學員，在非正式教與授的氛圍下，大家一起討論或分享跟烹調美食有關的議題，例如烹調的材料、材料的配搭、調味的方法，或是火候的控制等等。這種研習、討論或分享，在擁有相同興趣的人當中，是一種樂趣；特別是所有參與的人，不論是教的還是學的，都會在這種融洽的學習環境中，感受到自己在不斷成為更佳的烹調美食者。這是一種愉快並且令人滿足的感受，因此，Maria 樂此不疲。

不過，家中非正式的烹飪班維持了兩年便停止，主要原因是：Maria

的烹飪班越來越受歡迎了，她必須另外找一個更大的課室，既要有足夠的廚房設施，又要能容納更多學生；更理想的情況是：烹飪班可以彈性地在不同時段上課。這樣的要求並不是家中的廚房或機構內的家政烹飪班課室所能滿足的。

到了 1958 年中，Maria 的表姨丈在九龍塘的家有一個頗大的房間空了出來，可以讓 Maria 作教學用途。雖然，這個房間並沒有廚房的設施，也沒有供水的設備，可是它的面積夠大，足以容納 10-20 多位學員。於是，Maria 便跟表姨丈商量，正式把這個房間租了下來。

接著下來，Maria 便必須將這個空置的房間變成教授和示範烹飪的課室。於是，Maria 在房間的一端放了一張長長的桌子，上面放了幾個煮食用的爐子和蒸炒焗用的鍋子；課室的另一端，放了兩隻裝滿水的大鐵桶，以便煮食和清洗器具。

這個正式開辦的烹飪班，除了授課、提供筆記，並有示範，是 Maria 義務教授烹飪接近四年後第一次收費的烹飪班，每人每月學費 25 元。

兩年後，這個收費烹飪班便因表姨丈移民而必須停辦。可是，Maria 十分喜愛教授烹飪，修讀中的學員又不願意停止，希望報讀的學生，也源源不絕。結果，Maria 在九龍塘一個小商場的二樓，找到一個三房一廳的商住單位，於是把它租下來，將客廳裝修為具備各種烹飪器材的課室，並正式改名為小廚房烹飪學校（Little Kitchen Cooking School），於 1960 年 4 月 1 日正式開始授課。每人每月學費仍然是 25 元，每班人數規限於九人或以下。

由於可用的地方大了，Maria 也精於縫紉、刺繡和針織，她便嘗試將教授的課程從單一的烹飪加入針織刺繡和裁剪，而新增的課程，都各自擁有專用的課室，第三個房間則用作辦公室兼雜物房。

在課程多元化、學生人數增加下，Maria 需要處理的事務就更多了：除了每天必須處理的行政工作之外，Maria 也要處理宣傳、財務和小廚房發展的工作；此外，她更親自編寫所有課程的教材。至於教授烹飪班的責任，當然就落在 Maria 身上了。

因為 Maria 的烹飪課太受歡迎了，小廚房於上午、下午和晚上都開班。讚賞的口碑傳得很快很遠，一些東南亞海外華僑為了報讀 Maria 的烹飪班，更特意到香港作短暫停留；因此，小廚房提供為華僑而設的速成班，夏天亦增設暑期學生班。

其後因租約關係，小廚房於 1963 年遷到九龍太子道 182 號二樓繼續運作。[2]

因著烹飪班的蓬勃發展，Maria 再不能教授所有的課程，於是，她聘請了幾位比較年青的兼任女導師，給她們訓練，讓她們專責教針織刺繡和裁剪的課程，最高峰期的小廚房聘請了六至七位的兼任導師。雖然十分忙碌，Maria 仍然繼續為女青年會和九龍婦女福利會義務教授烹飪。「除非逼不得已，我是不會背棄我曾經許下的承諾！」

不過，這個「逼不得已」，卻在 1960 年代後期出現。

1960 年代後期，Maria 停止了女青年會和九龍婦女福利會的義教工作，因為她要照顧的事務實在太多了：既要專注於 1966 年才創辦的超群西餅店業務，翌年要為麗的映聲主持全港第一個電視烹飪節目，同年，Maria 還將小廚房所有課程重組，成立超群烹飪研究學院。

超群烹飪研究學院重組之初已求過於供，每一年開辦四期，每期三個月，於 1 月、4 月、7 月和 11 月開班。學院重組不久，每週班數

2　1966 年 12 月，Maria 在眾多烹飪班學員的鼓勵下，於九龍太子道 182 號開設超群西餅店，是全港第一間西餅專門店。有關超群西餅的發展，詳情請參閱本書第八章。

便由 10 班增至 14 班。為期三個月的課程包括有中菜、西菜、西餅、點心和燒臘等；中西深造班和法國名菜班則必須修讀六個月。授課期內，每一位學生都要在老師面前實習。學期結束前亦必須通過考試，考試不及格可以免費補習，再補考。

根據超群烹飪研究學院一份行政措施文件：學生就讀四星期後可獲發肄業證書，期終考試及格可獲發畢業證書。

學院另一份 1969 年的紀錄則顯示，重組後的超群烹飪研究學院頭五屆一共有 436 位學員完成課程。單單太子道 182 號二樓的院址當然不能容納 400 多位同學在同一個典禮上領取畢業證書，所以 1969 年的第一次結業典禮是借九龍塘銀禧中學舉行，而第二次結業典禮是借九龍塘學校舉行。

在這兩次結業典禮中有兩個相同的有趣現象：第一個是典禮中有牧師祝福，第二個是兩次典禮中學生代表的致答詞都是一樣的：「雖然我們已結業離校，但我們的精神是永遠和母校連結在一起的。今後，我們一定遵守各師長的訓導，躬行實踐，以宣揚本校之風，光大母校之譽，以報答各位師長教導之大德。」這兩個有趣的現象，似乎顯示：Maria 除了重視教學質素，也相信烹飪並不是單獨存在的活動，而是可以發展出尊師重道精神和建立長遠和諧的師生關係的一種學習和訓練。

據 Maria 憶述，雖然當時學生人數眾多，為求達致最佳教學效果，超群烹飪研究學院仍然採用小班教學，不過，每班人數是更少了。一般情況下，每班由一位老師教導三至九位學生。結果，不論是烹飪技巧的改善、尊師重道精神的培養，還是長遠和諧師生關係的發展，都達到令人滿意的效果。

超群烹飪研究學院這種辦學宗旨、教學精神和行政安排，令烹飪學院的發展極其順利和成功，申請修讀各項課程的學生一直源源不絕。這種受歡迎的情況，不單止於超群西餅創辦初期是如此，即使到了1970 年代中，超群西餅開始業務多元化和進入國際市場後的十年也是如此。

其實，自從超群西餅於 1974 年開設第一個製餅工場總部，同年將西餅業務拓展到台灣之後，超群西餅飲食集團便已進入業務急速發展的階段——包括 1974 年自設印刷廠、1975 年成立出版社、1976 年開設第二個製餅工場總部、1979 年開辦專門供應自助餐的西餐廳，開設全港第一間麵包自助專門店、1980 年將台灣業務改組為獨資經營，到1982 年再將西餅業務拓展到美國西岸洛杉磯——在這段期間，Maria 開始將更多時間投放在超群西餅飲食集團的業務上，而放在超群烹飪研究學院的時間則越來越少。

事實上，Maria 於 1978 年開始，已經不再在烹飪學院教授任何課程，而邀請她的入室大弟子曾黃惠玲教授她名下所有課程，只在有需要的時候她才出現在課堂上客串示範，結果曾黃惠玲成了研究學院的全職導師。到 1987 年超群西餅飲食集團到達業務發展頂峰時，Maria 便將學院賣了給她的一位學生，以延續這份以學生為本、藉著烹飪增進家庭和睦關係的事業。

第二節　桃李滿門三十載

教授烹飪 30 年的 Maria，可說是桃李滿天下：她創辦了香港第一間烹飪學校，運作 30 年，學生無數；她主持了香港第一個電視台的第一個電視烹飪節目，長達八年，是個十分受歡迎的長壽節目；她出版了近 30 本中西食譜，也在報章撰寫西餅糕點的專欄 200 多天；她被邀請在電台廣播中主持烹飪節目；錄製了香港第一張也是唯一一張烹飪唱片；曾被邀請到紐西蘭作一個月的烹飪示範，主持該地電視台的烹飪節目；在她學生中，最少有三位成為香港電視烹飪節目的主持，而另一位學生則將 Maria 以人為本的教學精神與方法帶到加拿大溫哥華，並成為當地十多年來極受歡迎的烹飪班導師、電台烹飪節目主持和烹飪比賽評判。

這樣的成就，不可能是一種意外或偶然的結果。究竟她在烹飪過程中所顯示的技巧和創意，是天賦才能、後天訓練，還是前者加上實踐經驗的結果？

對 Maria 來說，烹飪是一種神奇的創意過程：它可以將生冷腥葷的原始食材變為色、香、味都得到讚賞的美味菜餚。她對入廚的濃厚興趣始於她四歲到六歲的兩個夏天，跟隨父母和至親好友一起到廬山度假的時候，目睹受僱於曾家多年的廚師所展示出的那種層出不窮、變化多端的超凡廚藝。

將入廚的濃厚興趣轉化為實踐的烹調經驗則發生於六年後抗戰期間，曾家避難到廣西的桂林和八步，Maria 每天在廚藝卓越的曾媽媽[3]指導下，做飯煲湯炒菜三年之久；其間，Maria 的好奇好學與勇於嘗試的精神，令她創新炊具和調校烹調方法，薰出西方煙肉、焗出西方蛋糕和煎出中式蔥油餅。此外，Maria 曾在節日中跟隨媽媽一起策劃並烹調一桌 12 人的筵席，與被邀好友盡興了一個晚上；到了第二次世界大戰結束，Maria 在一個慶祝抗戰勝利的大型活動中，更預備了長達兩小時的

---

3 Maria 的媽媽陳鳳瓊於 1959 年在美國洛杉磯出版可能是美國第一本英語的中菜食譜：*Chinese Cooking Made Easy* (Rutland, Vermont & Tokyo, Japan: Charles E. Tuttle Company, Publishers)；此書的英文版於 1965 年在美國和日本重印。

自助餐中大量飲料和食物。

所以，如果說對烹飪的啟蒙是始於童年五至六歲之間，獲取豐富的實踐經驗應該發生在逃避戰亂的 14-15 歲時，而接受正規烹飪訓練則在 1950 年代結婚之後。

1955 年，Maria 知道要到女青年會客串教授烹飪班之後，她趁著到美國探望在她婚後移民的母親時，到加州大學洛杉磯分校（UCLA）修讀一個短期的家政特別班；同時，也向廚藝精湛的王丁秀珍女士拜師學藝，這是 Maria 第一次正式修讀正規烹飪課程。雖然，這個時候她已可以說是中菜烹飪高手，但對烹調烘焗西方菜餚西餅糕點的經驗卻仍新仍淺，修讀正規的課程、接受一對一的老手訓練對 Maria 融合中西烹調方式與方法，有著極重要的啟迪和奠基作用。

隨後十年，超群烹飪研究學院不斷而且快速發展；從做生意的角度來說，學院提供的各類課程，不單止可以應付需求，源源不絕的報讀學生似乎也無需 Maria 去接受其他正規烹飪課程的訓練。可是，Maria 於 1969 年和 1970 年兩度接受香港以外、更新更高級的烹飪技巧訓練。

1969 年 8 月下旬，Maria 用兩個月的時間，走訪三個國家，於世界著名頂級的烹飪學校觀摩和報讀短期課程。

在日本四天，Maria 參觀了大和烹飪專科學校（Yamato Cooking School），嘗試看看有什麼新的項目或課程，接著飛往美國洛杉磯，探望她的烹飪老師王丁秀珍女士，然後再飛往法國巴黎，於藍帶廚藝學校（Le Cordon Bleu Culinary Arts Institute）和美心烹飪學院（Academie Maxim's of Paris）報讀短期進階課程，都取得優異成績。

根據 Maria 憶述，在法國巴黎最重要的進階訓練是烘焗不同類別的西方蛋糕，而在美國最大得益之處是以新鮮忌廉或牛油忌廉唧出蛋糕上面那些美麗和吸引的裝飾，例如：各類花朵、人物、動物、著名建築物、景點或各類有趣玩具等。[4]

1970 年 6 月中旬，Maria 帶領約十位超群烹飪研究學院的學員到日本旅行，除了參觀當年的東京博覽會，也要求學員報讀大和烹飪專科學校的短期課程，學習炮製麵拖炸魚菜和各式壽司飯糰；而 Maria 自己則到明治屋烹飪學校（Meijiya Cooking School）和京都調理師專門學校（Kyoto Culinary Institute）選修進階的「上級調理技術認證書」課程，成績優異。

自此，超群烹飪研究學院的課程不單全面，而且國際化：包括中國八大菜系裡面的獨特菜式，也包括美國、法國和日本的著名菜餚和西餅糕點。

因此，Maria 獲致成就無論如何都不是「一曲走天涯」的偶然現象，而是不斷觀摩、學習、進修、研究和嘗試所帶來的結果。她對烹飪那種長期不墜的強烈興趣，融合不同文化中不同烹調方式與方法而產生新款菜式與食品的創新意識與能力，似乎與她好奇好學、勇於嘗試和不會輕易放棄的個性有關；而這些個性特質也不斷誘發她對烹飪的興趣繼續生發茁壯，支持著她後天訓練和實踐過程中的不斷觀摩、學習、進修、研究和嘗試。

---

4 1981 年夏天，超群西餅應邀參加英國王儲查理斯王子與戴安娜王妃的大婚禮餅設計比賽：Maria 設計了一個六層高的蛋糕，每層蛋糕上面都以朱古力或忌廉，唧出或揉捏搓掀出各種七彩繽紛的婚禮擺設、場景或人物。結果，超群西餅的參賽作品在 16 個香港區角逐者中獲得大獎。

第三節　烹飪學院成功之道

作為香港第一間正規的烹飪學校，超群烹飪研究學院的發展經驗，看來是十分成功的。可是，正因為它是香港第一間烹飪學校，既沒有前人的足跡可以跟隨，又沒有別人的經驗可以借鑑，更沒有自己的往績可作比較和參考。從開始規劃到第一天授課，Maria 都是摸著石頭過河的。根據烹飪學院 30 年的發展軌跡，Maria 曾作出並執行以下各項決定，似乎都是導致烹飪學院走向成功的因素。

(一) 內在的基本因素

（1）辦學宗旨 —— 超群烹飪研究學院並不是一所非牟利的教育機構，卻重視以學生為本的辦學理念。首先，Maria 深深相信：家庭主婦若能親自烹調佳餚美食，是可以增加餐桌上的歡樂氣氛，也可以增進家人之間的和諧關係；而這個理念也具體反映在課程、師資、教學和學業評估上。其次，為了方便港島的學員上課，節省他們花在交通方面的時間，學院曾於 1980 年將校址從九龍太子道搬遷到港島軒尼詩道。這種變革雖然體貼居於港島的學員，卻將居於九龍的學員置於不方便的情況中。結果，學院於 1984 年又將校址遷回原地，繼續在超群西餅店樓上繼續運作，方便 Maria 同時兼顧烹飪學院的教務和超群西餅店的業務。

（2）提升教學質素的行政措施 —— 為了實踐辦學宗旨與理念，令學員可以得到最佳的學習成果，學院堅持小班教學。小班教學可以實質地提高教與學的質素，因為：

1/. 除了導師可以充分照顧到每一位學員的學習進度，更可以鼓勵發問、討論與分享，因為人數不多的小組學習處境不單容許、鼓勵，也逼使每一位學員參與討論和分享。

2/. 由於烹飪在本質上是一種體驗式的學習，也就是說，要學好烹飪，不能紙上談兵只講理論，而必須實踐。故此，小班教學令每一位學員都有時間在導師面前現場實習，令烹調過程中許多不容易以語言解釋清楚明白的細節，也可以在現場透過零距離觀察和即時發問而得到充分照顧；而這種親身體驗和感受，不單深刻，而且持久，有助實踐經驗有效累積。

3/. 為了保證學員可以達到一定的廚藝水平，學院要求每一位學員必須在導師面前接受實時的考試，考試不及格可以補考，補考前可以要求補習，無需收費；這種行政措施有效地令每一位學員的廚藝達到水平之上。

（3）課程設計 —— 超群烹飪研究學院的課程不單全面，而且國際化：包括中國八大菜系各地的獨特菜餚，也包括美國、法國和日本的著名菜式和西餅糕點。課程內所有煎炒煮炸炆燉蒸焗的項目都開放予學員自由選修；因此，每一位學員都可以按自己的興趣或家人的喜愛選修不同班別；而這種彈性是小班教學容許存在的。

（4）導師資歷、經驗、能力和對教授烹飪之熱忱度 —— 作為烹飪學院的主要導師，Maria 的資歷和經驗，都是無可置疑的。[5] 至於 Maria 的教學能力和熱忱度，51 年前曾是她的學生，後來成為朋友、生意夥伴和鄰居直到今天的馮劉旋君有這樣的觀察和感受：「Maria 是一位極其優秀的老師，她用心教導，示範時詳細地、慢慢地、十分有條理地清楚

5 有關 Maria 的資歷和經驗，詳情請參閱本章第二節。

講解；不但如此，她會將不同菜式的烹調秘訣悉數教導學生，並不隱瞞。我從未見過教得這麼好的烹飪老師，第一個為期三個月的西方初級糕點班還未完結，Maria 已經成為我的偶像。於是我一期一期的修讀下去。」

在加拿大溫哥華一位極受歡迎的烹飪班導師，擔任電台烹飪節目主持和烹飪比賽評判十多年的曾黃惠玲，有以下的感受：「……為了家人得享美食……吃得健康，我便向校長（Maria）拜師學藝，從 1971 年到 1978 年，我修畢校長教的每一科……我在加拿大教烹飪的時候，好多教導過程中的方法與理念，都是從校長學的，例如：煮菜的時候一定要有心和用心，如此做的菜會特別好吃……我授課的時候，好像校長一樣，不會有任何保留……會將烹調不同菜式的秘訣都傾囊以授。」

倘若以上都是令超群烹飪研究學院賴以成功的因素，他們在本質上都是內在的基本條件，令修讀各項課程的學員提升烹飪美食的能力與技巧；至於學院能否長期吸引到非家庭主婦或香港境外人士作學員，卻不能單靠內在的條件，也須具備以下直接的外在因素，令更多人——包括非家庭主婦甚至香港境外人士——對烹飪產生興趣，突破身份、文化或地域的界線，到超群烹飪研究學院報讀各項課程。

（二）直接的外在因素

（1）撰寫報章專欄和出版食譜小冊子——報章和書籍都是印刷媒體，裡面的資料或信息可以長期保留，讀者可以在任何時間並且多次重複閱讀，有利於重複檢視或比較資料。

1/. 報章專欄——在報章撰寫糕點食譜，其實並不是 Maria 的主意，也不是早有意圖或策劃的結果。真相是：於 1966 年初的時候，

Maria 教授烹飪班已經八年，烹飪學院的各項事務已上軌道，報讀烹飪課程的人數也不缺，在報章上再作宣傳的誘因不大。根據 Maria 憶述，當時的學生中，不少認為 Maria 所做的西餅糕點這麼好吃，應該透過大眾傳媒跟更多人分享；其中一位學員來自富裕家庭，跟《華僑日報》一位資深記者稔熟，建議該報的文化版闢一專欄，讓 Maria 在那個專欄方塊介紹西方蛋糕西餅的食譜。結果，一向勇於嘗試但從來沒有接受過新聞傳播媒體的訪問、也沒有在報章上撰寫過文章的 Maria，於 1966 年 2 月 16 日，開始在《華僑日報》撰寫「五百餅點」的專欄，第一篇是花生醬焗餅，其後幾篇是朱古力可樂餅、合桃酸忌廉餅和糖薑餅；不久，Maria 開始介紹西方蛋糕的製作；另有曲奇餅、蛋撻、布甸、甜品等。從 2 月 16 日開始寫，每日一篇，一共寫了 219 篇，於 1966 年 12 月 5 日停止，因為 12 月 11 日是超群西餅店正式開始營業的第一天，Maria 不得不把大部分時間投放在西餅店的業務上。

在 219 篇西餅食譜中，Maria 介紹得最多的是西方的鮮奶油蛋糕，共 91 種，包括菠蘿蛋糕、芝士蛋糕、棉花軟糖蛋糕、酸奶朱古力蛋糕、蜜糖奶油蛋糕、蘋果蛋糕、檸檬奶油蛋糕、杏桃蛋糕、櫻桃杏仁蛋糕、香蕉蛋糕、夾心牛油蛋糕、椰汁奶油蛋糕、啤酒蛋糕、咖啡蛋糕等。

介紹第二多的是各種不同的餅類，除花生醬焗餅、朱古力可樂餅、合桃酸忌廉餅和糖薑餅外，另有鹹蛋黃焗餅、椰絲餅、合桃椰絲切餅、牛油朱古力切餅、雜果薄脆餅、咖啡椰絲小餅、檸皮小鬆餅、夾心小餅、無花果燒餅、檸橙雙輝蜜糖餅、櫻桃小餅等共 60 種。

蛋撻類則有：法國式焗撻、雞蛋蘋果撻、朱古力杏仁撻、蛋白檸檬撻、黑加倫子果醬撻、菠蘿忌廉撻、蛋白果醬撻、千層朱古力撻等九款。

另有八款曲奇餅，例如朱古力脆片曲奇、瑞士曲奇、花生醬曲奇、牛油曲奇、橙香曲奇、菠蘿曲奇和薄荷曲奇等。

布甸類則有：檸皮蘋果布甸、多士布甸、糖薑布甸、焗麵包布甸、焗香蕉布甸、焗蘋果布甸等六種。而西方較受歡迎的甜品則包括：早餐的窩夫、飯後的梳乎厘和下午茶的泡芙。

從以上各類蛋糕西餅糕點與甜品的食材變化與融合，可以見到Maria豐富的想像力和創意。

2/. 食譜小冊子——自從Maria於1966年12月5日在《華僑日報》「五百餅點」第219篇介紹脆餅乾的製法之後，就一直沒有於印刷媒體介紹西餅糕點食品，直到1974年自設印刷廠和1975年成立出版社之後，Maria才出版她的第一本中菜食譜。因為有編輯部協助和印刷設施支持，Maria在1976-1980年間一共出版了26本食譜，以滿足電視烹飪節目觀眾和烹飪學院學生的需要。每一本食譜裡面都有必備的內容：包括拍攝精美的菜餚食品、菜式的材料與份量、所需調味料與份量，以及烹製的方法。碰到有需要的時候，菜譜旁邊會加上注釋，例如這個菜式適用於夏天還是冬天、食材的份量可供多少人用、特殊的烹調秘訣，如炒牛肉爽滑不韌、炸生蠔必脆的方法等；遇到特別的菜譜時，Maria會加插一頁特別的介紹，例如：在介紹素菜前會加上一頁素菜特色漫談，介紹法國菜前會加上一頁法國菜特色漫談，在介紹西方菜式前會加插餐桌佈置示範和介紹餐巾摺疊方法等。

差不多在每一本食譜前面都會加上一頁〈前言〉，強調美食「可增食慾、有益健康、可助酹酢友誼，促進家庭幸福」。這個〈前言〉顯示了Maria對烹飪的強烈信念。

在這26本食譜中，中菜食譜包括初級、中級和高級版，當中分為粵菜和各地名菜的食譜，都是中文版。西方菜式也包括初級、中級和高級版，另有精選法國菜的中文食譜。

其中一本比較特別的食譜是點心製法，以 4¼ 吋 ×6 吋大小的卡片印製，每一張卡片包含一款點心，卡片的一面印有精美的點心圖，另一面印有中英雙語的食譜。這套點心卡一共印有 24 款點心，包括：蘿蔔絲酥餅、椰汁凍、蟹肉多士、棗泥鍋餅、蠔油叉燒包、香酥荔芋角、蘿蔔糕、鹹水角、冬筍鮮蝦餃、鬆化馬拉糕、西菜牛肉粒等。

另一本特別的食譜小冊子是有關烹調各款中菜的秘訣，裡面沒有印刷精美的菜餚食品圖片，也沒有烹調菜式的食材調味料和製法，叫《烹飪必知》，全本以文字表達，包括 32 款煲湯秘訣、10 款海鮮肉類烹飪秘訣、18 種烹調蔬菜的方法、22 種烹調配料的秘訣、選擇 12 種不同瓜菜要注意的地方、洗滌 8 種海產的秘訣、16 種洗滌肉類蔬菜的秘訣、煲粥和泡發魚翅鮑魚的秘訣等。這本有關各類烹調秘訣的《烹飪必知》，印證了學生對 Maria 毫不隱瞞、毫無保留地分享各種烹調秘技的開放態度的高度讚賞。

在 Maria 出版的 26 本食譜以外，另外有兩本食譜別具意義，是更加特別的：一本是 1999 年出版的《李曾超群中菜食譜》，另一本是 2012 年出版的《過敏症安全食譜》。前者出版時，超群烹飪研究學院已經於 1987 年賣出，Maria 亦不再教授烹飪，所以跟推動烹飪學院業務無關；後者的出版，也跟任何商業活動無關，並不存在賺取利潤的意圖，因為超群西餅飲食集團已經於 1998 年 4 月清盤。

著名專欄作家張小嫻於超群西餅飲食集團清盤前並不認識 Maria，但有感於 Maria 對誠信的執著與堅持，震撼於她在結束親手創立並成功運作 32 年的事業時那種豁達與從容，便決定透過明心出版社，為 Maria 策劃出版一本中英雙語的中菜食譜，只挑選她教授烹飪 40 年來令她最感滿意的菜式，並邀請 Maria 寫了兩首「念慈顏」的詩和三篇有關父母對子女養育恩情和愛的「座右銘」，加上一篇 Maria 對母親的「愛心下廚」和自己三個座右銘，希望佳餚帶著母親的愛，送到讀者家中，所得版稅可幫助還債。

結果，Maria 精選了 41 款來自廣東、四川、台灣等地的名菜，都是家常菜式，而選擇食材時以一般人所需的均衡營養為原則。這本 111 頁的《中菜食譜》出版後即熱賣，第二版於三個月後被送上暢銷書書架上。

2012 年出版的《過敏症安全食譜》不單令人感到特別，並且令人感動：因為這是一部母子同心撰寫的著作，母親是馳名中外 50 年的烹飪專家，兒子是享譽國際的過敏症權威和醫學教授，這本中英雙語的專著，將母親對烹飪的熱誠和精湛技巧、兒子的權威醫學知識和精湛診症經驗，結合在逾 140 頁圖文並茂的食譜內，讓許多過敏症患者享受美食時，無須憂慮誘發過敏症狀的風險。

書內各食譜針對最常見而可引致過敏症狀的花生、雞蛋、牛奶和海鮮，以其他食材和調味料代替，介紹 54 款具相似味道的菜式。為了幫助讀者參照食譜烹調美食，並從中獲得有關過敏症的知識，筆者在食譜前加插了「食物敏感簡介」、「症狀」、「哪些食物會導致敏感？」、「食物敏感診斷」、「什麼是激發性測試？」和「食物過敏症患者或照顧者的重要提示」等文字；此外，在每一類可避免敏感症狀的食譜前面，都加上一頁辨認和避免不當食材引致該類過敏反應的方法。

因此，這本中英雙語的中菜食譜應該是絕無僅有，是可以前所未有地滿足渴求的一本專著。

（2）主持電視烹飪節目和錄製烹飪唱片——至於影音媒體，Maria 於 1967 年為香港第一間電視台麗的映聲主持香港第一個電視烹飪節目，於 1972 年製作了一張黑膠烹飪唱片。

影音媒體與印刷媒體在本質上不一樣，他們必須在播放時實時收聽或觀看，沒有唱機或電視錄像機是不可以重複收聽或觀看的；可是，唱片和電視都是多維度傳播的媒體，信息的傳遞不靠文字：在唱片而言，有聲音和話語中的情感，可以用不同方式重複講解強調，比文字更具感染力；電視除了聲音，更有影像、色彩光暗、環境佈置、音響和特技效果的配搭，傳遞的信息可說是更全面、更豐富，用來說明、解釋或演示不同食材、不同菜式、形象與活動元素都豐富的烹調過程，更合適、更具效果。

1/. Maria 主持的香港第一個電視烹飪節目 —— 1967 年的香港，只有麗的映聲一間電視台，是按月繳費的有線電視廣播。除了戲劇歌唱等娛樂節目、體育運動節目、新聞時事財經節目、現場直播的賽馬節目等，電視台高層盼望令節目更多元化，其中被考慮的一項是每一個家庭每天都重複做又渴望做得好的：烹飪。可是，要製作一個高質素而受歡迎的烹飪節目，一位理想的節目主持人是不可或缺的，他 / 她必須有豐富的烹飪經驗、隨機應變的急智、清晰流利的口齒、鏡頭前大方得體的外形和氣質。

在兩個偶然的機會中，一位管理層決策者和另一位製作部監製都見到 Maria，並吃到超群西餅店獨創發售的芒果蛋糕，不約而同地認為 Maria 是適合的節目主持人而作出邀請；但 Maria 婉拒了，因為她覺得她從未做過電視節目，根本不懂得如何做；但是他們繼續邀請並且答應提供一切所需的幫助。就這樣，Maria 成為香港第一個電視台的第一個烹飪節目的第一位主持人，並且一做就是八年，極受歡迎而讚譽不絕。這個烹飪節目分為四部分，最初是每週一次的西餅蛋糕和每日一次的中菜烹調示範，都是 30 分鐘的節目，將整個烹製過程的重要步驟都在近鏡下仔細示範說明，令觀眾容易明白和跟隨；結果大受歡迎，Maria 亦很快便為不少家庭主婦認識，甚至封為偶像。

節目受歡迎的程度與日俱增，電視台跟 Maria 商議，要求增加一個新環節，介紹西方菜式；於是，每週兩次、每次 30 分鐘的「環遊世界」成為這個烹飪節目的第三部分，介紹歐美菜式。每次節目都會邀請一位知名嘉賓，跟觀眾一起學做當天介紹的西菜；這安排成了另一個賣點，令節目受歡迎程度更上一層樓，結果電視台再跟 Maria 商議，增設中式點心的環節。

其實，除了照顧家庭以外，教授烹飪班、處理烹飪學院的事務和管理超群西餅店的業務已夠 Maria 忙的了，加上要她每週錄影 10-11 個 30 分鐘的烹飪節目，哪能不忙上加忙。因此，Maria 盡量在週末或假日進入錄影廠一併錄影每週所有的環節。如此忙碌的日子，轉眼間就過了八年。

2/. 錄製烹飪唱片 —— 電視烹飪節目播放五年之後，充滿創意又勇於嘗試的 Maria 希望用另外一個方式，將過去多年示範過的菜餚烹製過程，精選後以錄音形式製作一張烹飪唱片，送給親戚朋友，跟他們分享烹調美食之樂。由於只為興趣而毫無商業考慮，這張黑膠唱片只成了收藏品，卻也在各人心中留下烹飪專家的形象。

3/. 海外示範表演 —— 1958 年超群烹飪研究學院成立，1966 年超群西餅店開業，1967 年 Maria 開始主持香港第一個電視烹飪節目；自此，Maria 的烹飪專家形象已經在香港清晰地樹立起來。到 1970 年，紐西蘭四邑會館永遠名譽會長（也是香港四邑商會主席）希望將中國的飲食文化介紹給紐西蘭眾多四邑華僑中，特別是年輕的一代，希望他們可以多一點認識自己的文化根源。於是，紐西蘭四邑會館與紐西蘭政府正式邀請 Maria 於 1970 年 9 月 28 日到 10 月底到訪紐西蘭，推廣中國飲食文化。

在這 33 天旅程期間，Maria 參與了 26 場現場示範表演，包括為紐西蘭華僑青年運動中心和威靈頓華語學校的興建籌款，為當地的扶輪社和獅子會慈善募捐；並在教會、孤兒救濟會、青年會、酒店、航空公司、百貨公司、商場和超市，只用紐西蘭出產的食材作烹飪演示。此外，紐西蘭廣播公司（New Zealand Broadcasting Corporation, NZBC）為 Maria 於 10 月 5-6 日錄製了六輯電視烹飪節目，在同年 11 月 17 日起的五週內，每星期為全國電視觀眾用紐西蘭食材作烹飪中菜的示範。10 月 12 日 Maria 到渥崙示範表演時，獲當地電視台現場直播，而全國的印刷媒體包括報章雜誌，亦多番作專題、特寫或每天跟進報道。連紐西蘭國家圖書館和新南威爾士的州立圖書館都致函四邑會館索取 Maria 為此行整理的《超群烹飪秘訣》，收為藏書。

回港兩週後，仍有紐國市民致函 Maria，希望得到她的簽名照片或《超群烹飪秘訣》一書；一位名叫珍妮（Jenny）的少女就這樣寫信給她的叔叔：「⋯⋯我今天在晚宴上看到李太，她優雅秀麗，令人印象深刻。我真想跑出去，叫街上的人都進來一睹李太的風采⋯⋯。」

由此可見，Maria 此行，無論是國際文化交流、將中國飲食文化介紹給紐國華僑、為當地慈善籌款，到奠定 Maria「星級名廚」的國際地位，都是空前成功的。

倘若外在因素導致烹飪學院名噪中外，令報讀課程的學生不斷；內在因素則直接幫助學生建立烹製佳餚美食的健康理念、提升烹調美食的能力與技巧；教與學的過程則令超群烹飪研究學院的師生發展出超越「一個花錢學習、一個收費教導」的商業關係，並且越久越醇。

第四節　互疊互惠下轉戰西餅市場

從傳統大家庭的二少奶，變為烹飪學校的校長，可說是從零到一的過程。從零到一是因為在婚前以至當二少奶的時候，Maria 從來沒有正式的工作經驗，也沒有教學的訓練和經驗，更沒有管理一間學校的經驗。因此，無論是租賃校舍、開班授課、宣傳招生、註冊編班、上課時間表的編寫與安排、實習與考試、學習表現評估、結業禮的設計與安排，以至人事與財務的管理安排等，都是從零開始，摸著石頭過河般學習的。

從 1955 年到非牟利的女青年會義務教授烹飪，後來家中非正式的烹飪班，到 1958 年於九龍塘正式開辦收費的烹飪班，1960 年小廚房烹飪學校成立，到 1967 年 Maria 將小廚房課程重組成立超群烹飪研究學院，12 年間，Maria 累積了各種教導烹調美食和製作糕點的豐富經驗。

倘若最初 12 年的經驗主要是教導家庭主婦，如何烹製菜餚美食給他們的家人享用，開辦西餅店便是更直接地製作西餅糕點給所有人去享受。從目的、烹製過程和服務對象看，兩者之間雖有不同，卻有重疊的地方：

（1）目的：兩者都是烹製美食；但前者教導或幫助學生提升烹調製作的能力和技巧後，得以給自己或親友享用；後者沒有中介者、直接製作銷售以讓不認識的人享用；

（2）烹製過程：前者必然是小規模小量製作；後者涉及大規模大量製作，它的規模可以不斷擴大，規模的擴大令業務運作必須加入統一及機械化的製作和統籌，意味著投資額和管理力度的增加。

（3）服務對象：烹飪學校的服務對象一般是家庭主婦，他們提升廚藝是為了家人得享美食，人數不會多；西餅店的服務對象卻是一般市民大眾，他們只需花錢購買而無需經過烹製過程，人數可以無限增多，隨著而來的是物流運輸的投資與管理。

倘若以上的理解是正確的話，作為烹飪學校的校長，Maria 面對的任務、要做的工作和碰到的困難便相對地小；變成西餅專門店的老闆後，特別是西餅店業務多元化、國際化和急速拓展為國際西餅飲食集團之後，她必須面對的工作、任務、困難與挑戰就變得龐大、複雜和困難得多。

不過，規模、複雜性和困難挑戰增多增大的時候，Maria 同時看到兩者重疊與互惠的元素：(1) 無論是烹飪學校還是西餅專門店，兩者涉及的都是美食、西餅和蛋糕，因此，教授烹飪班首八年累積下來那不斷完善的製作蛋糕西餅經驗，完全可以用在西餅專門店的製作過程上；(2) 從撰寫的報章專欄、錄製的烹飪唱片、播出的電視烹飪節目、出版的食譜小冊子，以至海外示範表演時的新聞報道所建立起來的形象與名聲，對烹飪學院和西餅專門店都直接產生積極正面的宣傳作用。

因此，創立烹飪學校為開辦西餅專門店提供了極重要極佳的準備，增加西餅專門店在市民中的知名度，促進西餅專門店的業務；而香港 70 年代經濟起飛，人均收入提升，為飲食、娛樂和傳媒行業發展提供了經濟基礎，也為西餅專門店的發展提供了強大而恆久的支持。

第八章

·西餅王國興衰始末·

第一節　超群西餅發展簡史

以下是一個有關超群西餅飲食集團發展簡史的年譜，列出 Maria 創辦超群西餅前的醞釀、創業初期、業務多元化國際化、攀上全盛時期的巔峰，從巔峰下滑到全線清盤倒閉，並相關事件的年份：

年份	事件
1955 年	婚後五年，從太子道李家大宅遷到九龍塘又一村，開始有自己的生活天地。
1956 年	在女青年會義務教授烹飪。
	在又一村家中開始小組烹飪研究班。
1958 年	家中烹飪班遷到九龍塘親戚家中較大空間，開始收費。
1960 年	烹飪班再遷到九龍塘一個小商場的二樓，正式改名為小廚房烹飪學校（Little Kitchen Cooking School），仍是小班教學，收費不變。
1963 年	「小廚房」遷到太子道 182 號 2 樓，上午下午晚上都開班，並增設華僑速成班和暑期學生班。

年份	事件
1966 年	2 月 16 日開始在《華僑日報》撰寫「五百餅點」專欄，介紹西方的蛋糕、餅點、蛋撻、曲奇餅、布甸和甜品，每日一篇，寫了 219 篇，到 12 月 5 日停止。
	12 月 11 日，超群西餅店於太子道 182 號地舖開業，成為香港第一間西餅專門店。
1967 年	為麗的映聲主持香港第一個電視烹飪節目，每天介紹中菜、西菜、西方糕點或廣東點心，成為播映了八年的長壽節目。
	重組「小廚房」所有課程，成立超群烹飪研究學院，每年開辦四期，每週由 10 班增至 14 班。
1969 年	到法國藍帶廚藝學校和美心烹飪學院報讀短期進階課程，取得成績優異的證書。
1970 年 6 月	帶領烹飪研究學院的學員到日本報讀短期課程期間，自己到明治屋烹飪學校和京都調理師專門學校選修進階的「上級調理師技術認證書」課程，成績優異。
1970 年 9 月	被邀請往紐西蘭，以當地食材在現場或電視上作烹飪示範表演，介紹中國飲食文化和烹調技巧，為期一個月。
1971 年	超群咖啡屋在港島摩理臣山道 29 號開業。
1972 年	錄製香港第一張烹飪唱片。
1973 年	共四間西餅分店開業。
1974 年	於九龍土瓜灣旭日街福成大廈設製餅工場總部，佔地 10,000 多呎。
	西餅業務於 3 月拓展到台灣，與當地人士合股經營，取名「頂佳」。
	自設印刷廠，印製餅盒、餐單、餐巾等。
1975 年	出版社成立，女兒康文任總編輯，出版《超群婦女雜誌》和《兒童電視雜誌》，到 1980 年，共出版烹飪小冊子共 26 種。
1976 年	第二個製餅工場於香港仔黃竹坑啟用。
1979 年	第二間西餐廳於 4 月在九龍尖沙咀新世界中心地庫開業，專營自助餐服務。
	全港首創第一間自助麵包專門店於 11 月在港島筲箕灣 128 號開業。

年份	事件
1980 年	台灣業務改組，變為獨資經營，改名為台灣超群。
1981 年 12 月	在慶祝機構成立 15 週年當日，超群集團設有兩個製餅工場，供應 50 多間分店各類西餅麵包產品，另外經營兩間西餐廳、八間麵包專門店，同時經營午間飯盒，並承辦餐飲、茶會等到會服務；而台灣業務則已發展到五間分店。
1982 年	美國第一間超群西餅分店在加州洛杉磯蒙特利市開業，另兩間分店分別於 1983-1984 年於洛杉磯開業。
1983 年 6 月	超群西餅集團第一間快餐店設於九龍牛頭角淘大商場，第二間快餐店於同年 10 月在荃灣開業，第三、四間快餐店分別於 1986 年及 1987 年開業。
1984 年	5 月 16 日，發生史無前例的西餅擠提事件。由於被謠言中傷，大批市民擁到超群西餅各分店將預購餅券兌換西餅；因兌換西餅的市民太多，各店均出現人龍，需要警方協助維持秩序而造成擠提。事件於集團總裁 Maria 在記者會公開解釋後迅速平息。
1984 年 12 月	美國東岸第一間超群西餅分店於紐約市華埠百老匯街開業，其後一年間，紐約市的分店增至五間。
1985 年 8 月	超群西餅集團將美國紐約市的總店暨總工場設於拉菲逸街 148 號，同年 10 月於同址開辦集團在美國的第一間西餐廳。
1986 年	集團在加拿大的第一間西餅店設於多倫多市。
1987 年 12 月	在慶祝集團創業 20 週年當日，超群集團在香港開設 45 間西餅分店、七間西餐廳或快餐店、兩個製餅工場、兩間獨立的到會服務；在台灣四個城市（台北、台中、台南和高雄）開設八間西餅店；在紐約市有五間西餅店和一間西餐廳；洛杉磯有三間西餅店；多倫多市有一間西餅店。
1988 年	為慶祝集團創業 20 週年而建的超群商業大廈於紐約市華埠堅尼街落成開幕。
1989 年 9 月	集團首間（也是唯一一間）中菜酒樓於尖沙咀東部開幕營運，可惜經營不善，虧蝕巨大，於 1991 年底結業。
1990 年	集團在美國三藩市開設西餅連鎖店。
1991 年	集團業務首次進入中國內地，在上海開設 7-8 間西餅店和一間快餐店。
1993 年	在廣東中山設製餅和麵包工場，支持內地業務。

年份	事件
1994 年	在中山石岐開設麵包專門店。
1996 年	台灣超群在台 29 間門市於 9 月 12 日全線停工停業。
1998 年	香港超群集團的六間快餐店於 3 月結束營業。
	香港超群西餅飲食集團於 4 月 28 日宣佈自動清盤。

從以上超群西餅飲食集團的發展簡史年譜，可將 Maria 32 年裡面付出的努力，從始創到倒閉，以及公司起跌盛衰的過程，約分為六個時期：

（一）創業前的醞釀（1955-1965）；

（二）創業初期（1966-1970）；

（三）業務積極拓展（1971-1982）；

（四）全盛時期（1982-1989）；

（五）從巔峰下滑的日子（1989-1997）；

（六）集團宣佈自動清盤（1998 年 4 月 28 日）。

第二節　創業前的醞釀（1955-1965）

不論是小生意，還是大企業，以至任何社會活動，它是否能夠成功地啟動或發展起來，取決於天時、地利、人和。就 Maria 創辦超群西餅店而言，成功啟動的天時地利人和包括：Maria 個人是否具備創辦香港第一間西餅專門店的有利條件？有沒有一些不是太有利的因素成為她創業的障礙？Maria 以外是否存在著充分有利於創辦西餅專門店的環境因素？在各種有利和不利的因素互相碰撞中，Maria 為什麼還要在忙碌營運一間成功的烹飪學校以外，去創辦一間從未在香港出現過而自己又缺乏這方面經驗的西餅專門店、去投資一盤比辦學風險大得多的生意？

（一）Maria 個人具備的有利條件

（1）相關技巧與經驗 —— 教授烹飪班是 Maria 創辦超群西餅店前一個極重要的過渡，也是一個極其重要的預備。Maria 於 1966 年創辦超群西餅店，專售西方蛋糕和餅點；在之前的 12 年，Maria 在烹飪班中主要教授內容是中國八大菜系的佳餚美食、地方特色菜和家常菜，但也教歐美著名菜式，而西方的蛋糕餅點也是課程中重要的環節。從 1950 年代中到 1960 年代中，香港經濟仍未起飛，烹飪班大部分學員多來自比較富裕的家庭，家中也多有西方焗爐，烘焗西餅糕點更是他們趨之若鶩的課程之一；所以，在創辦超群西餅店之前的 12 年，Maria 已累積了各種烘焗製作蛋糕餅點的技巧與經驗，為創辦超群西餅店奠下堅實的基礎。

（2）相關的正規訓練 —— 1955 年，在女青年會義教烹飪之前，Maria 趁著去美國探望母親的時候，到加州大學洛杉磯分校（UCLA）修讀一個短期家政特別班。在此之前，Maria 雖可說已是烹飪中菜的高手，對烘焗蛋糕餅點的經驗卻仍然短淺，修讀這個課程有利於 Maria 嘗試融合中西烹調方式與食材，從而創出別具一格的西餅糕點。其實，這個 1955 年的短期家政特別班是 Maria 第一個西方菜餚和西餅糕點的正規訓練，第二個要到 1969 年，Maria 才到法國巴黎接受進階訓練，專研西方蛋糕餅點的烘焗製作；可見 1955 年的訓練為 Maria 提供了基礎訓練，隨後的 12 年，Maria 是在教授烹飪班中邊做邊學邊成熟。事實上，當超群西餅店於 1966 年 12 月 11 日第一天開業時，Maria 便成功推出香港、甚至可能是全球，第一件芒果蛋糕。

（3）豐富的想像力與寬闊的創意空間——如果第一件芒果蛋糕的創製展示想像力或創意的話，Maria 於 1966 年初在《華橋日報》撰寫的「五百餅點」就充分顯示 Maria 豐富的想像力與寬闊的想像空間：在短短三個多月內，Maria 撰寫了 219 篇西餅糕點的食譜，其中包括 91 款蛋糕、60 款餅點、九款蛋撻、八款曲奇和六款布甸，當中不乏融合中西方原食材的創意，可見 Maria 有效地運用她的想像力，令這間不久便要開業的西餅專門店所售賣的糕點，其賣相設計、食材選用、味道拿捏，都不斷推陳出新，讓顧客每一次的選購都可以是一個喜悅，這是令「獨沽一味」的西餅專門店能夠獲得長期成功的條件。

（4）有利創業的個性特質——Maria 自幼便著迷於烹調美食，青少年時對之充滿熱忱；她對自己的烹調能力、技術與創意，都有一份極強的自信；加上 Maria 是個勇於嘗試的人，認為什麼事都是可能的，「未試過點知唔得！」同時，她是個好勝和擇善固執的人，不堅持到最後不會放棄，不到最後關頭也不會認輸。這些個性特質都有助於任何創業者克服各種各樣創業過程中的挑戰與困難，對 Maria 而言，這些個性特質令她對可能碰上的創業障礙不以為意，敢於勇闖未明前路。

（二）可能的創業障礙

（1）不明生意之道——Maria 的大學本科訓練是社會學，當中她特別鍾愛社會心理學和社會工作，對商業管理、金錢與人事管理、市場售賣策略、食材選購與庫存檢查、帳目結算等，都是一竅不通或缺乏實戰經驗的。事實上，Maria 不只一次承認：「……我一直以為開設餅店只是一個簡單的作業過程：我造餅，你買餅吃。管錢嗎？我是一個對金錢沒有感覺的人……市場售賣策略嗎？只要我做的西餅糕點好吃，不就可以了嗎？……。」

（2）缺乏可運用的時間——根據 Maria 的憶述，自從 1958 年於九龍塘開辦收費的烹飪班，1960 年增設針織刺繡和裁剪課程，到 1963 年遷到九龍太子道 182 號 2 樓繼續營運，Maria 的烹飪班是越來越受歡迎，每天除了要處理烹飪學校日常運作的事務以外，還要教授早、午、晚的烹飪課程，有時候還要教授為華僑而設的速成班，和為學生而設的暑期班；而照顧管理家族生意的丈夫李明、就讀初中的二女兒康文和讀幼稚園高班的三兒子智康，就更加是不可省的工作項目。在每日都這麼忙碌的情況下，Maria 怎麼可以開始另一勞動力密集工作纏身的一盤生意？

（3）來自夫家的可能阻力——「作為香港有頭有面傳統大家庭的二少奶，我怎麼可以在外邊拋頭露面做小生意賺取蠅頭小利？」Maria 內心嘀咕猶豫，卻敵不過 12 年成功開辦烹飪學院的經驗所產生的自信、眾多學員的欣賞與鼓勵、撰寫報章食譜專欄所顯示的豐富想像力和寬廣的創意所得到的肯定，加上好勝倔強不服輸不放棄的性格，令 Maria 雖然明明知道這個「造餅賣餅」的想法必然會遭到夫家的反對，仍然躍躍欲試。機靈的 Maria 首先向夫婿李明透露這個想法。

雖然李明生長於傳統大家庭，在中國傳統大家庭的氛圍中長大，卻因為長期接受西方高等教育，而對太太在外工作學以致用，持比較自由開放的態度；不過，李明有兩個問題和兩個條件：

「做生意比造餅賣餅複雜得多，你沒有做過，真的可以嗎？」李明關切地問？

「不懂得可以學啊！你也知道我是個十分喜歡學習的人」，好勝倔強的 Maria 馬上回應。

「你有足夠的資金開業嗎？要不要我給你創業資本？」李明支持地問。

「謝謝你的支持，我相信我可以籌集到足夠的創業資金。」一向喜歡獨立不愛倚靠別人的 Maria 婉拒夫婿的好意，知道自己不一定成功，而失敗即意味著虧蝕夫家的錢，那是不應觸碰的禁區。可是，「未試過點知唔得！」Maria 默默地對自己說。

「不過，你必須滿足兩個不能替代的條件：你必須照顧好家人，特別是家人的飲食健康，照顧好兒女的學業。」李明嚴肅地說。對 Maria 來說，那根本就不是條件，而是作為妻子和母親應有之義。得到夫婿的理解、允許和支持之後，Maria 第一個要面對和解決的是資金問題。

（4）創業資本的籌集 —— 根據 Maria 的初步估算：租用一間人流比較密集的商業地舖；重新裝修工程，包括設置一個烘焗各類西餅糕點的小焗房、多個西餅專賣櫃、一張放置收銀機台和行政書寫用的小桌；聘請一位製餅師傅和三位售餅員；購入各種西餅原材料等，第一筆必要的資金是 10 萬元，在上世紀 60 年代，這可算是個相當大的數目。

以上分析顯示：對於創業，Maria 是擁有適切且十分強勁的有利條件，但是可想像的創業障礙也不少。不過，這些都是個人主觀的因素，不足以構成全面客觀的環境，讓開辦後的西餅店得以持續成功運作。究竟 1960 年代的香港為 Maria 提供一個怎麼樣的營商環境，具備哪些有利的環境因素呢？

（三）有利創業的環境因素

（1）60 年代香港的政治社會和經濟環境 —— 1949 年中共建政當權後推行國有化政策，不少商業機構把總部或辦事處從上海搬到香港，為香港提供工業轉型所需的資金和製造業技術。與此同時，內地大量人口遷到香港；政府檔案顯示：香港人口於 1951 年有 220 萬，到 1960 年代初已增至 300 萬，而 1971 年的人口總數更急增至 400 萬，新移民的快速增加為香港從轉口港變為輕工業製造業中心提供了大量的廉價勞動力。

1951 年韓戰爆發，聯合國宣佈向中國內地實施禁運，令香港為內地及鄰近地區提供的轉口港服務不得不停頓，而需尋求轉型；適逢當時不少逃離內地的人士都是具有一定資本和技術的工業家，大量難民又為工業轉型提供勞動力，香港的輕工業便在 50 年代初迅速發展起來，包括塑膠鈕扣、人造膠花、雨傘、成衣，以及白帆布面樹膠底的簡便運動鞋。

1960 年代的香港，製造業繼續擴張並蓬勃發展，由人工密集的輕工業轉型到較高檔次的半機械工業生產，例如手錶、玩具和各類計時器，而紡織業也由最初的棉花紡織，逐漸發展到羊毛紡織、人造纖維和成衣製造業；其他服務行業如飲食、旅遊、大眾傳播如粵語片製作、粵語流行曲錄製等，都從 50 年代中到 60 年代中蓬勃發展，令中國香港成為亞洲四小龍之一，與新加坡、南韓和中國台灣齊名。

因此，60 年代香港處於一個擴張的年代，但同時也處於一個社會動盪的時期：由於中國內地於 50 年代末到 60 年代初政局不穩，引發一個大逃亡潮，也觸發香港兩次騷亂暴動，包括 1966 年天星小輪公司加價 5 仙所引起的兩天示威騷亂，以及 1967 年受中國內地「文化大革命」波及的一場由香港左派對抗香港政府的暴動，這個為期八個月的全港動亂，由最初的工人運動發展為後來的炸彈襲擊，引發香港有史以來第一次大規模的移民海外熱潮。

香港雖經歷動盪，內地逃到香港的居民也內藏恐共情緒，但是，第二次世界大戰後全球處於經濟急速發展的時期，對各種生活所需的中低檔產品需求殷切，香港作為出口型的經濟實體，也乘著這個世界經濟發展的勢頭，本地製造業興旺發展，註冊工廠的數目由 1950 年代的 3,000 間，增加至 1960 年代的 10,000 間，而外資在香港註冊的公司數目也由 300 間增至 500 間。

60 年代的香港，每年人均收入雖然仍然相對偏低，但失業人數每年都極少，差不多達致接近全民就業，香港人的生活慢慢安定下來，生活質素漸漸提升。人均收入的逐漸提高，為飲食旅遊和新聞娛樂傳播行業的興起和發展，提供了強勁的消費力和充分的經濟基礎。香港政府也因著經濟的急速發展而積極進行基礎建設、提供公共房屋及更多的小學和中學學位，香港中文大學的籌備工作亦於 1961 年展開，至 1963 年 10 月正式成立，打破英國普遍在殖民地只設立一所大學的傳統。

Maria 就是在這樣一個政治社會經濟環境的演變過程中 —— 政治上相對穩定、經濟急速發展、人口密集和市民消費力日漸提高，為飲食業，包括外賣零食小吃，提供龐大市場；移民潮為勞動力密集的飲食業提供大量廉價勞工；新聞娛樂媒介的興起促進消費資訊流通 —— 成功於 1960 年代創辦香港第一間西餅專門店。事實上，香港第一代的企業大亨或大商家如董浩雲的航運業、霍英東和鄭裕彤的地產與酒店業、李嘉誠的地產基建業等，亦無一不是於 60 年代末至 70 年代初開始，至 90 年代走向巔峰。

（2）1960 年代香港西餅行業的發展情況 —— 60 年代香港西餅麵包糕點行業中比較著名和受歡迎的包括高檔西餐廳如：ABC、告羅士打、車厘哥夫、雄雞、美心集團、五星級酒店和高級會所的附屬西餐廳，但他們並沒有構成市場上的競爭，因為他們提供的跟 Maria 想賣的西餅糕點並不完全相同，事實上有很大的分別：

第一，Maria 心目中的想法是專攻西餅糕點的市場，也就是說，計劃中的超群西餅店主要提供一系列鮮奶油蛋糕，可供選擇；沒有鮮奶油的糕點或麵包，都是次要或附帶的產品。相反，高檔西餐廳、五星級酒店和高級會所的附屬西餐廳，主要提供高級餐飲服務，鮮奶油糕點只是飯後甜品或附帶小吃，種類和選擇都較少。[1] 而當年唯一的市場對手美心集團主要投資在咖啡室、快餐店和美食店；直到 1960 年代中，美心集團才在它的咖啡室售賣西餅，到 1982 年投得地下鐵路沿線各站的舖位，才開始美心西餅連鎖店的投資。[2]

第二，Maria 的目標市場是外賣性質的，因而只設專賣櫃讓顧客選購後帶返工作間或家中，跟同事朋輩或家人共享。這種商業運作模式更適合 60 年代香港一般普羅大眾 —— 他們的薪酬相對地低，不少婦女也投入勞動人口中，以增加家庭總收入，令家庭生活可以比較安定舒適；為了增加收入積極改善生活質素，大部分香港人在工作間的時間比在家的時間長，所以，下班後選購喜愛的西餅糕點或零食並即時帶回家，在每天短短的家庭生活中與家人共享西餅美點便成為一般人嚮往的生活方式。因此，超群西餅店的目標顧客是佔香港人口最大比例的一般市民大眾，而不是比較富裕有較多空餘時間的小眾。

由於缺乏強大市場對手的競爭，商業運作模式又適合一般香港人家庭與工作的生活型態，超群西餅店這個小生意得以在香港工業轉型過

1　其實，當年在九龍佐敦道快樂戲院附近有一間小餅店，叫 "Delight"（無中文譯名），只賣鮮奶油蛋糕，但都是散件出售的雜錦鮮奶油蛋糕，既沒有整個鮮奶油生日蛋糕，選擇也不多，故此也不構成威脅。

2　20 世紀下半葉比較著名和受歡迎的西餅連鎖店包括：聖安娜餅屋、嘉頓麵包、東海堂西餅專門店。不過，聖安娜成立於 1973 年；東海堂成立於 1980 年；而嘉頓麵包雖然創立於 1926 年，主要生產麵包、餅乾、糖果和蛋糕，可是，由於嘉頓採用先進機器設備去完成整個生產工序，從食品製造到包裝，均由電腦控制，所以，從生產線出來的西餅糕點，質量高形態統一、種類少也缺乏個性，以其目標顧客不同而不構成威脅。

程中站穩。

（3）知名度與品牌——由於1966年11月之前香港仍沒有專賣鮮奶油系列西餅糕點的餅店，Maria開設的超群西餅店便談不上什麼知名度與品牌；不過，開風氣之先的超群西餅卻有兩個因素，有利於知名度和品牌的建立：一是超群烹飪研究學院在超群西餅店啟業前十年已建立起來的口碑，二是Maria在超群西餅開業前三個多月於《華僑日報》撰寫200多篇西餅食譜專欄所建立起來的專業形象。不過，令超群西餅快速建立起知名度的是：開業第一天便提供既創新好吃又即時廣受歡迎的栗子蛋糕和芒果蛋糕，而真正讓超群西餅成為香港家傳戶曉的西餅店是在1967年，當Maria為香港第一間電視台主持第一個電視烹飪節目之後。

由此看來，造餅賣餅似乎是一個必然的結論，可是，觸發Maria坐言起行——去籌集資金、跑到銀行借貸、尋找租用和裝修合適的商業地舖、購買所需的設備和食材原料、聘請所需員工等——去創辦一盤比辦一間烹飪學校風險大得多而絕對有機會虧蝕的生意，是需要極大的決心和勇氣的；究竟是什麼令Maria對創辦香港第一間西餅專門店有這麼大的信心？觸發點在哪裡？

（四）無視路障勇闖前路的觸發點

其實，創辦超群西餅店的原意並不是來自Maria，而是來自烹飪班的學員。根據Maria的憶述，絕大多數學員對烹飪班的訓練——不論是辦學宗旨、提升教學質素的各種行政措施、課程設計，以至導師資歷、經驗、能力和她對教授烹飪的熱忱度——都感到十分滿意和感激；因此，不少學員認為Maria所做的西餅糕點既然這麼好吃，為什麼不透過大眾傳媒跟更多人分享？因為得到眾多學員的鼓勵，Maria 於 1966 年 2 月中旬便開始在《華僑日報》撰寫西餅糕點的食譜專欄。可是，專欄刊登了，Maria 和眾學員都並不知道究竟有多少人看過這個專欄，也不知道當中有多少人進而按食譜烘焗所介紹的西餅糕點，更不知道他們的嘗試是不是成功，是不是滿意？

這些找不到答案的問題一直鬱悶在 Maria 的心中，直到學員們再一次找著她，跟她分享他們內心同樣的鬱結：他們認為透過傳媒跟讀者分享食譜並不是分享美食最有效的方法，最直接最有效的方法是讓品嚐者親自享受到 Maria 所烘製的西餅糕點究竟是如何好吃。於是，學員們提出了一個更具體的建議：開設西餅店，售賣最好吃的西餅，讓所有人都可以品嚐到 Maria 所烘製的西餅糕點。

對自己烹製烘焗西餅糕點的能力、技術和創意，Maria 是有一份極強的自信，因為 12 年開辦烹飪學校的成功經驗和眾多學員的確認和鼓勵，都提供了實證。可是，倘若沒有獲得大部分對 Maria 完全不認識的人品嚐後的讚賞，鬱結在心中的謎團實在不能完全解開。所有的創業障礙和風險，對於基因內充滿好奇、好勝和勇於嘗試的 Maria 來說，都是解開謎團所必須跨越的。因此，當 Maria 獲得夫婿支持、組成股東團隊、成功籌集股本後，便開步走向解謎之路，「未試過點知唔得！」

第三節 創業初期（1966-1970）

（一）創業前的預備

創業，不論規模大小，都需要啟動和營運的資金。那麼，開辦一間零售蛋糕西餅店需要多少開拔資金呢？要聘請多少員工呢？尋找在哪裡、怎麼樣的商舖呢？這些都需要在啟業前預備妥當。

（1）所需資金和股東團隊：根據 Maria 的初步估算，開辦一間小餅店第一筆必要的開拔資金是 10 萬元。

在 21 世紀的香港，10 萬元可能是一個微不足道的小數目，但在上世紀 60 年代，這可算是一個相當大的數目。那麼，Maria 會從往哪裡向哪些人籌集這筆創業資金呢？徵詢那些一直鼓勵她創業賣餅的學員後，Maria 發現：他們不單止嘴巴支持、也熱切地希望參與這個心裡面想想也令人興奮的創業項目。結果 Maria 決定從多個渠道集資，包括學員、Maria 自己的積蓄和母親給予的資助，並向銀行借貸 60,000 元。

根據 Maria 的憶述：當時的銀行貸款政策十分寬鬆，借款人無需提供抵押品或第三方擔保，只需個人以往的信用紀錄，貸款便可獲得批核。而 Maria 的父親過去在上海和香港管理銀行業務多年，跟香港銀行界管理階層關係良好，而其中一間銀行的行長更是曾家親戚。因此，在當時講求個人關係的華人商業世界裡面，Maria 的個人信用借貸很快便獲批核，成為大股東，佔創業股本九成多，另外兩位支持 Maria 創業而又有時間參與的學員分別各佔股本不夠一成。三位股東都同意：公司未有盈利之前，股東需要參與餅店的日常運作而不支領薪酬，以減低開支維持運作。

（2）尋找租用和裝修合適的商業地舖：一間適合零售蛋糕西餅的商業地舖應具備的條件包括：人口密集、人流旺盛、交通方便、容易從不同方向看到擺設在櫃內的西餅蛋糕；要同時滿足到這四個條件的商業地舖不是沒有，卻需要時間尋覓。

可幸的是，當時的超群烹飪研究學院在九龍太子道 182 號 2 樓已經運作了三年，因此，Maria 對太子道 182 號附近的環境所知甚詳，理解到太子道正正處於香港兩個人口最密集地區的中間，就是油麻地旺角區和深水埗區，正是佔香港人口比例最高的普羅大眾聚居的地方；交通方面，太子道和界限街是九龍從東到西必經的兩條主要通道，闊開揚，即使是坐在巴士上或汽車裡的乘客都能容易看到擺設櫃內的西餅蛋糕，而太子道 182 號的地理位置又是夾在兩條由北到南的主要幹線 —— 彌敦道與窩打老道 —— 之間，所以，無論是地點還是交通，都佔有優勢。因此，Maria 並沒有花上太多時間便鎖定這個合適的商業地舖，作為測試香港普羅大眾是否喜歡吃她所做的西餅蛋糕的地點。15 年後，這個商業地舖成為每年營業額過億元的超群西餅飲食集團的發祥地。

（3）聘請所需員工：理論上，一間只有兩個西餅專賣櫃、而三個股東又常駐店內的零售西餅店，若要減輕成本的話，Maria 只需聘用一個製餅師傅和一至兩個售餅員，便可應付日常運作的各個必需工序；可是，Maria 卻僱用了一個製餅師傅、一個助理和三個女售餅員，並在啟業不久便購入一部客貨兩用的小巴，增聘一名送貨司機，後來又增聘一名年輕的跟車少年。從剛開始營業，Maria 已經聘用四個員工，仍未有太多電話訂購西餅或午餐飯盒之前，已經購備一部客貨兩用小巴，增聘司機和跟車送貨的少年，可見 Maria 雖然對做生意一竅不通，也沒有任何商業上實戰的經驗，卻早在開業之前已經構思了一連串或許可以吸引顧客的點子，例如：多款創新鮮奶油蛋糕、首創名貴送禮餅卡、開先河為附近十多間中小學提供保暖的午餐飯盒、為訂購蛋糕西餅的顧客送貨等；而要提供這麼多食品類別和服務，似乎有需要配備足夠人手和送貨小巴。至於是否會虧蝕，或要多久才能帶來盈利，則要看開業後每一天的生意情況了。對此，Maria 似乎是樂觀的。

（4）1966 年 12 月 10 日，《華僑日報》的康樂家庭版刊登了標題為「超群食品公司　明午正式開幕」的一則消息，為超群西餅的啟業作了新聞報道。

（二）啟業的第一天

超群西餅於 1966 年 12 月 11 日（星期日）正式啟業，當天，在《華僑日報》廣告版第一頁刊登了一份 10 吋半 ×6 吋的廣告，除了正式宣佈餅店地址和開幕時間，也邀請各界參加開幕典禮和茶會，而更重要的信息則放在廣告篇幅的中間右邊，內容包括：超群西餅設有西餅禮餅部，提供 120 款鮮奶油蛋糕和各類餅點，並備有名貴餅券方便婚嫁喜慶送禮之用；也設有熟食外賣部，提供各種沙律、甜品和各種特別烹製的雞類食品；同時也設有午餐飯盒部，歡迎學生社團訂購，並會以專車送達。另外，廣告篇幅最正中位置印有「新張期內所有西餅一律八折三天」的聲明，廣告底部並印有 22 間相信與超群西餅有業務往來的商業機構恭賀超群西餅成功啟業，而以個人名義作出恭賀的則有 244 位人士，相信當中不少是 Maria 烹飪班的學生。

「……我清楚記得，那天下午 3 時開幕典禮正式開始時，長長的一大串爆竹綁在一根很長很粗的竹竿上，從二樓一直垂到馬路上……燃點後的爆竹霹靂啪喇地燃燒，並發出連綿不斷、震耳欲聾的響聲，紅紅的爆竹屑堆積如小山，散佈在整條東行的太子道上，而中國南方傳統的舞

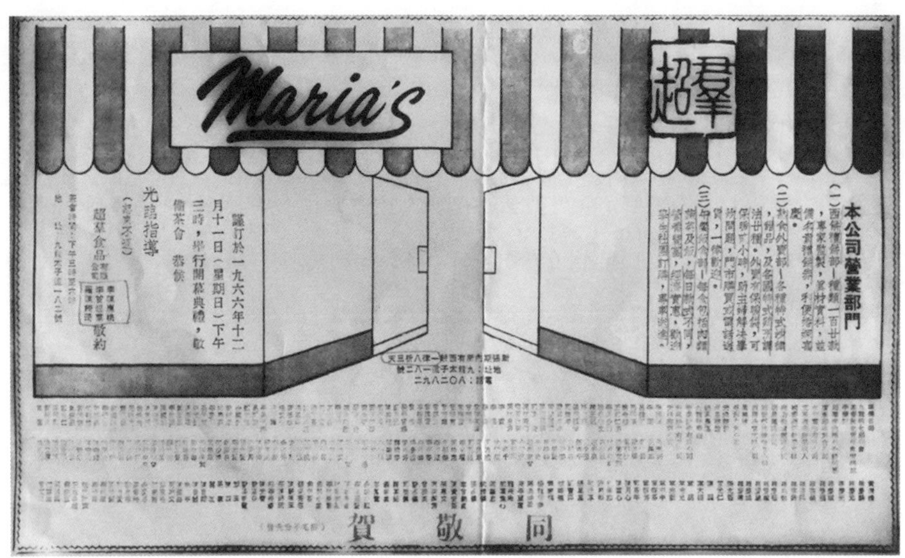

超群西餅正式啟業廣告

獅表演就在爆竹聲和飛揚的爆竹屑中進行……。」Maria 的三兒子智康於 2011 年 7 月 9 日的一次越洋電話訪問中向筆者表示，當年他只有五歲，年幼時很多事情都已經模糊不清，可是對這個情景印象特別深刻。

（三）頭六個月的運作模式：如何面對和克服創業的困難與挑戰？

（1）舖面裝修佈置：根據 Maria 的憶述，店舖前面的兩邊各自設有一隻大型多層玻璃櫃，裡面擺設各款鮮奶油蛋糕和餅點，餅櫃之後舖面中間有一扇寬闊的屏風，將前舖餅櫃和後舖的製餅小焗房分隔開，令舖前選購西餅的顧客不會看到工場內的製作過程和活動；屏風後面的左邊放置了一張文書行政用的桌子，上面放有收銀機台一部。這樣的安排佈置讓坐在收銀機台後面的 Maria 可以在收錢的時候同時數點剛出爐的產品，然後才放進餅櫃擺賣。

（2）員工職責與股東參與：超群西餅的第一位製餅師傅是從一間星級酒店的甜品部聘請過來的，因為他有製作西餅蛋糕的經驗，無需從頭教導便可以在接到 Maria 的指令後獨立作業，當出品需要改良，或要創製新款蛋糕餅點時，Maria 便會去到小焗房指導師傅。因此，超群西餅出品的蛋糕西餅都帶有 Maria 的印記，可以識別出來。可惜，這位師傅擁有自己獨特的製餅經驗，並不容易接受不同意見，結果，三個月試用期滿便離職。1967 年 3 月，Maria 從九龍塘又一村會所一間小餅店邀聘它的製餅師傅轉到超群西餅工作，自此，他一直服務到集團清盤倒閉。

1966 年 12 月 10 日 —— 即開幕前的一天 —— Maria 見了七至八位來應徵面試的年青少女，並錄用了當中三位。根據 Maria 的憶述，錄用條件是：她不一定要很漂亮，但樣貌要娟好、對人有禮、和靄可親、令人感覺愉快，並要懂少許英文，因為不少蛋糕西餅的名字是用英文的，顧客中也有不少是外籍人士。除了賣餅，售餅員的職責還包括數點出餅賣餅的數目；經常注意並填滿餅櫃內售餅後出現的空位；接聽訂購電話並記下相關資料，如顧客的姓名、地址、訂購糕餅數量和送貨時間等；司機忙於另一份訂單的時候，售餅員也需要外出送貨。她們三人要互助互補地把所需完成的工作有效率地做好。

超群西餅啟業時有三位股東，除了 Maria，另一位年紀較大，不太習慣帳目記錄和文書檔案的工作，於是幫忙賣餅；另一位較年輕有活力，主要在小焗房幫忙，負責入貨出貨和庫存紀錄，也幫忙午餐飯盒和餅卡的工作。作為大股東，Maria 負責全盤生意的設計、運作與監管，例如：每日運作流程、人事管理、現金流、入貨出貨和庫存等。事實上，店內所有事情，不論大小，只要是需要解決問題或作出決定，Maria 都會出現，或提供意見或親自解決。

有一次，當所有員工都在忙的時候，為了不想客人失望，Maria 手捧一大盒鮮奶油蛋糕，坐上計程車，在很短的時間內去到機場，將預訂蛋糕送到等候上機的顧客手中，「這是一次虧本的生意！」Maria 笑著說。另一次，訂購西餅蛋糕的電話一直響個不停，店員忙於接聽電話、記下訂單細節，並按出貨時序送到小焗房，匆忙中漏掉一張結婚蛋糕的訂單，結果是：一對新人舉行了一個沒有慶祝結婚蛋糕的典禮。Maria 當然是深深的道歉連連，且向這對新人保證，當他們慶祝結婚一週年的時候，他們會收到一個特別的結婚紀念蛋糕；一年後，這對新人跟 Maria 在結婚紀念的晚宴上成為好友，因為 Maria 信守承諾，送上一個特別設計的結婚紀念蛋糕。每次月結時，Maria 都會點算庫存的食材物料，再比較每月售賣西餅蛋糕的總數，以決定下次訂貨入貨的時間表。有一次，Maria 察覺到購入雞蛋的數量，大大超出售賣西餅糕點的數量，細查後發現：訂購的雞蛋其實早已收到，卻放在店中一個角落，而沒有放在雪櫃內。結果過百打的新鮮雞蛋都壞了要報銷，並且要即時訂購另一批雞蛋作補充。

除以上每天運作中不得不處理的偶發事件或問題外，超群西餅的創業初期還有更基本的困難與挑戰。

（3）基本的困難與挑戰：

（甲）創辦餅店的原意：Maria 創辦超群西餅的初心是解開心中的疑團，希望知道：不認識她的人是不是也真的喜歡吃她所做的西餅糕點，以證實她烹製烘焗蛋糕西餅的能力技術和創意。由於 Maria 是一個對美的、善的和應該做的事，都會盡心盡力，十年前創辦烹飪學校時如此，十年後創辦超群西餅時也是如此。所以，在開業的第一天，超群西餅店不單止提供多種多樣的鮮奶油蛋糕西餅，也從上海引進栗子蛋糕，更創製全港第一件芒果蛋糕；看到餅店附近十多間中小學校的學生，每天中午到處尋覓吃午飯的地方，便毫不猶豫地買了一部客貨兩用小巴，將飯盒送到學校而不需他們為一頓午飯長途往返，更設計了多層保溫的保暖袋，讓學生可以享受一頓熱騰騰的午飯；為了讓顧客從心底裡享受她的蛋糕西餅，Maria 並沒有考慮投入的資源有多少，只要顧客喜歡並一再光顧，她創業的原意便得到實現。因此，她會從日本購入質量最佳的麵粉，使用最佳的食材和最新鮮的水果，用心去做每一樣蛋糕餅點，聽到顧客喜歡吃她的蛋糕西餅卻沒有時間到餅店購買時，她會將蛋糕西餅送到顧客手上。所以，在啟業的第一天，超群西餅店已經設立電話訂購，最初是小巴司機送餅，可是，當司機忙於處理別的訂單時，店員也會幫忙送餅，人手再緊絀時，Maria 更會親自送餅。店員和 Maria 送餅的時候，最初坐公交，時間緊迫時，他們會坐計程車。這種做生意的方法和態度顯然可以為老闆賺得顧客的讚賞和掌聲，也為超群西餅店建立良好聲譽，但比起賺取的利潤，投入的資源卻是不成比例的多。

（乙）不懂如何控制成本：創辦餅店的時候，Maria 沒有刻意地盤算如何賺錢，更沒有想過怎樣可以賺大錢。Maria 於 2011 年 11 月的一個訪問中表示：在最初的實際運作中，她不曉得應該將購入食材與物料的時間、數量與金額詳細記錄下來，也沒有將生產過程中耗掉的食材物料的數量與時間記下，因而沒有保持一份不斷更新的庫存紀錄，以致未能掌握最佳時刻用最低價錢入貨，有時會入貨過多或存貨太久而造成浪費，有時又因缺貨而未能在市場需求最大的時候提供所需的食品。

（丙）缺乏給員工應有的訓練和指引：在飲食業的運作過程中，如何驗收購入的食材物料是完好新鮮和足秤，是一個必要的工作環節，以保證不會有太多的損壞丟棄，也不會在數量上被欺騙，以使成本可以得到適當的控制。因此，給員工的訓練和指引就應包括：如何判斷海鮮肉類蔬菜和水果的新鮮度；驗收購入的海鮮要確保清水不會太多，水中也沒有隱藏過多的冰塊；驗收購入貨品的重量時，必須注意稱重器具是不是能夠充分反映真正重量，稱重過程中必須認真仔細毫不含糊，指引也應該包括：司機送貨的先後次序、路線和等候的時間上限；員工上下班和工作時數的紀錄等。

根據 Maria 的憶述，在收支和出入貨庫存都缺乏完整清晰的紀錄、在追求出品完美而缺乏成本控制，以及運作過程中缺乏監控的情況下，每售出一件西餅或一磅蛋糕的生產成本往往高達售價的七成，令三成的毛利不足以支付其他成本開支：包括已預知的生產器材和定期維修、人力資源和行政費用；店舖每月租金和首次裝修費用等。再者，未能預計因監控不完善的食物損耗，對市場不熟悉所引致購入質量、重量或價格不符理想的食材物料，以及生產器材的突然損壞與維修等，都令成本開支大大增加。同時，上世紀 60 年代香港政府監管飲食業的食物、環境、衛生和消防部門的貪污情況頗為普遍，數目雖然不大，次數也不頻密，卻給小本經營的超群西餅店構成不可預知的額外開支。

結果，啟業時的 60,000 元貸款不足六個月已經全部虧蝕掉，並面臨財政困局。

對此，Maria 是十分苦惱的，因為她已經十分努力地造餅賣餅，也嘗試努力處理所有出現的問題。事實上，顧客也不少，電話訂購數目也漸漸增加，開業不久便成功獲得附近兩間中小學的同意，每天將超過 1,000 份午餐飯盒放在保溫箱內分別送到學校；那是每天最繁忙的時刻：餅店內所有員工和股東都一起幫忙。事實上，將份量相差不遠的飯菜放到 1,000 多個飯盒裡，也不是一件容易的事，而 Maria 也常常到學校擺賣飯盒，即賣即收錢，光是事前的擺賣、事後的收拾和返回餅店後的數算現金，便是極費功夫和時間的事。

十分努力地幹，加上生意勢頭不錯，卻換來虧蝕所有的貸款，哪能不苦惱呢？這六個月的經驗，讓 Maria 深深地體會到，做生意真的並不簡單。

可是，Maria 內心的苦惱，無論如何隱藏都瞞不過生意場上經驗豐富的李明。「你都是不懂做生意的了，不如放棄，我給你償還欠下的金錢吧！」李明平和地勸道。好勝倔強的 Maria 婉拒了，「……我不甘心，我仍未盡全力，我還想再試一次……」。

Maria 從失敗的經驗中反思，知道自己六個月前對做生意這回事也的確是太天真而無知，而這份天真與無知可從下面幾個事例反映出來：

1/. 啟業之前，Maria 已經考慮到在舖面售餅以外，應該開闢電話訂購的銷售途徑，而聘請三個女售餅員的時候，亦已經考慮到其中一個需要負責電話訂購的工作。可是到了開業的那一天，才恍然大悟，電話服務是必須申請的。所以，開業後的幾個星期，這個售餅員必須跑到隔壁的商舖借用他們的電話去完成訂購工作。

2/. 既容許電話訂購，就必須提供送貨的服務，因此，Maria 在開業不久便購置一部客貨兩用小巴，也聘請了司機，卻不曾細想：送貨地點可能不許泊車，或沒有停車車位，或不多的停車車位都被佔據了。那時，司機會落在兩難的處境：讓空車留在路邊等候違例泊車的告票去送餅，還是將車子開到稍遠的地方，找到合法泊車車位才將餅送到顧客手中？在盛暑大熱天時，鮮奶油蛋糕是會在送貨途中融化掉的，這些經驗令 Maria 立刻再聘用一位跟車少年。

3/. Maria 為超群西餅商借第一筆貸款時，是向時任行長的親戚所屬銀行借貸的，由於相熟的緣故，銀行並沒有要求貸款抵押，也無需第三方擔保，更沒有討論借貸利息的水平。多年後一個訪問中，[3] Maria 才透

---

3 李曾超群博士，「香港口述歷史檔案計劃：檔案編號 061」，頁 13-14，訪談錄音光碟第五隻，香港大學亞洲研究中心，香港大學社會學系，2002 年 7 月 20 日。

露，當時她並不知道借錢是要繳納利息的。到第二次借貸時，除最初的銀行外，一部分貸款是向借貸公司申請的，那時她才知道：貸款繳納的利息是可以很高的。

4/. 當第二次以個人名義借貸、籌集到第二筆 60,000 元運作費用的時候，Maria 並不懂得：倘若一個股東增加注資，另外的股東也需增加相同比例的第二次注資，否則他們的股本份額便會自動縮小。因為這份無知，Maria 並沒有要求另外兩位股東再注資，卻仍然在兩年後有盈利時，按他們最初注資的比例將利潤分給他們。

反思後的 Maria 深深知道，這次再上路拚搏必須有更充分的準備。結果，不會輕言放棄的 Maria，於虧蝕後問道於已經是商場老手的親戚和參考一些相關書本後，便自己設計與成本控制有關的帳目結算表、收支平衡月結表、食材物料庫存表等，在實踐過程中不斷學習修訂和改善，而這些表格也一直被沿用，到 1981 年聘用了一位擁有會計財務管理學位的同事之後，公司的整體財務結構、運作安排和規管，才作出比較合乎專業要求的規劃、運作和規管細則，包括給員工應有的訓練和指引。

可是，要控制成本就必須保存並不斷更新關乎每天運作的全面細緻清晰的紀錄，以及察看員工的工作表現。但是，若要有效更新這份紀錄和無誤評估員工表現，差不多每時每刻都可能要關注、點算、記錄、解釋、補救或採取新的解決方法。如果餅店內沒有任何一個員工或股東具有相關的經驗，這情況出現的機會將會極大，這正是 Maria 再上路拚搏時要面對的處境：

「當時店內做得最辛苦的就是我：從早上踏進店內開始，到黃昏關門休息的時候，我是什麼都做，而且一直不停地做……就是為了控制成本。」根據 Maria 的憶述，除了小心記下每次食材物料的訂購、入貨、庫存，以及出貨的數量、金額和日期之外，Maria 每天早上必須記錄焗房出品的數目，中午到學校擺賣午餐飯盒，黃昏關門休息之前記錄當天賣餅的數目，晚上臨睡前數點從收銀機台帶回家的現金數目。除此之外，Maria 還要留意電話訂購和賣餅送餅的工序中，是不是有可以改善的空間。這種全方位全天候全人的投入，惹來李明夾雜著詫異憐惜和不滿的評論：「有誰做生意會這麼忙碌的？」

除了控制成本，似乎還有 Maria 那種追求完美、不會妥協去接受次好的心態，驅使 Maria 去設計接聽訂購電話時填寫的訂單，以防止錯漏；去增聘跟車少年以提升小巴送餅的效率；去訓練女售餅員掛上笑容去接待顧客，耐性地回答他們的問題，令每一次到超群選購蛋糕西餅都是愉快的經驗；去將餅盒紙巾和女售餅員穿上的制服在顏色和設計上統一起來，以凸顯超群西餅店的風格，而這些決定與執行似乎不再只是造餅賣餅，也超越了成本控制的範疇了。這種心態和做法，怎麼可能不讓 Maria 忙得不可開交？

不過，無論生意上怎麼忙碌，Maria 都沒有放棄照顧好家人的飲食健康和兒女學業的責任，不光是因為那是啟業前曾對夫婿作出承諾，更因為她認為這是做妻子和母親應有之義：

「每天清早，我必定為李明和子女，預備好他們喜愛的早餐，照顧好他們上班上學前必要的準備，才送他們出門；然後，我才返回餅店上班⋯⋯下午中段時間之後，我會到學校接子女回家，並在家中幫助他們完成要做的作業和複習比較艱澀難懂的課本內容，然後，我會再返回餅店收拾並完成當天關門休息前的例行公事，包括結算當天造餅賣餅的情況，將收銀機台裡面的現金帶回家中點算，並於翌日早上存進銀行⋯⋯不過，我每天都一定會跟家人一起享受一頓輕鬆愉快的晚餐⋯⋯對於每天睡前能夠寫下按優次和時序的待辦清單，我是十分感恩的，因為它令我可以在照顧家人、教烹飪班和做生意之間作出平衡，讓我每天的生活雖然十分忙碌卻充實、有成就和滿足感……。」多年後 Maria 於 2012 年夏天的一個訪問中表示，高效能的時間安排和運用的確幫助了她，在兼顧教烹飪與做生意之餘，仍可照顧家庭，每天晚上與家人共進晚餐共度週末，並在夏天學校暑假期間一家到海外旅遊度假。[4]

故此，創辦超群西餅並沒有影響到 Maria 照顧家人的時間，因為大兒子德康早於 1961 年 10 歲時便到了英國讀小學，二女兒康文也在超群西餅店開業後一年，也就是 1967 年當她 15 歲的時候，到英國繼續中學的學業。所以，開業後的一年，Maria 只需照顧夫婿、二女兒和三兒子，而開業後第二年到第五年，Maria 更只需照顧夫婿與三兒子；到 1972 年智康 11 歲的時候，他也接著大哥和二姐的步伐，到英國接受教育。何況，李家一向僱用一個司機和一個廚師，以照顧一家的飲食和外出交通，另外亦有一至兩個女傭去幫助每一個小孩生活上的需要。

在 2011 年 7 月 9 日一個越洋電話訪問中，智康這樣回憶：「我們年幼的時候，無論媽媽如何忙碌，她一定回家吃晚飯……我們一家人，在忙碌過後，總能夠圍坐餐桌，享受家庭之樂。」康文在同年 8 月 23 日的一個訪問中，這樣回憶幼年時週末的日子：「……搬到九龍塘又一村之後的每一個週六晚上，我們一家大小都會去沙田或尖沙咀一間酒樓吃晚飯，天氣好的星期天，我們會到沙田的卡爾頓酒店（Carlton Hotel）享受一頓早吃的自助午餐。」在同一個訪問中，康文透露：他們一家會在每年夏天到海外旅行，而記憶最深的是 1967 年到西班牙南部臨海的

4　有關 Maria 跟夫婿李明和子女的關係、子女年幼時的家庭生活，以及他們到海外讀書後，一家人每年於暑期到世界各地旅遊度假，詳情請閱本書第六章第三節。

一個小鎮，以及 1972 年舉家到美國東北麻省鱈魚角（Cape Cod）度假的歡樂時光。

不過，超群西餅店啟業之後不久，這種照顧家庭、教烹飪班、做生意之間的平衡，卻受著越來越大的壓力和衝擊，特別是最初的五年：

年份	事件
1967 年	應邀主持香港第一個電視烹飪節目，需每個週末預先錄影。
	將「小廚房烹飪學校」的課程重組為「超群烹飪研究學院」，由 10 班增至 14 班。
	5 月經加拿大到美國，原意是帶同母親到世界各地旅遊，卻變為參加她的喪禮。
	暑假期間，一家到西班牙旅遊。
1969 年	8 月到 10 月，到法國選讀各種烘焗蛋糕的短期進階烹飪課程。
1970 年	6 月中旬，帶領烹飪班學員到日本遊學和報讀短期課程時，自己報讀上級調理師技術認證書的進階課程。
	9 月底到 10 月底，應邀到紐西蘭介紹中國飲食文化，並現場表演中國廚藝。

以上七項於創業初期進行的活動中，其中五項直接跟烹飪學院的發展有關，五項要 Maria 離開香港，影響到超群西餅店的日常運作；在這些活動中，只有一項是 Maria 跟家人一起參與而對家人的關係具積極作用的。另一方面，主持電視烹飪節目對提升烹飪學院和西餅店的知名度與聲譽都有著極其重要並長期的正面影響。不過，兩者相比，這些影響對烹飪學院是直接即時，而對餅店則是比較間接廣泛。

無論如何，若要在照顧家人、照顧烹飪學院的校務、發展餅店生意之間取得平衡的正面效果，Maria 必須嚴肅地檢視如何在三者之間分配好她每天有限的時間，令時間不平衡分配帶來的負面影響可以減到最少，其正面效果則增至最大。

在這五年間，Maria 的時間分配和運用都是向餅店高度傾斜，令她放在烹飪學院的時間受到嚴重壓縮。不過，她並沒有忽略當時仍是心中摯愛的烹飪班，事實上，在餅店創辦初期，Maria 曾經離開香港五次，每次時間都是從兩三週到兩三個月，其中三次都跟烹飪學院的發展有直接即時的正面影響。因此，小廚房烹飪學校的課程早於 1967 年全面重組為超群烹飪研究學院時，便計劃學院日後的課程可以更國際化，組織更具規模。重組後的烹飪班班數雖然增加，Maria 卻找到足夠具資格和資歷的兼任導師，去肩負大部分烹飪班的教授工作，而自己在烹飪學院的角色，在這五年中慢慢轉變為管理決策、監管督導和只兼負教授部分烹飪班的工作，讓她可以騰出更多時間去照顧位處樓下的餅店業務。

在這五年間，雖然 Maria 已經把大部分時間都放在餅店的日常運作中，每年一次或兩次頗長時間離開香港，會探望子女或一家旅遊度假，都令留在香港店內的兩位股東工作加重，時間加長，卻因為頭兩年只有工作而沒有支取薪酬，到第三年開始有盈利的時候，因股份份額不多以致分得的利潤也少，結果其中一位股東於 1971 年退股。

在這五年間，特別是虧蝕後的四年多，Maria 忙於修補她對商業運作的天真無知和缺乏經驗帶來的錯漏，努力於制定控制成本的必要原則和機制，加強對員工的訓練和指引，以圖賺取更多利潤，以支付追求出品完美的必須成本。可是，在維持完美出品的基礎上，要賺取更多利潤似乎只有兩個選項：提高售價或增加顧客數目。第一個選項在上世紀 60 年代人均收入不高的情況下似乎並不可取，可能帶來反效果；第二個選項是有關如何無需增加額外開支的情況下去吸引更多的顧客，這似乎是適合想像力豐富者的一個選擇。可是，當 Maria 於 1967 年被邀主持香港第一個電視烹飪節目的時候，香港市民都有機會每週一次看到她具體而微的示範：如何烘焗調製各款觀賞性高的鮮奶油蛋糕。隨著這個節目的收視率不斷攀升，越來越多香港人認識 Maria，不少人成為超群西餅的常客。結果，高質素的出品在生產成本不變而顧客人數增加的情況下，每一件蛋糕的生產成本便會降低，顧客越多則成本越低，令利潤越發增加。

兩年後，超群西餅於 1969 年開始有盈利。在成本控制慢慢收效、出品的西餅蛋糕繼續受到歡迎、服務態度獲得讚賞、商業運作模式又適合一般香港人家庭與工作的生活形態、知名度提升、市場缺乏強大的競爭對手、香港經濟快速發展的勢態不變，超群西餅不單止在香港西餅業站穩腳步，拓展擴張的條件也開始慢慢成熟，只等待業務多元化國際化的機會出現。

第四節 業務積極拓展（1971-1982）

1971-1982 年的 12 年是超群西餅拓展擴張的時期：始於 1971 年開辦超群咖啡屋為業務多元化的開端，而 1973 年將分店增加到四間則成為本地西餅業務擴張的起點，但真正令業務成功擴張是在 1974 年，於九龍土瓜灣旭日街福成大廈設立製餅工場總部開始。到 1981 年，超群西餅的分店已經增加到 50 多間。將西餅業務拓展到台灣是在 1974 年 3 月，當時以合股經營方式跟當地人士合作；到 1982 年，西餅業務進入美國南加州蒙特利市。至此，超群西餅業務多元化已經累積超過十年的經驗，並成功將西餅業務打進中國台灣和美國的市場，初步形成跨國飲食集團的勢態。

促使超群西餅拓展香港業務並進入海外市場有兩類因素：外在的

和內在的。拓展香港業務的外在因素包括這 12 年來香港政治社會經濟環境的轉變、香港人均收入的變化、香港市場對鮮奶油蛋糕西餅的接受程度和空間；而內在因素則包括超群西餅管理決策者——即 Maria——的個人意向和發展策略、個人的管理能力和公司的管理模式。至於海外市場的拓展，則視乎公司管理決策層對該市場的認識，以及有否可信賴、可託付的經理人。

（一）外在環境對擴張拓展的有利因素

70 年代的政治社會經濟環境—— 70 年代的香港，無論是政治、經濟以至社會的環境，都產生了極大而徹底的變化，在這十年間一躍而成為亞洲四小龍之一，為香港的繁榮穩定和日後成為亞洲國際金融中心及國際大都會奠下重要的基石：

（1）政治

1970 年代發生了兩件重大的政治事件，令香港在政治和經濟上徹底改變：一件是發生在中國內地、長達十年的「文化大革命」在 1976 年結束，兩年後鄧小平復出，提出四個現代化和改革開放，將中國從鬥爭轉向建設國家發展經濟，讓一部分人先富起來，然後帶領國家走向小康局面。對內改革和對外開放的政策吸引了全球工業製造廠商到中國內地設廠投資；近水樓台的香港，由於地少，建廠費用昂貴，加上工人工資比內地高出很多倍，需要大面積廠房和人工密集的廠商紛紛北移，到深圳、珠海、汕頭和廈門四個經濟特區設廠。工廠北移迫使香港進行第二次世界大戰後的第三次經濟轉型——從 50 年代人工密集的輕工業，轉型到 60 年代半機械半人工的輕工業，到 70 年代，香港因為製造業北移而不得不發展服務行業，結果轉化為以金融及服務行業為支柱工業的經濟體系。

70 年代第二個重大的政治事件是：由於 1898 年制定的《展拓香港界址專條》的期限只剩下 20 多年，[5] 第 25 任的香港總督麥理浩爵士於 1979 年訪問北京，跟中國領袖商議香港前途問題，希望延長界限街以北、新界及多個離島的租借期限，從而解決香港前途不明朗而引起的信心問題，結果失敗。英方於是轉而跟中方合作，商討一個將香港交還給中國的時間表，而中英兩國就香港前途問題的談判於 1982 年開始，至 1984 年完成。從此，香港的政治身份及面貌雖然清晰了，但將於 1997 年經歷徹底改變。

（2）社會

英國委任的麥理浩爵士於 1971 年到香港出任總督時，所看到的香港在政治上相對穩定，經濟承接 60 年代製造業的擴張而繼續蓬勃發展，人口從 1960 年代的 300 萬急速增加到 1970 年代的 400 萬，市民消費力日漸增強，也提高了對生活質素的要求。在這個背景下，麥理浩到任不久即大刀闊斧地推動多項影響深遠的社會政策和基礎建設，包括：十年建屋計劃、居者有其屋計劃、開發新市鎮、創立廉政公署、實施九年免費教育、設立郊野公園、海底隧道和地下鐵路的興建與通車、啟動地方行政改革等。這些改革的推動和實施，令港人生活質素不斷提高，也增強了港人對香港的歸屬感。

---

5 1898 年，清政府與英國於北京制定了《展拓香港界址專條》條約，英國向中國租借九龍界限街以北、深圳河以南的土地，也包括 235 個大小島嶼在內，租借期以 99 年為限。根據條約規定，租借土地要在 1997 年 6 月 30 日交還中國。

（3）經濟

根據香港政府於 2007 年出版的《本地生產總值統計特刊》（*Special Report on Gross Domestic Product*），香港從 1971-1982 年的 12 年間 —— 這正是超群西餅業務多元化國際化的時期 —— 每年的本地人均生產總值比對上一年都是正增長的有十年，倘若以 8% 的增幅作為高增長的標準，這十年中有四年是高增長，包括 1976 年（14.8%）和 1977 年（10.2%），都是雙位數字的增幅；而這 12 年中只有 1974 年（-0.9%）和 1975 年（-1.5%）是負增長，是由中東戰爭、石油禁運、全球股災引致的；即使如此，這兩年的負增長都是極輕微，只維持短暫時間便反彈到下一個高增長的水平。若以每年本地人均生產總值作比較，1982 年（HK$85,891）比 1971 年（HK$44,871）就增加了 91%。

事實上，香港於第二次世界大戰後的經濟，都是處於一個上升軌跡，從 1962 年到 2012 年，這 50 年間的按年增長中，有 42 年是正增長，只有 7 年是負增長的；若按年增長 8% 或以上被界定為高增長，則這 42 年間就有 11 年屬高增長，都發生在 1987 年以前：

年份	增長
1962 年	9.4%
1963 年	11.8%
1965 年	11.5%
1969 年	9.5%
1972 年	8.4%
1973 年	9.2%
1976 年	14.8%
1977 年	10.2%

年份	增長
1984 年	8.8%
1986 年	9.7%
1987 年	12.3%

因此，70 年代和 80 年代應該是香港歷史上有統計數字以來、在經濟上最興旺發達的 20 年，而超群西餅本地業務的擴張和海外業務的拓展就正正是在 70 年代初開始，80 年代末完成。

在這 20 年中，香港市民的收入和消費力都一直增長，到 1985 年，香港雖然錄得經濟上的負增長（-0.4%），該年的本地人均生產總值卻超過 10,000 美元，被國際社會標籤為發達地區。

在這麼一個政治社會經濟環境的轉變中，擁有各種擴張拓展的有利因素，例如：美觀可口的西餅糕點、服務態度良好、知名度和品牌已開始確立、創新意念與實踐常常令人耳目一新、西餅市場缺乏強大競爭對手，超群西餅的本地業務擴張和海外市場拓展就有如乘長風破萬里浪般，為創造 80 年代公司的全盛時期建立堅實的基礎。

（二）內在有利擴張拓展的因素及實際發展

（1）擴張與拓展前的先設情況

1970 年的時候，超群西餅雖仍只有太子道 182 號一間店舖，但銷售情況已充分顯示超群的鮮奶油蛋糕西餅已被香港市場接納，備受香港人歡迎，而 Maria 每星期十次的電視烹飪節目令 Maria 本人、烹飪學院，以及超群西餅的知名度不斷攀升，在成本控制慢慢收到效果而市場又缺乏強大競爭的情況下，超群西餅的盈利開始增加，並將貸款全部清還。在生意額穩步上揚，日常運作已上軌道，不能停下來的 Maria 其實也在思考，下一階段應該如何？超群西餅的擴張和拓展似乎蓄勢待發，在等待一個契機的出現。

1/. 擴張和拓展的契機

這個契機出現於 1970 年 6 月，當時 Maria 帶領十多位烹飪班的學員到日本旅遊考察和選讀短期烹飪課程。其間，其中一位學員馮劉旋君 —— 人稱馮太 —— 與她被安排在同一個房間，朝夕相對無所不談令二人關係加深，談話內容不再限於烹飪食材與方法。

不過，日本的遊學旅程只是二人關係加深的開始；到 9 月尾，另一個同遊同樂的機會又出現了：當時紐西蘭四邑會館希望將中國的飲食文化介紹到紐西蘭，讓數目眾多的四邑華僑，特別是年青的一代，多認識自己文化根源。透過馮兆康和馮劉旋君夫婦倆的介紹和穿針引線，Maria 與馮太於 1970 年 9 月 28 日飛往紐西蘭首都威靈頓，展開為期 33 天的文化之旅。Maria 此行，無論從國際文化交流、將中國飲食文化介紹到紐國、為當地華僑慈善籌款，到樹立 Maria「星級名廚」的國際地位，都是空前成功的。

返港三星期後，馮氏夫婦倆特邀 Maria 到澳洲遊樂一星期，以分享紐國之行成功的喜悅和滿足。這七天雖然是徹頭徹尾的吃喝玩樂和旅遊休憩，卻同時給 Maria 和馮氏夫婦大量交談、彼此認識的機會。過程中，Maria 知道馮先生在出入口洋行業務以外，還經營四間中菜酒樓。好奇好學的 Maria 當然不會放過「取經」的機會，而馮先生也毫不吝嗇地分享其營商經驗與觀點。

一年內三次外遊加深了李、馮二人師生和朋友的關係，也幫助正在考量如何拓展業務的 Maria，在當時十分興旺的製衣行業和正在興起的飲食業之間作出抉擇。結果，Maria 選擇開辦超群咖啡屋，既可多元發展超群西餅的業務，又可增加多一個西餅銷售點。此時，正值超群西餅店的一位小股東因移民要退出股東行列，Maria 便毫不猶豫地邀請馮太，加入超群西餅為第二大股東，並與 Maria 共同合資擁有新開辦的超群咖啡屋，為超群西餅拓展本地業務和開展海外市場奠下基礎、創造條件並鋪平道路。

2/. 在照顧家庭、營運烹飪學院和西餅店、錄影電視烹飪節目之間取得平衡的可能性？

在創業初期的五年間，Maria 仍要照顧夫婿、二女兒和三兒子，到進入拓展期第二年，也就是 1972 年，11 歲的三兒子智康也跟隨大哥德康和二姐康文到了英國讀書。至此，李明和 Maria 的家庭變成了空巢，Maria 可以將更多時間放在超群西餅的業務發展上。

至於烹飪學院的校務發展，Maria 早在創辦餅店初期已開始轉變她的角色和任務，從全天候校長和專任導師慢慢轉為決策、管理、督導，只肩負部分烹飪班的教學。這個轉變於 1974 年加快加劇，因為從該年開始，超群西餅進入快速拓展業務的時期。到 1978 年，Maria 實在太忙了，不得不請入室大弟子曾黃惠玲包攬教授 Maria 所有的烹飪課。自此，大部分放在烹飪學院的時間於 70 年代末到 80 年代初已轉移到超群西餅的業務多元化國際化的努力上。

而電視烹飪節目於 1967 年開始時只有每週一次、每次 30 分鐘烘焗西餅蛋糕的環節，不久即加開每日一次的中菜烹調示範，同樣是 30 分鐘的節目，後來增加兩個環節：每週兩次、每次 30 分鐘的「環遊世界」，為觀眾介紹歐美菜式；每週一次、每次 30 分鐘烹調中國點心。進入 1970 年代初，Maria 每週約有十個、每個 30 分鐘的烹飪節目播出，涵蓋中西菜式、西方糕餅和中國點心，對 Maria 的專業形象、烹飪學院和超群西餅店的知名度及業務發展有極大的正面影響。

可是，每週十個節目的播放需要實時錄影最少五小時，錄影時還不能出錯；為了不影響超群西餅的業務發展，Maria 盡量選擇週末時錄影。不過，每逢 Maria 離港出外公幹，或與家人旅行度假，超群西餅的業務運作便不能不受到影響。

其實，在超群西餅創業初期的五年，Maria 差不多已是全方位全天候全人的投入，可是，無論她每天花多少時間、多忙碌多辛苦地拚搏，烹飪學院的校務發展受到影響，餅店股東之間的和諧關係受到衝擊，照顧家人與照顧餅店日常業務運作之間存在競爭張力，已是不爭的事實。在超群西餅進入拓展擴張的年代，對 Maria 來說，這種影響是越來越尖銳頻密。此時，一位同心同德的生意夥伴 —— 不論 Maria 在不在香港或在不在餅店內 —— 願意且能夠實際分擔 Maria 的工作壓力，將公司的決策貫徹推行於日常實務的運作中，便至為重要和必須的。

因此，當馮劉旋君於 1971 年以股東身份加入超群西餅和超群咖啡屋，便為超群西餅本地業務的發展及海外市場的開拓預備了一個契機。不過，這個契機要到三年後才全面實現。

根據《超群機構 15 週年特刊》和 Maria 的憶述，馮太於 1971 年初加入超群西餅為永遠董事時，只參加公司高層會議而沒有參與任何日常運作；到 1974 年被正式委為常務董事後才參與實務工作；到 1980 年被委為公司總經理，管理的範圍更大，參與的實務更廣。1974-1982 年間，馮太一直負責公司內部運作事宜，包括分店業務、生產事務、廠房貨倉管理及每月收支報告，並協助 Maria 處理重大棘手事件，包括 1980 年跟隨 Maria 到台灣，展開挽救台灣業務因當地投資者拆股分手而令製餅工場癱瘓的行動，並成功重組台灣投資，再創高峰。

那麼，在 1971-1974 年之間，馮太在公司的角色與任務又是什麼呢？在 2011 年 7 月的一個訪問中，馮太自承因為缺乏如何有效執行公司決定、實施政策，以及監察營運所需要的管理知識和技巧，故此最初沒有參與日常實際運作，而是買書自學、修讀函授課程及到公司作現場觀察，以彌補不足。

因此，馮太成為常務董事之後，Maria 於 1974 年之前那種分身不暇顧此失彼的忙碌情況，在很大程度上得到舒緩。到海外探望子女或趁夏天一家到海外旅遊度假的時候，Maria 的內心因離港外遊而要其他董事留守公司拚搏所產生的內疚，從此不再那麼嚴重。更重要的是，超群西餅本地業務的擴張與多元化，以及拓展海外市場的意念和計劃，都因為這位同心同德、可以信賴的生意夥伴的出現而得以落實和執行。

（2）擴張本地業務和拓展海外市場路線圖

在擴張本地西餅業務、拓展本地非西餅業務與發展海外市場之間，Maria 選擇了最自然不過和最合邏輯的路線圖：從對業務運作熟悉的程度、對業務有效監控的可能性、對市場認識的深度、對可能碰到的困難與挑戰，以及成功機率等作分析，擴張本地西餅業務當然是優次中的首選，在本地作多元投資為次選，而海外市場在各種成功條件都並不理想甚至欠缺的情況下，超群西餅在 1974 年進軍台灣後，到 1982 年才作第二次海外的業務拓展。

1/. 本地西餅業務發展

第一個擴張小浪潮源於 1971 年 11 月超群咖啡屋在港島摩理臣山道開業時，在餐廳舖面設有西餅蛋糕專賣部，成為超群西餅於九龍太子道老舖以外的第二個銷售點；1972 年 11 月在中環昭隆街萬邦行開設第三個分店；第四個銷售點則坐落九龍尖沙咀廣東道海洋中心，於 1973 年 10 月開幕。在這四個銷售點中，生產糕點的焗房只設於太子道老店和摩理臣山道咖啡屋後街的一個製餅工場內；中環萬邦行分店的西餅蛋糕由摩理臣山道後街的製餅工場供應；尖沙咀分店的糕點則由太子道老店的焗房送去。這是一個聰明省錢的策略，不過，當銷售點不斷增加時，這兩個焗房的生產力卻不足以滿足新銷售點的需求。

因此，雖然 1973 年已將分店增加到四間，但真正令業務在接著的八年間快速成功擴張至 50 多間的原因，是 1974 年於九龍土瓜灣旭日街福成大廈設立第一個製餅工場總部，以及 1976 年於香港仔黃竹坑道聯合工業大廈設立第二個製餅工場總部。至此，香港和九龍兩區各自擁有一個設備完善、各有面積 10,000 多呎的冷氣廠房，可以大規模生產蛋糕西餅，一方面為新增的分店提供不同類別、足夠數量、高品質的西餅蛋糕；另一方面，1974 年以後設立的分店既無需設置焗房，也就無需僱用製餅師傅，更可以租用面積較小、租金較低的商舖作為銷售點 —— 這是三重減省巨額成本的做法。事實上，兩個製餅工場總部龐大的生產量是需要更多銷售點去消化的，所以，兩個製餅工場總部的設立構成了超群西餅於本地西餅業務快速擴張的第二個浪潮的主要誘因和動力。

其實，製餅工場總部的設立也不完全為超群西餅的銷售點服務，也為放在百佳超級市場的專賣櫃提供超群的西餅糕點，作為超群分店以外的銷售點。根據 2011 年 2 月跟前超群西餅總務部和生產部經理黃國興做的一個訪問，Maria 於 1973 年跟當年可能是第一間百佳超級市場達成協議，以低廉租金讓超群西餅將一個大型西餅專賣櫃擺放在百佳超市門面招眼的地方。這個安排一方面讓百佳吸引到更多顧客進入超市，另一方面讓超群西餅無需租用昂貴的商業地舖，便可將多款賣相吸引、令人垂涎欲滴的鮮奶油蛋糕西餅放在人流不息的超市以增加其銷售量。這個雙贏安排除了保證高銷售量，也為超群西餅省下大筆一次過的裝修和設置焗房的高昂費用，亦不用負擔每個月的水電費和定期維修開支，更省下租用商舖所需昂貴的租金。

這份雙贏協議令超群西餅從 1973 年的一間百佳超市，發展到 1981 年的 12 間百佳超市內都擺賣超群西餅，再加上自己在港九新界的分店，超群西餅於 1981 年時便有 50 多個銷售點，每年為公司創造龐大的利潤，而現金池存款量也不斷增加，為改變台灣業務的營運模式，從跟本土人士合股改為獨資經營，提供強大的財務支持，也大大加強公司將西餅業務拓展到第二個海外市場的信心。

如果說：兩個製餅總工場的設立為超群西餅於 1970 年代的擴張和拓展提供強大誘因和動力，跟百佳超級市場簽下的雙贏協議就為超群西餅帶來龐大利潤，為擴張本地業務和拓展海外市場提供必需的資金。那麼，發行超群餅卡就充分發揮大規模生產的最佳經濟效益，每年的餅卡銷售額便佔公司全年現金收入的 30%，也為超群西餅於 1984 年跟百佳超市的雙贏協議結束後繼續提供為發展海外市場所需的資金。

1976 年，當兩個製餅總工場全面運作之後，每日實際生產量只佔潛在生產力的一個小份額，而剩下未用的生產力是極其龐大的，足以支持快速增加的分店所需的餅點數量；更重要的卻是：規模經濟（economies of scale）的定律指出，一次過生產機器的投資，容許往後的生產量越大，每一件生產製品的平均成本就越小。這個規律容許超群西餅發行大折扣的餅卡，建立顧客先付錢後取餅的市場買賣模式，而這種買賣雙方同意的安排，產生了兩個後果：一方面，由於餅卡的折扣是 35%，這樣大的折扣令顧客不願意只買數量太小的餅卡。可是，口舌的享受卻並非可以無限延伸，吃多了也會厭倦，故此不少顧客會將仍未換取餅點的餅卡送人，或讓它丟放一邊留待後用，甚至有忘記了仍有餅卡卻去餅店購買另一批新餅卡的顧客，這樣的情況常有發生。根據 Maria 的憶述，每年發行出去的餅卡中，約有 10% 從來不到餅店換領西餅的。另一方面，這種先付錢後取餅的安排，令越往後被領取的餅點，生產成本就越來越低。這兩種結果令超群西餅獲得的利潤是出乎意料的大。

其實，超群餅卡的發行早在 1966 年超群西餅創辦之初便已開始，不過，當時的發展不大；主因在於：製餅總工場未落成運作之前，大規模生產的經濟效益並不存在，故此 1975 年以前發行的餅卡未能提供吸引的折扣。可是，當第二個製餅工場總部於 1976 年落成運作之後，超群西餅的總生產力是極其龐大的。當時，Maria 面對的挑戰是：在滿足了所有超群西餅分店和百佳超市西餅專賣櫃的需求之後，如何充分使用這些剩餘的生產力，又如何令市場消化更多的西餅糕點？

充滿創意的 Maria 於是在 1975 年發行新一輯的超群餅卡時，提供不容易抗拒的優惠，包括：

（i）巨大的 35% 折扣——超低價的美食；

（ii）可換領任何西餅蛋糕——餅點選擇多；

（iii）沒有換領日期的限制——永久通用；[6]

（iv）餅卡印刷精美，可以作為結婚、生日、嬰孩滿月，或任何值得慶賀的原因的賀禮，換餅時認卡不認人，由持卡者選擇換領糕點的種類和時間——多種多重選擇的彈性大。

由此，每當超群西餅一年一次推出特惠餅卡的時候，都成功吸引

6　這個「永久通用」的優惠吸引了許多顧客購買多於所需的餅卡，為超群西餅帶來充足的現金流，在公司倒閉前都是有價資產。可是，公司倒閉後，這些沒有換領日期限制的餅卡，卻成為巨大負債的一個重要組成部分，是一個必須負責的債項。

大批大批的市民，擁到各分店大量購入餅卡，而超群西餅也藉著特價餅卡的發行收到大量現金回籠，獲得豐厚利潤。

由此可見，製餅總工場的設立、跟百佳超市達成的雙贏協議，以及發行內含巨大折讓的超群餅卡，構成了超群西餅於 70 年代業務擴張、多元化和國際化的三個動力火車頭，帶領超群西餅進入 80 年代全盛時期的國際飲食集團格局。

難怪在 1987 年出版的《超群機構黃金 20 年特刊》中，Maria 回憶當年踏出香港去開拓海外市場的心情：「1980 年，馮劉旋君女士遞升為超群集團之總經理，上任之後，即將公司行政體系詳細編列。馮夫人好學不倦，在百忙中仍然抽閒自修經濟商學，將業務趨向多元化，同時更將公司內部行政邁向新里程。而我本人認為開拓海外市場已是時機，『超群』足跡因此踏出了香港，這一切玄妙的業績，恍似神仙的故事。」

用「玄妙業績」、「神仙故事」去描述 1971-1982 年間公司的業績增長，可見超群西餅這 12 年間本地西餅業務的發展確是超乎想像、在計劃以外，有令人喜出望外的一個超強增長。也就是說，除了公司內部條件成熟之外，超群也適時地抓住剛出現的契機，而外在社會經濟環境的演變，確實有利於本地業務的擴張和海外市場的拓展。

2/. 本地業務多元化

雖然 1971 年開辦超群咖啡屋是為超群西餅業務多元化的啟端，可是，公司投資在新的商業領域卻就此停頓，直到八年後的 1979 年，業務多元化的進程才重啟。由此看來，1970 年代的發展重點是本港西餅業務的兩次擴張，而擴張藍圖的實現則定於 1970 年代末期。故此，業務多元化的重啟始於 1979 年 4 月在九龍尖沙咀新世界中心地庫開業、專供自助餐服務的第二間西餐廳；同年 11 月，全港首創第一間自助麵包專門店於港島筲箕灣道 128 號開幕，而到會服務部則於 1982 年 5 月成立。從這個發展軌跡和整個 80 年代的多元投資去看，超群西餅的多元拓展主要集中在飲食業內。

超群咖啡屋開辦於 1971 年，結束於 1983 年。12 年間，老闆和顧客都讚譽不斷，經常爆滿，顧客常常要等待才能入座。可是，這個西餅業務以外的第一個投資雖然「叫好又叫座」，卻是「旺丁不旺財」——經常客滿卻賺不到錢。原因是：地方雖不太大，卻以歐陸情調設計裝修，座位舒適之餘，燈光又適中且充滿氣氛和情調；餐飲食物當然是 Maria 的招牌美食，加上香濃咖啡和香醇美酒，顧客坐下以後就不願意離開，盡享佳餚美酒氣氛與時光，而追求完美的 Maria 卻又吩咐員工：絕不能限制已經坐下的顧客結帳的時間，特別是晚餐時分親朋好友相聚的時刻。事實上，Maria 和馮太跟她們的家人、好友就經常相聚於超群咖啡屋。由於 1980 年代是超群西餅飲食集團積極頻繁開拓海外市場的全盛時期，公司既有更多更大的業務發展，就毅然決定將叫好叫座但賺不到錢的業務結束。不過，不少咖啡屋的顧客於多年後仍然對 Maria 表示，他們懷念著昔日咖啡屋的相聚時光。

雖然 70 年代的多元投資都在飲食業內進行，開設第二間西餐廳和開辦自助麵包專門店都可以顯示 Maria 的創意 —— 1979 年在新世界中心地庫開業的西餐廳只提供自助餐服務，而不是提供全面的一般餐飲服務。這種開先河專營晚上自助餐的方式極受歡迎，每星期七天的黃昏時候開始，便有大批顧客在地庫通道上排隊等候入座，他們沒有進入附近的商店瀏覽購物，甚至阻礙商店的通道，談話聲浪引起的噪音也令附近商號不滿而投訴不斷。結果，一個租約滿了之後便不獲續約而結業。

Maria 在業務多元拓展過程中另一個創新意念是開辦自助麵包專門店：在店內用落地玻璃將整個小焗房包圍起來，讓顧客可以觀賞到各種麵包製作過程，當新鮮出爐的麵包從焗房送到專賣櫃時，又可以嗅到新鮮出爐麵包四溢的香氣，然後由顧客自己從有透明塑膠罩蓋著的糕餅盤裡挑選，這是一種多重感官的享受，不單止創新也極受歡迎。可惜，消防局認為所採用的玻璃幕牆沒有防火功能而禁止。結果，這種眼睛可以觀賞、鼻子可以嗅到，並可以親手挑選新鮮出爐麵包的購買經驗，只在太子道老店出現不到一年便停止。不過，沒有設置玻璃焗房的麵包專門店仍受歡迎，不到兩年時間，超群西餅首創的麵包專門店已經有八間運作營業。

超群西餅開辦到會服務始於 1982 年 5 月，那是累積了多年飲食業的經驗 —— 包括八年全面西餐餐飲、三年專營自助餐，以及十多年烘焗蛋糕西餅糕點經驗 —— 的自然結果。根據前超群西餅到會部經理樂汝輝於 2011 年 7 月的訪問，到會部最初設於港島摩理臣山道的超群咖啡屋，因業務擴張而需用空間不夠，於 1983 年遷到香港仔黃竹坑的製餅工場總部，1991 年再搬到九龍土瓜灣的製餅工場總部，直到 1998 年 4 月公司清盤。根據樂汝輝的憶述，到會服務有大有小，對象包括商界、教育界、非牟利機構和專業團體，而最令樂汝輝念念不忘的是 1993 年為世界牙醫學會在香港開年會的一次：超群西餅到會部傾全力為 5,000 位從世界各地聚集於紅磡香港體育館的牙醫，提供酒水蛋糕西餅糕點小吃，「那是一次難忘的輝煌戰績！」

至於 70 年代飲食業以外的投資，也有兩項：1974 年自設印刷廠和 1975 年成立出版社。前者是為了節省開支控制成本，為公司服務；後者則為了服務社會、建立品牌。

根據 Maria 的憶述，控制成本的意念，源於 1966 年創辦超群西餅之初，因為追求完美不懂控制成本，引致借貸來的資金全都虧光；到 1974 年，當公司的分店加上百佳超市的銷售點在數目上慢慢增多，而增加的趨勢又將會加快之際，Maria 知道公司對用作盛載蛋糕西餅的紙盒和紙袋，需求量將會越來越多，[7] 若將印製餅盒和餅袋的工作從外判印刷廠商手中拿回來自己做，超群西餅極有可能可以節省花在印製餅盒上的巨額開支。因為：第一，除了餅盒餅袋之外，自設印刷廠還可以印製超群咖啡屋每天都必需用的餐巾、餐單、餐牌和餐具紙墊，更可以印製各種宣傳單張和海報、信紙和信箋、帳單和帳簿等；第二，設在九龍旭日街的公司總部仍有未指定用途的空間，可以用作印刷工場，而無需花費租金另覓地方；第三，投資數目只限於一次過購置相對簡單的柯式印刷機和切紙折紙機，而經常性開支就只限於外判設計費用、印刷技工與助手的薪酬，以及購買所需用的紙張。倘若印刷機真的有閒置時間，可以印刷的物品多著哩，Maria 這樣想。[8]

1974 年，Maria 的二女兒康文剛從美國大學新聞系畢業後返港不久，為了幫助女兒學以致用、發揮所長並服務社會，Maria 便成立出版社，出版《超群婦女雜誌》和《兒童電視雜誌》，由 Maria 當總監，康文任總編輯。根據 Maria 憶述，她一直希望為超群西餅出版一份月報，按時介紹西餅店和咖啡屋的創新出品；另一方面，Maria 向來深信：婦女可以藉著烹調美食增進家庭中的歡樂氣氛，改善家人間的關係。故此，出版刊物便可以提供文字平台，為婦女定期提供創新食譜資訊。除了食譜與烹調秘訣，這份專為婦女出版的刊物特別強調婦女在家庭中的角色和責任，倡導中國傳統中忠孝仁義的倫理觀，婦女必須先盡家中賢妻良母的責任，才可發展自己的事業。這份刊物也闢有兩個專欄：

7　根據 Maria 憶述，當年每次訂購用作印製餅盒的紙張都以「噸」計。

8　自設印刷廠不久，Maria 於 1975 年成立出版社，出版了《超群婦女雜誌》和《兒童電視雜誌》，而自己也在 1975-1980 年間出版了 26 種烹飪食譜小冊子，所以，印刷機閒著的時間當然就不會太多了。

一個是母親 Maria 跟女兒康文合寫的「兩代書」，以書信的形式將母女二人的真情對話記錄在專欄內，將現代社會中已經很少見到、也很少訴諸於口、存在於母女二人心底那份濃濃愛意和貼身關懷，展現在讀者眼前；第二個專欄是「處世明鏡」，將待人處事的原則，以故事、觀察，或個人經歷，為讀者介紹或簡析。

至於出版《兒童電視雜誌》，是因為 1973 年的時候，香港政府公佈將要發出第三個使用大氣電波的免費電視牌照，[9] 而 Maria 一向都十分關注兒童的健康成長，[10] 見到香港越來越多免費電視的出現，而不少家庭的雙親都需要工作的情況下，常將電視當保姆，令不少兒童的學習生活受到影響，性格轉為內向被動，不懂與人交往，有見及此，Maria 決定出版一份跟電視有關的兒童雜誌。

由此可見，這兩項投資雖然都是飲食業以外業務多元的拓展，但也是建立公司關心社會與家庭的品牌的一個舉措，是不望回報的投資。

3/. 海外市場的拓展：中國台灣與美國

（i）拓展到台灣的西餅業務

1974 年 3 月，超群西餅進軍台灣，並與當地的蔡女士合股經營西餅業務，取名「頂佳」。選擇台灣作為走出香港的第一步，主要原因有五：一是馮太的夫婿馮兆康在香港的生意跟台灣有業務往來，對台灣市場有一定的認識，而他又跟台灣的銀行高層相熟，於開辦與營運資金的

9　1973 年，香港只有兩間使用大氣電波的免費電視台，就是香港電視廣播（無綫電視）和麗的電視。為了增加市場競爭以提高節目質素，香港政府宣佈發出第三個免費電視牌照，結果由佳藝電視投得，於 1975 年 9 月成立開台。

10　Maria 對兒童健康成長的關懷，可從她於 1969-1990 年曾作出的多項慈善捐贈觀察到，詳情請參閱本書第五章。

借貸方面有一定的方便；[11] 二是 Maria 夫婿李明跟蔡先生早已認識，要找生意上的夥伴當然從相熟的朋友開始；三是香港與台灣的文化差異較小，飲食習慣比較接近；四是地理位置接近香港，往返方便；五是人口密度高，提供龐大顧客群組的機會大。

可是，這個合股經營的經驗並不愉快，根據 Maria 與馮太的憶述，既然合股經營，台灣和香港的股東應該共同擁有決策權，可是，當有意見分歧的時候，台灣股東卻獨斷獨行，並沒有理會來自香港的意見，例如：售價的制定和市場策略方面，應不應該有折讓、折讓多少等。

由於台灣股東並不熱衷於以較大折扣去促銷產品，「頂佳」雖然於頭五年在台北市增設了四間分店，卻賺錢不多，香港方面分得的利潤也極少。

結果，台灣的股東於 1980 年提出退股，而退股的要求發出後不久，即帶同當地的製餅師傅和主要員工離開，令製餅工場差不多給癱瘓了，留下許多尚未交付、仍未滿足的訂單。當時，香港超群西餅恰巧正在安排公司每年一次的東南亞旅遊團，作為獎勵高級員工過去五年的辛勞與貢獻。收到台灣方面退股的消息後，Maria 立刻改變行程，帶同 29 名參團的員工，包括製餅工場總部的製餅師傅，一起飛往台灣展開救亡之旅。

到達機場的時候，風雨交加，他們並沒有先到旅館安頓下來，也沒有到處尋找計程車，便帶同行李坐上公交車到廠房附近，拖著行李、大風大雨下，跑到廠房。進入廠房後，Maria 大聲喊叫：「我來了，你們不用擔心！」從香港抵步的 29 個製餅師傅和員工，都把行李放在

11　由於有這種人事關係，超群西餅在台灣的投資借貸便無需抵押，所貸款項只需每月供款，十年內還清便可。

行人通道上，捲起衣袖便跑到製餅工作間，有尋找西餅原材料和配料的，也有接通電源和啟動焗爐的，在 Maria 的帶領下，眾人沒有休息，也沒有換上工作服，便立刻展開製餅工程。

根據 Maria 和馮太的憶述，從到達廠房後的三至四天內，他們不眠不休地在工場內趕製各類訂單上要求的西餅糕點，沒有離開過工場，也沒有到旅館登記，終於成功地將預訂的餅點送到顧客手上。事後，參與此次救亡行動的員工，都笑說：「這是 Maria 精神」！

據 Maria 和馮太憶述：在台灣救亡之旅期間，大部分香港過去的員工都住在廠房或旅館，而 Maria 和馮太知道，他們會逗留在台灣一段時間，於是在工場附近租下了一間三層高的樓房，地下作門市部，二樓作辦公室，而三樓則作為 Maria 與馮太的寓所。住進去的第一天晚上，十分懼怕蟑螂的馮太就發現了不少這種有上億年演化史的雜食性昆蟲到處爬行，極度疲累的 Maria 遂不得不到處追逐，直至將所有蟑螂殲滅，才能上床休息。

1980 年，香港超群於台灣的西餅業務獨資經營獨立運作之後，改名為台灣超群，並從香港調派機構內資深製餅大師傅到台灣駐守打理，務求產品質素跟香港的一致。不過，最初引進台灣的香港西餅糕點並不太受歡迎。由此，Maria 開始研發創製適合台灣人口味的西餅糕點；同時，跟馮太一起到海外參加各類西方糕點烤爐博覽會，尋求各種新的烤焗機器以代替人手增加效率，倘若展品未能烤焗出意念中的創新糕點，Maria 會將她的想法詳盡地跟製造廠商解釋說明，以便他們可以配合製造出可以烤製研發中新產品的機器。結果，台灣超群成為當地西餅行業的先鋒，從瑞典引進台灣第一台月餅隧道烤爐、第一台蛋捲機，以及第一台 12 層高、可以同時烘焗 48 盤曲奇餅的旋轉烤爐。台灣超群初期為自製西餅糕點所提供的 35%-40% 折扣，也令當地人對外資產品的抗拒崩塌下來，很快便及受到當地人接受、歡迎、喜愛，繼而風靡全台。

結果，台灣超群在台的投資沒多久便賺到第一桶金。根據 Maria 的憶述：救亡行動完成後不久，排隊等候買餅的人龍已經開始築起，長長的、絡繹不絕。擺放在櫃枱上面的收銀機枱，因開關太慢阻礙收錢的速度，於是，Maria 便用一隻五加侖容量的塑膠水桶，讓顧客將買餅所需的現金丟進水桶內。有好幾個晚上，門市休息關門後，Maria 和馮太將水桶內的現金翻倒出來、拾起，再擲回水桶內，二人高聲大笑，將成功救亡的喜悅盡情發放出來。

自此，台灣超群不單止在當地西餅糕點市場上站穩腳步，更開創了西式訂婚囍餅潮流。[12] 由於價格和行銷手法均獨具一格，因此，超群迅速在台灣市場崛起。16 年間，台灣超群不僅被譽為囍餅業的龍頭廠商，更居市場領導品牌地位多年不墜。[13]

獨資經營獨立運作之後，台灣超群於五年內四度獲獎：[14]

12　根據台灣新聞媒體的報道，有待嫁新娘作出誓言：若買不到超群的囍餅和曲奇餅作嫁妝，將不會下嫁。可見超群產品不單止居於市場領導品牌的地位，更發展到具有文化上無形卻尊貴的象徵意義。

13　根據台灣《經濟日報》於 1996 年 4 月 27 日有關台灣超群賣盤的報道與分析，台灣超群於 1995 年的營業額超過六億元，一直是西式囍餅的龍頭廠商，市場覆蓋台灣 29 個門市，設有三個製餅工場。

14　《超群機構黃金 20 年特刊》，頁 17。

年份	事件
1982 年 9 月	其月餅及中秋節日糕點獲台北市糕餅罐頭商業同業會與《自立晚報》聯合舉辦之「第一屆中秋月餅食品節」鑑評為特優產品。
1982 年 10 月	獲台灣消費者協會頒發「優良廠商」獎狀。
1987 年 7 月	參加由比利時布魯塞爾 "Monde Selection" 舉辦之「1987 年世界食品大展」賽，在全球展品中獲「曲奇餅」和「牛油蛋卷」金獎。
1987 年 9 月	獲台灣行政院衛生署之食物衛生署及現代烘焙食品資訊會頒發「全國 1987 年烘焙食品品質衛生梅花獎」。

自從 1980 年跟蔡女士拆股而獨資經營以來，無論是產品的受歡迎程度、市場佔有率、品牌的建立、利潤的增長，都有令人異常興奮和滿意的發展，從而「認為開拓海外市場已是時機」。[15]

由於香港的西餅業務成功得玄妙，恍似神仙的故事，而台灣的投資轉變為獨資經營後不久，便佔據西餅糕點市場的龍頭地位，利潤增長超乎想像。這種發展勢頭令 Maria 對拓展海外市場的信心大增，從而積極尋找台灣以外的第二個海外市場。

（ii）拓展到美國的西餅業務

在考量第二個海外市場的時候，相信 Maria 會以北美洲為第一優先考慮的目標地區，因為那裡有五個華人聚居的城市，包括美國西岸的洛杉磯、三藩市和東岸的紐約，加拿大西岸的溫哥華和中部的多倫多，可以提供龐大的顧客群組，文化差異較小，飲食習慣也接近。在這五個可

15 《超群機構黃金 20 年特刊》，頁 6。

能被選中的城市中，Maria 對美國西岸加州的三藩市和洛杉磯的認識最深，因為早於 1950 年代，母親 Rosy、大哥昭遠已經移民到三藩市，三弟則因讀書和工作的關係，一直居住在洛杉磯。結果，大洛杉磯地區中的華人城區蒙特利市首先成為香港超群西餅的第二個海外市場。

1982 年 2 月，超群首次登陸美國國土，第一間分店設於美國西岸洛杉磯蒙特利市；第二間和第三間分店分別於 1983 年 3 月和 1984 年 10 月在洛杉磯開業，相信跟大洛杉磯地區為美國所有地區中最多華人聚居有關。

（iii）新市場的總負責人人選

對超群西餅來說，除了文化差異、飲食習慣、市場的可開發性這些客觀因素之外，成功開拓海外市場更重要的主觀因素是：新市場有沒有一個可信任可依賴的總負責人？

由於西餅門市生意是現金交收、數目可大可小，而每天都必須完成的運作工序是盤點售出糕點數目、現金收入數目和賣不出去剩下送人的糕點數目，倘若新市場的總負責人不誠實可靠，過程中作弊的機會是很多的。而最可靠最可信賴的總負責人當然就是 Maria 或馮太，可是，1981 年的超群西餅在香港已經擁有兩個製餅工場，每天要為 50 多間分店提供各類西餅麵包糕點，另外還經營兩間西餐廳、八間麵包專門店，同時要為太子道總店附近兩間學校每天提供 1,000 多個午間飯盒，承辦各類到會服務。其實，單是香港本地市場的西餅和非西餅業務就夠 Maria 和馮太忙的了，她們還要經常飛往中國台灣或美國視察業務、監管當地市場運作、規劃未來的發展、解決各項臨時發生的疑難處境，那是難度極高甚至是不可行的要求。

所以，無論是中國台灣還是美國，Maria 最初揀選的總負責人都必須是誠實可靠、有管理經驗和具西餅糕點製作經驗的人。結果：Maria選派一位從剛創業時便已僱用、跟隨她十多年並計劃培養為未來接班人的製餅師傅，於 1980 年代初到台灣全權負責當地的業務發展。根據 Maria 憶述，他於 1967 年初加入超群西餅的時候，已經是製餅師傅，處事能幹，製作鮮奶油蛋糕和各類餅點都有經驗，是個可信賴的高級員工。台灣超群在他接手打理之後，業務蒸蒸日上，不單止在很短時間內成為當地的龍頭廠商和領導品牌，並且在整個 80 年代裡面，成為超群西餅最賺錢的海外業務。

至於美國西岸加州蒙特利市，乃至後來美國東西岸的西餅業務，都由一位經多年好友介紹並極力推薦的人負責。他早年在香港工作，後來移民到紐約開設製衣廠。Maria 形容他是「……純真……對家庭負責……忠實可靠……能幹……的親信……」。他接手管理美國的西餅業務之後，積極開拓東岸的市場，根據《超群機構黃金 20 年特刊》，自從 1985 年 8 月在紐約華埠百老匯街開辦第一間美國東岸的超群西餅店，其後一年間，超群西餅在紐約設立總店、總工場、一間西餐廳和五間分店。

（三）香港業務的組織架構與營運模式

（1）組織架構

超群西餅從創辦到清盤都是商業註冊的私人公司，在創業初期，公司聘用了焗房內的一位製餅師傅和一位助理、三位女售餅員、一位負責送貨的小巴司機和一位跟車助手，共七位受薪員工；而投入 10 萬元創業資金的有三位股東，當中 Maria 佔九成多，是大股東。故此，超群西餅的組織架構只有兩層，在上面的一層是三位股東，負責決策和管理，具體來說，就是全盤生意的設計和規劃、業務發展、人事升遷及管理、薪酬及福利制度、產品種類和質素監管等；在下面一層的七位員工則負責每日運作流程涉及的每個工序，簡單來說，就是造餅賣餅送餅收錢清潔及相關的工作。其實，由於 Maria 是大股東，一切重要決策，不論是對內的業務運作或是對外的市場擴張及業務拓展，都由她作出；另外兩個股東都是 Maria 的學生，主要是透過投資去支持 Maria 創業，業務上的參與主要是在每日實務上的運作，如協助盤點出入貨庫存、焗房生產工序與糕點售賣，以及填補出缺崗位等。

從 1971 年到 1979 年，西餅業務經歷了兩次擴張浪潮之後，超群西餅已經擁有 40 多個銷售點，擴張藍圖差不多完成，西餅業務以外的多元拓展於是重啟，先有專營晚間自助餐的第二間西餐廳，半年後開設第一間全港首創的麵包專門店。隨後兩年，超群西餅已經開設八間麵包專門店，加上同時經營的午餐飯盒、承辦餐飲茶會到會服務，超群西餅的業務部門越來越多，僱用員工也超過 300 人，送貨的小巴車隊多達 40 部，為分店送飯盒及預訂的西餅蛋糕。

根據 Maria 於 1981 年出版的《超群機構 15 週年特刊》中透露：馮劉旋君於 1980 年被委任為集團總經理後，即將公司內部各行政單位部門作結構性的整理編列，當公司於 1982 年聘用了擁有會計財務管理學位的會計行政經理之後，公司整體財務結構、運作安排和規管，才作出了比較合乎專業要求的規劃。從此，兩位董事之下有高級經理，高級經理下面有各部門主管，部門主管之下有該部門各司其職的員工，而各司其職的員工中又分組長與組員。各部門的職銜與職能都分列出來，問責制度的權力線也連接清楚，形成了五層管理架構的集團。

（2）營運模式

超群西餅是一間以一個家庭的理念和形式去經營運作的商業機構，在60年代創業初期小本經營時如此，在快速擴張拓展的70年代也是如此。不過，集團內部的行政組織於1980年代初經新任公司總經理的馮太和新上任的會計行政經理黃麗薇作出結構性重整後，五層管理架構中的各級單位各自擁有必須的運營決策權。一個有趣的現象是：跟隨Maria十多二十年的員工於架構重整後不再稱呼Maria為「契媽」，而稱呼她為「總裁」或「董事長」，令她「有黯然神傷之感」。從此，「大家庭」的運營方式——即權利高度集中，事無大小，家長都必過問，各種決定都由她作出——開始大幅減少。這種轉變，可從1981年出版的《超群機構15週年特刊》和1987年出版的《超群機構黃金20年特刊》內Maria的祝辭中清楚看到。但是，以「大家庭的理念」去管理這個逾千名員工的商業機構的方式，仍然重現於每年生意最繁忙和人力需求最殷切的兩個時段——聖誕節和餅卡促銷期——中，更反映在用人政策和薪酬福利的執行。

根據《超群機構15週年特刊》中Maria的祝辭：「『超群』這個一向以大家庭形式經營的公司，勞資關係一直保持得非常融洽……上下打成一片，抱著群策群力、盡心盡力的精神，保持出品一定的水準，並且不斷改進……。」

在《超群機構黃金20年特刊》中的祝辭內，Maria承認：「『超群』經營初期，是以大家庭方式去處理每一件事，當時上下員工不及20人，我本人則以一家之主之身份負責多方面的事務……可說十分吃力，慶幸的是，手下一班員工，非常合作，上下打成一片，同心合力，恰似一家人……當年所有員工，不論焗餅部或門市部，都以『契媽』稱呼我，使我感到有無限的溫暖和親切……公司企業化之後……

那些追隨我 20 年之成員要改口稱呼我為董事長或總裁，我便有黯然神傷之感。20 年之賓主關係，忽然變得陌生了，這些陌生卻又代表一種新紀律，可是我不否認，仍然在懷念那過去。」

鄭淑華從 1971 年當售餅員到 1998 年升任營業部經理，在超群西餅服務了 27 年，對 Maria 的感嘆有特別深刻的感受。在 2011 年 2 月的一個訪問中，鄭表示：自從 1970 年代中發售有 35% 折讓的餅卡以來，一直都大受歡迎。因此，每年發售有巨大折讓的餅卡時，都能夠為超群西餅收回大量現金，特別是 90 年代中以後，現金周轉出現問題時，發售這些有特別折讓的餅卡更常常成為解決現金周轉問題的靈丹妙藥。有這麼一次的經驗 —— 大概是在 70 年代末到 80 年代初，當時鄭負責香港區的營業部 —— 當天晚上 7 時門市部休息後，鄭便點算當天售餅的現金收入，並放入夾萬鎖好，做好入帳紀錄後，便帶領另外三個女售餅員一起渡海到九龍旭日街總部，領取李太的個人親筆簽名印章，在大量新印刷好的餅卡印上李太的親筆簽名。

「那天早上，我們四個女生從 7 時到港島上班，到晚上 9 時到九龍總部打印，一直到凌晨 4 時才將所有餅卡打印完畢，我們一直不停地工作 21 小時。當時，我們並沒有不高興的情緒，也沒有埋怨的聲音。事實上，我們是挺開心的，因為大量餅卡賣出後便有巨額現金收回。我們知道這些都不是我們的錢，也不會放進我們的口袋，可是，我們都是挺樂意去做的。

我們就好像一個大家庭，李太就好像是我們的家長，大家有福同享，有難同當。其實，每當接近最繁忙的聖誕節時，不少員工會從各自部門調派到製餅工場總部，或聽電話接訂單，或去到會部工場幫忙包裝食物。我們雖然在不同部門工作，但是，當有需要的時候，我們會一同承擔，一起把事情做好。」

於 1982 年才加入超群西餅當會計行政經理的黃麗薇，也有相同的經驗：每當公司促銷有巨額折讓的餅卡時，香港各階層都會引起哄動，不少人排隊購買大量有折讓的餅卡，留待後用。當所有分店的員工都忙得不可開交時，會計部會動員所有可以暫停本身工作的員工——不論部門也不論職位高低——到各分店，或接聽訂購電話、或售賣餅卡、或數點售餅所得現金、或幫忙將現金存入銀行，這些工序一般會持續好幾天。「最紅的時候，一天要點算的現金便有好幾百萬，最高紀錄是 30 多人一起數錢、做入帳紀錄和重複驗證數目的準確性……當時的感覺是很奇怪的，因為每一個員工都覺得應該幫忙……經過好多個小時不停地、常常是重複地數算，手指頭都不聽使喚了……我雖然是公司的會計行政部經理，我也會到門市幫忙賣餅……。」黃麗薇於 2011 年 2 月的一個訪問中透露。

從 1970 年到 1998 年，比鄭淑華多做一年的邱志鵬，當送貨小巴司機六至七年後升職到運輸部當主管，他這樣回憶當司機的日子：每天送完飯盒或西餅之後都會回到門市部幫忙，或接聽訂購西餅的電話，或幫忙售賣西餅。「那時候員工的職責並沒有硬性區分，分工並不仔細，也不清晰。門市部和送貨部的員工都互相幫忙，工作不分彼此，十分愉快融洽。」

1966 年 12 月 11 日是超群西餅啟業的一天，也是李翠玲第一天上班的日子。她是公司聘用的第一個員工，也是服務年期最長的員工，跟公司運作的年期一樣，是 32 年，見證了超群西餅的開業、發展、興旺和倒閉。頭一天上班，李翠玲是售餅員，八年後晉升為港島門市部主任。同年 11 月，李翠玲結婚設宴款待親友時，預留三桌的座位給公司同事，可是，到來飲宴的只坐滿一桌。「你知道啦！在超群工作的人，若未完成手中的工作，是不會停止的……我們工作時是十分投入的！

當顧客不斷湧入店內，我們很開心，我們會不停地、不計較地工作，就好像是自己的生意一樣……我們常常很遲才吃中午飯，晚上也經常工作到很晚才離開餅店。事實上，這種全情投入的工作態度是每個員工同事都有的。」

作為這個商業機構的總裁、卻又以大家庭家長的身份與理念去營運超群西餅，Maria 如何對待員工呢？對此，李翠玲清楚記得，當她參加一個歌唱比賽時卻沒有一條比較漂亮的裙子，Maria 便為她縫製了一條參加比賽的裙子。其後，當她第一胎小產後，公司總裁李太和副總裁馮太都到醫院探望她，令李翠玲感到濃濃的人情味。「其實，李太從來沒有罵過我，也沒有大聲對我說話。」

可是，令李翠玲感受最深的，是 1970 年的一天，她在一宗交通意外中被拋出車外，頭部撞傷，面部擦損，鮮血流滿腫起的臉龐。

送院接受必須的緊急醫藥護理後幾天，李翠玲便回家休息，需要十多天的療養護理才能返回工作崗位。可是，在家人必須每天上班、又缺乏親人照顧她的療傷護理、清潔衛生和每日飯餐的情況下，公司總裁李太在她出院時便把她接到太子道餅店樓上、烹飪學校的一間住房[16]中療養調理休息。其間，李太每天都煲雞湯給她喝，並親自下廚烹調雞飯給她吃。烹調的時候更刻意地選擇另類調味醬料，避開生抽或老抽類的醬油，因為中國人相信食用生抽或老抽醬油會令皮膚上的傷口復原後留下傷痕。令李翠玲更深深感激的是：李太不只給她護理頭和面部的傷口，為免她在個人清潔衛生時影響傷口，還親自幫她洗澡。「她是公司的總裁，是我的老闆啊！」

16 超群烹飪研究學院設有一間住房給管理和清潔學校的員工住宿，而該員工剛巧正在中國內地探親，故此，李太囑咐該員工返港後暫住在親戚家中數天，待李翠玲養傷完畢才返回學校。

(3)用人政策

一般情況下，商業機構中老闆與僱員的關係是合約性的，按照合約的規定，老闆付出薪酬與福利，員工便須按著合約的要求工作，並要有一定的表現與成績。不同職級的員工，其職權與責任都會劃分清楚，彼此協作以完成任務，在其範圍以外的事務，員工有權不做。可是，家庭內父母跟子女的關係卻並非如此，彼此的關係不會用合約要求來界定，事務責任或會分工卻不會仔細或固定釐清，是互助互補、上下一心、群策群力和休戚相關的一種關係。

在《超群機構 15 年週年特刊》的祝辭中，Maria 表示：「我們公司用人的政策是『取人之長、恕人之短』，『栽培有志者、提升幹勁沖天者』，所以『超群』的成員，在『超群』服務相當時日之後，都有一份歸屬感，因此在工作上能把任何隔膜打通，使到上情下達，下情上達，合作得非常愉快⋯⋯今天的副總經理及其他部門的經理，他們並不是什麼大學生或專科人才，在他們踏入『超群』的初期，只是普通技工或員工身份，但是憑著他們一股熱情和衝勁、貢獻出最大的力量，做到『鞠躬盡瘁』，『蒙其憂、任其勞』的地步。公司為了賞識他們的才能，於是將他們加以雕塑、栽培，總算不負所望，而遞升到今天的職位。」

換句話說，只要員工有才能、有幹勁、熱心負責、不辭勞苦、不怕嫌怨和盡心盡力，哪怕他有短處弱點，即使犯錯，公司都會接納他的短處，饒恕他的錯失，而重用他的長處，並將他們加以雕塑、栽培和提升。

若從超群西餅運作 32 年的歷史去看，這番話就不光是 Maria 在慶祝公司創辦 15 週年的晚宴上對員工的勉勵而已，而是 Maria 並她所創辦的公司對員工的一個承諾。事實上，這個承諾並不單止對員工，也是對公司許下的，在創辦初期已開始實踐。

李翠玲小時候不太喜歡讀書，卻喜歡吃蛋糕，特別是鮮奶油蛋糕。中學三年級輟學不久，讀報知道超群西餅食品公司招聘售餅員，並沒有考慮什麼的，便去應徵，也成功被取錄。

1960 年代中期，一個中學畢業生若考進政府公務員行列，最低級的三級文員起薪點是 $380，而超群西餅給李翠玲入職起薪點是 $200。

「李太是個很慷慨的人，對員工很好。我加入『超群』後，因表現不錯，不久即獲加薪 $20，隔了不久，又再獲加 $10，那是 15% 的加薪啊！」[17]

1971 年，位於港島摩理臣山道的超群咖啡屋開幕，李翠玲被調到咖啡屋的西餅專賣部，也是售餅員。1973 年，超群西餅已經發展為一間小規模的西餅連鎖店，兩間在九龍，兩間在港島，還有百佳超級市場內的一個西餅專賣櫃；而李翠玲亦被提拔晉升為港島門市部主任。1980 年中，李翠玲被委任為公司經理；1991 年更被委任為公司副總經理，直接向總經理負責。

李翠玲在超群西餅的被信任、栽培及提升的經驗並不是單一例子：

黃國興，舊制高中三年級畢業後在塑膠工廠工作，兩年後，轉到李明與 Maria 家中當家庭司機，日間工作任務完畢，李明讓黃國興到香港理工學院進修，選讀簿記、工廠會計和工程。1974 年，超群西餅的生意蒸蒸日上，黃國興被調到九龍旭日街製餅工場總部，協助公司生產部和總務部工作，於 1996 年離任時，是公司生產部及總務部經理。

邱志鵬，中學未畢業便到計程車公司當雜工，同時學習修理汽車；1970 年進入超群西餅當小巴司機及送貨員。到 1980 年代中，超群

17　根據香港政府於 2007 年出版的《本地生產總值統計特刊》，1966 年香港的本地生產總值相比 1965 年增加 1.8%。

西餅的分店門市增加到 70 多間，電話訂購西餅和要求到會服務的數目都大增，公司也就不斷增購送貨小巴和增聘司機，最高峰時，九龍車隊有 30 部，香港車隊 20 部，而邱志鵬被委負責公司的運輸部和訂單部門。1993 年被派往中山市開設製餅工場，供應內地市場的需要；1996 年接替離任的黃國興為總務部主任；公司倒閉時，邱志鵬是集團的副經理，負責市場、營業、總務、廣告和訂單部門的工作。

鄭淑華，1971 年剛唸完中學三年級後輟學，第一份全職工作就是剛開業的超群咖啡屋售餅員，1976 年超群西餅的第二個製餅總工場在港島黃竹坑開始運作，鄭淑華被調到該處主理包裝部及營業部，並負責編排港島各分店門市售餅員的工作更表、員工病假和假期的紀錄，並包裝部各項工作。1980 年代中到 1991 年，鄭淑華再被調往九龍旭日街公司總部，負責九龍區營業部的工作；1991-1998 年，鄭淑華被委任為公司營業部經理。

樂汝輝，1966-1968 年就讀於香港赤柱航海學校，畢業後即登上郵輪當乘務員 / 服務員，遠航於南、北美洲與英國之間，主要服務於茶水部，合約完結後返港，在酒店及餐廳當侍應服務員。1974 年加入超群咖啡屋，六個月後晉升為副部長；1979 年超群西餅於九龍尖沙咀新世界中心地庫開辦專供自助餐服務的西餐廳，樂汝輝被調到該處當部長，數月後升為副經理；三年後調回咖啡屋當到會部部長；到 1998 年集團結束前，樂汝輝曾被調到黃竹坑廠房總部當到會服務部經理。

郭錦霞，小學和中學都在夜校完成，中學畢業後，成功考進香港理工學院，繼續進修一個三年制的夜間課程，由於不是每天晚上都有課，她同時在一間政府辦的英文專科夜校修讀中六課程。此後的 18 年，郭錦霞曾在六間公司工作，包括生意上的文書工作、公司老闆的私人事務、公寓的租務與租客事宜、工廠會計、車行會計、書信來往和文件處理等。1984 年，郭錦霞在一間車行的會計部工作，因公司清盤而待業。

而 1980 年代中的超群西餅，已經發展為擁有約 70 間分店的西餅連鎖店，以及提供多元飲食服務的跨國集團。另一方面，自 1984 年開始，美國一些教育及社會服務機構認識到超群集團總裁李曾超群的成就和貢獻，頒發相關榮銜加以表揚。與此同時，Maria 與著名紅伶芳艷芬於 1984-1985 年間，成立了群芳慈善基金會，開始一系列義演籌款活動及各種慈善捐贈工作。因此，Maria 此時極需要一個能幹、經驗豐富而又擁有中、英文書寫能力的私人秘書，協助她處理各種與集團業務相關，或各種跟集團業務無關的社會服務和慈善工作。

面試時，Maria 要求應徵者即時書寫一封英文和兩封中文信件，包括向當時的市政局申請售賣食物牌照及向衛生署解釋所賣糕點發霉的原因。結果，在眾多應徵者中，Maria 聘用了郭錦霞。

黃麗薇，香港中文大學會計財務系畢業後，曾在四間不同的公司工作，於 1982 年加入超群西餅當會計行政經理。從入職那一天開始，一直服務到公司清盤，清盤後還留任三個月，為公司處理清盤事宜。

在超群西餅 32 年的歷史中，差不多所有高級經理和部門經理都沒有唸過大學，一半只有中學三年級的學歷，集團總經理和副總經理，都是製餅師傅出身；當中就只有黃麗薇擁有大學學位，並具專業會計師資格。[18] 若從一位集團總經理、三位副總經理、四位部門經理的服務年期去計算，他們的平均服務年期是 27 年，最長的是 32 年；除黃麗薇外，都從低層做起，經歷三至五次晉升，其中五位一直服務到公司倒

18 有關七位高層員工在超群西餅服務的詳情，請參閱本書第十一章第三節；有關集團副總裁在超群集團服務的詳情，請參閱本書第八章第四節。

閉。對 Maria 和公司的提拔、栽培，他們心中都充滿感激。[19]

據郭錦霞觀察：「Maria 是個實事求是、不重學歷，願意給人機會的老闆。將責任交給你以後，她會『用人不疑，疑人不用』；我沒有大學學歷，但她選擇聘用我。」

鄭淑華認為：「超群機構給員工一個很強的歸屬感，因為它是一間給員工發展機會的公司……當李太認為你有能力勝任某個職位之後，她會信任你，放手讓你去幹。我就是一個很好的例子，我只有中學三年級的學歷，卻從售餅員一直調升到公司營業部經理的職位。」

邱志鵬認同鄭淑華的看法：「除了上佳的薪酬福利，李太和公司給了我發展和升級的機會，而工作中也充滿滿足感。」

充滿感激的黃國興這樣說：「從第一日我進入李家當家庭司機開始，到進入超群西餅擔任生產部和總務部的工作，李太就從沒把我當作外人看待。相反，她給了我很多學習、晉升的機會，並且悉心栽培我。我心中充滿知遇的感恩，不能不盡力做我應該做、可以做的。其實，只要李太一張口說第一句話，我便知道她希望我做什麼，我無需她說出第二句話。」

（4）薪酬福利制度

根據 2011 年 2 月的一個訪問，黃麗薇將公司過去的的員工薪酬福利制度清楚列出：

（i）公司每年 6 月和 12 月都會加薪，數額多少視乎該年賺錢幅度；員工表現的評估標準則與香港其他同類公司相若；

---

19 只有集團總經理是例外的，因他涉嫌以權謀私，於公司清盤倒閉前已離任，詳情請參閱本章第六節。

（ii）為鼓勵士氣和忠心，公司設立長期服務獎，服務滿五年表現優秀的高級員工可獲頒「五年服務獎」，可獲多發五個月的額外薪酬，金牌一面，並可帶同家人免費參加公司每年舉辦的星、馬、泰旅行團。

面對這樣異常優厚的薪酬福利，邱志鵬這麼說：「『超群』給員工的薪酬福利絕對不比外邊的公司差，試想想，每年都有兩次加薪，而每次加薪都不會小過 10%……。」

根據邱志鵬憶述：1974 年九龍旭日街的製餅總工場開始運作後，西餅門市部數目增加的速度也加快了，獲得的利潤顯然越來越多，因此，在一個管理層的會議內，公司的高級經理和部門經理跟兩位總裁開會時，李太說：「如果公司生意好，我們會將多賺的利潤，以紅利或年終獎金的方式跟高級管理人員分享……。」三年後——即 1977-1978 年——每個高級經理或部門經理都收到年終獎金。在 2011 年 2 月的一個訪問中，邱志鵬回想當年獲發年終獎金的一刻，仍然感到雀躍喜悅。「那一年終的時候，我收到 $8,000，是我月薪的三至四倍，實在開心極了！」

根據黃麗薇的記錄和憶述，超群西餅每年花在年終分紅和五年服務獎的金額便佔去公司該年純利 30%。黃麗薇認為：這種有獎無罰、過分慷慨的分紅方式，雖然可以贏得員工的好感和忠心，並有效鼓勵他們的士氣，可是，卻沒有為公司作長遠發展和規劃，也沒有為未來不景氣時作出應有的撥備。

對於公司給員工這麼優厚的薪酬福利，黃國興認為李太是以辦慈善工作的心態去經營超群西餅的業務，而不是以商業運作模式去保留利潤作未來投資和拓展用途。

曾被讚譽為商界奇才、獲頒商業科學榮譽博士學位和國際商業成功女企業家獎的 Maria，在 2011 年 5 月一次的電話訪問中承認：「其實，我不是一個生意人，心腸軟、又未讀過工商管理⋯⋯當時的確是以做慈善的心態去做生意，當時的想法是：錢既然賺回來了，便花出去吧⋯⋯事實上，那是先花未來錢。如果我當時將賺到的錢去購買商舖，1990 年代的超群西餅便可能不一樣了。」

面對這麼優厚、甚至是出乎意料之外超乎常規的薪酬福利，員工都歡天喜地、既滿意又充滿歸屬感地為超群工作，忠心地、上下一心不分你我休戚與共地，將公司業務向上向前推動。這是 70 年代中的拓展時期和 80 年代全盛時期一眾員工的心態。

（四）香港市場與品牌的建立

雖然 Maria 大學時並未修讀商業管理或市場行銷，卻在 1971 年開展擴張本地西餅業務的步伐之初，便相繼採取了一系列相關整全的步驟和措施，去建立公司的香港西餅市場和公司的品牌，包括：

（1）品質監控

訓練製餅師傅、售餅員、送貨員，以及進行非常規的品質監察，以確保出品質素和售賣服務都令顧客感到滿意，那是從零開始去建立市場必須的基礎條件。根據 Maria 憶述，最初為焗房聘用的都是已經累積了多年經驗的製餅師傅，好處是無需貼身監督，壞處是他們會堅持自己過去一貫的做法，不容易接受甚至不願意嘗試 Maria 提出的創新或不同做法，容易引起不快。故此，當分店門市數目不斷增加的時候，公司需要聘用更多製餅師傅時，Maria 會選擇聘用那些沒有製餅經驗、但卻願意殷勤努力、不怕辛苦、任勞任怨而又認真學習的青少年。Maria 會從頭教起，讓他們先嘗試簡單的工種或工序，如聽候指令去跟車送貨、清潔搬運等零碎任務或工作，樂意學習而又表現良好者，Maria 會讓他們進階嘗試比較複雜的工種或工序。經過長時間多方面的嘗試與考驗，不少從最低層做起的年青員工，慢慢知道老闆在栽培他、訓練他、給他機會，他們會很努力、虛心地聆聽和學習：錯了會改、改後嘗試、邊試邊改，後來都成了製餅師傅。不過，Maria 承認，一些升任製餅師傅不久的年青人，會因為外邊有公司加薪挖角而跳槽離開。為了不再幫助競爭對手訓練員工，Maria 對後來的受訓員工，不再將全套製餅工序中每項操作技術都毫無保留地傳授給他們，而他們也明白所學到的並非全套完整的製餅技術，以致他們雖然面對高薪挖角，也不輕易離去。事實上，一些接受訓練後遞升到製餅師傅職位的員工，他們會飲水思源、忠心地為公司打拚、有極強的歸屬感，而不會隨便離開栽培其成長的超群西餅。

至於售餅員，超群西餅希望聘用的都是樣貌娟好的年青少女，因為一般情況下，這樣的售餅員比較肯接受訓練和教導、對顧客比較客氣溫柔、容易討好；另外，她必須懂得少許英文、並具少許英語會話能力，因為不少西餅糕點源自西方，只有英文名稱，而顧客中也有不少外籍人士。除此以外，Maria 特別注重服務態度，嚴格要求售餅員，面對顧客時必須誠懇地面露友善的笑容、禮貌而耐心地回應顧客提出的問題，絕不能表現得不耐煩。

而送貨的小巴司機則必須在指定時間內將西餅糕點送到顧客手上，避免顧客久候而影響他們其他活動的準時進行；另一方面，一些鮮奶油蛋糕或生日蛋糕容易在夏日高溫下溶掉，故此，為了準時將預訂西餅送達，Maria 不單止為送貨小巴聘用司機，也聘用跟車少年，讓送貨小巴抵達目的地時，跟車少年可即時下車送貨，而不會因為缺乏泊車車位而違例泊車，或需尋找合法泊車車位而延誤送貨時間。

除了提供訓練和指引，Maria 會不定時和在沒有宣佈的情況下走進生產線的工作間，或跑到分店門市內作出提醒指導和批評。「我的下屬都願意虛心聆聽，不單因為我是老闆，更因為：不論是蛋糕糊的攪拌時間是否不足、糖的份量是否過多、烘焗時間是否足夠、溫度是否太高、不同材料的份量是否恰當等等，我知道的都比他們多，我累積的經驗都比他們豐富。所以，製餅工場內整條生產線上的師傅和員工，不單止不懼怕我的指正，而且是樂意聆聽，甚至希望我講得更多更詳細，因為我的意見常常能夠一矢中的，改善產品的質素⋯⋯其實，我的品質監控並不只在生產線上，我經常不動聲色地跑到各區的分店門市觀察和指導，令售賣服務更趨完善。」

（2）統一公司形象以產生品牌效應

確保出品質素和維持良好售賣服務的營運方式當然能夠令顧客滿意，也產生讚賞口碑；在此之上，Maria 在盛載西餅糕點的餅盒、餅袋、女售餅員的制服、餐廳用的餐巾餐單餐牌、午餐飯盒和送貨小巴上，都印上橙色方格的統一設計，令超群西餅分店的顧客、超群咖啡屋的食客、購買超群飯盒的學生，以及路上行人，在不同地方都可以看到這個引人注目和引起食慾的設計，從而聯想到超群西餅的出品。後來，Maria 更租賃了兩部雙層巴士，在上面漆印了超群廣告，令車上乘客和路上行人都可以在港九新界不同地點不同時間看到走動中的超群廣告。由於橙色是溫暖的顏色，心理上給人親切開朗和健康的感覺，而這種感覺聯同超群西餅的美味出品一起出現，便不知不覺在觀看者的潛意識中產生一個正面健康的品牌概念。而這個正面健康的企業品牌，除了包括售賣迎合顧客口味廣受歡迎的產品、提供令人感覺舒服的良好售賣服務，也包含一個正面的公司形象：超群出品，皆屬優質。

雖然超群西餅從啟業第一天便提供迎合港人口味廣受歡迎的鮮奶油蛋糕和餅點，可是，提供優質食品的公司品牌形象自 1981 年 7 月 29 日才正式被清晰具體和有依據地確立起來：當日為英國王儲查理斯王子結婚大典的日子，為慶賀這個英國皇室婚禮的盛會，法國 Herme's 在香港主辦皇室婚禮蛋糕設計比賽，於 7 月 28 日假座英皇御准賽馬會舉行，並邀請香港各著名酒店及超群西餅共 16 個單位參加。超群西餅參賽作品為一座重 1,800 磅、高 90 英吋，共分六層的結婚蛋糕，最底層直徑為 45 英吋，以一系列帆船裝飾圍邊，寓意皇室婚禮一帆風順，並藉此顯示香港的海港風光特色，第三及第四層分別以精緻手工仿製微型的英國王室馬車及鋼琴裝飾，最頂層以一對銀質物料造成形狀活現之龍鳳，襯托著一頂以糖霜製成的王室皇冠，強調王室婚禮龍鳳呈祥之意。各層蛋糕以銀質物料雕刻有龍鳳之香檳酒杯作為支柱，象徵舉杯祝賀皇室一對新人乃天作之合。結果，作品在 16 個角逐者中獲得大獎。從這個普世注目的國際比賽中奪得大獎令港人對超群西餅的出品另眼相看。

（3）創新的意念和嘗試

超群西餅的企業品牌，除了有叫人享受的美味食品、令人感覺舒服的售賣服務和優質產品之外，它也是一間不斷將創新意念付諸嘗試與實踐的公司，目的是讓顧客獲得更佳的享受和服務：

1/. 創新產品

自超群西餅 1966 年 12 月開業第一天開始，Maria 便將自己創製的芒果蛋糕放在太子道全港第一間西餅專門店的餅櫃內售賣，同時在餅櫃內買到的是 Maria 從上海引進的栗子蛋糕，讓港人可以嚐到第一次出現在香港的兩款鮮奶油蛋糕。同年 2 月中到 12 月中的九個月共 270 天內，Maria 在《華僑日報》介紹了 219 款不同的鮮奶油蛋糕、餅點、蛋撻、曲奇和布甸，所展示的豐富想像力和創意，也經常出現在超群西餅的餅櫃內，讓顧客每隔一段時間便有驚喜的發現。其中一款酒釀乾果布甸蛋糕，因有烈酒長時間醃浸、可以久放而不會變壞，故此大受歡迎，不少香港人雖然移民外國仍然長距離訂購自用，聖誕節期間更會訂購送給親友，超群西餅的國際聲譽由此而起，Maria 也因而獲得各地不少獎牌。

2/. 嶄新的商業夥伴互惠關係

在上世紀 70 年代初跟一間超級市場訂立協議，讓超群西餅的忠實顧客，可以在超市購物時也買到喜愛吃的鮮奶油蛋糕和餅點，相信是開先河的做法。從 1960 年代中到 1970 年代初，這種在歐美已經運作興旺了 30 多年的「西方雜貨舖」開始被港人廣泛接納。可是，所售賣的產品雜貨，一般都是超市自己選購回來、再賣出去以賺取差價，而不是收取低廉的租金（現在叫「上架費」），去讓外邊公司的售貨員在超市內所分配到的專櫃區域內售賣他們的產品。

網上資料顯示，長江和記實業旗下屈臣氏集團的連鎖超級市場集團，於 1973 年收購了開設於港島赤柱的裕光超級市場及和平超級市場，並將之合併，成為首間百佳超級市場。

根據 Maria 的憶述，約在 1960 年代末到 1970 年代初的某一天，Maria 路經港島花園道登山纜車總站，看到 PARK n SHOP 的招牌，覺得有點奇怪：為什麼這間超級市場只有英文店號，而沒有中文翻譯的店號呢？「香港到底是個中國人、講華語的地方啊！」同時令 Maria 覺得奇怪的是：店號叫 PARK n SHOP，附近卻看不到有停車場。「究竟駕車人士在哪裡泊車後到超市購物呢？」

個性好奇好學的 Maria 於是走進這間規模並不太大的 PARK n SHOP，跟外籍的老闆娘搭訕聊天，發覺該超市的確有提供車位，卻處於店舖後面稍遠處，而兩個開設 PARK n SHOP 的西婦也沒有什麼大展鴻圖的想法。

幾年後，約在 1973-1974 年間，超群西餅已經發展成擁有四間分店的小型西餅連鎖店，除原有的午間飯盒供應，也開始發展到會服務。有一天，一位外國人到超群西餅於九龍土瓜灣旭日街的公司總部，要求跟總裁李曾超群見面，並自我介紹為 PARK n SHOP 的董事總經理。

根據 Maria 憶述，PARK n SHOP 的管理層認為超群西餅的出品很受歡迎，西餅連鎖店也很成功，而百佳超級市場也正在計劃改變為連鎖超市的營運模式，故此希望跟超群西餅合作，而合作的方式是：PARK n SHOP 在超市入口附近招眼的位置設立一個專賣區域，讓超群西餅擺賣不同款式的鮮奶油蛋糕和餅點，以此吸引街外行人走進超市，從而產生協同效應，令兩間商業機構同獲益處，而超群西餅只需為此繳交並不昂貴的月租。對於這個互惠雙贏的協議，Maria 當然不會拒絕。事實上，Maria 也為 PARK n SHOP 這個英文店號翻譯為「百佳」，送給 PARK n SHOP。直到 1984 年和黃集團終止這份協議的時候，超群西餅的產品可以在 16-17 間百佳超市內買到，每年都獲得巨大的利潤。

3/. 新穎的市場買賣模式

先付款後取貨的超群餅卡：利用規模經濟擁有壓縮生產成本以增加盈利的能力，Maria 於 1975 年發行第二輯可以自用和送禮用的超群餅卡時，除了提供四種不容易抗拒的優惠，[20] 令顧客樂意接受先付錢後取餅的買賣方式去購買大量的餅卡，也提供四項寓意吉利的配套設計，令每年一次的促銷活動，在台灣、香港，以至中國大陸都大受歡迎。這四項包含 Maria 創意設計的特色配套包括：

（i）印有寓意吉祥的對聯

自用餅卡上的對聯是「超運亨通年年享，群添福壽歲歲長」，而祝賀結婚用的餅卡則印有「超等良緣情永固，群賀新侶樂齊眉」的對聯；

（ii）喜氣洋洋的設計

紅色餅卡上印有金字對聯，在大紅請帖內有小紅帖，即有大有細，後代可期；這種配襯的設計，寓意吉利得人喜愛；

（iii）贈品一

訂購婚嫁囍餅餅卡的顧客會獲贈刻有龍鳳的 12 對筷子，用粵音說出 ——「筷子筷子、快生貴子」—— 會產生諧音寓意吉利的效果；以牛骨製的筷子都從台灣訂造，外觀似象牙，便宜耐用又好看；

（iv）贈品二

所贈的 12 對筷子以紅線綑好放在大小適中的「子孫桶」內，[21] 寓意兒孫滿堂。

---

20 這四種不容易抗拒的優惠包括：35% 折扣的超低價美食、可換領任何西餅蛋糕、永久通用、多種多重選擇的彈性，詳情請參閱本章。

21 中國傳統嫁娶的禮儀中，新娘子嫁進男家時要坐在美其名曰「子孫桶」的痰罐上，寓意娶進門的是有生兒育女能力的媳婦。Maria 將這個中國傳統習俗中的「子孫桶」重新設計為剛好裝載 12 對筷子、既好用好看又好意頭的「子孫筒」。

這種保持甚至是發揚中國傳統風俗習慣的配套設計，極受仍然保持傳統習俗和愛聽吉利說話的海外華人的歡迎。

上面以顧客利益為考量對象的創新意念和嘗試，都極受歡迎，並為公司帶來巨大利潤，將公司的業務發展向前向上推動。事實上，Maria 的創新思維與嘗試，早在 1967 年創業初期便可見到。其實，她意念創新的嘗試也在清盤之後、還債十年期間屢次見到。

創業初期，Maria 首先推出第一次出現在香港的芒果蛋糕和栗子蛋糕。不久，Maria 為送到兩間學校的午間飯盒設計了放在送貨小巴上的保暖箱，讓學生無需到處尋覓吃飯地方之餘，更可在自己的校舍內吃到熱騰騰的午飯。1975 年，Maria 在餅店的餅盒、餅袋、售餅員制服、餐廳的餐巾餐單餐牌、午餐飯盒和送貨小巴上統一了橙色方格的公司廣告，以建立品牌概念。其後，超群西餅租賃了兩部漆印了公司廣告的雙層巴士，每天不停地行走在人流頻繁的街道上，讓港人在不同時段不同地點都可以看到這個流動廣告，這種全天候全方位的流動廣告宣傳相信是香港商界中首次。1979 年 4 月開辦專營自助餐的西餐廳，一週七天的晚上都有自助餐供應，而當時只有比較高級的酒店才有這等服務。同年 11 月創辦裝設開放式焗房的自助麵包專門店，讓顧客可以眼睛觀賞、鼻子嗅到、親手從透明塑膠罩蓋著的餅盤裡挑選喜愛的西餅糕點，這種以透明塑膠罩保持食物清潔的舉措和多重感官享受的購買經驗，在香港應該是創舉。1979 年末、1980 年初，Maria 設計了香港第一部流動餐車，將快餐食物帶到潛在顧客很多但午飯時間很短的商業區，為午間短休填肚的白領階級提供多一個選擇。

不過，雖然 Maria 的創新意念似乎都可行，嘗試初期都受到歡迎和讚賞，可不一定可以持續運作為公司賺錢。例如兩間西餐廳都是既叫好又叫座的，可是，開辦了 12 年的超群咖啡屋因為客人太享受餐廳所提供的佳餚美食氣氛與情調而不願離去，結果，咖啡屋雖有客人也受讚賞，卻因賺不到錢而關門；新世界中心的花園餐廳也是熱鬧得座無虛設且天天爆滿，客人亦滿意那些總吃不完的中西美食，但因客人太多噪音太大阻礙行人通道而投訴不斷，未能繼續租用所需場地；自助麵包專門店內的透視焗房，所提供的多重感官享受的購買經驗也只能維持不足一年，便因玻璃幕牆可能不足以承受大焗爐帶來的高溫，有機會引致火警而被消防局叫停；頗受白領階級歡迎的流動餐車也因為政府不再發出流動小販牌照而停止運作。

由此可見，Maria 的無限創意是無容置疑的，若能加上多方資料搜集，深入論證，超群西餅飲食集團的發展將更為壯闊宏大。

（4）香港市場的建立與鞏固

Maria 在西餅業務以外的投資雖有挫折，卻由於上世紀 70 年代到 80 年代，是香港有史以來經濟發展最蓬勃的 20 年，為超群西餅提供擴張和拓展的經濟基礎，而壓縮成本、增加利潤、提供現金流的三個擴張動力火車頭亦於 1975 年前相繼成功啟動，加上西餅市場的競爭對手於 1982 年之前仍未構成嚴重威脅，令超群西餅的分店數目，從 1971 年的一間增至 1981 年的 50 多間。根據前超群西餅的生產部和市場部經理黃國興指出，超群西餅的本地市場佔有率，於 1980 年代初便已達 50% 以上。同期間，台灣超群亦已在當地西餅市場佔據穩固的龍頭廠商地位。在這個背景下，Maria 於同年開始考量如何拓展第二個海外市場。事實上，如果 70 年代是超群西餅在香港本地業務的擴張時期，80 年代就是超群西餅拓展海外市場的全盛時期。

第五節　全盛時期與風光背後（1982-1989）

（一）1982 年進入全盛時期的超群西餅

（1）1980 年代香港的政治社會經濟環境

1/. 政治：隨著 1979 年香港總督麥理浩爵士訪問北京，中、英兩國政府開始了一系列關於香港前途的談判，雙方於 1984 年正式簽署了《中英聯合聲明》，英國同意於 1997 年 7 月 1 日將香港——包括香港島、九龍半島、新界及離島——的主權交還中國政府，而中國將成立香港特別行政區，在一國兩制的政治框架和原則下確保中國的社會主義制度不會在香港特別行政區實行，而香港本身的資本主義制度將維持五十年不變，香港特區政府維持高度自治。1989 年春夏之交發生在北京的那場風波，引起香港人的關注是巨大而深切的，並引發了持續五年的香港移民潮。

2/. 社會：中英兩國從 1982 年 9 月開始，就香港前途問題的磋商討論和談判，需時兩年多，經歷 22 次正式談判。談判期間信心危機還是發生了：特別是早期談判時，中英雙方互不相讓，令談判停滯不前，結果引致信心危機、糧食搶購、物價飛漲、港元貶值，即使是計程車加價，也引起了九龍區的騷亂。

另一方面，越南戰爭於 1975 年結束後，大量越南難民抵達香港作短暫居留以尋求移民海外。其間，香港政府建造了不少難民營安置他們，但申請移民海外需時甚久，結果不少滯留於香港的越南難民，造成或引致不少治安問題。加上當時的政治環境，以至長達數年的移民潮，在在顯示港人的不安和人心虛怯的情況。

3/. 經濟：80 年代的香港經濟也不是一帆風順的，尤其是 1983 年中英談判缺乏進展所引致的信心危機，令港元大幅貶值，一度跌至 9.6 港元兌換 1 美元的歷史低位。結果，港英政府於 1983 年 10 月 15 日實施聯繫匯率制度，港元以 7.8 兌 1 美元的匯率與美元掛鉤，以此維持港元穩定。

1987 年 10 月中，中國香港股市受到美國股災及外圍市場影響而大跌 400 點，香港聯合交易所宣佈停市四天，是全球主要股票市場唯一停市的交易所，復市後恒生指數再大跌超過 1,100 點。

所以，80 年代的香港，不論是政治、社會，還是經濟，不單止不是平靜安穩一帆風順，事實上可以說是驚濤駭浪。不過，香港的整體經濟在這段時間內的發展卻是出奇地非常蓬勃，從本地生產總值的數字去看，1982-1989 年八年之間——也正是超群西餅飲食集團的全盛時期——每年的本地生產總值比對上一年都是正增長的；倘若以 8% 的增幅作為高增長的話，其中三年就達到高增長的水平（1984 年的 8.8%、1986 年的 9.7% 和 1987 年的 12.3%），並且是在高增長的水平上將增幅持續拉闊，充分表現出香港有史以來最繁榮興旺的 20 年的經濟發展勢頭，1985 年的人均本地生產總值就超過 10,000 美元，正式被國際社會標籤為發達地區。其實，若以每年人均本地生產總值作比較，1989 年（$130,145）比 1982 年（$85,891）就增加了 51.5%，而 1982 年（$85,891）又比 1971 年（$44,871）增加了 91%。在這種經濟全面起飛的情況下，中國香港被國際社會標籤為亞洲地區其中一個最發達的城市，與南韓、新加坡及中國台灣合稱為亞洲四小龍。

就在市民購買力和消費意慾都大大提升的背景下，超群西餅飲食集團從 70 年代主要發展香港業務，到 80 年代將西餅業務推廣到美國和中國台灣，兩者的發展速度都是驚人的。

（2）全盛時期的超群西餅（1982-1989）

雖然超群集團的全盛時期只有八年，其間本港蓬勃的經濟發展令商業樓宇和地舖租金持續高企並繼續攀升，西餅業內市場的競爭也不斷加劇，對超群集團只租地舖營運的西餅業務構成極大壓力。但透過在快餐店、麵包專門店，以及到會服務，仍有顯著的多元拓展。而台灣超群的西餅業務繼續蓬勃興旺的同時，美國超群業務從西岸跳到東岸的發展更是驚人的迅猛，短短兩年內（1984-1985）就在紐約市開設了一間總店和四間分店、一個製餅總工場和一間西餐廳，可見超群集團於 80 年代的業務發展主要集中在美國東岸。為此，Maria 經常到美國東西岸視察業務，也因此參與不少支持大學教育和慈善工作的活動。以下是超群集團全盛時期的發展簡史年譜：

1982 年美國第一間超群西餅店在加州洛杉磯蒙特利市開業，另兩間分店分別於 1983-1984 年於洛杉磯開業；

1983 年超群集團的第一間快餐店於 6 月設於九龍牛頭角淘大商場，第二間快餐店於同年 10 月在荃灣開業，第三、四間快餐店分別於 1986 年及 1987 年開業；

1984 年史無前例的西餅擠提事件：該年的 5 月 16 日，由於被謠言中傷，大批市民擁到超群西餅各分店用預購餅券兌換西餅。因兌換西餅的市民太多，各店均出現人龍，需要警方協助維持秩序而造成擠提的新聞。事件於集團總裁在記者會公開解釋後很快便平息；

同年 12 月美國東岸的第一間超群西餅店在紐約市華埠百老匯街開業，其後一年間紐約市的分店增至五間；

1985 年 8 月超群集團將美國紐約市的總店暨總工場設於拉菲逸街 148 號，同年 10 月於同址開辦集團在美國的第一間西餐廳；

1986 年超群集團在加拿大的第一間西餅店設於多倫多市，幾年後改為特許專營的商業模式；

1987 年 12 月，在慶祝集團創業 20 週年當日，超群集團在香港開設 45 間西餅分店、七間西餐廳或快餐店、兩個製餅工場、兩間獨立的到會服務；在台灣四個城市 —— 台北、台中、台南和高雄 —— 開設八間西餅店；在紐約市有五間西餅店和一間西餐廳；而洛杉磯則有三間西餅店；

1988 年為慶祝集團創業 20 週年而建的超群商業大廈於紐約市華埠堅尼街落成開幕；

1989 年集團首間（也是唯一的一間）中菜酒樓於該年 9 月在尖沙咀東部開幕營運，可惜經營不善，虧蝕巨大，於三年後的 1991 年底結業。

1/. 香港業務和業務以外的慈善公益

（i）業務拓展、分店及員工數目、利潤及市場競爭 —— 70 年代和 80 年代的香港經濟，是本港有史以來最繁榮興旺的 20 年，其間各行各業特別是服務及飲食行業都有極大的發展。香港在政府積極不干預的經濟政策下，商業用辦公樓宇和地舖的租金不斷在高水平上繼續飆升，成為全球商貿經濟體系中租金最昂貴的城市之一。這情況對只租用商業地舖和商場舖位的超群西餅連鎖店業務極為不利，因為集團所有的分店都分佈在地面交通暢旺和人流密集的地點或商場，要在不斷攀升的昂貴租金中繼續維持高水平的利潤是十分困難的。事實上，自從香港地下鐵路在港島和九龍的第一條幹線於 1979 年開始運作，而美心集團於 1982 年成功投得地鐵沿線的商舖後，超群集團的本港西餅業務於 80 年代初已開始承受不少壓力。

不過，承接著 70 年代末快速發展與增長的勢頭，超群集團在全盛時期的八年間，雖然面對高昂租金的壓力，以及市場中強勁競爭對手的挑戰，其專營西餅糕點的分店數目仍可從 1981 年的 50 多間增加到 1985 年的 70 多間。可是，到 1987 年的時候，租金與市場競爭令分店數目減少至 45 間，這個 40% 的縮減，對盈利的影響是十分巨大的。

其實，早於 1982 年當美心集團投得地下鐵路沿線各站舖位、建立起一個龐大的西餅連鎖店網絡，而這個網絡又因地鐵在香港的覆蓋率不斷增加而擴大，對超群西餅連鎖店開始產生實質的影響時，Maria 已考慮以業務多元作抗衡。於是在 1983 年 6 月在牛頭角淘大商場開設集團的第一間快餐店，同年 10 月在荃灣開設第二間快餐店，到 1987 年當集團慶祝創業 20 週年的時候，快餐店的數目已經增至六間；而麵包專門店的數目則由 1981 年的 8 間增加至 1987 年的 16-17 間。至於西餐廳的投資，超群集團從來都沒有成功過：開辦於 1971 年的超群咖啡屋，雖然叫好又叫座，卻因利潤不多於 1983 年結業；而專攻自助餐服務的新世界花園餐廳，叫好叫座又賺錢，卻因顧客太多噪音太大阻礙行人通道投訴太多，令業主拒絕簽訂第二個租約以致停止營業。根據 Maria 憶述，超群集團曾經在沙田新城市廣場開設另一間西餐廳，卻因租金加得太快而結束。

另一個抗衡市場競爭的策略是將等待顧客到店內購買，轉換為將西餅糕點小吃帶到顧客那裡去，「到會服務」由此意念開始：於 1982 年 —— 正是美心集團成功建立地下鐵路沿線各站西餅連鎖店網絡的同年 —— 集團在超群咖啡屋開設到會服務部，一年後業務擴張，遷到運作空間更大的香港仔黃竹坑製餅工場總部。到 1987 年，集團有兩個到會服務部，分別於九龍土瓜灣和港島黃竹坑的兩個製餅總工場獨立運作，以服務新界九龍和港島兩區的需求。業務多元的抗衡策略似乎奏效，令集團不至於由盈轉虧。

面對激烈的市場競爭，以及高昂租金的持續飆升，超群西餅本港業務的盈利能力慢慢被削弱，集團盈利進帳的最大來源慢慢從本港轉到台灣。根據 Maria 和馮太憶述，自從台灣超群獨資經營獨立運作之後，不夠一年便攻佔台灣市場，開創西式婚嫁囍餅的潮流，成為台灣囍餅業的龍頭廠商，佔據市場領導品牌地位，並且每年都賺大錢，比起香港母公司和北美市場提供的盈利進帳更多。

在 2012 年，Maria 和馮太一起接受訪問時都笑著說，1981-1982 年間，他們從台灣利潤分紅中分別獲得 1,000 萬元，令人喜出望外。Maria 和馮太都承認，香港與台灣在盈利份額貢獻上的此消彼長，是從 1981 年開始，一直維持到 1989 年。不過，兩人都同意，集團整體業務的生意在 1989 年走下坡之前，資金財務狀況仍然穩健良好，每年的盈利都維持在高水平，流動資金仍然健康暢順。她們指出，1985-1987 年是整個集團業務最興旺的三年，1985 年更可以被看為集團業務發展的頂峰，當時集團擁有 70 多間西餅分店，市場佔有率超過 50%，員工接近 1,000 人。

不過，全盛時期的風光背後也不無暗湧，在 1980 年代中期、公司不斷增加新分店的時候，發生了兩件影響西餅連鎖店運作的社會事件，成為香港人兩個奇趣的集體回憶：

（甲）西餅擠提事件 —— 對於擠提事件，特別是銀行擠提，香港人並不陌生：從 1960 年開始，到 1990 年代末 —— 超群西餅從創業、興旺發展到倒閉的 32 年期間 —— 香港就曾有九次、涉及 16 間銀行發生過擠提事件。可是，西餅擠提卻從未在香港發生過，恐怕在世界其他地方也從未發生過。

1984 年 5 月 16 日，所有到百佳超級市場購買超群西餅的顧客，都失望而回，連那些帶著超群餅卡的市民都不能在百佳換取西餅，因為超群的西餅專賣櫃已被撤走，百佳超市的僱員對那些到百佳購買超群西餅的顧客說：「這裡已經沒有超群西餅出售了，百佳超市全線都沒有。」而超群西餅專賣櫃之所以從全港所有百佳超市撤走，是因為超群西餅跟百佳超級市場簽署並運作了 12 年的協議，於該年 5 月上市公司和黃集團收購了整個百佳超市連鎖店後，拒絕再讓超群西餅繼續設置其專賣櫃於百佳超市內。百佳超市的員工當然沒有把詳情告知顧客，而顧客未能購買到或換領到超群西餅的消息很快便傳開，過程中不少傳言變為「沒有超群西餅賣啦！」最後演變為：「超群西餅將會倒閉」，這些謠言於黃昏時候便傳遍香港。不明真相的市民因懼怕已經付款的餅卡不再有效，將所有餅卡都帶到超群西餅各分店，希望餅卡不會變成廢紙。由於一張餅卡換領 12 件西餅需要一定的時間，那些擁有多張餅卡的顧客所需時間更長，排在人龍後面又等得不耐煩的顧客，慢慢開始鼓噪起來，要求換領西餅的鼓噪喊聲此起彼落，群情慢慢洶湧起來。為了維持秩序與安全，店員不得不向警方求助。當天的晚間電視新聞便以此為要聞播出。

其實，Maria 於當天下午已聽到傳聞，也收到員工的報告。對此，她做了三件事：第一：安排一個記者招待會，於翌日下午透過新聞媒體希望澄清完全沒有事實根據的謠言；第二：請獨立的會計師出席翌日的記者招待會，向全港市民宣示超群西餅健全的財務狀況；第三：請公司總經理馮太督促兩個製餅總工場的全體員工，即時投入 24 小時全日生產，三班作業，以應付大量餅卡換領西餅的要求。

翌日早上，更多市民帶同餅卡湧到各超群西餅分店，企圖快人一步換領西餅，以避免損失；「……你有超群餅卡嗎？……你還沒有換嗎？……快一點去換吧！……」各種各樣類似的詢問由清晨起便在親朋和同事間流傳著，而 Maria 卻如常地每週一次到群芳藝苑跟芳艷芬習唱粵曲減壓，可是，Maria 還沒有坐下，一連串或關心、或催促、或責備的說話已鑽進耳朵裡：

「哎喲！你為什麼還要來這裡啊？⋯⋯你快點回去辦公室吧，他們等著你呢！⋯⋯」

「我們不是約好在這裡練唱嗎？」

「哎呀？虧你還有心情唱歌？你沒看新聞嗎？」

「我有呀！⋯⋯」

經過一番解釋後，芳艷芬和眾樂師靜下來了，卻是一邊伴奏或練唱，一邊用極奇怪的眼神望著 Maria。練唱完畢後，大家才發覺：那一天的減壓練唱，只有一個人用心和專心 —— Maria。

在下午的記者招待會內，經過銀行結單的展示、會計師毫不含糊地交代了公司健康的財務狀況，加上 Maria 情真意切的解說，傳媒的廣泛報道，一場可能對公司造成嚴重傷害的風暴，在記招後的兩三天便消弭於無形，而超群西餅飲食集團的聲譽也無形地往上攀升。

（乙）分店屢遭搶劫 —— 1980 年代中，當超群西餅進入集團全盛時期不久，70 多間分佈港九新界各區的分店，每天售賣西餅糕點的數目龐大，即使是一間分店的現金收入也不是一個小數，結果引來劫匪垂涎。於 1984-1985 年間，不同劫匪或進入分店聲言打劫，或在現金送往銀行途中攔途截劫，每月總有兩次到三次劫案發生。由於次數頻繁，每次報警後警方都派人到場調查，調查後劫案卻依然續有發生，故此，警方乾脆派便裝警員，每天坐鎮幾間熱門被劫的分店，而員工也見怪不怪，與警察共同看守店舖。

雖有業務運作上的暗湧，也有從租金高企而來的壓力，以及市場競爭帶來的挑戰，超群集團在全盛時期的八年裡面，業務上仍然是最興旺，盈利仍能維持在高水平。其間，公司曾在組織架構和行政管理上作出改革，企圖將集團業務發展為現代企業的運作模式。

（ii）公司組織架構、行政人事管理及公司文化——根據 Maria 憶述，自從 1980 年代初，升任集團總經理的馮太和新上任的會計行政經理黃麗薇對公司內部的組織和行政架構作出結構性的重整後，集團的管理架構從兩層改變為五層：董事下面有高級經理，高級經理下面有各部門經理，各部門經理下面有該部門各司其職的員工，而各司其職的員工中又分組長與組員。分別列出各部門的職銜與職能，問責制度的權力線也連接清楚。

行政運作方面，每一級員工都必須向上層主管提交每月的運作報告，而跨部門會議是每一季、每半年，或每一年都必須召開，討論或檢視業務的進展，並作出相關運作的決定，而作出的決定必須遞交給上一層的主管審核。會議的內容則包括業務運作、突發事件報告、維修報告、人事與財務、每年的花紅分配、最佳服務獎人選、薪酬升幅建議等。理論上，每個層級不同管理單位各自擁有必須的營運決策權，分工比較清晰，職權按等級劃分並與職責對等，目的是增加整個機構內每個層級裡面的每一個單位，與每個單位的成員都能達至最高程度的效率，避免弄權或濫權的情況出現，一切行政決策和運作都按照既定程序去進行，以求達至公平合理的運作效果。

以門市部為例，70 年代和 80 年代的每一間分店都有六至七人，工作範圍包括售賣西餅糕點——中午時分也供應飯盒——接聽電話、落訂單及送貨。員工中設有售餅員及組長，組長之上設督導員，售餅員及組長只負責一間分店的工作，而督導員則要負責巡視幾間門市員工的工作表現。督導員之上設有副經理和經理，他們二人負責整個香港、九龍和新界的營業事務。

不過，根據五位曾於超群集團服務由 10-29 年的員工所述，[22] 作出結構性制度上的改革後，公司的運作仍出現以下他們觀察到的事例：

（ii.1）缺乏統一的行政程序、會計紀錄與方式：由於分店的日常運作主要只涉及買餅賣餅、現金交收和記錄買賣數目，因此，大多數分店並沒有自己獨立的損益表，而能夠提供獨立損益檔案紀錄的分店，卻常因缺乏相關教育與訓練，在輸入或記錄方法上跟會計原則不符、甚至錯誤，公司難以比較各分店的損益。

（ii.2）放棄使用電腦去改善行政效率：在公司已購置的電腦中，一般只用作記錄餅卡的數目，包括已發出去的、已兌換和仍未兌換的西餅餅卡數目。可是，電腦的多元功能，例如各種食材物料的購入紀錄、消耗速度，員工薪酬、工作表現與升遷、假期和病假紀錄等等，都未能利用電腦軟件去提升行政運作效率。雖然公司曾多次聘請電腦專業人員為公司設計軟件，去處理或改善公司運作的效能與效率，卻因為分店太多、不同分店大小不一而採用不一樣的運作方式，而分店數目的增減頻率也大，引致統計程式的變項太多，統計基礎變化頻繁，令統一各變項的運作定義難度增加、所需時間和費用也高昂。結果，公司決定放棄使用電腦的多元功能去改善行政效率。

（ii.3）架構重整與小圈子文化的產生 —— 行政架構重整之後的超群集團，每個層級不同的管理單位，各自擁有必需的營運決策權，分工比較清晰，職權按等級劃分並與職責對等，目的是增加機構的運作效能與效率。可是，當個別高層考慮保護自己業務範圍內的權力運用，集團又

22 這五位員工包括：1. 郭錦霞，總裁 Maria 的中英文秘書，服務年期十年；2. 黃麗薇，會計行政部經理，服務年期 16 年；3. 樂汝輝，到會服務部經理，服務年期 24 年；4. 邱志鵬，集團副經理，主管市場營業總務和廣告，服務年期 28 年；5. 黃國興，生產及總務部經理，服務年期 29 年。

缺乏跨部門溝通，小圈子文化便容易醞釀產生，引致圈子內奉承文化普遍，圈子外排斥異己不斷，令有識有能之士不願或不能繼續留任。曾有員工因不願意拍上司馬屁致不獲加薪而請辭，也曾有高學歷具專業資格的新同事無故被非難或排擠而離職。

（ii.4）缺乏監管制衡懲罰和改善機制：貪腐行為的醞釀——自1978年之後，超群西餅每年以公司該年度純利的30%作為年終花紅和五年服務獎的獎金。這個十分慷慨優厚的薪酬福利制度的確贏得了員工的好感和忠心，並有效鼓勵士氣，激發工作熱誠，增加歸屬感，但卻也引致以權謀私的貪腐：由於缺乏監管機制，個別有私心的高層員工，會在分配年終花紅或獎金的時候，更多將比較大的獎金分給隸屬自己單位的員工，而部分獲獎員工的表現卻不一定跟所得獎金相稱。這情況持續了幾年，因有員工投訴才被發現，該權責後來被公司取回，涉事員工卻沒有受到相應的監督和責罰。

（ii.5）大家庭的管理思維與作風：由於Maria是個重視和諧關係和看重情義的總裁，她採納了大家庭管理的思維和作風，「用人不疑、疑人不用」，「取人之長、恕人之短」，員工只要有才能幹勁、盡心盡力、熱心負責，短處弱點與犯錯都可以原諒，所有員工都是一家人，不分你我，不分上下、齊心協力，有挑戰齊面對、有困難齊克服，成功的果實與喜悅也應該一起分享。所以，公司對機構內以權謀私、不公平地獲取更多薪酬獎金的貪腐行為，似乎沒有嚴肅地面對，也沒有果斷及時地提出針對性的專業決定和行動，給人一種只賞不罰、總是給人機會改過的感覺。

這種過分追求或維持僱員與僱主間和諧關係的情況，可以從下面一個事例說明：香港業務中有一個中層員工，曾在集團內三個不同單位服務，而這三個單位在不同時段因不同原因結業，公司讓他兩次留在不同單位工作，卻先後領取三次遣散費，給人另一個感覺：超群集團是個重視人才、人情味濃厚的商業機構，但卻因此沒有嚴格遵守人事管理的制度要求。結果，引致日後更嚴重的貪腐行為，例如香港高級員工中有人在機構外另立同類公司跟集團在行業內競爭；海外業務有侵吞公款和瞞稅的行為，對集團運作所需的現金流產生了嚴重的影響。

對公司於行政和管理架構重整後，未能建立一個有效的監察和制衡機制，以致公司在行政、人事和管理上發生種種問題，最後令公司受到極大的傷害，甚至倒閉，Maria 在 2012 年的一個訪問中表示，她是感到十分難過和無奈的，但是，她沒有後悔。「……能夠創造機會給有才能和幹勁、熱心盡力，又不怕辛勞的年青人，讓他們接受訓練、挑戰，以致成長成熟，是我的榮幸，對此，我是感恩的……。」

有趣的是：Maria 至今仍然相信人的本性是良善的，「……很可惜……(停頓了很久)……在誘惑面前，人是會變的……」。幽幽地，Maria 欲語還休，她沒有說下去。

（iii）行政架構重整以後、商業活動以外：社會公益慈善捐贈——行政架構重整之後的超群集團，由於分工上較前清晰、職責職能與職權比較接軌，而各層級的管理單位都各自擁有必須的營運決策權，Maria 就無需好像 70 年代到 80 年代初的每事問、事事關心、親自解決每項出現的問題。這種架構和制度上的轉變，令 Maria 必須在兩方面作出調校適應：

（甲）Maria 和員工之間的關係開始保持一個較大的距離：不同層級的員工開始改稱她為「總裁」，而不再是過去的「契媽」，而繞過主管領導去關心不同層級的員工和事務亦會被認為不恰當。因此，Maria 十分懷念過去家庭式運作時一家人不分你我齊心協力那種親切的工作關係。她似乎並不太喜歡「公事應對式」的關係，卻只能無奈地適應。

（乙）Maria 每日的行事曆上開始多了不少沒有指定目的的時間：不再是 24/7 全天候地處理公司業務、又不能停下來的 Maria，她選擇恢復幼年時已經開始的對中國傳統藝術的學習，包括書法、詩詞、水墨畫，以及跟隨閨中密友 —— 也是從粵劇界退隱多年的紅伶芳艷芬學唱粵曲。

這個決定成為一個重要的里程碑，令超群集團的業務管理模式從一人統領變為多頭車馬的管理局面，令公司的管理文化有了變化。可惜，這個變化卻為以權謀私搞小圈子留下醞釀和發酵的空間，而缺乏監察與制衡，就更為有私心又有權力的高層管理人員做出傷害公司利益的行為埋下伏線，最終令公司清盤結業。

不過，這個決定也令再也無需事事關心的 Maria，心安理得地恢復她對書法藝術的研習、寫詩填詞、繪畫國畫、唱曲消閒，給 Maria 一個極佳的機會，在烹飪學校和西餅飲食集團以外，發展出令她滿懷興奮的慈善事業。

事實上，這個決定一方面是基於實際的需要，另一方面也由於芳艷芬的鼓勵而促成。前者是由於 Maria 那種「盡力而為、做到最好」的心態，令她從 1958 年創辦烹飪學校開始，到 1966 年創辦超群西餅，以至於 1980 年代初成功建立跨國西餅飲食集團時，Maria 一直沒有停下來，是全天候的「工作狂」；到了公司的全盛時期，業務上的責任雖然多了重了，來自市場競爭的挑戰和壓力，也經常令 Maria 的精神處於繃緊狀態，如今卻因為行政架構和制度的改變，令 Maria 可以比較自由地分配時間。芳艷芬的鼓勵也就在此時提出。

（乙 .1）習書法、寫詩詞、畫水墨畫：Maria 對書法詩詞水墨畫的學習，始於小學時父母對女兒的期盼，希望 Maria 長大後是個具中國傳統文化素養、有高尚情操和懷豁達寬厚心態的人。應父母要求，Maria 於十歲時便開始跟隨嶺南派名畫家姑丈鮑少游讀詩詞、背詩格、畫國畫和習書法。根據 Maria 憶述：她於小五、小六兩年間，每逢有空的時候便會到姑丈家，除基本功的修練，她得益最大的是：透過經常接觸和研習這幾種傳統文化載體而得到的藝術薰陶。婚後，因家務與照顧小孩都有女傭和護士幫忙，Maria 便重拾對中國傳統文化的興趣，自習消閒。可是，當烹飪學校的教授工作於 1950 年代中開始之後，這興趣的進階發展不得不再次放下。

直到 1979 年，當時的超群西餅已經形成跨國飲食集團的雛形，Maria 在忙碌的日程事務中，於每週的一個下午擠出時間，第二度跟隨姑丈研習這三種中國傳統的文化藝術。雖然姑丈鮑少游於 1985 年 7 月離世，集團的業務發展也達到頂峰，Maria 對這三種藝術載體的熱愛並沒有減退，並於 1984-1988 年師從陳錦懷學水墨畫，於 1988 年 6 月到 1989 年 11 月從盧逸巖老師學作詞寫詩和書法，目的都是為了「……忘記生活上不如意的事……舒緩工作上的壓力……平靜人生中的波瀾……增加生活情趣……」。

（乙 .2）消閒、解壓的藝術研習轉變為利他的慈善公益：1984 年是這兩位閨中密友忙碌的一年：除了在香港成立群芳慈善基金會，也在美國設立分會，透過慈善活動籌募善款作社會公益之用。同年夏天，在香港成立群芳藝苑，設錄音室、音樂室、畫室和畫廊，於公餘時候一起唱曲學畫消閒減壓。

而這個本來是自娛、靜心、抒情和減壓的經常性活動，後來也發展為利他的慈善活動。最初由芳艷芬使用群芳藝苑的設施，灌錄鐳射唱碟、唱片及卡式盒帶作慈善義賣，所得款項全部撥入基金會，用作捐助慈善機構之用。除義賣所得，基金會也接受個人捐贈。為了有足夠善款，透過捐贈香港耆康老人福利會，以建築群芳念慈護老院，以及捐款給東華三院，以建築群芳啟智兒童學校，為弱智兒童提供特殊教育，Maria 和芳艷芬二人分別捐出巨款給群芳慈善基金會。

而最為人樂道的是 1987 年 10 月 6 日，二人粉墨登場，為香港十間慈善機構義演四場折子戲，當晚一共籌得善款 1,260 萬。隨著這次空前成功的慈善義演，二人在 1994 年和 1997 年分別為香港醫學專科學院和香港四所大學義演籌款。第一次是為了幫助那些貧病老弱孤寡有需要的人，第二和第三次是為醫療服務和高等教育機構籌募經費，幫助香港更健康更具活力地運作。

不過，絕大多數認識芳艷芬的人，都會覺得奇怪：已經退隱粵劇界 20 多年，為何決定在此時復出，跟一位對粵劇毫不認識的李曾超群同台、讓她反串演出？而絕大多數跟 Maria 相熟的親朋，亦會覺得詫異：從未唱過粵曲也從未踏過台板的 Maria，怎麼會有那麼大的勇氣，去跟粵劇花旦王同台演出？她從未接觸過粵劇，又怎麼撰寫折子戲〈紅綾配〉的曲詞？

折子戲〈紅綾配〉曲詞撰寫始末：自從成立群芳藝苑後，他們倆每週總有一次相聚於音樂室或畫室，一起唱曲學畫。有一次，芳艷芬的夫婿楊景煌醫生因公幹到了夏威夷，芳艷芬便有更多時間流連於群芳藝苑。那一天，芳艷芬建議拍攝一些戲裝照片掛在藝苑的畫廊內，於是帶來戲服頭飾，而 Maria 也請來攝影師，一整天輕鬆愉快地擺身段做功架以配合不同戲服的照片造型。當照片沖曬出來之後，Maria 將照片分類、按造型排列成一齣駙馬與公主的愛情故事，並在每張照片旁邊寫下一些與故事相關相連的台詞。芳艷芬看後十分驚訝讚賞，認為是可以發展為折子戲的好題材，於是請 Maria 再仔細修訂，由她自己譜上音律而成為群芳合作的〈紅綾配〉。當造型照片掛在畫廊牆上時，二人同台義演籌款的概念仍未出現。

二人同台義演籌款：從概念到事實 —— 位於銅鑼灣、主要用作粵劇、歌劇、演唱會和電影放映用途的利舞台戲院，建成於 1925 年，於 1927 年啟用；60 年後的 1986-1987 年間的一天，戲院業權人利希慎的第四公子利榮森跟好友楊景煌醫生夫婦一起晚飯。根據 Maria 憶述，閒談的時候，利榮森透露：他們計劃將利舞台戲院拆卸，並將利希慎家族於銅鑼灣擁有的利園山地皮改建為一個大型的現代購物中心群。不過，拆卸戲院之前，他們希望找一個粵劇團在利舞台作最後一場演出，以見證利舞台戲院 60 年來作為粵劇主要表演場地的歷史。

可是，究竟應該邀請哪一個劇團才最具代表性呢？當時，利榮森將藏在心內已久的疑問，向芳艷芬提出。事實上，香港也沒有第二人比芳艷芬更有資歷、資格去回答這個問題。

問題剛出口，「還有誰比你更有資格作這次歷史性的告別演出啊！？」利榮森已衝口而出地說出第二個無需回答的問題。

已退隱舞台和電影圈 28 年的芳艷芬，一面望向夫婿、一面瞠目結舌的不知如何回答。

「Katie …… 應該 …… 可以的」，楊醫生緩緩地替他的另一半解窘。

「可是，找誰拍檔呢？」芳艷芬終於開口了。

「Maria 啦！她夠高大，可以反串！」利榮森毫不猶豫地建議。

「做善事，可以考慮。」楊醫生為這次粵劇義演籌款的建議作了總結。有趣的是：提出建議和作出結論的都不是台上演出的兩個人。

不久，芳艷芬到紐約探望公幹中的 Maria，相約唐人街餐館晚膳。二人剛坐下，芳艷芬已急不及待地對 Maria 說：「我有個好消息告訴你，你會好開心的：我和你一起登台演出折子戲，慈善籌款。」

「我從未演過粵劇，不懂功架，對各種唱腔一竅不通，我真的可以嗎？」Maria 望著芳艷芬，問道。

不過，一向都是「勇」字當胸、「未試過點知唔得」的 Maria，沒有猶豫多久，便想到中學逃避戰難時，在廣西八步曾短暫學唱京劇消閒的經驗。對於可以做善事幫助有需要的人，Maria 就更是雀躍興奮。

「可是，我可以唱哪一齣折子戲呢？」粵劇表演紀錄是零的 Maria，不得不再問。

「就做你自己作詞的〈紅綾配〉，不就可以嗎？」芳艷芬不假思索地回應。

結果，二人初步敲定了 1987 年 10 月 6 日的四齣折子戲的演出劇目：1. Maria 首先獨自演唱〈百萬軍中尋妹喜〉，那是 Maria 認識芳艷芬之前，第一次接觸粵劇、第一次看到芳艷芬在舞台上演出，以及第一次聽到芳艷芬唱出的主題曲；2. 芳艷芬獨自演唱〈竇娥冤〉；3. 群芳同台演唱〈紅綾配〉；4. 二人合作演唱〈洛水恨〉。

（乙 .3）積極開展社會公益慈善活動：根據從 Maria 自己個人所設立的網站資料整合出來的一份附錄文件顯示，Maria 和芳艷芬於 1984 年初在香港成立群芳慈善基金會，以籌辦慈善公益服務社群為宗旨。同年夏天於美國加州和夏威夷成立分會，並於該年作出三次捐贈：於紐約丕士大學和加州路德大學設立每年頒發獎學金之基金、資助出版一份研究東亞文化的學術季刊、建立一間群芳藝術博物館；也捐款給夏威夷一間弱智成人服務機構，支持他們給弱智成年人提供職業訓練和自立機會。由此可見，二人希望透過慈善公益的活動和捐贈，去幫助社會上貧病老弱孤寡和有需要的機構，十分認真積極而且是坐言起行的。

這份文件也顯示，從 1984 年設立基金會開始，到 1998 年超群集團清盤的 15 年內，群芳慈善基金會一共作出 23 項重大的捐贈，而 Maria 也於同期作出了四項個人捐贈。這 27 項慈善捐贈中的受惠者主要有兩大類：第一類是社會中有極大需要卻又往往被忽略的弱勢社群，包括弱智人士、老人和兒童；第二類是大學教育或醫療機構，它們常因政府撥款不足而需依賴有心人士的捐助，以維持高質素的教研工作和醫療服務。

從群芳慈善基金會作出的所有慈善捐贈都由 1984 年開始，並於 1998 年超群集團清盤結業時停止，可見 Maria 的慈善事業，跟超群集團業務發展的盛衰有十分密切的關係：因為 1985-1987 年是超群集團全盛時期中最興旺的三年，Maria 於這幾年間從薪酬花紅和董事酬金獲得的回報是十分豐厚的。事實上，Maria 多次承認，她在生意上賺到的金錢，絕大部分用在慈善捐獻和集團倒閉後償還債務上。

另一方面，1987 年的慈善演出，是超群集團業務發展最興盛、國際疆界拓展得最遼闊的一年；1994 年第二場演出是集團從業務發展的頂峰下滑到谷底的一年；1997 年則是整個集團全線清盤的前一年。由此推斷，Maria 這三次慈善義演中，不論是 1987 年於極短時間內極速學習唱曲填詞和功架表演，以至其後兩次義演，都是在極大的工作壓力，精神繃緊、內心焦慮的狀態下進行，目的只有一個：就是幫助更多有需要的人，哪怕是放下自身的利益考慮，抑或將內心填滿焦慮。

除此，Maria 和芳艷芬的慈善籌款活動都有兩個特徵：i. 出錢出力 —— 不單止捐出善款，更親自構思設計、宣傳勸捐、組織安排，甚至踏上舞台義演籌款，二人三次同台演出粵劇折子戲，就最能顯示這個特徵；同樣，1989 年舉辦的雙人慈善畫展中展出的每一幅水墨畫，也都是他們個人或二人合作繪畫的作品。由於群芳慈善基金會是個十分簡單的慈善機構，它沒有受僱的職員（因此沒有行政費用），一般行政文書或事務性的工作，不論是初期構思籌劃階段、慈善活動期間，還是後續跟進時期，都由超群集團的員工臨時義務幫忙。事實上，Maria 於 1985 年聘用一位中英文秘書，就是為了協助她處理各種與集團業務相關，以及跟進各種與集團業務無關的社會服務和慈善活動的文書工作。ii. 為了籌募更多善款，幫助更多有需要的人或機構，群芳慈善基金會主要的慈善籌款活動都公開讓市民大眾參與。

除了慈善捐贈和主辦慈善活動為其他機構籌募經費之外，Maria 於 80 年代參與的社會公益事務包括：擔任美國一所大學和中國香港一所小學的董事局成員，在美國兩所大學介紹中國傳統文化，並即場作水墨畫示範表演，向不同社團公開演講、分享自己營商經驗等。而分享個人超卓的烹飪技巧與經驗則早於 1950 年代中便已開始，曾於香港婦女福利會義教烹飪 15 年，並於 1967 年擔任該會義務顧問；1970 年應紐西蘭政府和四邑會館之邀，到該國介紹中國飲食文化，以當地食材烹調中國佳餚美食，並為當地多個非牟利機構慈善籌款；到 1998 年超群集團清盤結業之後，Maria 經歷了十年還債的艱辛歲月，其間，應邀到不少社會福利機構、大中小學等分享個人逆境自強的經驗。

對於 1980 年代中，公司生意越做越大，而 Maria 投放在社會公益慈善活動上的時間卻越來越多，她表示，能夠將賺到的金錢捐贈給有需要的人，並發展出在烹飪學校和西餅飲食集團以外的慈善事業，她是滿懷感恩、滿心喜悅、無憾無悔的。

「……我喜歡分享，因它帶給分享者與接受分享的人一份喜樂……那一年母親參加一個生日宴，到場時才發覺那是長兄昭遠給她安排的一個驚喜，母親臉上當時表達的那種喜悅寬慰神情，令我一生不能忘懷，並深深認同長兄經常的提醒：『給人快樂，自己更快樂』……。」[23]

這份分享意識，在 Maria 心內十分深刻強烈，曾經以不同形態展現

23　有關 Maria 的「分享意識」，詳情請參閱本書李曾超群序。

在她一生不同時段中：

1978 年開始，Maria 決定將集團賺得的 30% 純利總額，分給公司上下所有員工，作為他們的年終花紅獎金和福利。「……公司賺錢，是所有員工集體付出、共同努力的結果，所以，我希望所有同事都可以分享到成果帶來的喜悅……。」（李曾超群序）事實上，她也將自己個人收入——包括總裁薪酬、董事袍金和公司分紅——相當一大部分捐贈出去，因為 Maria 相信：「給人快樂，自己更快樂。」

教授烹飪的 30 年間，無論是課堂內、還是出版的烹飪小冊子中，Maria 都毫不保留地跟學生或讀者分享她超凡的廚藝和烹調的秘訣，這種教學方式與態度，毫無例外地反映在如何處理烹飪配料、烹製海產、洗滌肉類或蔬菜、浸發魚翅和鮑魚、炒炸魚塊和肉類、醃製技巧，以至煎炒蒸燉焗煮炆炸所必須注意的「火候」與「鑊氣」中。對此，早於 1969 年便在超群烹飪研究學院修讀她第一個課程的馮太如此說：「……她會將不同菜式的烹調秘訣悉數教導學生，並不隱瞞……。」從 1971 年到 1978 年修畢烹飪學院每一項課程的曾黃惠玲指出：校長（即 Maria）授課的時候，不會有任何保留，會將烹調不同菜式的秘訣都傾囊以授。

1970 年初到 1971 年初的一年間，Maria 每隔八天十日便給公司門外一個年約 70 歲、扶著手杖的乞丐老婦十塊錢的饋贈，1971 年初的農曆新年假期過後，Maria 從她那裡收到一個內載九個一毛錢硬幣的紅封包；這是 Maria 有生以來第一次有乞丐給她紅封包，也是她第一次接受貧苦老弱給她的金錢，這件怪異的事令她感受良深，而內藏的九個一毛錢硬幣，更令她感動流淚。這個紅封包和裡面的硬幣，至今一直好好地存放在抽屜底，紅封包的顏色雖已隨著歲月日漸褪色，但是，Maria 對乞丐老婦的懷念，以及當中那份因饋贈和分享帶來的不能磨滅的感受，至今未曾稍減。[24]

在 2011 年 7 月 9 日的一個訪問中，Maria 的小兒子智康憶述了他們母子倆一件關於饋贈的趣事：智康仍是小孩的時候，有一次，母親給他兩塊錢，要他到附近一間理髮店剪髮。過了不久，智康便回家，但髮還沒有剪，因為他在前往理髮店途中碰到一個年紀老邁、樣子十分可憐的乞丐。當時，智康摸著口袋裡的兩塊錢，考量著「要不要幫助這個老人家」時，想起每年清明節掃墓的時候，「母親總是預備一袋五角錢的硬幣，在上山掃墓途中，每見到一個乞丐，便將一枚硬幣塞在他們手中，從山腳到山上的墓地，母親是不停地將硬幣送出」。結果，智康並沒有考慮多久，便將口袋裡的兩塊錢掏出來，送給了老乞丐。「媽媽沒有罵我，只是微笑著說，以後可以先理髮，剩下來的才給乞丐，因為這些錢是有預設的目的，不應未達目的便轉變它的用途。」

看來，將自己擁有的——不論是金錢、秘技，還是經驗——去跟一些缺乏的人分享，已經是 Maria 生活中漫不經意的一件事。而她這個分享意識，原來最早顯現於幼年時候。那是 1936 年，Maria 年僅七歲，一個下午跟隨母親探望廣州一間孤兒院。在那裡，她第一次發現，家中花園圍牆以外，原來有那麼多年紀跟她相若的孩童，生活在沒有笑聲的地方。離開的時候，Maria 把自己最喜愛、經常帶在身邊的洋囡囡，送給了一個比她年幼的小女孩。她有一張暗黃蒼白、不再天真無邪的臉龐，接過洋囡囡的時候，詫異得把口張得大大的，眼睛注滿了驚訝，似乎並不相信她也可以擁有一個洋囡囡。

那是 Maria 一生中第一次的饋贈，回家途中的車上，她緊緊握著母

24　詳情請參閱本書李曾超群序。

親的手，第一次感到分享的喜悅。

Maria 第一次看到「貧窮」，是在 7 歲到 12 歲、住在香港島大坑道的日子。那時候從福群道往山下直走到山腳，就是真光小學，從真光小學回頭往山上走，不遠處有幾十間用木板和鐵皮蓋搭的木屋，不規則的窄巷穿插其間。黃昏天仍亮的時候，三五個小童會在家門口的窄巷中擺放一個木箱，或從家中把一張三腳或四腳高櫈，搬到小巷中，自己則或坐在矮小木櫈上、或站著、或彎腰，在木箱或高櫈上專注地做作業。一天下午接近黃昏的時候，Maria 從家中的玻璃窗前往山下眺望，又再看到小童們在木箱或高櫈上寫作業。突然間，黑雲飄過並佔據了大塊天空，頃刻間大雨滂沱地傾倒下來，小童們急忙收拾作業中的書簿，但似乎沒有一個倖免，書簿都濕掉了，有一兩個小童站著、呆呆地望著濕透了的書簿。

Maria 站在窗前，也是呆呆的，遙望著那些小孩，無助的樣子。那是 Maria 第一次目睹「貧窮」的無助與無奈。內心深處，似乎有一個意念飄過：「……將來，有錢的時候，我要幫助他們……。」

其實，超群集團全線清盤倒閉之後，即使是十年還債期間，Maria 的分享意識仍然活躍。

2/. 海外業務：中國台灣、美國、加拿大

（i）80 年代的台灣業務：台灣的投資於 1980 年從合股經營轉為獨資擁有和獨立運作之後，Maria 選派了一位從創業時便已僱用、跟隨她十多年、處事能幹、有豐富製作各類西餅糕點經驗，是 Maria 心目中未來接班人的一個可信賴高級員工，離開香港的崗位，到台灣全權負責當地的業務與發展。根據 Maria 憶述，台灣超群在他接手打理之後，業務蒸蒸日上，不單止在短時間內成為當地的領導品牌，並且在整個 80 年代裡面，成為超群集團最賺錢的海外業務，每年都賺大錢，比起母公司和北美市場提供的盈利進帳更多。事實上，Maria 和馮太都承認，香港和台灣在盈利份額貢獻上的此消彼長，從 1981 年便已開始，一直維持到 1989 年。

不過，1980 年代初期，並非所有從香港引進台灣的西餅糕點都受當地人的歡迎，因此，Maria 與馮太曾多次一起到海外參加各類西方糕點烤爐博覽會，尋求各種新的烤焗爐以代替人手，增加新研發糕點產品的效能和效率。倘若展品未能烤焗出意念中的創新糕點，Maria 會將她的想法詳盡地跟當地製造廠商解釋說明，以便他們按要求修改烤焗機爐，讓 Maria 可以研發出適合台灣人口味的新產品。結果，台灣超群成為當地西餅行業的先鋒，從瑞典引進中國台灣第一台月餅隧道烤爐、第一台卷蛋機，以及第一台 12 層高、可以同時烤焗 48 盤曲奇餅的旋轉烤爐。

這種為迎合當地人口味而創新產品、改善質素的努力，很快便被廣泛認同和接受，而台灣超群初期為自製西餅糕點提供的 35% 至 40% 折扣，也令當地人對外資產品的抗拒崩塌下來，很快便為當地人歡迎、喜愛，進而風靡全台，於 1980 年代中，業務便從台北拓展到台中、台南、彰化、高雄、基隆，以至小縣城市。

事實上，從 1982 年到 1987 年的六年間，台灣超群便曾四度獲獎：

1982 年 9 月：其月餅及中秋節日糕點在台北市糕餅罐頭商業同業會與《自立晚報》聯合舉辦之第一屆中秋月餅食品節中被鑑評為特優產品。1982 年 10 月獲台灣消費者協會頒發「優良廠商」獎狀；1987 年 7 月參加由比利時布魯塞爾 Monde Selection 舉辦之 1987 年世界食品大展賽，在全球展品中獲「曲奇餅」和「牛油蛋卷」金獎；1987 年 9 月獲台灣行政院衛生署之食物衛生署及現代烘焙食品資訊會頒發「1987 年烘焙食品品質衛生梅花獎」。[25]

由於香港的西餅業務於70年代中至80年代中「成功得玄妙，恍似神仙故事」，而台灣的投資轉變為獨資經營後不久，便佔據西餅糕點市場的龍頭地位，利潤增長超乎想像。這種發展勢頭令Maria對拓展海外市場的信心大增，從而積極尋找台灣以外的第二個海外市場。

（ii）拓展到美國的西餅業務——在考量第二個海外市場的時候，相信Maria會以北美洲為第一優先考慮的目標地區，因為那裡有五個大量華人聚居的城市——包括美國西岸的洛杉磯、三藩市、東岸的紐約，加拿大西岸的溫哥華和中部的多倫多——可以提供龐大的顧客群，文化差異較少，飲食習慣也接近。在這五個可能被選中的城市中，Maria對洛杉磯的認識較多，因為早於1950年代母親Rosy已經移民到洛杉磯，而Maria差不多每年都到洛杉磯探望母親；大哥昭遠移民美國之後也一直居住在洛杉磯，於財經界工作多年，對洛杉磯的銀行運作業務和市場都十分了解。結果，美國大洛杉磯地區中的華人城區蒙特利市於1982年2月被選為香港超群西餅第二個海外市場的首個城市，當時股東有三位，包括Maria、馮太和芳艷芬，而美國的第二間和第三間分店分別於1983年3月和1984年10月在洛杉磯開業。

由於美國業務的總負責人在紐約市設有製衣廠多年，對紐約市的認識較深，故此，在洛杉磯第三間分店啟業後兩個月，紐約華埠百老匯街便成為第四間分店的地點；其後不到一年，紐約市的分店增至五間；1985年8月，紐約市總店和製餅總工場設於拉菲逸街148號，同年10月於同址開辦集團在美國的第一間西餐廳；兩年後於1988年，

---

25 《超群機構黃金20年特刊》，頁17。

為慶祝集團創業 20 週年而興建的超群商業大廈，於紐約市華埠堅尼地街落成開幕，股東除了 Maria、馮太和芳艷芬之外，還加入了美國業務的總負責人和紐約一位商人。

比起中國台灣的業務拓展，超群集團在美國東西岸的發展是驚人的迅猛，從 1982 年於洛杉磯開設美國第一間西餅店後的短短七年間，集團在美國開設了八間分店、一個內設製餅總工場和一間西餐廳的總店大樓，還興建一棟商業大廈，所需投入的資金和數目，龐大之餘，次數也頻密。因此，80 年代的美國投資並沒有為母公司提供多大的利潤，相反，集團需要在後期重大的投資項目上再投入資源，令香港母公司於 80 年代末期到 90 年代初產生極嚴重的現金周轉問題。

（iii）拓展到加拿大的西餅業務 —— 1986 年，集團透過 Maria 過去烹飪學校的一個學生，在加拿大多倫多市開設了第一間西餅店。可是，由於商標問題產生分歧，令業務開展並不順利，幾年後改為特許專營的商業模式，結果，加拿大的投資也沒有為母公司帶來多少利潤。

總結超群集團於 80 年代全盛時期的三個海外業務投資，從能否賺得利潤來看，中國台灣是最成功的經驗，加拿大多倫多的投資規模細小，得失賺蝕對集團毫無影響，而美國投資所得的利潤，卻因業務拓展太快太大而必須再投入資源於新的投資項目中，令母公司得益不大。不過，三個海外投資項目都以失敗告終，不利因素和現象相繼於 1989 年開始浮現，1990 年代初加劇，引致集團於 1998 年倒閉結束。

（二）全盛時期結束、業務從巔峰下滑的觸發點

從 1971 年到 1982 年，超群集團經歷了 12 年快速拓展的日子，成功建立了香港第一個龐大的西餅連鎖店網絡，佔據全港市場一半以

上。踏入 80 年代，超群集團成功將西餅業務拓展到美國和加拿大，建立了一個跨國西餅飲食集團，進入從 1982 年到 1989 年的全盛時期，也享受了該時期帶來的成功與喜悅。Maria 也在當時公司組織和行政架構重整以後，開展了跨越中國香港、美國和中國內地的慈善事業，令公司的商業成就備受讚賞。在這個基礎上，超群集團或許可以有更大的業務發展，或許可以在現有規模上繼續維持廣受歡迎的品牌產品。可是，1989 年卻成為超群集團的「西餅王國」從巔峰下滑的轉捩點，而一直存在、可能傷害公司利益，卻又一直被容忍、沒有得到及時針對性的專業處理的因素，也繼續發酵擴大，嚴重影響現金流，令集團於 1990 年代初生意開始崩壞的情況，如江河日下，一發不可收拾。

究竟是什麼因素令超群集團的生意於 1989 年從高峰下滑，觸發點又是什麼？而一直存在、可能傷害公司利益，卻又一直被容忍而沒有得到及時針對性處理的因素又是什麼？

根據 Maria 和馮太憶述，集團整體業務在 1989 年生意走下坡之前，財務狀況仍然穩健良好，每年的盈利都維持在高水平，流動資金仍然健康暢順。在這個背景下，尋找新的投資項目顯然是一個自然的方向：既然公司有經營了 20 多年的一個龐大西餅連鎖店網絡、十年經營歷史的麵包專門店連鎖網絡，以及兩個到會服務，都十分成功，但西餐廳的投資卻一直沒有成功過，這對於自信固執逞強的 Maria 而言，重新考慮提供全面餐飲服務似乎是一個選項。不過，Maria 這次選擇了開辦「福來樓」——一間位處九龍尖沙咀東部的中菜酒樓。

可惜，這是一個錯誤的投資決定，而這個虧損嚴重的投資失誤，不單終止了集團只有八年的全盛時期，也連同另外兩個不利公司業務發展的因素 —— Maria 夫婿李明患上重病和海外業務逆轉由盈轉虧 —— 構成了三個互扣的不利影響，一起成為超群集團生意從高峰下滑的觸發點，於 90 年代初進入公司不斷虧蝕的最後八年，最終於 1998 年自動清盤結束。

根據於超群西餅服務了 24 年的前生產部及總務部經理黃國興的觀察與分析，這三個不利而互扣的觸發點，可視福來樓的投資失利為一個起點、一條導火線：

（1）福來樓的投資失誤 —— 這是一個巨額的投資，卻沒有經過相關市場調查，也沒有經過深入論證，是個在很短時間內便作出的決定，這個決定表面上合乎邏輯，但缺乏酒樓行業的日常實際運作經驗作為基礎：

1/. 缺乏實質相關經驗的決定 —— 由於馮太的夫婿馮兆康曾開辦四間中式酒樓，馮太本人也是酒樓的董事，超群西餅亦有開辦西餐廳和到會服務的豐富經驗，而 Maria 更有 30 年教授烹飪班的經驗。故此，由超群集團開辦中菜酒樓的難度也許不會太大的假設，表面上似乎具有一定的邏輯基礎，加上當時集團的發展正處於全盛時期的頂峰，作出決定的總裁 Maria 當然也是信心十足。事實上，Maria 也承認，決定是在很短的時間內作出。不過，以上四項不同來源的經驗其實都並非中菜酒樓每天運作的實質相關經驗，對 Maria 和馮太有效監察酒樓各部門的實際操作並無幫助。

2/. 不熟悉中式酒樓的作業模式 —— 由於 Maria 和馮太都缺乏參與實際營運和日常酒樓的操作經驗，對控制成本有一定困難，例如：酒樓每天都要買入大量食材，涉及金額頗大，因而產生誘因令賣家向酒樓的廚房買手提供回佣。購入海鮮的時候，必須檢查載著海鮮的膠袋內有沒有過多水分，也必須留意水中有沒有暗藏冰塊，免得磅秤讀數誤導並誇大購入海鮮的重量。本來 Maria 是個「用人不疑、疑人不用」的老闆，但後來發現：在生意額沒有變化的情況下，購入海鮮的重量卻有所增加；調查結果顯示，廚房買手並不可靠，結果是整個廚房團隊給撤換了。按 Maria 憶述：生意雖可整固下來，沒有虧損，但賺錢卻不多。

3/. 有嚴重瑕疵的場址 —— 福來樓位處尖沙咀東部，是全港最多酒樓食肆匯聚的地區之一，地點算是不錯的選擇，可是，酒樓的樓面和人流設計卻有嚴重瑕疵：雖然整個商廈的二樓都屬酒樓的範圍，面積超過 10,000 平方呎，卻被扶手電梯分隔為兩部分，較大部分的樓面面積只有 6,000 呎，令筵開百席的大型宴會在安排上頗有難度；同時，通往一至三樓的升降機只有一部，要同時疏導六七百人是十分困難的事，加上商廈的停車場沒有給福來樓預留足夠車位，結果，福來樓並未能吸引到大型宴會或各類大型的室內活動；

4/. 缺乏彈性處理事務的業權人 —— 根據 Maria 憶述，大廈業權人只按合約辦事，而不會彈性考慮簽約後才提出對租客有利的建議，也不會考慮任何改動樓面設計以疏導人流的任何建議，對金錢也比較斤斤計較。例如：大廈外牆因缺乏懸掛酒樓招牌的地方而要另覓地方，租客也必須為此跟業權人另立合約，不單費時失事，更要花上另外一筆律師費用。業權人在處理涉及雙方利益的事務時，似乎只顧及單方面利益而缺乏彈性，這種取態也反映在福來樓於 1991 年提前解除租約的磋商中，令超群集團該年錄得嚴重虧損。可是，1990 年初的生意其實已經整固下來，當時也沒有虧損，一個十年合約才開始了五分之一、啟業之初作出的巨額投資仍未收回、違約必須付出的賠償也極為龐大，為什麼 Maria 仍然決定要結束營業呢？

5/. 提前解除租約的誘因與結果：根據黃國興憶述，福來樓每月租金 80 萬，即每年 960 萬；啟業前的裝修費用、廚房設施與冷氣安裝，以及需要重新購置的杯盤碗碟筷等，所費不菲，要在短期內賺取如此巨額利潤是極其困難、甚至是不可能的事。故此，Maria 跟業權人簽約的時候，決定簽十年長約。這樣的構思本是如意算盤一個：一方面可以將每月租金降低，另一方面將回本年期拉長，令這項投資賺得利潤的機會增加。可惜，簽約後不久，仍未開業時，李明被發現患上重病，兩年後離世，意興闌珊的 Maria 決定結束這項她不太熟悉、沒有花上時間管理，又賺錢不多的投資項目。但是，業權人認為任何涉及合約的問題都必須按合約辦事，也就是說，倘若福來樓要終止合約，它必須賠償違約帶給業權人的損失。談判的結果：福來樓需賠償 15 個月租金（即 1,200 萬）給業權人；同時，酒樓內一切設施用具都必須留下，才能即時解約。對超群集團來說，所虧蝕的除了違約賠償的 15 個月租金外，還有啟業前花在裝修、冷氣裝置、廚房設施，以及新購置的各項用具用品的巨額費用。這個重大的投資損失，構成了超群西餅飲食集團成與敗的分水嶺，不單結束了八年全盛期，更迅速下滑到不斷虧蝕的最後八年，集團最後於 1998 年自動清盤結束。

其實，導致 Maria 決定要結束福來樓的生意，此時已經不再是賺錢還是虧蝕的考量了；面對夫婿只有三至六個月壽命的時候，Maria 想到的是：還有兩個月，便可以跟李明慶祝結婚 40 週年，但卻只有那麼幾個月，他們便要永別。這時候 Maria 的決定是：在這段漫長婚姻最後的一程，她要李明毫無痛苦毫無憂慮開開心心地跟她道別，所以，從福來樓啟業到結業的兩年多時間裡面，Maria 並沒有花上太多時間在這個她並不熟悉也賺錢不多的業務上，她是全心全意地看護著照顧著夫婿，為的就是要他開開心心地活著。

（2）夫婿重病、無心戀戰 —— 1989 年 9 月 18 日是福來樓開幕的一天，可是，Maria 的夫婿李明卻在 8 月被確診患上直腸癌，只有三至六個月的壽命。大兒子德康當時在香港，作為醫生，他認為應該告訴病人；作為妻子的 Maria，卻希望丈夫在生命最後一程的每一天，都是愉快無憂的。故此，她每天祈禱，求上帝延長李明的壽命 18 個月，待他過了 70 歲生日才讓他離去。醫生說，那是不可能的事。不過，上帝似乎聽聞並應允 Maria 的祈求：李明於 70 歲生日後一個半月的一個晚上，Maria 在其病床旁邊，握著他的手讓丈夫安然離世。永別的時候，李明仍未確知自己的病因。當 Maria 放下丈夫冰冷的手、孤身回家的時候，已是凌晨 3 點鐘。

李明在世最後的 18 個月，Maria 將大部分業務上的行政事宜分給馮太及各個高級經理負責，自己則盡量陪伴丈夫、全心全意地為丈夫營造一個優哉悠哉的養病生活：白天在家中偌大的花園散步，累了喝奶茶，吃超群出品的曲奇西餅，或 Maria 炮製的鮑魚小吃；晚上到不同的酒樓品嚐不同菜式，每週的一個晚上必到福來樓，在那裡，李明可以嚐到他最愛吃的海鮮、鮑魚、東風螺、牛扒和雞腳湯。

每週五下班後，Maria 就跟李明返回內地中山市古鶴水庫的湖邊別墅，在「自己的心意屋」度過一個沒有工作壓力、城市生活的煩囂不能污染的恬靜週末，到週一下午才返回香港。

週末的早上，夫婦倆會坐在高爾夫球場的會所高架平台上，一面看著藍天白雲、參天綠樹與青蔥草地；一面吃著會所廚師預備的早餐，品嚐南美的蒸餾咖啡。

晚飯少不了國際星級名廚 Maria 親自下廚，或炮製美國紐約肋眼牛扒、或蒸焗 Maria 的拿手燻雞、或紅燒中山著名的乳鴿，加上一碟剛從自己田裡採摘下來的清炒新鮮菜苗，伴以層次分明口感豐富的紅酒，令每個週末的晚餐都是李明引頸以待的二人世界。飯後，夫婦倆坐在別墅的陽台上，浸浴在西山落日的餘暉中淺嚐青香綠茶，是那麼舒泰愜意。「這種生活真好！這樣過的日子，真的很舒服！」李明差不多每個週末都這麼說。

對丈夫離世前那份稱心滿意的感受，Maria 表示：「能夠將只有三至六個月的壽命延長到兩年，而在這兩年裡面，他度過了許許多多的快樂時光，我內心充滿感恩！」不過，隨時都可能永別的恐懼與愁緒，也同時附在每個神經細胞上，卻被逐到歡笑後面，被深藏在心靈最隱密之處。

李明離世前的兩年，Maria 花在公司業務上的時間比起過去少了很多，到中國台灣或美國視察業務更是少之又少。因此，在此期間，海外業務都是獨立運作和缺乏監管的。

（3）海外業務所託非人 —— 其實，超群集團的海外業務從開始營業的那一刻開始，日常運作都相當獨立。同時，從香港總店作出的監管也是非常有限的，因為 Maria 的用人政策和作風，是「用人不疑、疑人不用」。事實上，台灣的業務總負責人，是 Maria 剛從創業時便已僱用、跟隨她有十多年，並計劃栽培為未來接班人的高級管理員工，揀選他的原則或標準是：「誠實可靠、有管理能力、具製作西餅糕點的經驗」。至於美國業務的總負責人，由一位多年的深交好友介紹並極力推薦，他後來移民到美國，在紐約開設製衣廠，Maria 形容為「……純真……對家庭負責……能幹……忠實可靠……的親信」。所以，當時為海外市場揀選的負責人都是可靠可信賴的。

根據 Maria 和馮太憶述，集團整體業務在 1989 年才開始走下坡，生意走下坡之前，各地市場及營運規模雖然不一致，每年的盈利都維持在高水平，流動資金仍然健康暢順。台灣超群從 1981 年開始、一直到 1989 年都是集團盈利進帳最大的來源，而美國超群雖然未能提供太多盈利，東岸的發展卻是十分迅猛。可是，李明患病之後，由於 Maria 絕大部分時間花在香港、她的心緊緊繫在夫婿身上，台灣超群和美國超群的業務運作就更趨獨立，總店的監察與管理差不多並不存在。這情況一直維持了兩年，從 1989 年 10 月福來樓啟業開始，一直到李明離世和福來樓結業，香港總店跟兩地總負責人的溝通不再順暢，所提供的利潤進帳也急速下降，情況轉趨嚴重，若不立時處理，將一發不可收拾。

其實，從 1989 年開始，美國超群提供的利潤已開始減少，從總店向美國業務負責人提出的有關當地運作情況如生意額、利潤和稅務的問題，都不能令總店滿意，重要的發展資料和文件也不完整，甚至一些業務拓展的決定也沒有尋求總店的意見或同意。這個逆轉情況不斷加劇，到 1990 年，身為專業律師的女兒康文被委任正式接手，也曾飛往美國視察，發現美國超群的行政混亂、帳目不清、公款被不明挪用，虧蝕嚴重，甚至可能引致法律問題。類似的問題同樣於 1990 年在台灣的業務運作中出現，副總裁馮太也曾飛往台灣近距離深入地調查，結果相同：美國超群和台灣超群的負責人先後於 1989 年和 1990 年不再誠實可靠，利潤從減少到虧蝕，並且於 1991 年開始，需要總公司不斷注資才能繼續營運，令超群陷入嚴重的資金短缺周轉不靈的境況。

（三）風光背後：未能再創高峰的原因

如果福來樓的嚴重虧蝕，極其嚴重地影響到超群集團香港業務的現金流，令其資金短缺周轉不靈，構成香港超群生意走下坡的一個起點，那麼李明的患病與離世，使 Maria 不再每事問、事事關心，也不能親自解決每項出現的問題，就導致兩個海外市場的業務因過分獨立運作而缺乏監管所誘發出來的貪腐問題，不斷發酵擴大，這個起點遂發展為一條導火線，觸發那些一直在公司內存在、可能會傷害公司利益，卻一直被容忍而沒有得到及時針對性的專業處理的各項負面因素，於 1989 年末至 1991 年末極短的兩年間先後浮現，並開始了 90 年代不斷虧蝕的八年。結果，超群集團於 1998 年 4 月自動清盤，結束了運作 32 年的跨國飲食集團的「西餅王國」。

而這些長期存在、具殺傷力卻並未獲果斷處理的負面因素可以歸納為以下幾項：

(1) 缺乏現代企業管理專才

由於集團在其運作的 32 年歷史中，每當管理層出現空缺時，都選擇從內部已有的基層員工中擢升而沒有向外招聘。結果，集團高級管理層缺乏現代企業賴以成功必須具備的管理知識、經驗、視野、判斷與決策能力，也缺乏與時並進的新思維、應付危機和全盤規劃的能力。

從超群西餅飲食集團的發展史去看，1960 年代中到 1970 年代末的 15 年間，業務範圍雖已從一個龐大的西餅連鎖店網絡，拓展到額外營運兩間西餐廳和一間麵包專門店，但成功營運的就只有西餅連鎖店，基本上是造餅及賣餅給買餅吃的顧客，是個簡單營運的模式，無需現代跨國多元企業所需的各種管理知識、行政與決策能力。事實上，超群西餅最初 15 年的香港業務，以及台灣整個 80 年代的業務，都是超乎常態的成功，可以證實這個說法。可是，到了 80 年代，當公司業務多元拓展至全面餐飲服務，特別是中菜酒樓的營運，以至後來更拓展到美加的連鎖店專營業務，地產和酒店項目，其業務性質、日常操作的複雜程度、市場結構，社會經濟文化背景等，不單止跟香港和台灣造餅賣餅的業務操作不一樣，所需的管理營運決策、前瞻和規劃的能力，無論在性質、範疇、複雜程度，以至解決問題的難度，兩者都是無可比擬的。

可是，進入 1980 年代，直到 1989 年之前，即使公司已經全面進入跨國業務多元拓展的全盛時期，但當時資金流動仍然暢順、利潤仍然高企、Maria 的跨國慈善捐贈和社會公益活動也進行得如火如荼，集團似乎並不感到有急切需要，去改變它沿用多年的管理方式、用人政策、薪酬福利制度，而久已存在於公司內部和市場環境的不利因素，不單止沒有得到適時果斷的專業處理，更任由它們繼續醞釀和擴大，給人一種表面風光，但未能與時並進的感覺。事實上，進入全盛時期的超群集團，因為高級及中層管理員工中缺乏現代企業專才的緣故，公司未能有效處理各項因業務多元化國際化帶來的各種挑戰，包括：

1/. 未能與時並進的人力資源管理——一個商業機構的人力資源管理乃至機構的管理階層，在合適的時間，將合適的員工，安排在合適的職務或崗位上，以達致業務運作發展和盈利的最佳目標。由於超群集團在整個 32 年歷史中，只有總裁 Maria 和會計行政經理黃麗薇，曾受大學訓練、擁有學位或專業資格，而絕大部分其他員工，都只有中學或初中學歷，要在他們當中成功尋找到合適的員工，給他們在業務多元拓展、市場變化多端，甚至是跨國的服務中，安排適合他們的職務或崗位，以協助截然不同的業務發展，是個不容易克服的挑戰。其實，即使是本港的西餅飲食業務，當市場競爭轉趨激烈、海外業務的盈利逆轉急降、營運資金短缺的時候，要求這些雖然熱心忠心但學歷不高的員工，去協助理清理順內部產生的人事管理危機，協助面對和處理市場環境帶來的挑戰，難度也可能是太高了；

2/. 未能與時並進的財務管理——1970 年代初到 1980 年代末期，是香港有史以來經濟發展最蓬勃興旺的 20 年，無論是宏觀的本地生產總值，以至微觀的本地人均生產總值和消費力都大幅增長。1980 年代初，中國香港經濟全面起飛，被譽為亞洲最發達城市之一，與中國台灣、南韓及新加坡合稱為亞洲四小龍。到 1985 年，香港本地人均生產總值超過 10,000 美元，被國際社會標籤為發達地區。

而這時期正正是超群西餅本地業務擴張和海外市場拓展，從開始到成熟，並邁進集團生意全盛期的八年。其間，香港超群西餅連鎖店的龐大網絡於 70 年代為集團賺取最多的利潤。到了 80 年代，台灣超群取代了香港超群，成為集團利潤進帳份額最多的海外業務，令超群成為港台兩地西餅業的領導品牌。其間的每一年，集團從未錄得虧蝕，事實上是每年都賺錢，特別是每年發售有巨大折讓的超群餅卡，都能夠為公司收回大量現金及創造盈利，容許 Maria 以慈善心懷去處理賺得的龐大利潤，將公司該年度純利的 30%，用在每年一次的加薪和年終花紅，以及五年一次的優異服務獎上。

這種優厚得超乎異常的薪酬福利制度，妨礙了公司為未來不景氣時作出應有的撥備，更沒有為公司的穩定長遠發展所需的資金作規劃和儲備，而最能說明這種先甜後苦的處境，又頗令 Maria 後悔的就是：公司沒有在資金最充裕的 20 年買下商業地舖，以避免 80 年代從未停止過且不斷飆升的租金負擔。這種一直以現金租賃商業地舖或商場單位的情況，直接影響到超群集團可運用的現金流量，直接削弱公司維持香港業務健康運作和市場競爭的能力，也削弱公司支持海外業務於 90 年代初由盈轉虧後可以繼續運作而不至於倒閉的能力，當然也就缺乏所需財力，於 90 年代再闖高峰。

3/. 未能與時並進的監管制度、用人政策與管理作風 —— 1980 年代的頭五年，當公司發展到多元跨國的飲食集團時，業務伸展到美、加、中國港台地區等十多個大小城市，無論業務範疇與性質、職務與職能，以至員工數目，都不斷增多和多樣化。

當時，公司曾對組織和行政架構作出結構性的重整，從兩層管理架構改變為五層，分別列出各部門的職銜與職能，問責制度的權力線也連接清楚，部門之間分工也比較清晰，行政決策和運作都有既定程序。這個時候，管理層如果能夠從傳統大家庭管理，轉型到現代企業的管理模式，超群西餅飲食集團是極有可能演化出另一番景象的。

可惜，Maria 是個以人為本、奉人和為圭臬的總裁，她深信人善良的本性，採納信任和獎賞，不相信監管和懲罰。由此衍化出來的人事管理作風是「用人不疑、疑人不用」，「取人之長、恕人之短」，對員工的熱心與幹勁、忠心與拚搏，是加倍的欣賞信任和獎賞，對他們的短處弱點和犯錯都可以包容接納和原諒。結果，極少數懷有私心的高層管理人員趁機以權謀私，卻又沒有得到應得的監督和懲處。其實，不論是在香港總公司還是在海外的業務，只賞不罰的人事管理作風和不受懲罰的違規行為，慢慢醞釀出貪腐行徑。加上 1989 年末至 1991 年末的兩年期間，Maria 對夫婿李明重病的專注，間接令香港總公司對海外業務的監管形成真空，引發兩個海外業務出現瞞稅或侵吞公款的行為，對集團運作所需的現金流產生極具傷害性的影響。

與此同時，公司內不同層級部門之間的定期業務會議卻未被利用為適時改善運作的呈報渠道和機制，以產生可靠數據和資料，幫助管理層對早已存在於公司內部的人事行政財務問題理順理清。在缺乏一套有效的監管機制，而各部門又在保障自己權益的思維下，便容易誘發出不公平分配年終花紅和五年服務獎的事件，此種以權謀私的違規行為曾多次出現，間接鼓勵排斥異己的小圈子風氣，直接傷害部門間員工的和諧關係，也削弱了彼此間的協作期望。

其實，香港與海外業務之間也缺乏了一套監察和問責的制度，讓香港總公司難以對十分獨立運作的海外業務瞭如指掌，需要時無法及時介入，扭轉方向，修正決定，甚至改變處境，以控制事態的發展。

結果，公司在進入 80 年代初邁向全盛期的時候，當時資金充裕，也有機會從簡單買賣操作的兩層管理模式，轉型到業務比較多元的五層管理模式，卻仍然維持著傳統大家庭管理的作風。在這時候，管理層作出了以下幾個重要的抉擇，直接或間接令集團乏力再創高峰，更拖垮了整個集團的生意，以清盤倒閉收場：

（i）選擇擢升內部基層員工，去填補高級管理的職位，而放棄向外招聘有更適當學歷訓練經驗視野和應變能力的企業管理專才，以至缺乏全盤協調、規劃的胸襟視野與執行能力，去有效處理跟人力資源、財務管理、監察與問責相關的各樣危機與挑戰；

（ii）對海外業務總負責人的委任，只注重個人性格的可信任度，而忽略了制度上的安排，沒有設置監管機制和問責制度，以致違法的貪腐行為從醞釀到出現時，不單止束手無策，無法有效及時應變，更令崩壞情況無可逆轉、一發不可收拾；

（iii）當美心集團於 1982 年成功投得地下鐵路第一期的沿線舖位，開始建立它的西餅連鎖店網絡，並對超群西餅產生實質威脅的時候，超群集團似乎沒有選擇積極進取地爭取地下鐵路第二期，或其後不斷擴張的集體運輸網絡，作為分店的地點。結果，香港超群西餅的分店從 1985 年的 70 多間銳減到 1987 年的 45 間，40% 的收縮，嚴重影響現金流量與利潤水平；

（iv）1970 年代初到 1980 年代末，是香港有史以來經濟發展最蓬勃興旺的 20 年，也是超群集團賺錢最多的 20 年。可是，公司卻選擇繼續將每一年賺獲的純利中 30%，用在優厚得超乎尋常的薪酬福利上，卻沒有為公司未來不景氣時作出應有的撥備，也沒有為公司穩定地長遠發展所需的資金作規劃和儲備。

以上四個企業管理的因素或抉擇，無論是高級管理層的管理素質與能力、監管機制和問責制度的建立與執行、果斷應對市場競爭的胸襟視野與能力，以及恰當適時的財務管理、投資規劃與決策，其中任何一個都足以影響到一個跨國多元業務集團的成與敗。可是跟這些因素或抉擇相關的負面發展，卻同時出現於集團的業務運作中。其實，倘若超群集團在 1982 年公司的組織和行政管理架構重整時，能夠引進現代企業管理專才、優化管理質素和提高應變能力的話，其他的問題、困境與挑戰或許可以逐一分階段處理與改善。可惜，集團的管理高層似乎看到了各種負面的現象，卻並未意識到問題的嚴重性和影響的深遠，在全盛風光的日子中不以為意，並沒有作出即時針對性的專業處理，到要嚴肅果斷處理的時候，卻已經到了無法挽回的境地。

（2）缺乏領導與時間

除了缺乏現代企業管理專才和成功企業所需的管理知識經驗胸襟視野與能力外，超群集團在公司發展勢頭最迅猛和擁有最多資源的 80 年代，未能把握機遇再闖高峰的另一個主因是：Maria 在公司架構重整以後，無需也沒有每事問、事事關心。事實上，她是將公司管理權力下放到應該擁有行政決策權的單位主管手上，自己則在「空閒」時間內，夥伴芳艷芬開展跨越中國香港、美國和中國內地的慈善事業，而且越做越起勁、越做越大，花上的時間也就越來越多。從 1989 年夏天到 1991 年末、夫婿李明重病的兩年期間，Maria 最放在心上的事，似乎並不是公司運作和業務發展，而是專注於照顧夫婿，幫助他開開心心地度過每一天；同時，繼續開展她的慈善公益事務，幫助更多有需要的人活得快樂。結果，於 80 年代的中後期，Maria 並沒有充分的時間，為集團作出重大的決定，提供所需的領導。

第六節　從巔峰下滑到自動清盤（1989-1998）

（一）從巔峰下滑到自動清盤的因果

超群西餅能夠從1960年代中的一間小餅店，15年間發展為擁有40多間分店的龐大連鎖西餅店，其成功主因在於美觀可口種類繁多的西餅糕點，加上服務態度良好，市場內又缺乏強大競爭對手，Maria的傳統大家庭管理思維與作風，跟造餅賣餅的簡單業務操作並無衝突並且合作無間，公司雖然缺乏現代企業管理的專才，仍可在香港經濟循環的上升軌道中快速拓展。

到80年代進入公司的全盛時期，超群西餅飲食集團已經發展為一間多元業務的跨國企業，不再局限於造餅賣餅的簡單操作，卻在公司結構和行政人事管理重新規劃的過程中，錯失了一個再創高峰的機會，沒有在業務迅猛發展的勢頭下、有充裕資源的時候，引進當時公司多元業務國際化最需要的現代企業專才，以及賴以成功的企業管理知識、經驗與能力。[26]

雖然如此，70年代初開始，香港經歷了有史以來20年最興旺的繁榮歲月，以致超群集團即使在昂貴租金長期不斷飆升的壓力下、在80年代激烈的市場競爭中，仍然能夠享受八年全盛時期帶來的好景。可惜，福來樓的錯誤投資和巨大虧損，所引發出來的各項久已存在的內在不利因素，於1990和1991兩年內相繼出現；更不幸的是：李明從患

26 曾經花上六至七年時間、協助母親Maria處理整個集團清盤事宜的康文，於2008年3月的一個訪問中透露：父親李明曾於1980年代中，向母親建議，將超群集團從私人企業轉為上市公司，不單止可以在股票市場集資，更可趁機引進現代企業專才，將公司的組織結構和行政人事管理重新規劃為一間現代化業務多元的跨國企業，可惜並不成事，原因未明。

上重病到離世的兩年時間，正正與福來樓從啟業到結業的時間重疊，令Maria因專注於夫婿的病況，而未能在公司關鍵時刻作出果斷而恰當的決策，也無暇細顧和領導公司日常的運作；對兩個海外市場的監管與問責，就更形同虛設，故長達兩年的監管真空誘發出來的貪腐，就一發不可收拾。

在這個背景下，超群集團走進一個政治社會經濟各方面都動盪不安的1990年代，只能掙扎求存，未能擺脫大環境經濟急速大幅下滑帶來的打擊和影響，並於1998年4月以自動清盤的方式，結束了32年努力打拚，集烹飪、西餅與慈善於一身的「西餅王國」，留下令人不易忘懷的集體回憶。

(二) 業務發展趨勢逆轉：過程始末

(1) 1990年代香港的政治社會經濟環境

1/. 政治：1989年春夏之交北京的那場政治風波，令港人不安。1990年全國人大通過《香港基本法》，確認香港的資本主義制度在主權移交後的50年不會改變。可是，廣泛的社會不安並沒有因為《香港基本法》被北京中央政府接納為憲制性的文件、具有法律地位和效力而平復下來。其後，港英政府和彭定康改變了立法會和市政會議員的選舉制度。為了反擊港英政府提出的政改方案，中央政府宣佈：香港立法會將於主權移交後予以廢除，以臨時立法會代替。1997年7月1日，香港成為中華人民共和國的首個特別行政區。

2/. 社會：1989年春夏之交北京的那場政治風波，造成不少香港居民和外資對香港未來產生各種疑慮。根據聯合國科教文組織（UNESCO）1997年發表、關於香港人口轉移的報告，1990年有62,000名香港居民移民外國，是當時香港總人口的 1%；1992 年有 66,000 人；1994 年 62,000 人，選擇地點包括英國、加拿大、澳洲和美國等。

除了一般具較高學歷和經濟能力較佳的香港居民，移民海外的也有富豪大亨，當中包括娛樂界巨子邵逸夫家族，把資產移往加拿大；而宣佈從香港撤資，將新加坡作為集團第一上市城市的有怡和集團；隨後滙豐集團宣佈在倫敦成立滙豐控股，並對滙豐集團進行全面收購，變相遷冊倫敦。

不過，同期移入香港定居的人也不少，包括得到香港政府允許、每日從中國內地合法移居至香港的 150 人，即每年接近 55,000 人；而來自東南亞的外籍家庭傭工，則從 1992 年的 28,000 人，增至 1993 年的 32,000 人。其實，自 1980 年代後期，香港整體人口的出生率急劇下降和人口老化，加上移民海外的大部分是較年青和具有較高學歷的港人，引致社會勞動人口短缺，香港政府於是開始實行勞動人口輸入政策，允許僱主申請輸入各行業的技術及操作人員，於 1994 年填補了 11,000 個職位。1997 年 5-12 月，香港爆發禽鳥型流行性感冒病毒（H5N1）的雞傳人感染。同年 7 月 27 日，有 47 年歷史的《新晚報》停刊。兩日後，香港高等法院在裁決香港作為中國一部分，無權挑戰全國人大授權成立的臨時立法會的法理地位，同時確認普通法將可繼續在香港沿用，是香港特區法律的一部分，無需再經確認程序。

3/. 經濟 —— 1990 年代的香港經濟情況並不理想，亞洲金融風暴的爆發，嚴重影響香港的經濟發展，不單止令敏感的股票市場如過山車般大幅波動，也令人均收入持續下降。

其實，越接近 1997 年的主權移交，越多投機者認為：大量熱錢將會從中國內地流入香港市場，以造成主權移交前後、市況一片繁華的景象。事實上，當時的中資企業股及和中國相關的股票均大幅攀升。不過，外圍對沖基金和國際炒家也在密切注視香港股市的情況。

1996 年中，香港恒生指數約為 10,000 點；6 月 27 日回歸前高收 15,196 點，創歷史新高；到 1997 年 8 月 7 日持續攀升至 16,820 點。

可是，早於 1997 年 7 月初的時候，泰國貨幣貶值引發的一場亞洲金融風暴，迅速蔓延到東南亞整個地區。不久，新加坡、馬來西亞及印尼的貨幣相繼大幅貶值。1997 年 10 月，對沖基金和國際炒家開始狙擊港元，突然大手買入遠期合約，美電一度升至 7.75 港元水平，引致銀行同業隔夜拆息大幅推高，而銀行大額定期存款利率也隨之大幅提升，曾高達 10 厘。當日香港恒生指數大幅下跌近 500 點，收市報 16,096 點；到 1997 年 10 月 23 日，恒指最低曾一度報 9,766 點，被視為黑色星期五；10 個月後的 1998 年 8 月 13 日，恒生指數下挫至 6,544 點，不到一年時間，恒指下跌了 62%。為了拯救香港股市，香港政府決定從外匯基金注入 1,200 億元，購入藍籌股以刺激恒生指數上升，這次行動在兩週內讓恒指回復到 8,000 點水平。

另一方面，香港人均本地生產總值於 1992-1993 年間開始下跌，從 1992 年比對 1991 年的 5.2% 升幅，持續下降到 1993 年的 4.2%；1994 年的 3.7%；1995 年的 0.3%；到 96 年的 -0.3%，連續五年的下降軌跡於 1997 年才停下來，該年的人均本地生產總值比對 1996 年的增幅是 4.2%。可是，這個增幅到 1998 年時又再急挫到 -0.68%。

而香港特區政府於 1998 年底發表的統計數字，顯示該年度的實際本地生產總值下跌約 5%，物業與租金價格下跌約 50%，1998 年的失業率比對 1997 年飆升逾一倍至 5.7%，工資下降、小型企業倒閉，消費需求下調。對此，政府宣佈多項措施以應付當時嚴峻的經濟窘境，包括：暫時取消打擊炒樓的措施；將樓花預售期由預計完成日之前 15 個月延長到 20 個月；以及一系列鼓勵入境旅遊的措施，如簡化台灣旅客入境手續，為申請三年有效期、多次入境許可證的台灣居民提供簽證快速服務，增加中國內地人士到香港旅遊的名額至每日 1,500 人。

具體而微地看，超群集團的業務從 1980 年代末的巔峰下滑到 1998 年清盤前的十年間，香港每年的人均本地生產總值增幅從未超過 5.2%，每年都下挫，其中六年的增幅少於 3.7%，當中兩年是負增長。倘若將每年的通脹率也考慮在內，則香港人的收入在這十年間一直下降，消費力也不斷萎縮到負增長的水平，對所有服務及飲食行業當然有著極嚴重的打擊。

1997 年 11 月 11 日，港基國際銀行因謠言而出現擠提情況，48 小時內被存戶提取 15 億元，後因港府一再強調：香港銀行體制健全、財政狀況良好，而外匯基金會全力支持，令擠提事件於兩日內平息下來。

根據《東方日報》4 月初的報道，從 1997 年 11 月 1 日至 1998 年 3 月的五個月內，本港涉及電訊、航運、旅遊、金融及百貨各行業的 11 間大型機構已經裁員 6,700 多人。

面對香港這種極其嚴峻的經濟下滑及衰退，超群集團的香港業務，在內外不利因素夾攻下，遭受致命打擊是可以預期的。

（2）集團的業務發展：無力反彈、掙扎求存

於 1989 年到 1998 年的十年間，香港整體經濟處於嚴重萎縮不斷下滑的軌跡，超群集團的香港業務當然首當其衝，蒙受挫折和打擊，而集團的兩個海外業務，也因為監管真空而引發違規違法的貪腐，令集團陷入運作資金短缺周轉不靈的境況。

1/. 香港 —— 香港業務在持續高企的租金壓力和越趨激烈的西餅市場競爭下、市場佔有率不斷收縮；福來樓嚴重的投資失誤，帶來巨大虧損引致現金流量不足資金周轉不靈；加上 1989 年末至 1991 年末的兩

年間，Maria 因專心照顧患重病的夫婿而無暇兼顧公司業務的情況下，集團運作可說是全面缺乏領導和監管。兩個海外市場的業務逆轉也在此時相繼出現，向香港總公司提交的利潤開始減少，繼而虧蝕，並尋求香港總公司的財務支持以維持運作，令香港總公司的處境十分惡劣。超群集團三地業務同時面對著極度缺乏所需營運資金，其嚴峻情況可以用「屋漏更兼連夜雨」、「捉襟見肘」、「雪上加霜」或「瀕臨絕境」去描繪。但當時，Maria 仍然絕不願意薄待員工。

「他們當中，不少是 1960 年代中創辦超群西餅的時候便已聘任，跟隨我一起打拚 10 年、20 年、30 年之久的員工，我怎麼能夠用減薪停薪裁員的手段，不支付給他們應得的一份。」Maria 於 2002 年 10 月 22 日對香港大學口述歷史檔案計劃的訪員，回顧 1991-1992 年間的心路歷程時所表露的內心感受。

「當時的情況的確令人十分憂慮，我們（Maria 和馮太）希望公司不會在短時間內倒閉，以致員工可以繼續上班，準時獲發薪酬……事實上，公司一直到 1998 年 3 月都沒有拖欠過員工的花紅與福利。」為了支持香港業務可以繼續營運，一向堅強樂觀從不放棄堅守承諾的 Maria，於 1992 年將自己養老的積蓄掏出來、借給公司作日常營運。其後，她又以公司名義多次向銀行作短期借貸，自己作擔保人。自 1995 年開始，兩位總裁或將自己私人物業賣掉、或將物業按揭給銀行，以套取現金支持公司營運。

結果，從 1992 年到 1998 年之間，兩位總裁合共向公司注入一億元 —— Maria 借出 5,000 多萬，馮太借出 4,000 多萬 —— 同時四出尋找買家，不讓公司倒閉。可惜，在香港經濟長期低迷持續下滑的時候，尋找買家是十分困難的。到 1996 年，終於有一位買家表示有興趣，希望買下整個香港超群業務。可是，當細看巨額的欠薪及遣散賠償，以及仍然流通市面可以兌換西餅糕點的超群餅卡數目時，他們的購買意慾立時冷卻。

其實，這個嚴峻情況始於 1985 年，當時，超群集團的業務處於全盛時期的高峰，西餅連鎖店的分店有 75 間，到 1987 年已縮減至 45 間，到 1998 年的時候只餘下 26 間，可以清楚顯示持續惡化的過程。

為了尋求解決公司的財務困境，本身是律師的康文曾數度陪同母親 Maria，向具有相關經驗的律師尋求法律意見。那一天下午，母女倆在香港一間酒店大堂，跟一位資深律師探討妥善解決問題的各種可能途徑。可是，到會面結束時，卻仍未找到一個令人滿意的解決方案。那時候，康文與 Maria 坐在落地玻璃旁、偌大的沙發，相對無言，注視著律師走進升降機後，女兒看到了母親臉上那種無助無望的神情，內心淌淚的傷痛。康文輕輕拍著母親的手背，上身傾斜到 Maria 的耳邊、體貼地安慰著：「毋須太憂慮，事情總有解決的一天！」那一刻，康文真的很想緊緊地擁抱著母親。可是，她清楚知道，倘若真是如此，母女倆必然會忍不住在酒店大堂眾多住客面前哭泣起來。

這次尋找不到出路的會面結束之後，Maria 和康文都清楚知道，是時候去結束這盤長達 30 年、曾經風光過的生意了，那是 1996 年。

康文不久便找到一位經驗豐富的好律師，而他又為康文找到一間好的清盤人公司，為超群集團的清盤結業導航，檢視查明、識別公司面對著的財務困境和當中困難，並勾劃出走向清盤結業的路線圖。

伴著母親 Maria 一起走過公司最後十年 —— 從巔峰下滑到清盤倒閉 —— 的康文，近距離地觀察著母親：「對自己親手創辦、花上 32 年時間建立起來的生意王國，母親的確有著極大的不捨、也有著解不開的情意結……可是，當她接受並作出清盤的決定後，她知道要來的終於會來，便決定勇敢地、有尊嚴地去面對，我真的為她感到驕傲。」康文於 2008 年初的一個訪問中，對筆者透露她對母親的觀察與感受。

2/. 台灣 —— 在整個 80 年代的十年中，台灣是超群集團三地中賺錢最多，為集團提供盈利份額最大的業務。

根據台灣《經濟日報》和《工商時報》1996 年 4 月的報道：從 1980 年代中至 1990 年代中，台灣超群一直是西式囍餅市場的龍頭廠商，擁有市場領導品牌地位，已樹立良好商譽，享有極高知名度。以 1995 年為例，台灣超群於該年的營業額就超過六億元新台幣，市場覆蓋全台灣，共有 29 個分店，三個製餅工場設於台北五股、台中和高雄。

可是，根據 Maria 憶述，台灣業務的盈利於 1990 年已開始慢慢減少，帳目顯示流動資金不足而引致周轉不靈，這種業務逆轉的情況於 1991 年加快加劇，要向當地銀行借貸，並要求香港總店加以財務支持。香港總店對台灣業務的運作開始不再清楚了解，有關營業額利潤和稅務的問題，都不能令香港總店完全釋除各樣的疑慮，重要決策的資料和文件都不完整。公司於是派遣行政會計經理到台灣調查，發現台灣超群的生意一如既往十分暢旺，出品的西餅糕點仍繼續廣受台灣人的歡迎，口碑極佳，台灣超群仍然緊握著當地西餅糕點業的牛耳。

這是十分奇怪的事，於是，負責台灣業務的集團副總裁馮太飛往台灣近距離地檢視調查，包括直接跟最高負責人台灣超群的董事總經理會面查詢，也跟當地公司的其他員工會面，並且見會計查帳簿。結果，發現台灣的最高負責人不再誠實可靠。這種情況其實足以構成即時解僱的理據，可是，集團的兩位總裁卻沒有這樣做，只是警誡了事。但台灣超群仍需繼續運作營業，因此，公司只得向銀行借貸，給台灣業務加以財力支持以維持繼續營運。

到 1992 年初，台灣超群向政府經濟部投資審議委員會工商組提出股東的股權改變申請，於同年 6 月 23 日獲得批准。申請書顯示，Maria

和馮太二人分別擁有一半股權的台灣超群，會將全部股權轉讓給台灣一間公司，以換取公司可以繼續營運，可見當時情況已經十分嚴峻。這個股權轉讓後來並不成功，而台灣超群更於 1994 年被政府國稅局調查稅務問題。

1995 年末至 1996 年初，在香港總店同意下，台灣超群總負責人跟當地另一間公司洽商賣盤事宜，卻在沒有獲得授權和批准下，擅自跟該公司簽訂收購台灣超群的草擬書，引致香港超群集團於 1996 年 4 月 10 日發出律師信，指台灣超群的負責人並未獲得授權簽署任何文件，故此不承認該收購草擬書的合法性，並公開正式表示，香港超群集團不再信任台灣業務的總負責人，撤銷所有以往給他的授權。

1996 年 8 月 27 日，台灣超群跟當地一間公司達成協議，簽署了一份「轉受讓股份同意書」，出售台灣超群，但買方必須概括承擔台灣超群的所有銀行債務、貸款及未繳稅項，並負責處理公司所有員工的去留問題。付出收購訂金後，該公司隨即派人員入駐台灣超群，接管財務部，並全權負責台灣超群的業務運作和資金調動。可是，該公司接管台灣超群之後，卻未有依照已經簽署的契約履行所訂明的各項義務，包括沒有依約付清收購應付的餘額，未能支付十足的員工遣散費，引致勞資糾紛。

處於勞資糾紛風眼中心的員工，由於未能從買家手中獲發應得的全數遣散費，包括 7 月份的工資、長期服務金、每月於工資內扣起而未代繳交的健保費和勞保費，而到處求助：包括發傳真給香港超群集團負責台灣業務的副總裁馮太，表示自從獲悉公司股權轉讓之後，各員工都非常痛心，意想不到公司在「不正確的領導人帶領下」，會發展到如斯地步。不過，員工們仍然希望她能夠「……伸出救人之手，援救我們這一群每天上班而又提心吊膽的員工……」。其實，馮太和 Maria 於此時可以做得到的實在很有限。不過，香港超群集團於台灣超群全面結業之後，曾於 1996 年 10 月 14 日、12 月 24 日和 1997 年 3 月 5 日發信給買家，要求他依約履行各項義務。

根據《工商時報》報道，台灣超群的董事總經理已於 7 月初離台返港。1996 年 9 月 11 日晚上，台灣超群發出正式通知，公司的三個製餅工場和全省 29 間分店，於翌日全線歇業。

對於在查明有違規違法的貪腐行為時，為什麼並不立時解僱這位主管，Maria 於 2012 年夏天的一個專訪中透露，也在 2002 年 10 月 30 日對香港大學口述歷史檔案的訪員這樣解釋：

> ⋯⋯因為公司沒有第二位高層管理具有這樣的資歷：超卓的造餅技術、對整個製餅的操作流程和行業運作有極豐富的經驗、熟悉台灣的西餅糕點行業、是超群西餅店創業初期便已聘任、集團總裁 Maria 信任提攜的老臣子，更是集團內製餅工場團隊的龍頭大哥⋯⋯他的離開將會極其嚴重地影響到整個集團的生產工序和西餅糕點的出品⋯⋯。

對於這位 Maria 曾經十分賞識的高層領導，她曾多次提升他的職位，給他機會掌握更大的行政管理權，到後來將集團部分股權送給他，希望他承繼自己的生意，用「超群」這個名字，將集團的生意繼續發揚光大，「⋯⋯可是，當一個人面對利益，又無人監管的時候⋯⋯人是會變的⋯⋯我以前很天真、很傻，我總是相信，只要你待人好，人一定會對你好的」。

3/. 美國——美國超群的業務拓展步伐，於 1984 年從西岸洛杉磯延伸到東岸紐約之後，便加快加大。除了洛杉磯於 1982-1983 兩年內開設的三間西餅店，紐約及加拿大的多倫多於其後六年便一共開設了七間西餅店，一個內設製餅總工場和一間西餐廳的總店大樓、一棟商業大廈和一間酒店。美國業務的拓展在 1988 年超群商業大廈於紐約華埠堅尼地街落成開幕後停止。

不過，1980 年代這樣快速迅猛的多元拓展，令總店必須多次注資，引致集團從美國超群獲得的利潤一直不多。可是，這不多的利潤也從 1989 年開始減少。此時，總店向美國業務負責人提出，各種有關當地業務運作的情況，如生意額、現金流、利潤和稅務問題，都不能令總店滿意，重要的資料和文件也不完整，甚至一些業務運作的決定，如將美國超群屬下的分店，轉換為特許經營模式所需的操作支援詳情，以及酒店要多次注資才能繼續運作等，都在沒有通知或沒有給總店解釋清楚的情況下便執行，而後者令 Maria 因香港超群於 1990 年代初陷入嚴重資金短缺的處境而未能注資，引致於美國酒店的股權份額，被多次分薄削減。

這個逆轉情況從 1990 年開始，並且不斷加劇，到 1991 年末，李明離世後，Maria 和當律師的女兒康文飛往美國視察，才發現美國超群的公司行政混亂，人事關係存在利益衝突、帳目不清、公款被不明地挪用、虧蝕嚴重，甚至可能引致法律訴訟，問題顯得十分嚴重，任何維持業務繼續運作的挽救方案都已經太難太遲，到了不可挽回的局面。至此，Maria 立刻從美國負責人手上取回所有權責，並尋求法律意見和解決方法。

可幸的是：康文在紐約認識一位經驗豐富的律師，透過他的幫助，成功為美國超群賣出所有資產，包括各分店、總店、製餅總工場大樓和其中的生產機器、為慶祝集團創業 20 週年而興建的商業大廈、特許經營權、酒店和商標等。從 1991 年末開始到美國深入檢視查問，康文花上六年時間，來回奔走中美兩地，才成功賣出所有美國資產。不過，損失慘重，令香港超群本來已經面對著的極其嚴峻的現金周轉問題雪上加霜。

對於美國業務的總負責人，Maria 有這樣的看法：

「……當生意越做越大的時候，我便不能不信賴他人，自己怎麼可以經常跑到美國，去監察那邊的業務運作和日常的操作，那是對他們不信任的一種做法，事實上在時間和技術上都不可行……我就是太過信任自己揀選的人，容許所有的權力過分集中在一人身上，卻沒有同時設立監管制度和問責機制……。」

「……（最初）我是完全信任他的……他本來是個誠實純真的人，對家庭負責，從任何一個角度去看，都不會想到他會變成如此的，可是一次去賭場贏了錢之後，變化便開始，開始迷上了這個『可能會贏錢的遊戲』……。」

「……當我們發覺問題的嚴重性，希望制止問題繼續變大變壞的時候，任何救亡行動都已經是太少太遲，到了不可挽回不可解決的局面。那只好認了，結果，是全盤生意崩塌，以結業收場。」

超群集團的美加的業務於 1997 年賣掉最後一項特許經營的餅店後便全面結束。

（3）救亡行動：太少太遲

超群集團的生意在 1990 年代初已經開始全線走下坡，香港業務不單止面對高昂租金和強大市場競爭所帶來的巨大壓力，福來樓的投資失誤更引致巨大虧蝕，台灣超群和美國超群的業務因管理層貪腐所產生的營運資金短缺，也在 1990 年代初浮現，加上李明的重病與離世，令 Maria 和集團管理層「疲於奔命，心力交瘁」。

「……事實上，我一直以為：過去家庭式的運作和管理，既然可以成功，也就無需改變。因此，我並沒有警覺到，當公司發展到某一個水平或規模大小，便必須將公司的組織結構現代化企業化，令運作效率提高並增加成本效益……我後來發現，一個人不能有效地事事兼顧，又缺乏監察制度和問責機制的時候，各層員工不是因循守舊，便是不敢有所作為有所決定……。」（香港大學口述歷史檔案計劃錄音光碟第七隻，28-30 頁）

「……現在，經過總結反省後，當然知道錯在哪裡漏洞在哪裡……。可是，當時生意拓展得實在太快太大，自己個人又沒有足夠的時間去想清楚、去計劃、去設立機制，結果，當香港、台灣和美國的業務差不多同時出現資金嚴重短缺的情況，問題變得太大太壞和太複雜，到一個不可收拾的地步才浮現出來，那時候，已經沒有任何可以同時解決（這三籃子）問題的方法了。」（香港大學口述歷史檔案計劃錄音光碟第七隻，24-25 頁）

其實，面對這般龐大複雜難解的問題，Maria 並非完全被動地束手無策，她曾先後派公司的行政會計經理和副總裁到台灣，而自己則和當律師的女兒到美國，或調查視察、或質詢最高負責人、或查閱帳簿紀錄，發現問題後也有跟進處理，例如向銀行借貸、變賣物業，以套取現金注資三地業務，以維持營運，更積極進取的應對是投資中國內地，希望開拓新的利潤來源，以支持集團業務的營運。

1991 年，超群集團首次進入中國內地，在上海開設七至八間西餅店和一間快餐店；1993 年再進軍廣東中山市，將香港投閒置散、比較舊的生產設備搬上中山，在那裡設立製餅工場，更符合成本效益地滿足內地市場對西餅糕點和麵包的需求；1994 年在中山的石岐跟內地一單位合作，開設第一間麵包專門店。根據 1996 年離任的生產部及總務部經理黃國興於2011年2月10日的訪問，擴展到內地的業務，因為生產成本比較低廉，「盈利是有的，但對集團的盈利貢獻不大，因為生產的西餅糕點並非都受內地市場的歡迎……到最後，內地的業務只剩下了三四間西餅門市」。[27]

1992-1995年是超群集團從巔峰下滑以後、營運資金最緊絀的幾年，而在這幾年間投資中國內地，謀求開創新的利潤來源，以支持集團的持續營運，可算是十分積極進取的抉擇。可惜，雖有利潤，卻不足以幫助集團度過難關。所採取的救亡行動，不論是消極被動、還是積極進取，都是來得太遲太少了。

（三）自動清盤的決定：內外夾擊下的選項

1990年代的香港，整個大環境處於一個政治上動盪、社會上人心虛怯不安、經濟上嚴重衰退的一個狀態，人均收入下降、消費力萎縮，工商百業盡受影響，破產清盤倒閉的不在少數，而超群集團的三地業務差不多同時陷入營運資金嚴重不足周轉不靈的財務困境，尋求法律意見又不得要領，尋找買家又失敗，Maria當時面對的選項，似乎只有結業一途。不過，即使是結束營業，Maria似乎還是有選擇的。

1998年4月28日，超群集團全線清盤，負債超過一億元，而Maria作為總裁、個人負債4,000多萬。家人、親友和生意夥伴都建議她向破產管理處申請破產，無力償還的巨額債務便可一筆勾銷。可是，她拒絕了，相反，她選擇向法庭申請自動清盤，與副總裁馮太一起

---

27 根據被派往中山製餅工場統籌生產工序的邱志鵬所說，石岐市民對超群麵包反應極佳，「購買各類麵包的市民，密密麻麻地擠滿了店舖門外，且要排隊輪候」。（2011年2月10日的訪問）

承擔所有債項。為此，Maria 度過了艱辛的十年還債歲月。

法理上，只要債務人資不抵債的情況獲得證實，兩者都十分容易獲得批准：宣佈破產的批准容許申請人無需為無力償還的債項負上法律責任，而法庭批准的自動清盤卻要申請者負上償還所有債項的法律責任。

那麼，為什麼 Maria 選擇自動清盤呢？這個抉擇對她有好處嗎？這是不是經過深思熟慮的決定？這個決定能夠反映出 Maria 是個怎樣的人嗎？這些不容易回答的問題，Maria 於 2002 年 7 月 20 日向香港大學亞洲研究中心香港口述歷史檔案計劃的訪員，作出詳盡的解釋：

「（宣佈破產）這個法律容許的選擇，的確十分吸引，因為它是合法的，既能迅速解決問題，又能保存我（仍未得到）的資產。可是，每一次想到這個似乎是十分容易作出的決定，我的內心便忐忑不安。

「我想到的是：公司拖欠員工的薪酬和長期服務金，都是他們為公司辛勞工作和多年儲下來的血汗錢，我可以在法律的遮掩下，拒絕付給他們應得的工錢，假裝沒有償還債務的能力，而無需負上應負的責任嗎？

「我也想到：物料供應商是用真金白銀買下原材料，在無需即時付款的協議下供應給我們烘製西餅糕點的食材，而賣出時收款者卻是我們。我們是不是可以站在法盾後面，對供應商和自己這樣說：『我已宣佈破產，故此無需清還（無力付出的）欠款，也不用為你的血本無歸負上責任？』

「我更想到：公司向銀行貸款，銀行給公司現金營運，作為公司總裁，我曾向銀行承諾，倘若有那麼一天，公司再沒有能力還款，我便會承擔責任，清還借款。我應不應該選擇法例提供的合法途徑去背棄承諾，逃避還債的道德責任呢？

「……既然答允了、承諾了，就必須承擔，就必須負責……。

「我並沒有花上太多時間便作出決定，而跟我禍福與共廿八載的集團副總裁馮劉旋君女士也沒有異議：我們決定堅守承諾、承擔責任、清還債務——我們放棄破產而選擇自動清盤。

「其實，當我作出這個決定的時候，以至以後還債期間，我都不太清楚我是不是真的有能力、也不知道如何，去清還巨額債項。」

這就是 Maria：固執、倔強，寧肯自己吃虧也不願意別人受損，於是，她向法庭申請自動清盤，寧肯向銀行借貸，寧肯花上十年時間，節衣縮食，做小生意和替別人打工，等待變賣物業的好時機，以清還債務。

「……我辛辛苦苦地努力去幹，有時候一天工作 18 小時，筋疲力竭，都是為銀行打工……我既然作出了承諾，便不能不完成它，這是我的性格！」擇善固執的 Maria 如此說。

（四）清盤的那一天：1998 年 4 月 28 日——前後：事件簿

1998 年 3 月 30 日，超群西餅集團最後的六間快餐店宣佈結業，受影響的員工有 170 人。

1998 年 4 月 26 日，超群西餅仍有 26 間分店在營業，連同生產部、到會服務部和運輸部，公司約有 300 多位員工在上班，而當中有超過半數曾在超群西餅工作超過十年。

到 4 月 28 日早上，當公司管理層在 Maria 寓所開會的時候，香港高等法院發出清盤令，並委任安永會計師樓為臨時清盤人。晚上 7 時左右，各分店門市正在關門的時候，接到管理層的電話通知，員工翌日（即 4 月 29 日）無需上班，當晚生產部的十多名包裝員工被通知即時停工。凌晨 12 點，超群集團清盤的消息由一個工會傳出，隨後，Maria 於加多利山的寓所和土瓜灣旭日街總部都結集了不少記者，等候見到 Maria 的時候可以追訪她。

4 月 29 日早上，臨時清盤人安永會計師樓向公司清盤處呈交法庭文件，獲即時生效為臨時清盤人，並即時接管公司所有資產，並負責公司一切運作事宜。

（1）記者招待會前夕

4 月 29 日晚上，守候在 Maria 於加多利山寓所前面差不多一整天的記者群並沒有完全散去，到凌晨約 2 時半的時候，仍有三四個記者坐在車內守候張望。對於這些具有潛在滋擾性的行為，Maria 覺得十分困擾，於是致電當律師的女兒康文，而母女倆電話線上商議的重點：是如何擺脫翌日清晨離開寓所返回公司跟臨時清盤人開會時，可能遭受追訪所引起的滋擾與延誤。

結果：康文於凌晨 3 時，駕車到達寓所的後門，那是女傭出入的小鐵門，先輕輕把車子的後座車門打開，然後致電母親，請她穿上黑色大褸，拉高衣領以防被那些不停在前門張望的記者認出，並且靜靜地穿過花園走出後門，爬上車子後座，平躺在前座椅背與後坐的伸腿空間，令車外的人只能看到空空的後座座位。可是，康文在駕駛座位上焦急等待了五分鐘，車子後座的車門仍未關上，不知道母親當時在哪裡。

康文於是再致電母親，輕聲地問：「媽咪，你在哪兒呀？」

平躺後座伸腿空間的 Maria 更輕聲地回應：「我在這裡，已經躺下。」

「快把門關上，讓我可以開車離去啦！」康文催促著。

「我的手不夠長啊！」原來 Maria 爬入車廂時是以手和頭先進，並立刻躺下。

害怕被發現的康文，立刻躡手躡腳地離開駕駛座位、輕輕慢步繞過車子，把後座車門關上，然後立刻輕步再繞過車子，跳進前座駕駛座，戰兢地開車離去，頭也不回、也不四處張望，避免引起懷疑。待車子開到幾條街以外也看不到有尾隨車子，康文才叫母親坐起來，高興地說：「好啦好啦！我們安全了！明天早上可以準時返回公司開會了！就讓這些記者等個通宵達旦吧！」

（2）清盤聲明發佈會

4 月 30 日上午 10 時，安永會計師樓代表廖耀強在超群公司總部向員工及傳媒發表聲明：

1/. 安永會計師樓被法庭委任為臨時清盤人，正式宣佈超群西餅飲食集團清盤的決定，並即時接管公司所有資產，負責一切運作事宜；

2/. 宣佈關閉公司的 26 間分店；

3/. 宣佈公司與員工之間的合約即時終止；

4/. 任何有關員工的索償，應直接向勞工處查詢並登記；

5/. 今日（4 月 30 日）會計算清楚公司的財務狀況，並會在（今天）晚上 6 時會同公司總裁李曾超群女士和副總裁馮太舉行記者招待會，詳細交代公司清盤的原因及現時公司的財務狀況。聲明發佈會完結後並沒有答問環節，臨時清盤人安永會計師樓代表隨即跟正、副總裁進入會議室進行閉門工作會議，商議：

6/. 如何變賣集團還未關閉的 26 間分店的資產、生產機器和仍然庫存的物料，以償還欠款；

7/. 如何尋求出價最高的買家；

8/. 如何跟銀行及其他債權人商討償還欠下的 8,000 多萬元債項；

9/. 如何向物料供應商解釋公司及個人的法律責任、清還欠款的步驟、手續和時間表等問題。

(3) 清盤記者招待會

1998 年 4 月 30 日下午 6 時，超群西餅飲食集團在土瓜灣旭日街總部召開有關清盤決定的記者招待會，開始時，總裁 Maria 首先發言：

「我的事業由零開始，今日回到零。零與零之間，我覺得已做得很夠！」停頓了一陣子……。

「我是一個好勝的人，不到最後關頭，我不會認輸。可是，現在已到了最後關頭，我認輸了！」又停頓了一陣子……。

「如果我不堅持到最後，我是不會服氣的，我現在心服了。

「我是但求無愧於心，為了支撐這盤生意，我和另一股東一次又一次地將私人物業抵押給銀行……這七至八年來，我們二人加起來差不多將私人資金 9,000 多萬元注入『超群』，可是到最後仍是得不到員工的體諒。」李太眼中充滿了無奈的唏噓。

「對員工、對餅卡持有人、對供應商，我是感到內疚的。但我必須指出：我已盡了我的心意和能力。我真的不願意欠別人的錢，更不希望他們有損失。」然後，李太再面對著鏡頭：

「員工們，我想對你們說，有一些員工以為我們仍在收廠房的租，卻不發薪水給他們。其實，我們的廠房已經抵押了給銀行，公司有好幾年沒有交租了。

「雖然我是個能屈能伸、提得起放得下的人，但如今，我是很傷感、好唏噓、十分無奈的！」雖說傷感、唏噓和無奈，Maria 並沒有難過得流下眼淚。事實上，她的家人、親友以至觀眾都認為她的發言情理兼備，豁達與從容，有傳媒甚至將這次記招標籤為「香港有史以來最成功的商業倒閉」。

Maria 發言後，法庭委託的臨時清盤人安永會計師樓代表廖耀強透露：根據清盤人初步計算，超群西餅的流動負債約一億多元，截至 1998 年 3 月的累積虧損為 8,500 多萬元，長期債務 400 多萬元，另外拖欠員工工資及遣散補償共 2,000 多萬元。而清盤人初步點算的結果，發現超群公司內的保險箱只得 30,000 多元流動現金，加上 4 月 28 日西餅售賣所得 10 多萬元現金，這款項遠遠不足以支付總數約 300 多萬元的 4 月份員工工資和 3 月份加班費和津貼。另一方面，集團的子公司到會服務雖負債 2,000 多萬元，流動資產卻也有 2,800 多萬元，固定資產 60 多萬元，而累積虧損則為 750 多萬元。

廖耀強指出，超群集團的一億多元流動負債主要是銀行的短期借貸，拖欠供應商的數額，以及兩位董事的注資。至於仍未換領西餅糕點的超群餅卡數目和總值，則不容易作出準確的統計。根據廖耀強的粗略估計，流通在市面的超群餅卡總值約有 2,000 多萬元，清盤後，集團若找不到買家，餅卡持有人只能以普通債權人身份進行追討。

根據廖耀強的解釋，超群西餅能夠經營到 1998 年 4 月，完全有賴兩位董事每人各注資 4,000 多萬元來支持，否則，經過多年虧蝕，超群西餅應該一早結業。而超群西餅飲食集團選擇向法庭申請自動清盤，是希望避免大量餅卡持有人瘋狂湧往分店去換取西餅所引起的混亂。對此，工商局於 4 月 30 日發表聲明，認為政府在現階段不需要立例規管預先收取費用的經營方式，擔心規管會阻礙有關商號採用創新經營方法，而規管所付出的行政費用也可能令消費者得不償失。

記招完結前，廖耀強表示，清盤前曾經有 15 位人士表示過有收購的意向，但直至 4 月 30 日，仍未有人正式提出收購。同日，卻有 240

多位超群西餅員工，向勞工處登記，申請向破產欠薪保障基金墊支欠薪及遣散費；這個數目到 5 月 6 日時增至 439 人。

（4）餅卡回收行動

超群集團清盤後數天，新城電台一個節目主持人在她的節目中發起一個餅卡回收行動，說：「李太熱心公益，我們應該幫她一把。」

率先響應這個餅卡回收行動的是聖安娜餅店，他們於 5 月 6 日宣佈：一張已作廢的超群餅卡加 20 元可以換取一張價值 12 件西餅的聖安娜餅卡。結果，聖安娜在一天之內便兌換了 50,000 張已作廢的超群餅卡，而最高的兌換紀錄是一個顧客換購 300 張餅卡。另一間將於 5 月 12 日開業的王子餅店在同一個電台上宣佈，持有超群餅卡的市民可以致電該電台登記，然後在 5 月 14 日到王子餅店以一張超群餅卡換取六件葡撻。新光酒樓讓凡惠顧滿 200 元的客人以一張超群餅卡代替現金 42 元使用。潮州城酒家的食客可以用一張超群餅卡點叫滷水鵝一客。農場餐廳的顧客可以用 10 張超群餅卡換取 10 張價值共 300 元的餐券。電影導演張堅庭送出 2,000 張港產片《全職大盜》的戲票，讓觀眾可以用作廢了的超群餅卡換取戲票。著名歌手葉蒨文透過一個電台節目表示，只要聽眾能夠說出一個可信而充分的理由，她個人願意以 30 元回收一張已作廢的超群餅卡，結果，她一共付出接近 9,000 元回收了 295 張超群餅卡。

5 月 4 日，Maria 接受香港無綫電視翡翠台訪問的時候，曾透露於 1995-1996 年間，便開始想到要將這盤維持了 30 年的生意結束。當時流動資金不夠，便把物業按給銀行，[28] 但情況並沒有太大改善，於是尋找買家，希望把整個集團的生意賣出，以致餅店可以繼續營運，員工便無需失業了。可是，當談判進入最後階段的時候，買家要查看員工的遣散費和長期服務金總額，卻發現超群西餅的員工當中，工齡從 10 年、20 年到 30 年都有，欠薪及遣散賠償費用可能高達 2,000 多萬元，因而卻步；第二個可能令買家卻步的原因是：有 2,000 多萬元可換領西餅糕點的超群餅卡，仍然流通在市面上。

（五）清盤後的 Maria：福無重至、禍不單行

（1）失足跌倒、盆骨破裂

1998 年 5 月初，超群集團清盤後不久，Maria 到本地一華資銀行商討還債的安排。商討完畢，離開時正要走下五級雲石樓梯時，心中仍然盤算著如何按著商議好的安排去尋找工作賺錢，一不留神，右腳踏空，身子向外向下傾跌出去，年輕時是運動健將的 Maria，立刻條件反射地以左手抓向樓梯的扶手，想不到扶手又闊又滑，只抓著了扶手的一半，卻因抓不牢而扣不住已跌出去並向下急墜的身子，砰嘭一聲，Maria 的右側身子首先墮地。幸好，不是頭部也不是面部跌撞在雲石地板上，所以，並沒有頭破血流。正要爬起來的時候，卻發覺右邊盆骨劇痛不已，已經無力撐起身子，整個人再跌在地上。當時，感到極端疼痛的 Maria，仍然十分清醒，在銀行職員的幫扶下，她坐上一張有輪子可滑動的辦公椅上，被推動滑行到一旁等候救援。奇怪的是：銀行

28 雖然沒有準確日期，將私人物業按給銀行以套取現金注入公司作營運資金，可能始於 1990 年代初，當時公司因業務逆轉、流動資金緊絀而必須注資。

職員當時並沒有召喚救護車，而是讓 Maria 自行致電自己的房車司機，要求把她送到自己相熟的骨科專科醫生方津生的醫務所，卻因車子故障而改為致電女兒康文，未果；再找馮太，當時馮太剛帶著兩個菲傭到公司辦公室收拾文件，接到 Maria 的電話後，馮太立刻將七人客貨兩用廂式車駛往該華資銀行，卻因七人廂車座位太高了，受傷劇痛寸步難行的 Maria，根本上不了車。結果，四人擾攘了好一會才改乘計程車到方醫生那裡去。

診斷結果是盆骨爆裂內出血，必須立時進行盆骨接駁手術。經驗豐富的方醫生一邊診斷、一邊吩咐護士致電聖保祿醫院的院長，請求他們即時預備一間手術室，讓 Maria 到達醫院後可以即時進行開刀手術。這時，Maria 也在醫務所找到女兒，請她到醫院幫忙辦理入院手續。

手術要用七口鋼釘將爆裂的盆骨鎖定，以便傷口按固定位置復原。出院時，認識 Maria 已久的方醫生，千叮萬囑，要求 Maria 必須臥床休息三個月，不能任意走動，才能順利復原。

（2）母子倆分隔千里、病榻上互訴衷情

5 月中的一天，Maria 仍在醫院手術後臥床休養期間，一直幫忙著清盤事宜的女兒康文，突然間對 Maria 說要去英國，卻支吾以對不願說明原委。母親不停地追問女兒：「此時此地，我最需要的不光是清盤的法律事宜，更是精神上的支持，你為什麼要離開我走去英國呢？」最後，康文才透露：哥哥德康染病，需入院治療，做妹妹的希望到英國看望他，同時可以代為照顧兩個年幼的侄子侄女，讓嫂嫂可以更好地照顧丈夫。

「…… 對我來說，公司清盤生意失敗，我仍可瀟灑面對，因為我雖然只是個平凡的女性，卻白手興家，32 年來建立了一個跨國飲食集

團，對此，我感到自豪，也心安理得。可是，當聽到我深愛著、在哮喘和敏感的醫學專業上備受推崇的兒子有急病要住院時，我感到晴天霹靂……其實，面對我信賴多年的下屬，騙我欺我，把我一手建立起來的跨國生意摧毀，令我多年積存下來的金錢一下子化為烏有，令我背負巨額債項……我真的做到很疲累，我已經做夠了，好夠好夠了……！

「……可是，屋漏更逢連夜雨，我到銀行商討清還債務的事宜後，卻因滿腦子思慮賺錢還債，一不留神而跌下五級雲石樓梯，盆骨破裂而需住院動手術，並需於其後的三個月臥床靜養。可是，與此同時，兒子卻在千里以外的英國，有急病需入院治理……究竟他有什麼急病，是否有生命危險等，我都毫不知情……到底是什麼一回事啊！」

所以，當 Maria 穩固盆骨的手術順利完成後的第二天晚上收到倫敦早上打來的長途電話時，她是十分焦躁不安的。當聽到那邊傳來女兒康文的聲音後，稍覺安心的 Maria 仍是緊張不已地問道：「阿德在哪兒？現在情況如何？」

「手術順利，已脫離危險時期，但仍在醫院養病。現在我將電話交給他，你跟他談談吧！但醫生吩咐不可以講太久，你們倆都需要休息的。」康文簡短地解釋。

那時母親和兒子都躺在病床上，卻相隔千里地透過電話互訴衷情，正是心繫對方、卻長話必須短說的處境。

一個多月之後，女兒康文從英國返港，Maria 才知道：大兒子德康患喉癌而必須即時入院做手術，成功機會只有 20%。那時候，Maria 才知道：那一次的遠洋通話，有 80% 機會是母子倆最後一次的傾心吐意。自此，Maria 十分盼望有機會能與德康毫無阻隔毫無騷擾地促膝詳談，不過，這樣的機會只在十多年後的 2011 年 11 月，Maria 到英國參加德康 60 歲於英國倫敦國王學院退休晚宴後，共同參加地中海郵輪七天之旅時才出現。[29]

（3）傷口未癒、內地演講；體內鋼釘鬆脫、再開刀再住院

出院後回家靜養的 Maria，深知自己必須取消所有離家外出的約會，初期必須臥床不能走動。可是，記事簿上 6 月底的一個約會，卻置她於兩難之間——那是公司清盤結業前、早已應允到南京大學和昆明師範大學的公開演講，但手術後的臥床靜養，到 6 月底才僅僅兩個月，對於絕不喜歡爽約的 Maria，那該如何是好？

Maria 猶豫了好一會，終於致電兩所大學的外事辦，準備告知實情，然後致歉爽約。

「保持身體健康不受傷害還是最重要的。」Maria 為找到一個令她不能堅守承諾的合理原因而感到一點開懷，可是，對方的回應卻是十分積極正面的：他們已經做了所有的安排，也公開宣佈廣泛宣傳，對於到 6 月底已經靜養了兩個月的 Maria，他們將會派遣醫務人員在機場等候，全程以輪椅侍候，以致她走在路上的機會極少。兩所大學的負責人相信，這樣子的安排將不會產生什麼大問題。

其實，當 Maria 致電給兩所大學的時候，已是手術後一個多月，她已經開始使用扶杖慢行。既然全程坐輪椅，無需行走，且有專業醫務人員在旁全天候的照顧，既可以履行承諾，又可以跟上千的大學生分享自己生命的經歷，幫助年青人成長成熟，豈非上佳的雙贏決定？

「兩個月的專心靜養，絕不走動，或許已經讓爆裂的盆骨癒合吧！？」Maria 這樣想著、想著，便致電南京大學和昆明師範大學，決

29　有關 Maria 與大兒子德康於 2011 年 11 月的地中海郵輪之旅，詳情請參閱本書第六章。

定應約。

沒有告訴已到英國的康文，並瞞著方醫生，Maria 於 6 月底飛往南京，再到昆明演講去。一切如所商議的，全程坐輪椅，也有專業醫護人員照顧。可是，從車上到輪椅之間，她還是要站著等候，要走好幾步，有些地方還要爬上好幾個樓梯級。不過，直到演講和宴會都過去了，問題又似乎不大，沒有產生嚴重的疼痛。於是，Maria 豪氣地接受了宴會後的新邀請：去萬里長城當好漢，而不是留在北京城內看景點。

那一天，要爬的梯級實在多了很多，不少站高望遠的景點也是不容錯過的。結果，釘在盆骨上七口穩固破裂骨骼的鋼釘，在當完一整天長城好漢之後，開始鬆脫移位，忍捺不住的劇痛不停襲擊，止痛藥不再有效的情況下，Maria 決定立刻終止訪問，飛回香港接受全面深入的檢查。

看著面色蒼白、唉聲不斷的 Maria，方醫生是一邊為她檢查，一邊不停兇巴巴地痛罵，而滿臉羞愧的 Maria，則低著頭不敢回話。結果，方醫生要為 Maria 再動手術刀，拔出七口鬆脫的鋼釘，重新固位，往後的三個月，Maria 再也不敢離家出走了。

（4）棄大屋入住小單位，搬遷前夕的尷尬

超群集團清盤結業之後，Maria 已沒有能力住在兩層高共 2,750 呎的獨立洋房內，而要搬遷到港島大坑道一幢多層大廈中一個只有 1,200 呎的居住單位。搬遷前夕發生了一件令 Maria 十分狼狽的情況，反映出 Maria 對工作的專注投入，不願意浪費時間、連一分鐘都不會放過的性格：

清盤後，因為再也沒有能力聘請女傭而必須在搬遷前的一天，也就是女傭工作的最後一天，給女傭書寫離職信；信內有提到該女傭是個忠實的傭人，卻沒有提到她有任何特別優秀的工作表現。結果，女傭

很不高興，並氣憤地離開，Maria 只得單獨在兩層高的獨立屋中收拾衣物、一直到晚上凌晨之後，累了，便跑進浴室準備浸浴，以鬆弛一下。

要把偌大的一個浴缸注滿溫水，也需要八至十分鐘時間，於是，Maria 開了水龍頭，讓溫水慢慢地流出來，便走去書房收拾文件，怎知道一坐下來面對著文件便停不了。這時候，浴室內水龍頭流出來的冷熱水，注滿了浴缸後也沒有停止、繼續流到地板上，填滿了浴室門檻的高度，再流到睡房的地板上，慢慢地蓋滿了整個睡房的地板，也讓睡房內床前的地毯吸滿了溫水。但是，從浴室流出來的溫水仍是停不了地流出來，流過睡房再流到客廳，慢慢地填滿了整個客廳的地板，然後流進書房內。這時候是凌晨 2 時，而 Maria 仍然專注在收拾和閱讀文件中。

突然間，Maria 的腳板有濕冷的感覺，才猛然地將疲累的身體、浸浴的需要、浴室與打開了的水龍頭，串連起來。尖叫著的 Maria，一口氣、三步當兩步地跑出書房，經過已成澤國的客廳，走進睡房的浴室去，把水龍頭關掉，才鬆一口氣，同時也倒抽一口涼氣：女傭已經離開了，時間已是凌晨 2 時，從哪裡尋找到幫手呢？這時候，Maria 真的希望女傭多留一天才離開。結果，先用拖把和枱布去吸水，發現太緩慢了，於是，改用清掃垃圾的膠鏟去收集積水，倒進塑膠水桶內；從凌晨 2 點鐘彎著腰地重複著這兩個動作，一直到太陽出來，才勉強清理掉積水。沒有休息過、也沒有浸浴過、極度疲累的 Maria，沒有唉哼一聲便和衣倒頭栽進柔軟的大床上。到響過不停的門鈴聲吵醒了香甜熟睡的 Maria，才一看腕錶，她睡了一個半鐘；立刻起床，應門招呼著來幫忙搬遷的運輸工人，又是另一天忙碌的開始。

（六）主流媒體和香港人如何看待生意失敗的 Maria

90 年代的香港，經歷了政治社會和經濟各方面都動盪不安的十年，亞洲金融風暴的爆發，令敏感的股票市場如過山車般大幅波動，宏觀的本地生產總值和微觀的人均生產總值都疲憊不堪而持續下降。根據《東方日報》於 1998 年 4 月初的報道，從 1997 年 11 月 1 日到 1998 年 3 月的 5 個月內，本港涉及電訊、航運、旅遊、金融及百貨各行業的 11 間大型機構，包括八佰伴香港百貨、香港最大華資證券公司百富勤、日資百貨公司松阪屋和大丸，就已經因結業而裁員 6,700 多人，而且每次都遭到新聞媒體連日大篇幅的報道或評論。

（1）主流媒體如何看待生意失敗的 Maria：當香港高等法院於 4 月 28 日早上應超群西餅集團的申請發出清盤令，公司於兩日後下午 6 時召開記者招待會，正式宣佈自動清盤的消息時，香港絕大部分的新聞媒體都作出十分全面詳細的報道。單從 1998 年 4 月 28 日超群集團宣佈自動清盤到 5 月 10 日的 12 日內，香港主流報章如《東方日報》、《蘋果日報》、《明報》、《文匯報》、《星島日報》和《天天日報》等就有 60 多篇新聞報道、時事分析評論、專欄意見和廣告，包括最初七天有關清盤事件的前因後果、當時的生意財務狀況和欠債情形、失業員工面對的困難處境，以及 5 月 5 日至 10 日涉及各種餅卡回收行動的報道和評論。

一般商業機構的倒閉新聞，大多高度集中在頭兩三天，最長的報道不會超過六至七天便因新聞價值的消退而不再出現。可是，超群集團倒閉的硬新聞在頭三天，不單數目大，而且多佔據頭版頭條的位置；到 5 月 7 日，清盤後的第七天，當著名歌手葉蒨文透過電台宣佈：她願意私人回購作廢的超群餅卡後，新聞熱潮再次在香港主流傳播媒介中掀起，在其後的六天，各媒體爭相報道「作廢餅卡當錢使」的反常社會現象，包括不同餅家接受市民以沒有市場價值的超群餅卡換領他們的西餅、酒樓食肆和酒吧接受顧客以廢卡點吃指定菜式或飲品，以及換取電影戲票等。這個具有社會普遍性卻是反常態的餅卡回收行動，成為第二個相關的新聞焦點、城中熱話，將主流媒體對 Maria 的追訪行動延續到第三波，有關她如何賺錢還債的十年。

其實，一間中型商業機構的倒閉事件能夠被主流新聞媒體報道 12 天之久，已經並不尋常，但沉寂了七個月[30]之後，放棄宣佈破產並堅持要自動清盤以償還債務的超群集團總裁 Maria，再次成為媒體的專訪對象，內容集中在如何賺錢還債。

主流新聞媒體，包括《蘋果日報》、《東方日報》、《星島日報》、《文匯報》、《明報》、《天天日報》等，願意以專訪形式向讀者報道一間中型商業機構的老闆，於宣佈自動清盤的七個月後考慮如何賺錢還債，可能是因為它那豐富的人情味將會吸引讀者細閱，包括：年屆七十高齡的她去做工賺錢還債，幾乎是不可想像的事；缺乏資金的她去再創業賺錢也是匪夷所思的事，要花多少時間才能賺到足夠的錢去清還 4,000 萬元債項，更是沒有人可以回答的問題。這些富有人情味的難題極有可能構成足夠的動力，驅使不同新聞媒體的編輯從 1998 年 12 月到 2008 年 9 月，十年間共 17 次專訪 Maria，內容環繞創意不斷的賺錢還債的努力：[31]

1/.1999 年 6 月出版以母愛為主題的《李曾超群中菜食譜》（中、英文）；

30　決定自動清盤後，Maria 花了九個月時間跟三間銀行商討清還 4,000 多萬元債項的策略與方法；到 1999 年 6 月，Maria 藉出版另類中英文中菜食譜作為她賺錢還債的第一個手段。有關出版中菜食譜去賺錢還債，詳情請參閱本書第九章第三節。

31　有關超群集團清盤後的十年，Maria 如何努力賺錢還債，詳情請參閱本書第九章。

2/.2000 年初開設網上名人飯堂；

3/.2000-2002 年家中提供創意私房菜；

4/.2002-2005 年開辦中山美食文化旅遊團；

5/.2003-2006 年每年一次出品自己設計的月餅；

到 2008 年 9 月 29 日，《經濟日報》副刊〈世事〉的專欄作家梁玳寧，這樣歸納 Maria 十年清還巨額債項的努力：「……生意失敗周身債，沒有選擇破產，反而咬緊牙關去承擔，逾七十高齡，十年後居然還掉 4,000 萬元債項……與病魔搏鬥但無嗟無怨，樂觀依然……分了紅股的貪心夥計，穿櫃桶還不特止，更取了她的製餅方法說是自己所創作，她竟不嗔不恨……20 蚊（元）一個飯盒分三餐吃，一次跌了落地，執番照食，非常慳儉……中山帶旅遊團，在麵包車前座爬上爬落，親自打點一切，賺取團費……賣年糕（月餅），獨個兒拖著一篋重盒，從利圓山道拖到崇光送貨……不懂電腦打字，操練到日日自行更新個人中英網頁……最困難的時候，李曾超群也從不抱怨，日日扮靚靚，笑哈哈，亦未放棄行善，沒錢就出力……年近八旬，仍去中大上課，孜孜不倦，讀食療和兒童心理學……。」

可能是這種堅守承諾的無悔、願意承擔責任的勇氣，以及清還債項的決心，促使傳媒更全面立體地將 Maria 呈現到受眾面前。結果，早於 1998 年 12 月便有主流媒體嘗試將 Maria 的不同面相描繪出來，如《蘋果日報》聚焦於她的暮年創業，《文匯報》介紹她的慈善事業，《南華早報》為 Maria 的西餅飲食集團 32 年歷史作總結，《星島日報》於 1999 年 10 月為她預告將於年底開通有關豐盛人生的個人網頁，而《明報》卻聚焦於女兒康文教曉母親 Maria 使用電腦上網之後，設計賀卡以電郵送給孫兒的溫情洋溢，等等。

事實上，單從收集到的剪報資料就顯示：於 1998 年 12 月至 2013

年 5 月的 15 年間，香港的主流新聞媒體如中英文報章、雜誌、書籍、電台、電視台，以至中國中山市人民政府出版的官方刊物，以及美國一電台和兩份雜誌等，就曾有 54 次以「人物素描」的形式去介紹 Maria 的人生多面體，大部分是有關她如何在逆境中積極面對人生的各項經歷，[32] 例如：還清債項時已是 77 歲高齡的 Maria，重返大學學堂以七年時間修讀四個專上課程，學以致用地夥拍大學教授主講電台廣播的《藥膳廚房》，個人獨立研發健康食品，並跟當醫學教授的兒子合作撰寫和出版《過敏症安全食譜》。在這 54 次的專訪中，有 24 篇同時報道或宣傳一個描述 Maria 一生傳奇經歷的慈善舞台劇《留住百味情》。

其實，Maria 並不是有權有勢的政治領袖，也不是富可敵國的工商巨賈，更不是銀幕上的明星或舞台上的演員，為什麼她的生意失敗、努力賺錢還債、當義工參與慈善活動和幫助社會上的弱勢社群，竟然能夠吸引主流新聞傳播媒介，在長達 15 年的時間裡面不斷地報道和專訪？

究竟是什麼原因令那麼多主流新聞傳播媒介在這麼長的時間內這般全面立體地描繪一位造餅賣餅 32 年的女士？答案似乎是不說自明、不言而喻。不過，以下幾個真實的故事似乎揭示了香港人如何看待生意失敗的 Maria。

（2）香港人如何看待生意失敗的 Maria：雖然新聞媒體所描繪的 Maria，是具有社會的一般性質，也許也反映一般人對 Maria 的一般看法，卻基本上是透過記者或編輯的視覺鏡片，所反映出來的是二手的折射形象。若要知道香港人如何看待生意失敗的 Maria，就必須由香港人自己自行說出，而無需新聞傳播媒介作中介報道或演繹，這樣的例子其

32　有關 Maria 於 77 歲後，不懼年紀老邁，以積極心態活出彩虹人生，詳情請參閱本書第十章。

實也不少。

第一個公開表達她個人對 Maria 的看法，是新城電台的一個節目主持人：在超群集團清盤後數天，在她主持的一個節目中發起一個餅卡回收行動時說：「李太熱心公益，我們應該幫她一把。」她認為 Maria 一向是個熱心公益的人，所以他們應該在她最困難的時候、最需要幫助的時候去幫助她。聽眾中或社會上，有不少人會認同這種看法，故此，有不少人對此作出反應。不過，響應這個呼籲的人，包括酒樓食肆或商業機構，以及所有超群餅卡持有人，都因有所得益而令反映出來有關 Maria 的形象，可能有不同程度的扭曲。故此，倘若千言萬語真的不及一個行動所顯示出來的內心真話，以下另外兩個根據 Maria 憶述的故事，似乎就更能夠具體地顯示，一般香港人的內心如何看待生意失敗的 Maria：

警察不發告票給違例泊車的 Maria——清盤後的 Maria，跌傷了，女傭離開了，司機也辭職了，女兒康文也要每天上班去而未能於工作時間內照顧母親，因此，Maria 偶然也會撐著拐杖到屋外走上一段短距離。

是那麼一個夏日的一個下午吧，Maria 竟然渴望吃到當時當造季節的菜蔬，於是便撐著拐杖走進車內，用單腳開車到跑馬地附近的一個露天街市，把車停在街市的對面路邊，關上車門等待馬路上行車空隙出現時才越過馬路；就在那當兒，Maria 驚覺到一位警察出現在車旁，準備發出違例泊車的告票。她立時轉身，希望在最短時間內打開手袋，拿出車匙、打開車門，即時開車離開，卻忘記了自己必需一隻手撐著拐杖才能站立得穩，電光火石間，她失去了平衡，正要仆倒時，她敏捷地將拐杖丟掉、立時以手扶著車篷，才不致仆倒在地，卻已顯得頗為狼狽。這時，警察定睛地望了 Maria 一眼，便詫異地說：

「噢！呀！你不就是超群西餅的李太嗎！？我認得你！」

「啊！對不起、對不起！我知道這裡是不可以停車的，我知道、我知道，我會立刻開車離開……。」Maria 一邊用手指向馬路對面的露天街市，卻又立刻指向車頭面前的方向。

「李太，你是到街市買菜吧？看你呀！你可以把車開到什麼地方才找到一個免費停泊的車位啊？這樣吧，你立刻到對面街市買菜吧，我就在這裡等著你回來，去吧！」警察一邊用銳利的眼睛看著 Maria，一邊把告票單放回左胸前寬闊的大口袋裡，並揮手示意她到街市去。

「不過……但……。」Maria 瞠目結舌、笨手笨腳地轉身向著街市的方向，卻回過頭來望著警察，用眼睛提出了疑問：「你還要不要向我發出告票？」

「你要小心過馬路啊！我會在這裡等你回來的！」警察和顏悅色地揮著手，示意叫她快點買菜去。

買菜後的 Maria，仍是一手撐著拐杖、一手拿著滿載蔬菜的膠袋，蹣跚地一步一拐的返回車旁。等在車旁的警察一邊接過 Maria 手中的膠袋，一邊打開車門，幫扶她坐到駕駛座上，然後把蔬菜放在車廂後座去。從打開車門到坐到駕駛座上的一兩分鐘內，Maria 是不停地嚷著：「謝謝、謝謝你」，而這位警察卻也沒有再發一言，只在關上車門前輕輕吐出「小心開車」，然後把手指向前方，示意 Maria 離開違例泊車的地方。

為 Maria 修理汽車而堅持不收費的修車廠東主 —— 清盤後的 Maria，從 2,750 呎兩層高的獨立洋房搬遷到一幢多層大廈中只有 1,200 呎的居住單位，再也沒有花園也沒有車庫；不用車的時候，就只能把車子隨意停泊在路旁。有一天，Maria 需要用車，便走到前一天把車子停泊的地點，卻發現車子的一邊門被撞至凹陷，再也不能關上。

自嘆倒楣的 Maria，只好徒步走到附近一間不認識的修車廠，請他們即日或盡快把凹陷且不能關上的車門修理好。修車廠的東主望了

Maria 一下，再詳細檢查車門，便回答說：「我可以盡快把車門凹陷處修理好，卻未必可以在短時間內找到原廠油漆噴上，把車子恢復原狀。」

當天晚上，Maria 到修車廠取回車子的時候，修車廠的東主竟然拒絕收費。Maria 深感奇怪，再檢查一下已經修理好的車門，確已回復平整光滑，關上的門也看不到罅隙。Maria 知道他的修整技術了得，也花了不少時間，於是調節一下嗓子，較為嚴肅地對他說：「我並不認識你，你為何不收費呢？」

「不錯，你並不認識我，而我也並不認識你。不過，我樂意為你服務。」他搖著頭，客氣地說。

「我們既然都不認識對方，而你又為我做了一整天的工作，工藝又好，我豈能接受如此優秀的服務卻不給你工錢？」Maria 堅持著。

「其實，我所做的只是一件小事，而你多年來的慈善捐贈，卻幫助了許許多多有需要的人。李太，我尊重你，所以，我是不會收錢的！」修車廠的東主誠懇地繼續堅持著。

最後，Maria 真的拿不出其他辦法，便拿出 100 塊錢當是「利是」送給他。可是，他似乎比起 Maria 更固執，堅持他所做的只是小事一樁，而拒絕收費。

第九章

·十年還債的艱辛歲月·

第一節　金融風暴後的還債策略

公司清盤之後，年屆 70 歲的 Maria 知道，清還 4,000 多萬元債項，並不是一件容易的事。事實上，那是極其艱難的事。可是，Maria 卻堅決認為：當自己公司有財務困難時向銀行貸款以度過難關，那時既然承諾為所貸款項作擔保人，就必須堅守承諾履行擔保人的責任，替公司償還債務。

當時，不少家人、親戚朋友、甚至是風雨同路三十載的生意夥伴馮太，都力勸 Maria「宣佈破產」，以避過高齡歲月中背負著可能一生都不能清還的巨額欠款的惡劣處境。「那是法律許可、合法的途徑啊！」他們都這麼說。

可是，Maria 的內心深處，卻清楚地知道：自己仍然擁有一些屬於自己名下和一些跟別人共同擁有但名義上並不屬於自己的物業。「我不可以扯謊。」她說。

當時曾有建議：先變賣公司內屬於自己名下的物業，以減輕巨額債項的利息負擔；但從 1997 年末到 1998 年末，正是亞洲金融風暴刮起不久，房地產價格劇跌，令所有出售的物業都有價無市。要在這個時候變賣物業，是絕對賣不到好價錢的。根據多方盤算，以當時市場的價格，即使賣掉自己個人擁有和跟別人共同擁有的所有物業，都不足以清還債項。據 Maria 憶述，公司內其中一個自己單獨擁有的廠房，最初買入價是 500 多萬元，但 1998 年末的時候，就只能賣得 100 多萬元。

因此，在市道如此不振並持續低沉的情況下，變賣物業還債顯然不是一個選項。

要重出江湖做生意嗎？卻苦於缺乏資金，而生意上的合作夥伴也難以覓得。尋找工作嗎？相信沒有任何僱主會聘用一個應該早已退休的老婦，何況，工傷意外需要賠償的款項可大可小。其實，即使能夠找到工作，也絕對只夠餬口，[1] 可是，她那種超強的積極樂觀性格，令還債壓力沒有對她產生太多太大不能承擔的憂慮。不過，她還是花了九個月的時間跟債權銀行商討還債的方法和時間表。到 1999 年 3 月，商討完成，Maria 知道她在其後十年中的每一個月都必須清還 13 萬元，才能還清債項，當時她已經 70 歲。

自從跟銀行開始商討還債方法和時間表之後，Maria 滿腦子就只有一個必須回答卻仍未有答案的問題：如何才能賺到錢去還債？

1 事實上，以當時香港的經濟環境而言，Maria 要成功找到工作嗎？無論是專任的長工，還是兼任的散工，機會都是微乎其微的了。不過，透過好友的介紹，她還是成功地找到一份「大妗姐」的散工，工時約 30 分鐘，只需於新郎新娘向雙方家長或長輩敬茶跪拜時，說些好意頭的吉利話便可。有深厚中國語文基礎而又善於說吉利急口令的 Maria 而言，那是易事一樁；完成使命後，Maria 不單可以收到一封千元大利是，還可以坐下享受一頓豐富的婚嫁晚宴。待遇這麼優厚的散工，自是越多越密越好了，不過，根據 Maria 憶述，第二份「大妗姐」的散工要到一年後才出現，她當然愉快地接受了。

第二節　開源前的節流方法

跟銀行開始商討還債策略和時間表後，Maria 知道：她必須開源節流，以便信守當初向銀行所作借貸必還的承諾。在開源的努力仍未有成果之前，節省日常開支花費便成為當務之急，而節流的方法就包括：

1. 從九龍加多利山 2,700 多呎、兩層高的獨立平房搬到港島大坑道一幢多層大廈內 1,200 呎的住宅單位，以減少每月租金的負擔；
2. 在香港的日子，市內往返只選擇公共交通工具，如地鐵、巴士、小巴、電車或安步當車，如非必要，計程車不在考慮之列；
3. 歡迎友好飯約，以節省飯餐的開支；
4. 與友好飯後的餐餘食物，必會帶回家中作下一餐食用；
5. 沒有飯約的日子，Maria 會等到下午茶時間 —— 即下午 2 時 30 分 —— 才到茶餐廳購買有折扣優惠的飯盒，而一個下午茶飯盒常會分作兩餐食用。有那麼的一個下午，她如常地買了下午茶飯盒回到家中，正要把它分開兩份作兩餐食用，一不留神把飯盒丟到地上，Maria 卻條件反射地立刻拾起飯盒內的塑膠湯匙，將散在地上並沒有接觸地板的飯餸舀起、放進桌上的盤子裡，「這是我的兩餐食糧啊！」Maria 於專訪中笑著憶述當日的情景。
6. 碰到超級市場為某些食物促銷推廣宣傳的時候，Maria 會充分利用每一個試食的機會，試味之後都會給與「大師級」的評價和改善的建議，令促銷員十分樂意地重複邀吃，以索取專家意見 —— 那是超級市場免費獲得專業意見和 Maria 得到免費填肚的雙贏局面。

第三節 清盤後努力還債的十年（1999-2008）

超群集團於 1998 年 4 月 30 日宣佈清盤，Maria 跟債權銀行對還債方法和時間表的商討在清盤一週後便正式開始。可是，在離開銀行時卻不慎跌倒令盆骨破裂，而必須立刻接受手術及臥床休息三個月，三個月未完便跑到南京大學和昆明師範大學演講。結果，她必須提前結束訪問、返回香港接受第二次手術，並必須再臥床三個月才能恢復行動正常。[2]

所以，跟債權銀行的商討要等到 Maria 於同年 10 月完全康復後才恢復，而清還債項的方法和時間表要到 1999 年 3 月才正式敲定。雖然向銀行清還第一期欠款要到 1999 年中才開始，Maria 尋找工作賺錢還債的努力，其實在宣佈清盤不久後便已經開始：那是出版一本中英雙語的中菜食譜。

（一）出版另類中菜食譜（1999 年 6 月）——為 Maria 策劃出版《李曾超群中菜食譜》的是著名專欄作家張小嫻，可是，她並不認識 Maria。直到超群集團清盤記者招待會時，張小嫻才第一次見到 Maria：那天晚上，她在電視新聞中親眼目睹 Maria 對誠信的執著與堅持，震撼於她在結束親手創立並運作 32 年的跨國企業時那種豁達與從容，便決定透過明心出版社，為 Maria 策劃出版一本中英雙語的中菜食譜，幫助她賺錢還債。除了邀請 Maria 挑選她過去 40 年來令她最滿意的菜式，張小嫻還邀請 Maria 寫了兩首〈念慈顏〉的詩，加上一篇 Maria 思念母

2 有關 Maria 跟銀行商討還債事宜後跌倒致盆骨破裂，以及未康復便瞞著醫生和家人，隻身跑到南京大學和昆明師範大學作公開演講，詳情請參閱本書第八章第五節。

親的〈愛心下廚〉和三篇有關父母對子女養育恩情和愛的〈座右銘〉，希望按書中食譜烹調出來的菜餚，能夠帶著母親的愛，送到讀者家中的飯桌上。

這本另類中菜食譜於 1999 年 6 月出版後即熱賣，第二版於三個月後被送上各大書局的暢銷書書架上。不過，香港的烹飪／食譜書籍售價向來不高，第一版通常只印刷 1,000 冊，作者從賣出書籍所得版權稅絕對不夠餬口。因此，Maria 這第一個賺錢還債的嘗試雖然是成功了，所得版權稅在巨額欠款中卻只是九牛一毛。

不過，Maria 並沒有氣餒。

（二）學電腦設網上名人飯堂（1999 年末至 2000 年初）——公司倒閉後，Maria 才猛然醒覺，過去超群西餅的生意，一直是用人手和腦袋去操作及賺錢，可是 32 年後的世界卻改變了很多：她知道 21 世紀是個電腦科技的世代，越來越多人會透過電腦平台，從網上獲得資訊。因此，Maria 希望設立自己的網站，讓聽過 "Maria Lee" 或「李曾超群」這個名字的人，或者是認識 Maria 的親戚朋友，都知道李曾超群雖然在生意上是失敗了，但人卻並沒有倒下去，雖年過七十，卻仍然充滿創意和活力、可以在網絡世界開創新局面。所以，Maria 一方面希望創建可能是世界上第一個「網上名人飯堂」以賺錢還債，另一方面，她希望與人分享廚藝跟幸福家庭的關係。

於是，她對自己說：「我必須學電腦。」

1999 年初是科網熱潮席捲全球的開始，加上 Maria 當時看到女兒康文成功地自學網頁設計並自行操作，便嚷著要女兒教她。可是，康文深知網站操作雖非難事，網頁設計卻需要專業的訓練。因此，面對一向超級樂觀並奉行「未試過點知唔得」為座右銘的母親，康文只好答應幫助母親將她書寫和設計好的內容上載於自己為母親編寫並設立的網站。

知道要負責編寫上載的內容後，Maria 沒有考慮多久，便立刻動手組建網站內不同網頁的內容大綱，包括有關自己生平的「李曾超群漫步人生路」、歷年所建的慈善事業、所參與過的社會公益事務、各國和各界所頒發的榮銜和榮譽、自己的藝術作品，以及有關「網上名人食堂」的視頻設計。

從 1999 年的秋天到 2000 年初，Maria 一天工作 18 小時，白天學習電腦的基本操作，將手上已有卻未分類的資料整理分類，並存放在不同的網頁中；構思可以專訪的名人，他們各自烹調什麼菜式和希望他們回答的問題等；晚上則按構思作出各種相關的聯絡與安排；凌晨時分開始，Maria 才坐到書桌前，開始撰寫自己傳奇的一生。攝錄工作開始後，Maria 每天就睡得更少，白天按預約好的時間地點作專訪錄影，凌晨以後為每個專訪的視頻剪輯、加旁述和完成後期製作的一切工序。

「那些日子實在忙透了，累極了，但我不能停下來啊！」專訪中的 Maria，緩緩地憶述著那些好像很遙遠的感受。

Maria 知道：若要「李曾超群漫步人生路」吸引讀者和增加點擊瀏覽人數，自己生平事蹟必須具有故事性和衝突張力。為此，個人網站「李曾超群漫步人生路」於 1999 年 12 月 1 日啟動並開放給公眾瀏覽後不久，已上載八篇趣味濃郁的童年軼事，而「網上名人飯堂」的設計則包括由星級名廚 Maria，親自到影視界藝人或社會知名人士的家中作錄影專訪，主要集中在受訪者於自己家中的廚房親自下廚，烹調自己最喜愛的一款菜式，並由 Maria 親自介紹和品評。

這種視頻內容的每一個組成元素都具備吸引點擊的設計，似乎十分奏效，令點擊瀏覽人數在短期內急升至 50,000。可是，Maria 很快便發覺：無論是幼年趣事、歷年的慈善公益紀錄、自己的藝術作品和所獲榮銜與榮譽，甚至是能夠吸引眼球的「網上名人飯堂」，都不是帶來商機的內容。

結果，2000 年 3 月以後，上載到「李曾超群漫步人生路」網頁的內容逐漸減慢減少，4 月份只有兩篇，6 月份只有一篇，8 月份也只有一篇；然後，「李曾超群漫步人生路」的網頁便再沒有新增的內容了。

為什麼會如此的呢？Maria 並不是一個半途而廢的人。事實上，她承諾了，必然會信守，開始了，就會竭力完成！那麼，她為什麼停筆呢？——因為她必須每月向銀行償還 13 萬元，她必須抓緊時間賺錢還債，必須解決虛擬網絡上的「網上名人飯堂」雖具娛樂性卻缺乏商機的困局。

（三）辦「創意私房菜」（2000 年春至 2002 年末）——當她發現「網上名人飯堂」雖具吸引眼球的能力卻缺乏產生賺錢的商機之後，Maria 並沒有猶豫多久，便立刻在家中開辦可能是香港第一間名實相符的私房菜，讓瀏覽網上虛擬飯堂的人可以實體地到她家中，享用她親自烹調的美食。

根據 Maria 憶述，「創意私房菜」的意念其實並非源於她，乃始於 1960 年代末至 1970 年代中：當時，她跟夫婿李明每年夏天學校假期的時候，都會帶同三子女往歐洲旅行，其間會選擇住在民宿，一方面可以讓幼年子女多認識別國的文化和傳統習俗；另一方面，也可以近距離觀察和親身體驗他們的日常生活習慣。晚飯的時候，Maria 一家五口，跟民宿主人一家圍坐飯桌，閒話家常，也分享各人自己生活中特別的經歷和人生體驗。這種民宿經驗給 Maria 極深刻的感受，體會到飯桌上的佳餚美食，不單可以促進家庭成員之間的和諧關係，有客人時更可以在酒菜交錯之間分享經驗和擴闊視野。

到 2000 年中，當 Maria 嘗試將這個 30 年前的歐洲民宿經驗轉化為香港的私房菜體驗時，便注入不少創新意念，包括：

（1）開設私房菜的地點：雖然絕大部分同期提供私房菜的地方都在樓上，但差不多全部都是商業用途的地方，而不是私人住所，Maria 的私房菜則開設在家中，是名實相符的「私房菜」；

（2）正因為開設在家中，顧客就好像是家中訪客，而 Maria 就像家主接待客人一樣，烹調好「主人」決定的菜餚端上後，Maria 會跟顧客一同坐席，介紹各款菜式，也講述烹調方法與技巧；

（3）也因為顧客被看為家中訪客、友人，Maria 經常會跟顧客分享自己過去的經歷，如開辦烹飪學院的心得、建立西餅集團的得失成敗、生意失敗後的逆境自強、暮年中如何過著彩虹般的生活，以至新聞事件的分析等，讓菜餚美食的香與味在顧客口腔流轉的同時，也讓「主人」生命中的傳奇在顧客心中來回激盪。

「創意私房菜」這種雙重享受的獨特性，很快便建立了極佳的口碑，也被香港和海外的媒體廣泛報道，包括：《時代周刊》亞洲版（*Time Magazine*, Asian Edition）、《亞洲華爾街日報》（*Asian Wall Street Journal*）、《亞洲公商周刊》（*Asian Business*）、《香港南華早報》（*South China Morning Post*）、《日本朝日新聞》（*Asahi Shimbun*, Japan）、加拿大 *Nuvo Magazine*（Canada）、加拿大《國家雜誌》（*The National Canadian*）；法國 Vinet Gastronomie、美國 The Savvy Traveler（美國 160 個城市都可聽到的電台廣播）和美國廣播公司第四台（Channel 4, National Broadcast Company, USA）。[3]

這種口腹加心靈的「創意私房菜」推出後極受歡迎，預約的顧客極多。可是，Maria 於港島大坑道的居所只有 1,200 呎，而且只是建築面積，只能容納坐上 12 人的一張大圓桌。故此，「創意私房菜」雖叫好又

---

3 Inspir Asians, *Cooking School Vacations: A Culinary Journey to the South of China*, Hong Kong: Club Inspir Asians Limited, 2001, p. 3.

叫座，預約光顧也要等候一個月以上，到該年末時卻仍未能為 Maria 帶來太多的利潤，還債嗎？貢獻不大。

既然又叫好又叫座，只是地方太小，問題應該不難解決吧？Maria 這樣想著，便嘗試尋找一個面積較大的住處。到 2000 年末、當大坑道的住所兩年租約期滿時，Maria 便搬到畢拉山道一個 2,800 呎的住宅單位，希望「創意私房菜」不單叫好叫座，更可以帶來讓她可以還債的利潤。

這個如意算盤似乎打響了，因為畢拉山道的住宅單位最少可以容納三張 12 人坐的大圓桌，預約顧客最初只等一個月，後來須等上三個月。

雖然私房菜收費較為高昂，卻也不是來者不拒，為避免「招狼入室」以保障 Maria 的家居安全，女兒康文特別為母親設計並組織「樂膳坊」會所，顧客必須先加入會所成為會員，才能享用這種獨特、雙重體驗的「創意私房菜」。要成為會員嗎？其實十分簡易：只需填寫一份申請表格，提供姓名、地址、電話、身份證號碼和教育程度等個人資料作記錄，便可預約享用「只此一家」的私房菜。

根據 Maria 憶述，「樂膳坊」這個名字乃女兒康文所起，表示「喜樂地享用佳餚美食之所」，而「膳」跟「慈善」的「善」字同音，故也具「提供美食者也是愛做善事之人」的意涵。這種雖簡單、又實在增加了「麻煩」的方式，卻沒有減少預約的食客，相反地，慕名而來的食客不斷增加，每晚三張 12 人的大圓桌，並不難填滿。結果，客人太多了，使用電梯的次數和時間都太密太長，引起其他住客不少的怨言。事實上，大廈其他住客的車位也常被「非法」佔用，而食客太多所產生的噪音也令鄰居感到厭煩，令被投訴的次數慢慢增加。結果，兩年的租約於 2002 年末期滿時，Maria 所租住的單位月租，由 30,000 餘元大幅增加至 50,000 元，令 Maria 不得不另覓居所。

與此同時，女兒康文於2002年末移民澳洲，自此，Maria三個子女都已旅居海外——大兒子德康在英國、三兒子智康在美國——為了避免花費昂貴租金獨住2,800呎的居所，她決定結束畢拉山道住宅的「創意私房菜」，搬回中山市古鶴水庫旁的私人別墅超群閣，準備在那裡退休終老。

（四）開辦「中山文化美食旅遊團」（2003-2005）——本來返回超群閣退休終老的想法有不少好處：例如無需交租、水電費便宜、傭工工錢不高，自己種菜養雞，維持平淡生活並非不可能。何況，「中山文化美食旅遊團」既集旅遊、美食、烹飪班和私房菜於一身，吸引力自然不弱，或許可以為Maria提供一定的收入，以清還債項。

這個概念的組成部分包括：廣東省中山市自明朝以降便是中國南方的商貿往來重鎮，是國父孫中山先生的家鄉，也是珠江三角洲魚米之鄉的中心之一。加上國際星級名廚Maria所提供的私房菜，烹調美食的示範表演與烹飪速成班的實習，吸引力不能說不大。

其實，超群閣本身就是極具歷史、文化和旅遊吸引的一個景點，以下描述是根據前《明報》資深記者林翠芬於2005年1月到超群閣訪問後的文章，加上為中山文化美食旅遊項目出版的*Inspir Asians: Cooking School Vacations: A Culinary Journey to the South of China*所提供的資料、筆者一次親身觀察與體驗，以及多次跟Maria專訪的記錄而輯錄編寫而成：

超群閣，位處中山市三鄉鎮古鶴水庫旁，是一座三層高的中國古典建築物，依山而建。從山下看，紅牆綠瓦掩映於山腰綠葉叢中；從超群閣的陽台往外望，湖光山色盡入眼簾，令人俗慮全消。從別墅大門沿山坡拾級而下，湖畔有兩座涼亭：「抱月亭」和

「煙雨亭」；亭旁松竹梅間豎立著一塊刻有「三生約」詩句的石頭，仿如夢中世外桃源。

而這座離湖畔一箭之遙的山中別墅，從構思、設計、繪圖畫紙上、別墅內外的對聯和詩詞，到請當地農民施工和監工，都由 Maria 自己創作或執行。

別墅的大閘門刻有超群閣三字，門前植有幾株筆直高大、寓意愛情堅貞長久的桄榔樹；門內是個綠草如茵的大花園，中央有一個由 Maria 親手砌造的小池塘。再往前便是三層高的超群閣，閣牆門窗玻璃上刻有「超遙聳聞堪鐫史，群有儀形盡入詩」的對聯。而坡下湖畔的「抱月亭」和「煙雨亭」，柱上都刻有對聯，前者表達退隱田園心意的「抱蜀不言塵世外，月華長伴此亭中」，而後者不單止刻有「煙渚寒梅迷曉夢，雨亭修竹舞春風」的詩句，顯露作者脫俗超凡的藝術想像力，將其退隱生活融入雨霧中、松竹梅間，晨夢裡的迷戀和舞蹈春風中的逍遙，更將亭子的一半建在岸邊、一半凌空湖水上，顯示其突破傳統的浪漫意識。亭旁豎立一塊大石，刻有 Maria 所寫「煙濛松石三生約，雨灑山前萬點晴」的詩句，而亭外植有松樹、竹林和梅花，充分寓示主人追隨寒歲三友「傲骨迎風、挺霜而立」的精神。

從 1985 年建成以來，超群閣一直是 Maria 週末度假的私人別墅，到 2003 年便成為她退休養老的居所。為此，Maria 將過去多年來收藏下來跟各國政府高官領袖合影的照片、海內外獲頒的榮譽證書獎狀和獎牌、出自藝術大師的書畫題辭、自己繪寫的詩書畫，以及品味獨特而優雅的家具陳設和工藝品等，都搬運到超群閣，猶如一所私人陳列館或博物館。

可是，這個既具創意又具吸引力的文化美食旅遊項目，卻一直等到 Maria 結束了畢拉山道住所的「創意私房菜」生意、搬回中山長住才得以開展，因為從 2000 年中到 2002 年末，Maria 初期忙於「網上名人飯堂」的線上運作，後期則忙於「創意私房菜」的線下實體營運，根本無暇組團帶團到中山。事實上，第一次成功組團是 2003 年的 2 月 8 日：當時，Maria 帶著立法會議員譚耀宗等八人到超群閣作了一天遊。

其實，即使搬回超群閣，Maria 也未能安頓下來：因為搬回中山後不久，不少人從香港來找她做飲食業，如西餅糕點酒樓食肆的顧問，或邀請她作逆境自強的專題演講和傳媒訪問等，加上前烹飪班學生每月例會午飯，烹飪示範表演，探訪老人院舍，參加政府常設的長者事務委員會、滬江小學校董會和東華三院群芳啟智特殊學校校董會會議等，這麼多必須在香港處理的事務，令每一次回到中山超群閣後、希望逗留長一點時間的心願都未能滿足。

而 Maria 每次返港時都會免租住在馮太於銅鑼灣一幢用作儲物用的住宅單位內——二人笑稱為「蟾宮」——的一個空置房間。最初是暫住性質，後來往返兩地次數頻密，結果將暫住變為長住，達三年之久，而令 Maria 能夠較長時間逗留在香港的：是希望透過製作和營銷健康月餅以賺錢還債。

（五）製作營銷健康月餅（2004-2007）——眼見概念極佳的中山文化美食旅遊項目因自己在港答應了的事務太多，而嚴重影響成功組團的頻率，令這個賺錢還債的機會變得不大可靠。結果，Maria 決定放棄這個已營運一年多的文化美食旅遊賺錢項目，而選擇製作營銷月餅作為賺錢還債的手段。

早於 2004 年初，在朋友的邀請及財團的支持下，Maria 重出江湖，以「月滿庭」的新商標生產及銷售四種創新味道（白蓮蓉、桂花、鳳梨、螺旋藻）的健康月餅，以及八款不同味道的迷你月餅（咖喱、香菇、叉燒五仁、陳皮豆蓉、滷味、涼瓜、馬蹄、瑤柱）。不過，Maria 的創意月餅，並不止於味道的創新，更在於選用有益健康的食材：她採用麥芽糖醇代替一般常用的蔗糖，適用於糖尿病患者，而所用的純植物油也不會影響膽固醇過高人士的健康。

由於 Maria 擁有極豐富的製餅經驗、備受賞識而被邀以投資項目總顧問的身份參與，而無需任何金錢上的投入，便可獲分 10% 股權和利潤。她的角色和任務是在整個製餅營銷過程中，提出她的專業建議。不過，在其他執行事務上，她仍需聽命於老闆作出的決定。

正因如此，以下各項老闆的決定，Maria 是不認同的，卻也無能為力：

（1）銷售網絡的限制：為了節省營運成本，主要股東只願意將各種創新健康月餅放在極少數百貨公司如崇光百貨和永安百貨中寄賣，這個狹小的市場銷售網絡並不理想，能夠接觸到的顧客數量不會太多，在激烈的市場競爭環境下，這種自我設限的策略顯然會令銷售能力受到壓抑。

（2）寄賣合約的限制：由於合約規定，除了擺放在專賣櫃內的月餅，百貨公司只提供專賣櫃後面小量空架以儲存等待擺賣的月餅。這樣的安排容易使寄賣月餅售罄後未能獲得即時填補，而出現顧客等待擺賣月餅運送到專賣櫃的情況。

（3）缺乏儲藏及運送月餅的物流服務：由於投資項目採用寄賣方式，但設在深圳的製餅廠卻不會每天或每隔幾天便運送小量月餅到百貨公司擺賣，Maria 不得不將大批出廠的月餅囤放在自己借住的蟾宮內。結果是：本來已經細小的生活活動空間變得更為狹窄擠迫，而為了節省營運開支，每當要填補崇光專賣櫃的空位時，作為項目總顧問，Maria

要想辦法將月餅送到百貨公司的專賣櫃。

當第一次寄賣的月餅將要賣光、專賣櫃的空位越來越多時，Maria希望極速地將囤放在家中的月餅送到崇光去，於是，她僱用了物流公司將月餅送達，也隨己意致送小費給負責的司機，卻因為沒有預先得到老闆的同意，而受到責備。對從未做過僱員、做任何事都毫無保留全力以赴的Maria來說，這是理所當然的做法，可是老闆卻認為：營運成本中根本沒有僱用物流公司運送月餅一欄，即使必須如此，也應該先得到上級的同意。故此，Maria的做法被認為越權，並且開了一個惡劣的先例——這樣子的意見碰撞顯然未能令雙方發展出和諧健康的互動關係。

不久，相同情況再次出現，而Maria這次不再花錢僱車請人幫忙了：85歲的她拖著滿載月餅的行李箱子，從位處銅鑼灣利園山恩平道的蟾宮步行約半公里的距離，將一盒盒的月餅送到崇光百貨。不過，事務不少的Maria也不可以常常在有此需要的時候出現，這對銷售也有負面的影響。

（4）售餅員不足：由於投資股東只肯僱用一位售餅員，Maria除了要將月餅從蟾宮送到崇光百貨，有時候也幫著售賣月餅或幫忙將待賣月餅安放在架上。有這麼一次，個子矮小的售餅員站在椅上安放一盒盒的月餅時站立不穩，正要跌下時被Maria近距離衝過去扶住，不致跌倒地上，Maria卻因此扭傷自己的腰背，疼痛不止。結果，她只能忍著痛，慢慢地、走走停停地，用幾倍於平常所需的時間，回到半公里以外的蟾宮。回家後的她，腰背酸痛仍然未止而需挨著牆壁扶著推起如小山的月餅盒，走回房間，和衣倒在床上。疲累加腰酸背痛促使Maria盡快躺下，企圖讓徹底休息趕走酸痛，結果，她整個晚上就躺在床上，盡量不移動軀體和四肢，也因此而沒有喝水沒有進食。第二天一整天，Maria不單止腰背酸痛，更發高燒，故此也就一直躺著，只喝水而沒進食。

當天晚上，很久沒有聯絡 Maria 的一位乾兒子連博輝致電給她，發現乾媽臥病在床已經超過 30 小時，缺食發高燒的情況令人擔憂。翌日早上，乾兒子給 Maria 送去干貝白粥，助她恢復體力。[4]

以上種種，令顧主與顧員之間的互動關係受到負面影響，也令這位投資項目總顧問未能發揮更大的作用。最後，整個投資項目以虧蝕收場，而 Maria 因擁有 10% 股權，故此，也需要從口袋拿出所虧蝕的數目。可是，那時候的她，口袋裡根本找不到這筆數目不少的款項。結果，由見義勇為的馮太付帳，結束了這個清盤六年後首次「投資」月餅市場的嘗試。

正如 1966 年開辦超群西餅店時一樣，[5] 2004 年的 Maria，並不甘心於重出江湖首次投資的失敗，她決定再接再厲，但調整了做法。

2005 年初，Maria 決定再次進軍月餅市場，不過，她這次不選擇寄賣的方式，而將出廠後的月餅都存放家中，要買 Maria 出品的月餅嗎？就必須到她家中。這個安排省卻三方面的成本：寄賣的費用、僱用售餅員的薪酬和運送月餅到專賣櫃的物流費用。

可是，誰會知道並懂得上門購買她的月餅呢？為解決客源問題，Maria 重返香港中華煤氣公司任教烹飪班。[6] 她知道：以她的名氣和江湖地位，選讀她的課程者不會是少數。一如所料，她教授的烹飪班都座無

4　連博輝如何從創意私房菜食客的身份發展成 Maria 的乾兒子，並如何於 Maria 最潦倒的時候伸出援手，詳情請參閱本書第十章。

5　1966 年，Maria 決定接受烹飪學院學生的建議，去開辦西餅專門店，其實只憑一個極其簡單的想法：究竟從未品嚐過她所造的西餅的人，會否跟學生們同樣欣賞，吃過以後還想再吃？可是，不懂生意之道，也不懂如何控制成本的 Maria，頭六個月已將從銀行借貸回來的資本虧蝕清光，但她不甘心，要從失敗中學習，再接再厲，結果取得成功，詳情請參閱本書第八章。2004 年，Maria 決定重出江湖，也只因一個極簡單的想法：賺錢還債。

6　自從 1987 年將烹飪學院賣給學生後，Maria 只以示範或客串形式教授烹飪；18 年後，她重返跟她關係十分要好的香港中華煤氣公司再執教鞭，為的是宣傳推廣她出品的懷舊月餅。不過，她並沒有「過河拆橋」，在煤氣公司的教席一直維持到 2012 年，才真正「金盆洗手」；當年，Maria 已經 83 歲。

虛設，課堂之後，她不單鼓勵學生購買自己監製的月餅自用，也購買給親友作送禮之用，更鼓勵學生為她設計和監製的月餅在親友間宣傳。

在 2005 年 4 月 5 日為該年月餅宣傳推廣的信件中，Maria 認為：以她個人的經驗顯示，「創新月餅都不受歡迎」，因為中秋節「畢竟是個有文化兼傳統的大節日」，「當月餅商都用盡各種方法去改良及創新月餅品種去爭取月餅市場之際，李太（Maria）卻堅持推出懷舊月餅」，包括「傳統雙黃白蓮（蓉）及紅蓮（蓉）、懷舊金華五仁（月餅）……」。

決定了不再採納寄賣方式，省卻送餅的麻煩和成本，也放棄了去年設計的 12 款新口味月餅的做法，Maria 在信內強調上乘且健康的用料如「一級蛋黃、上等植物油，沒有蔗糖的蓮蓉……保證健康」，也強調懷舊月餅跟傳統文化、慶祝的傳統方式和節日氣氛的共融特性。不過，Maria 卻在懷舊中創新：「……在包裝上，有花燈月餅及步步高月餅，是三層盒及四層盒，花燈有燈膽，其後可掛起增加節日氣氛；三層及四層盒，其後可作飾物盒，達到循環使用、環保之效。」

這種以口碑宣傳和推廣的方式，其實也挺有效的，因為可接觸到的新舊學生有幾百人，但銷售量卻超過幾千盒。

可是，由於沒有僱用任何助手，所有收貨、存放、包裝、售賣、收錢、找續，都由 Maria 一手包辦，那是挺勞累的。後來，Maria 也就放棄了記下每天售出量，也不再記錄每天的現金流量，只在家中放了一隻頗大的空罐子，收入現金都丟入罐子，所需支出也從罐子內拿，到了罐子再沒有現金的時候，就是沒有收入、虧蝕的開始。結果，Maria 於第二年月餅市場的投資，一共虧損幾萬元。

可是，Maria 仍然不甘心，要繼續嘗試。

為了改善市場推廣的策略——不應只有一個銷售點，也不應只在烹飪班學生中宣傳推廣——Maria 於 2006 年初嘗試向酒樓提供自己監製的健康月餅，以滿足酒樓食客的需求。可是，連續去了三間酒樓，得到的回應都是相同的：他們已經有了自己的月餅供應商。由此，Maria知道此路不通，便跑到香港教育專業人員協會（教協），成功地將月餅放在教協寄賣。根據筆者的觀察，到教協購買各種用品的人流十分暢旺，遠勝於將住所作為售賣點。為了增加銷售點，Maria 印製傳單，連同試食的月餅樣本送到附近屋邨的管理處，鼓勵他們於管理處擺賣，每賣出一盒月餅，可獲售價的 5% 作為酬勞。

這種願意面對自己不足的誠實與坦蕩，勇於跨過失敗的高欄而繼續嘗試的精神，終於幫助 Maria 於第三年在月餅市場投資中不再虧蝕，但賺得的利潤並不多。不過，這已經足夠推動她考慮翌年再接再厲。

由於 2006 年是香港政府第四年停建有政府資助的「居者有其屋」單位，以減少房地產市場樓宇的供應，企圖令房地產市場因 1998 年亞洲金融風暴影響而大幅下滑的勢頭止跌回升。政府這個 2003 年開始執行的政策十分有效，到了 2006 年初，樓價已經不斷向上攀爬，令 Maria手上仍然未賣的少數物業價值大升。知道有極大機會於翌年變賣物業以清還所有債項之後，充滿分享基因的 Maria 做了兩個決定：

（1）於 2006 年初報讀兩個香港中文大學的網上課程，學習中國藥材及食材的保健功能，藉此研發健康糕點，除滿足口腹之慾，也可有利健康；[7]

（2）繼續於 2007 年出品自己設計和監製的健康月餅和糕點，但不是為了賺錢還債，而是跟親朋戚友分享健康美食。

回望過去三四年，Maria 重出江湖、四度投資月餅市場，希望以自

7　有關 Maria 於 2006 年初報讀香港中文大學專業進修學院「中藥學」和「中醫基礎理論」的網上課程，詳情請參閱本書第十章第一節。

己過去豐富的造餅賣餅經驗去賺錢還債。可是，因為缺乏資金，令購存食材、生產及存放糕餅、送貨服務、宣傳、銷售網絡，以至售餅員工，構成極大限制而未能取得成功。不過，當她知道清還巨額債項已經不再構成困難後，Maria 想到的就是：如何在資源匱乏的情況下繼續過著「給人快樂、自己更快樂」的日子？[8]

第四節 清盤前後的助人經歷（1980 年代中至 2013 年）

上世紀 80 年代中，當超群西餅飲食集團的業務進入全盛時期，Maria 便開始探望院舍老人，十多年來一直不斷，直到公司清盤後，因完全缺乏資源、也因為忙於學電腦經營「網上名人飯堂」，以及在家中開辦創意私房菜的緣故而停止了四年。之後，Maria 因畢拉山道住所租金高昂而結束了家中開辦的創意私房菜，準備回到超群閣退休終老，可是停不了下來的她，以為退休家鄉後的日子必然會令她清閒下來，而受邀加入政府設立的安老事務委員會，聯同其他委員會成員為香港老人福利制定政策，適時適切地幫助香港有需要的長者。除此以外，充滿分享基因的她也沒有拒絕任何可以幫助別人的邀請，包括沒有酬勞的社會公益事務：[9]

（一）透過群芳慈善基金會資助教育機構（2004-2005）——雖然超

8 「給人快樂、自己更快樂」是 Maria 一生追求美善人格的座右銘之一，在哥哥昭遠為母親秘密安排生日會之後所學得，詳情請參閱本書第五章第二節。

9 有關 Maria 於遷回中山超群閣後，經常返回香港參與各種各樣社會公益活動，詳情請參閱本章及附錄一。

群西餅飲食集團清盤了，Maria 個人也欠下巨債，群芳慈善基金會卻仍有一筆不大不少的餘款，後來捐贈給兩個教育機構，去進行具教育價值的活動或項目：

（1）資助嶺南大學建立學習平台 —— 贊助該大學亞太老年學研究中心服務研習計劃，提供機會給大學生於各類社區服務中心實踐學科理論和知識，於服務過程中實踐博雅教育的理念，包括：

1/. 健康服務大使計劃 —— 旨在推廣健康教育及長者照顧服務，這計劃派遣學生到胡平頤養院實習，讓他們在服務實踐中掌握不同的照顧技巧，認識老化過程中的生理及心理健康轉變；

2/. 社區研究員計劃 —— 透過差派學生到各區學校或老人中心進行各項研究及調查，以提供機會給參與學生學習研究及調查的方法和技巧，提升他們關注社區服務的敏感度及能力；

3/. 文化之友 —— 透過培訓工作坊及實踐服務去培養居港的非中國籍長者及兒童跟港人的友誼及歸屬感。

（2）資助培苗基金會的中國內地建校計劃 —— 培苗基金會是一個規模細小而低調的非牟利慈善機構，成員包括一位天主教修女、一位大學教授和一位律師；主要的慈善工作集中於從香港募捐善款，然後資助中國內地偏遠農村或山區的小學或中學，幫助他們重建或擴建校舍，令他們的教育任務更為見效。根據 Maria 憶述，這是群芳慈善基金會最後一筆善款。

（二）探望老人（1980 年代中至 2013 年）——自上世紀 80 年代初開始，Maria 每一年都到各院舍或中心去探望大部分時間都在孤單寂寞地過日子的老人，陪伴他們聊天、喝茶吃餅，讓他們知道：他們並非完全孤獨，有人在掛念著他們。

而 Maria 最常去的是芳艷芬與她共同捐資建立的群芳念慈護理安老

院和信義會的老人中心。有時候 Maria 會邀請一些演藝界朋友，一起去探訪這些長者，給他們講笑話、唱歌跳舞或表演樂器，讓他們過一個開心愉快的下午，可以開懷大笑，或隨著表演者和唱著他們熟悉的歌曲。

「每一年，（當我一個人去的時候，）我都會早上去，跟他們一起吃午飯聊天，直到接近黃昏才離去。院社的老人家常常會做一些手工，或者寫一些簡單的字畫送給我。每一次看到他們臉上佈滿皺紋後面的笑容，聽到他們沙啞或尖鋭卻毫不造作的笑聲時，我都感到十分快樂。」

中秋節前後，Maria 會帶著月餅到院舍跟老人們過一個有人陪伴著一起品嚐月餅的傳統節日。根據 Maria 憶述：當超群集團的生意處於全盛高峰期的時候，公司會送出總共 10,000 個月餅，讓 Maria 帶去探望不同院舍的長者。公司倒閉後，她只能送出 4,000 個月餅，而不論公司結束前或後，所有月餅都由 Maria 向奇華餅家勸捐。為了答謝奇華餅家的慷慨捐贈，Maria 曾多次到餅家於深圳的廠房訓練他們的製餅師傅。

有一年的中秋節，Maria 又去探望群芳念慈護理安老院的長者，一個年屆百歲高齡的老婆婆，彎著腰望著地扶著拐杖腳拖著地走出來，高聲嚷著說：「二小姐，二小姐！真是你嗎？！好了！好了！我真的可以見到你了！」原來那是曾家僱用的一位女傭，從小照顧和服侍 Maria，一直隨著曾家從內地到香港，直到退休時才自行申請入住群芳念慈護理安老院。對此，Maria 並不知情；相認後二人流淚相擁，久久不能停息。

（三）支持和參與發掘並表揚已過退休年齡人士的貢獻，鼓勵及啟發更多第三齡人士善用退休餘暇，繼續發揮所長，終身學習，關心及服務社會。

（1）「2009 年傑出第三齡人士選舉」是香港電燈有限公司和香港社會服務聯會第一年合辦的長者選舉活動，旨在公開讚揚那些雖已退休已屆暮年，卻仍然「充滿朝氣地追求一己夢想，矢志學習，並慷慨地與人分享知識、經驗和興趣」的人，[10]「亦希望透過他們的推動，啟發更多準備退休人士，積極籌劃他們的未來生活，成就躍動晚年」。[11]

接受提名的第三齡人士，必須在三方面有傑出表現和貢獻：1. 終身學習、積極進修，以及與他人分享知識；2. 貫徹身心健康的生活模式；3. 熱心參與社會服務。而 Maria 接受了提名，也獲評審團選為該年傑出第三齡人士之一。

「我一生曾經歷不同的挑戰：天生心臟病、生意失敗、患上癌症。面對種種挫折，我積極面對⋯⋯回顧今天，我覺得我的人生是豐富的。」Maria 獲獎後接受訪問時表示。

一年半之後的 2011 年 6 月 6 日，Maria 於第三齡學苑暑期課程啟動禮上，以「逆境自強」為題，勉勵選讀課程的學員。

（2）根據香港人口統計處 2011 年的資料，65 歲以上的人口中，女性數目比男性多，尤其在 85 歲以上的人口中，女性比男性多 2.5 倍，而女性壽命比男性平均長六年，故此香港人口中有較多獨身女性。但一般女性比男性較少接受教育，故要面對較大經濟困難。

詠翔（香港）於 2011 年 1 月成立，目的是為香港女性提供一個平台，鼓勵女性擁有悠然自處的生活，同時，互相鼓勵，在家庭和社會的扶持下建立自主及獨立能力，在晚年活得有尊嚴，過一個健康、幸福、快樂的人生。

為了支持詠翔（香港）的發展，Maria 除了跟幹事會分享募捐籌款的經驗之外，也答允擔任該會的贊助人（Honorary Patron），並於它的第

10　香港第三齡學苑：《豐盛人生、成就未來：傑出第三齡人士選舉 2009》，封面背頁。
11　同上，頁 1。

二週年年會中擔任演講嘉賓，以「五個毛絨結」為題，鼓勵會員堅毅沉著地面對人生中各種各樣的難處和挑戰。

（四）其他社會公益活動：（1）與長者共樂 —— 1999 年 11 月 18 日，超群西餅飲食集團清盤後翌年，Maria 於香港聖公會教區福利協會主辦的「耆英節」之千人宴中擔任表演嘉賓，幫助超過 1,000 位長者開懷暢快地度過一天。隨後不久，寒流襲港的一天，許多港人都躲在家中避寒，而 Maria 卻去參加香港地下鐵路舉辦的「長者港鐵安全運動 2009」之「暖流行動」，帶同一群長者免費乘坐西鐵暢遊荃灣。當天有六位年青的歌影視界藝人參與，而 Maria 是唯一一位 70 歲高齡人士，陪伴著長者們遊覽變遷中的荃灣。

（2）幫助素未謀面的中風病人 —— 2011 年 5 月 25 日，Maria 收到沙田醫院的一位義工向 Maria 發出一封尋求幫助的信件，說沙田醫院有一位 77 歲陳姓女病人，「……三次中風後全身癱瘓，只有左手左腳可以小範圍活動，不能說話，不能行走，需要插喉進食，大小便需要用尿片及插尿喉，需要長期臥床。她本身有糖尿病、血壓高及膽固醇高，需要定期服藥……」。沙田醫院要求病人家屬盡快尋找護老院，可是病人缺乏經濟能力，故此，這位義工向 Maria 求助。

Maria 立刻致電群芳念慈護理安老院，看看是否可以提供協助，卻因為缺乏所需醫療設施而不得要領。於是，Maria 致電給東華三院查詢，也得不到所需的醫療照顧。不過，透過東華三院的轉介，Maria 接觸到社會福利署的一位義工，從而將此個案轉介到社會福利署相關的一個醫療設施，病人也因此得到政府的免費醫療照顧。

由始至終，Maria 並不認識這位高齡的陳姓女病人，也從沒有跟她見過面。

（3）啟迪一群仍在認識明天的小學生 —— 2011 年初夏的一個下

午，新界元朗聖公會靈愛小學的四位老師，帶著四位小六和兩位小五的學生，來到 Maria 家中，讓他們親自接觸這位香港傳奇，親自訪問這位生意失敗的女強人，直接向她提出問題，以求更深入地認識這位能夠積極地活在當下、豁達的逆境自強的長者。

當天下午，筆者在 Maria 的邀請下到她家中旁觀這次別開生面的訪問，近距離地看看：一位 82 歲的長者如何回答六位 11-12 歲小學生的提問？

下午 2 時左右，筆者先到，小學老師和同學不久也來到 Maria 的家中，但主人仍在臥房中休息。因為背痛的緣故，她在前一天晚上睡得並不好。不過，客人沒有呆坐太久，Maria 便從臥房走到客廳，彼此自我介紹，寒暄一番。道明來意之後，Maria 便設定這次訪問的規則：什麼問題都可以提出，但因時間關係，同一條問題不可以重問；圍著 Maria 而坐的小朋友便一個一個地提問。

以下是順序提出的主要問題：

1/. 你是哪一年開辦超群西餅店的呢？為什麼開辦的是西餅店而不是其他生意？

2/. 作為老闆，你是如何對待員工的呢？

3/. 當生意倒閉時，你為什麼不宣佈破產？

4/. 當生意倒閉後，你如何度過要清還巨額債項的艱辛歲月？

5/.（緊跟著提出的問題）你當時感受如何？可否跟我們分享一下？

看來，這幾位小學生是有充分準備而來，所問問題都並非一般資料性質，而是在已知的事實上詢問 Maria 相關的心路歷程及回顧過去的反思。

而 Maria 也一如以往：坦率、直接、毫不隱瞞，她簡潔地將 32 年的超群西餅故事，從開辦第一間店舖、發展到 70 多間分店的連鎖業務，於香港多元化擴張後拓展成跨國飲食集團，卻因所信賴的高級員工貪腐欺詐而清盤倒閉。最後，Maria 這樣結束她的故事：「沒有什麼困難是不可以克服的，你只要堅持著不放棄，你一定會到達終點的。」

過程中，Maria 幾次坦率承認自己的不足，包括嚴重錯誤的投資決定、對人過分的信任、對兒女高度嚴苛的要求等。

看來，Maria 這次訪問中的回顧與反思，似乎不單止是對學生說的，也是對帶領他們的四位老師說的。

（4）鼓勵持續進修以拓展豐盛人生的成年人 —— 2013 年 6 月 8 日，香港大學專業進修學院舉辦了一整天的「增值空間開放日」活動，在香港金鐘地鐵站海富中心二樓、三樓，以及統一中心六樓，舉行一系列專題講座，包括金融財務、醫療健康、語言文化和個人修養等 40 多項專題演講，當中重點推介的有三項：心臟專科醫生高德謙的「心臟血管病」、金融糾紛調解中心高級調解員陳慶生的「香港金融糾紛調解的發展」，以及李曾超群博士的「逆境自強」。

筆者應 Maria 的邀請，於下午 2 時 30 分前到達演講廳，當時已有 50-60 人安靜地坐在那裡等候，開講時間臨到時，100 多座位的演講廳已坐滿八成聽眾，當中不乏一對對的夫婦。當演講會主持連同 Maria 進場時，一陣掌聲自然響起，照相機的快門與閃光燈亮起的聲音也此起彼落。

在長達 45 分鐘「逆境自強」的演講中，Maria 只輕輕提及她的商務成就，更多的是分享十年還債的艱難歲月：在描述超級市場試食填肚、購買一個下午茶有折讓價的飯盒分兩餐吃、爬在地板上舀起跌在地上飯盒裡散開四處的飯菜時，Maria 將細節一一道出，卻是輕描淡寫地，好像在描述別人的經歷，沒有表露絲毫自憐的淒涼、悲情或沮喪的感受。

對於 Maria 那種逆境自強的積極態度，聽眾中不少以點頭表示讚許，也有少數人舉起手機，嘗試捕捉講者堅持美善那一刻的面容，更有不少手寫筆錄的，將那些可羨慕可傳頌的行為記下！

結尾的時候，Maria 跟聽眾分享她於四至五歲在南京廬山避暑時、母親要求她解開五個毛絨結的經歷：在坐上近百位盼望多元持續學習及進修，以開拓增值空間、活出豐盛人生的成年聽眾的演講廳內，Maria 重複著母親的叮嚀與鼓勵：「⋯⋯人的一生長如毛絨線，漫漫長路上會出現 5 個或者 50 個困難或挑戰如毛線結。要成功抵達終點，你要有耐心和毅力去嘗試並堅持，絕不言休，永不放棄地去面對挑戰，克服困難。跌倒了，可以再站起來⋯⋯。」

這樣的結尾，引起長長的雷動的掌聲，不少聽眾在演講結束後要求跟她拍照，更有 20-30 人不願意離去，站在不遠處，用那欣賞的眼光望著她！

第五節　為誠信變賣物業抵債

公司清盤後，Maria 竭盡全力尋找機會工作賺錢還債——包括出版食譜、學電腦設「網上名人飯堂」、在家中開設創意私房菜、退隱到中山超群閣時開辦中山文化美食旅遊團，以至連續四年出品創新健康的月餅糕點等——但除去生活所需、剩下還給銀行的就只佔巨額債項中的一個極小份額，也就是說，長達十年的努力，僅夠清淡的生活所需。

吊詭的是：能夠守誠信清還所欠巨債，主要不是靠努力工作賺錢，而是靠變賣物業，而物業的市場價值雖因 1997-1998 年的亞洲金融風暴而引致連續六至七年劇跌，卻也因市場價格暴跌幅度太大太猛的緣故，迫使香港政府干預市場：包括暫時取消打擊炒樓措施，將樓花預售期由預訂完成日之前 15 個月延長到 20 個月，以提供機會、間接協助多一些有能力每月供款預購仍未建好的樓房的人進入市場；同時宣佈停止建築政府資助的居者有其屋計劃內的單位，令市場可供買賣的樓宇數目人為減少，結果，Maria 所擁有的物業價格，於清還債項的協議生效後五至六年都往下跌，令變賣物業的選項並不可取，也因此令 Maria 的物業，等到政府干預市場後才能賣出。吊詭的是：Maria 賣出的最後一棟物業，並非用來清還債務，而是用來儲蓄養老。

其實，變賣物業最早始於清盤前三年，當時 Maria 和馮太都已經知道結業是唯一的選擇。

1995 年 4 月，Maria 賣掉夏威夷的一個居住單位，以支持公司繼續營運，讓員工可以繼續工作支薪；而住了 40 年的又一村居所，也於同年賣出，用以清還部分銀行債項；同年末，馮太也將港島南灣的一間別墅押給銀行，部分用作貸款，借給公司以維持營運。

還債協議生效之後，Maria 最先賣出的物業是跟馮太共同擁有的摩理臣山道超群咖啡屋的地舖物業，所得款項部分用來還給銀行，部分用作生活需要。而屬於 Maria 擁有的九龍旭日街總部二樓後座，清盤後本來用作收租用途，後來也賣出用作清還債務之用。

2005 年底，Maria 賣出內地中山市三鄉鎮古鶴水庫旁的自建別墅超群閣，得款部分用來還債，部分用作生活費用。

除了變賣自己擁有的物業，Maria 也將家翁留下的物業賣出後分得的款項用來償還債務。這些來自家翁的遺產，本作養老之用，卻也為 Maria 清還相當一部分債務。她這樣做，就是為了守誠信，於十年內清還 4,000 萬元的債項！

奇妙的是：由於早期市場價格低賤，Maria 於香港仔黃竹坑一幢工廠大廈內的廠房，一直放租，所收租金用以還債。到 2008 年所有債項都還清之後，這座工廠大廈內的 16 樓廠房，因該地段被政府重新規劃為住宅和工廠用地後，賣得一個十分好的價錢。結果，Maria 得以儲存作養老之用。

第十章

·77 歲之後，豈懼夕陽黃昏·

2002 年，女兒康文移民澳洲之後，Maria 的三個子女都已旅居海外——長子德康在英國，幼子智康在美國——當時 Maria 已是 73 歲，於畢拉山道住所辦得十分成功的「創意私房菜」，由於客人太多，使用電梯次數和時間都太密太長，大廈其他住客的車位也常被「非法」佔用，人多所產生的噪音也令人感到厭煩。結果，一個兩年租約於 2002 年末屆滿時，Maria 所租住的單位月租由 30,000 餘元大幅增加至 50,000 元，令 Maria 不得不另覓居所。

這種住宅單位被大幅加租的情況在當時並非單一事件：自從 1997 年香港回歸以來，首任行政長官董建華推出了「八萬五建屋計劃」，以舒緩香港租住房屋的租金水平因長期處於高位給一般市民帶來的極大經濟壓力。可是，這個計劃卻遇上了亞洲金融風暴於 1997-1998 年爆發，香港地產租買市場受到重創，令大部分向銀行借貸的置業人士成為負資產，長達五至六年。為了激活地產市場和帶動消費，香港政府於 2002 年開始，不再興建新的「居者有其屋」住宅單位，以減少市場上的住房供應。此舉措令香港樓市自 2003 年開始，直到 2008 年全球金融海嘯從美國湧現前，香港的樓市價格和租金持續上升五年之久。

在這種情況下，必須繼續工作以賺錢還債的 Maria，要另覓經濟上可以負擔的居所，並在住所內繼續營運能夠賺錢還債的私房菜，幾乎是不可能的事。結果，Maria 決定結束畢拉山道住宅的私房菜生意，回到中山市古鶴水庫旁的湖邊別墅超群閣居住：無需交租之餘、水電費用便宜、僱用傭工工錢不高，自己又可種菜養雞，維持平淡的生活並非是不可能的事。何況，成功組成的中山文化美食旅遊團也可帶來收入。

沒有旅遊團的日子，Maria 可過著歸隱田園般的恬靜生活：早起看日出，日中勞動養雞種菜，黃昏時坐看西山落日。就在內心準備在超群閣退休終老的心態中，74 歲的 Maria 再一次拾起畫筆，寫下了《黃昏未必暗無光》的大型中國水墨畫，並親自題寫七言絕句，充分表露出她不願意也不能停下來的那種積極的生活態度：

西山紅日半凝妝，
海浪滔天浴夕陽。
一片金鱗生閃爍，
黃昏未必暗無光。

根據 Maria 所憶述，創作這幅 36 吋 ×66 吋大型水墨畫的原始意念，萌芽於一天黃昏時分：當時，Maria 坐在陽台上，遠眺那不太耀眼的太陽，慢慢墜落湖邊的西山背後，而映入 Maria 眼簾的，是一條不停閃爍的金色光芒，從湖的西岸穿越整個湖面中央到達湖的東岸，在微風飄過湖面時作出節奏性的躍動，並折射出一束束耀眼金光，直達超群閣陽台上的 Maria。那個時分、那種景色，人在其中，似乎深深觸動了 Maria 積極好學愛創新愛與人分享的個性。在其後一個多星期，她在超群閣的大畫桌上勾劃出整幅湖面西山落霞的輪廓，著色落墨卻都在返港處理各種事務間的閒暇時候完成。

雖說心懷在超群閣終老退休之念，但答應了的約會和承諾了必須處理的事務也真的不少：如西餅糕點酒樓食肆的顧問任務、到學校作逆境自強的專題演講、新聞媒體的訪問、烹飪示範表演、探訪老人院、烹飪班學生每月例會午餐、參加政府常設的「長者事務委員會」例會、滬江小學校董會、東華三院群芳啟智特殊學校校董會等。所以，Maria 這個終老退休之念，實在是個打了極大折扣的念頭，每次回到中山超群閣後，希望逗留長一點時間都不太成功，令中山文化美食旅遊團的組成不能常規化、也不能太頻密。每次返港時，Maria 都會免費住在馮太於銅鑼灣太平道「蟾宮」的一個空置房間內，最初是暫住性質，後來因往返陸港次數太密，而慢慢將暫住變為長住，從 2003 年中至 2005 年中，前後三年之久。

到 2006 年，香港樓市持續上升的趨勢仍未停止，似乎也未見頂，令 Maria 仍然持有的物業價值大升。此時，Maria 相信她那高達 4,000 多萬元的債項，有望於翌年還清，便急不及待地報讀兩個網上課程。當時，Maria 已是 77 歲。其後七年，Maria 修畢兩個網上課程和兩個專業文憑課程；夥拍一位大學中醫藥學院的教授主講電台廣播《藥膳廚房》26 課；研發健康食品；將自己的傳奇人生改編為舞台劇；與觀眾分享積極豁達逆境自強的人生觀；與兒子合作出版《過敏症安全食譜》。

對於已屆暮年的 Maria，「夕陽黃昏」，似乎是「何足懼哉」！

這種永不言休的生活態度、積極好學愛創新愛與人分享的人生觀，不單止充分展示於大型水墨畫中的景象與七言絕句中，更在其後七年一一展現在四個利他的創新項目中，切實地讓別人在身體和精神健康上獲得好處。不過，在開展任何利他的創新項目前，Maria 首先重返學堂。

第一節　重返學堂（2006-2013）

知道債項很快便會還清，也知道兒女會照顧她生活上衣食住行一切的需要，一向活力充沛、不能停下來的 Maria，便不由自主地問：既然無需為生活憂慮，也無需再為金錢工作，健康情況又良好，現在是不是應該做些什麼呢？而過去半世紀的經歷和經驗，讓 Maria 確信：自己有能力在烹飪和西餅糕點的製作上創新，又可以出類拔萃，叫吃的人既享受又欣賞。在這些考慮的基礎上，Maria 決定於 2006 年初到香港中文大學專業進修學院報讀兩個有關中醫藥的網上課程，學習中國醫藥的基礎理論，以及各種中國藥材和食材的療效與保健功能，希望學以致用，創製新糕點，除滿足口腹之慾，亦有利於身體健康。

這兩個專上學院的課程是 2006 年春季的「中藥學」和同年秋季的「中醫基礎理論」，都是分別長達三個月的網上教學課程。課程完結不久，Maria 已經有了一個初步的想法，希望結合藥材的療效和相宜食材的保健功能，以編寫一系列的藥膳食譜，去「滿足人們防治疾病、調補虛損、增強體質、緩減衰老、延年益壽的需要」。[1]

2006 年的線上學習，似乎令一向好學的 Maria 對「學」與「術」並重的學術課程產生興趣，於是，她於 2007 年繼續於中大專業進修學院選修一個兩年制、面授的專業文憑課程 ——「兒童成長治療」。她報讀這個課程的原因不難理解：從 1969 年捐助香港東華三院的小兒科病房、1987 年捐款建造香港弱智兒童院、1988 年捐款東華三院成立群芳

1　李曾超群、李敏：《藥膳廚房》，香港：香港電台第五台長者空中進修學，2007 年 7 月，頁 1。

幼兒中心、1990 年捐款滬江小學成立獎學金等，可見她對兒童健康成長的重視與關懷；加上她每年都會探望這些兒童，報讀這個課程有助她認識兒童成長期間所遭遇到的問題和挑戰的理論、解決方法和個案研讀，由此顯露出 Maria 一個清晰且強烈的意圖：她希望她對這些機構和兒童的幫助，能夠超越金錢的捐贈。

在修讀這個兩年制的文憑課程期間，Maria 結識了幾位十分要好的年青同學，除了一起上課、為預備考試而一起挑燈夜讀，他們也在課堂以外參與各式各樣的社交活動，如飯約、郊遊和戶外運動等。課程於 2009 年 3 月完結後，他們都依依不捨，希望延續同學同遊的情誼，於是，他們一起搜尋，看看是否有一些可以共同報讀的課程。結果，他們於 2010 年中，在中大專業進修學院的課程中找到了另一個兩年制面授的專業文憑課程 ——「現代營養學及中醫食養食療學」，將於 2011 年初開課。這個發現當然令 Maria 高興雀躍，但在報讀前卻已確知：相關營養學和醫學名詞難懂難明難記，科研報告不少，涉及的數據又特別多。究竟是什麼原因促使 Maria 無懼艱深、困難和挑戰，去報讀這個課程呢？

其實，除了興趣與樂助精神，真正的動力，似乎來自她的一個強烈願望：希望跟兒子李德康教授合作編寫一本為食物過敏患者度身訂造的食譜，幫助患者在享受美食時，無需憂慮不當食物誘發過敏症狀的風險。

第二節　主持電台節目《藥膳廚房》(2007 年 6-7 月)

在 2006 年春秋兩季度中修讀「中藥學」和「中醫基礎理論」的過程中，Maria 那份學以致用的願望漸趨強烈，結合藥材和食材的藥膳食譜，數目也慢慢多起來。可是，藥材的選擇和用法卻不是 Maria 的專項，要編寫一系列既好吃又有藥效的食譜，當然不是單靠一個星級名廚就能成事的。如何將這些有利健康的食譜信息送到受眾用家手中，更是個重要的考慮。

到了 2007 年 6 月，這個具有中藥療效和保健作用的食譜資訊，終於透過香港電台第五台，以《藥膳廚房》的節目形式，由烹飪專家李曾超群博士和浸會大學中醫藥學院副教授李敏博士主講，藉著大氣電波傳送到廣大的聽眾耳中。食譜的設計與烹調方法由 Maria 負責，食譜內有關中藥療效的內容，則由李敏負責。

《藥膳廚房》的主要受眾是長者，一共有 26 課，從 6 月 15 日播出第一課，至 7 月 22 日，播完第 26 課。第一課內容介紹「藥膳的效益與服用須知」，說明「藥膳」和「食療」的分別、藥材與食材跟一般長者的體質互相配合的重要性、藥量與服用方法，以及適當運動對藥力發揮最佳療效的作用。其餘 25 課的內容，包括三個適用於濕重型體質（茨實薏米杏仁羹、栗子雞炆淮山、健脾消滯蛋糕）的食譜、五個適用於陽熱旺盛型體質（天麻菊花魚頭、鮮百合炒西芹、八仙過海、七彩肉絲、豆腐白果炒馬蹄）的食譜、三個適用於氣滯血瘀型體質（上湯益母草、蒜蓉田七葉、葛根木瓜鯽魚湯）的食譜、三個適用於氣虛型體質（北芪枸杞燉乳鴿、黨參淮山大棗糯米飯、益腎聰明腰片）的食譜、兩個適用於血虛型體質（八寶黑糯米飯、黑芝麻糕）的食譜、三個適用於陰虛型體質（田雞炒木耳百合、銀圓麥冬燜淮山、南瓜蓮子煲）的食譜、三個適用於陽虛型體質（水陸逍遙蟹、當歸燉羊肉、人參雞）的食譜、一個適用於氣陰兩虛型體質（太子參百合蜜餞）的食譜、兩個適用於陰陽兩虛型體質（黃芪蟲草炆水魚、花膠炆海參）的食譜。每一課的內容都包括藥材和食材的用量、烹調方法、療效和保健作用，以及適用於何種體質的長者。

第三節　研發健康糕點（2007-2010）

除了透過《藥膳廚房》，將具有療效和保健作用的食譜信息跟聽眾分享之外，Maria 也研發新糕點，讓舌上味蕾可以真實具體地享受到令人愉快的味道之餘，更有利健康。

2006 年末，隨著兩個有關中醫基礎理論和中藥療效的網上課程完結不久，Maria 就曾經研發當歸蛋糕和西洋蔘蛋糕。約在 2007-2010 年間每年的農曆新年前，Maria 都會推出新研發的健康糕點，包括不再是片糖加椰汁的傳統黃色年糕，而是採用新食材和配料如合桃、南棗和桂花的「五代同堂糕」。除了採用新的食材和配料，「五代同堂糕」的製作過程中也不再只是把糯米粉、粘米粉加水和糖攪勻便放在爐中蒸熟，而是把糯米粉以人手搓成麵粉團，在搓至具有韌性後，再用慢火蒸達五小時，令年糕的質感既細滑且見彈性。另外，Maria 也研製了「生磨杏汁雪耳糕」、「五行糕」及幾款鹹味年糕。當中「五行糕」有五種顏色和五種口味，包括分別代表金、木、水、火、土的「雪耳杏仁糕」、「金翡翠螺旋藻糕」、「松子芝麻糕」、「陳皮紅豆糕」和「吉士馬蹄糕」；以「金翡翠螺旋藻糕」最具特色，因為螺旋藻本身營養豐富，有降低膽固醇的效果，而另外加入的泰國斑蘭葉，更令年糕散發清新的香草味道。

其實，早於 2004 年初，在摯友的邀請及財團的支持下，Maria 便重出江湖，以「月滿庭」的新商標生產及銷售四種創新味道（白蓮蓉、桂花、鳳梨、螺旋藻）的健康月餅，以及八款不同味道的迷你月餅（咖喱、香菇、叉燒五仁、陳皮豆蓉、滷味、涼瓜、馬蹄、瑤柱）。不過，Maria 的創意糕餅，並不止於味道的創新，更在於選用有益健康的食材：她採用麥芽糖醇代替一般常用的蔗糖，適用於糖尿病患者；所用的植物油無膽固醇，不會影響膽固醇過高人士的健康。

可是，因為缺乏資金，令購存食材、生產及存放糕餅、送貨服務、宣傳、銷售網絡，以至售餅員工，都構成極大的限制。結果，於 2004-2007 年創製的健康月餅、2006 年末至 2007 年初的當歸蛋糕和西洋蔘蛋糕，以至 2007 年初農曆新年前研發的健康糕點，都未能為 Maria 成功地賺錢還債，也未能成功地在銷售市場站穩，以發揮它的健康功能。

第四節　自身故事改編為慈善舞台劇
（2008 年 9 月 26 日至 10 月 8 日）

為什麼 Maria 會將自己的人生傳奇改編為舞台劇，向香港人分享她積極豁達的人生體驗呢？

其實，幼年經歷心臟病的纏擾，抗戰走難的坎坷，後來至親患癌離世，以及跨國生意的崩塌，她都積極面對，並沒有倒下去。因此，

Maria 曾經在好友的鼓勵下，想過將一生起伏成敗的經歷寫成傳記，也有建議將之寫成劇本，與人分享，只是都不成事。不過，Maria 從未想過：將自己如何面對人生逆境、克服挫折、從不放棄、永不言敗的經歷，以舞台劇的形式跟觀眾分享。

那麼，慈善舞台劇的原始意念又從何而來的呢？

根據 Maria 憶述：1997 年，她被診斷患上初期乳癌，為她診斷、開刀，並治癒此病的周永昌醫生於 2006 年的一天，問她是否願意將她一生的傳奇故事，搬上舞台作慈善籌款，並希望她能夠說服芳艷芬，一起在舞台上宣揚永不放棄的積極精神，以此鼓勵癌症病人在漫長崎嶇、惶恐焦慮的抗癌路上不要放棄。

周醫生有這個意念和構思乃緣於：1. 自己是非牟利機構「癌轉譯研究組織」[2] 的執行總監，有責任為機構籌募經費；2. 他知道 Maria 與芳艷芬三次同台義演粵劇折子戲的慈善籌款都十分成功；3. 他也知道 Maria 經歷多番打擊與挫折，但憑堅毅信念和樂觀性格，積極豁達地面對；4. 他相信 Maria 患病的經歷，會令 Maria 更能深刻地體會癌症病人的憂慮；故此，周醫生對 Maria 有此請求。

對於一直樂意跟人分享自己人生中逆境自強的經驗與心路歷程的 Maria 來說，這個請求本來就應該義不容辭、毫不猶豫地答應；可是，當她想到芳艷芬與自己二人的年紀，以及芳艷芬三次義演後已「封咪」十年的事實，Maria 知道此路不通。但是，對於這個極具意義的善舉，

---

2 根據演出場刊的資料顯示：負責推動和籌辦這齣慈善舞台劇的癌轉譯研究組織（Organization for Oncology and Translational Research, OOTR），是個探索不同治癌策略、按不同癌症種類而設計嶄新的治療方案、尋找有效及合適的抗癌治療藥物的非牟利跨地區醫學組織，透過學術及教學會議，提高亞洲的癌症醫療水平。自 2002 年成立以來，每年都會組織一次大型會議，相互交流學術研究的數據及臨床經驗，以提高亞洲腫瘤病臨床實踐的療效水平。OOTR 於 2004 年更成立 KPS 基金，以資助貧困癌症病患者在藥物方面的費用。

Maria 不單止認同、讚賞，並且認為應該積極配合，於是建議另闢蹊徑，尋找劇團演出這個慈善舞台劇。

根據 Maria 憶述，《留住百味情》最初是以音樂劇形式去講述 Maria 的一生，卻發現以歌劇形式去表達和演繹人生傳奇的難度極高，接受邀請的劇團也沒有完成任務。後來找到另外一個劇團接手，也曾到中山市編寫劇本，卻因所涉費用太昂貴而沒有繼續。最後找到無綫電視戲劇製作總監曾麗珍擔任該劇的名譽總監——其實是幕後策劃——她邀請到多位資深舞台影視藝術工作者，樂意為此慈善舞台劇演出，而癌轉譯研究組織也在此時找到「心創作劇場」承擔整個演出項目。為了盡早完成劇本，以便演員可以開始排練，Maria 將自己的傳奇人生複述了三次。結果，到劇本完成時就只剩下兩個月時間排戲。

本來，飾演 Maria 的李司棋、飾演好友及生意夥伴馮太的羅冠蘭、飾演芳艷芬的胡美儀和飾演 Maria 大學同學「高大英俊」的王祖藍，都是台上經驗豐富的「好戲」之人，但要他們演活市民大眾都十分熟識的芳艷芬和李曾超群，雖然不是一件難度太大的任務，卻需要多幾次的排練。可是，這幾位演藝界紅人都是工作日期排得滿滿的，各人自己的空檔期本來就不多，要在他們當中找到相同的空檔期作演出前的整體排練就更少了。幸好，願意參與這個慈善舞台劇演出的人，不論是台前還是幕後的，都認為 Maria 的生平事蹟可以啟迪和鼓勵觀眾，是有意義的善舉，應該也值得參與。在名譽總監曾麗珍、藝術顧問鍾景輝、導演陳曙曦、故事的主人翁 Maria、周醫生等人不停的「鼓勵」下，[3] 這個舞台劇

3　監製陳慧心在場刊中這樣描述當日時間緊迫的情況：「……能夠參與製作癌轉譯研究組織是次慈善舞台劇，實在感到非常榮幸。在此，我要衷心多謝為《留住百味情》付出過努力的朋友，有今日的演出，全是大家共同努力的成果，每一位都是功不可沒的。最後，特別感激珍姐無條件地為我們『衝、衝、衝』，還有 King Sir、周醫生、Sandy，曙曦、大佬明、Eleanor、Teresa 等，當然不少得我非常敬佩的 Maria。」

終於能夠如期於 2008 年 9 月 26 日至 10 月 8 日在香港文化中心大劇院慈善演出十場。

第五節 與長子合著《過敏症安全食譜》(2012 年 6 月)

Maria 的長子李德康是英國倫敦大學國王學院和帝國學院(Imperial College)的資深醫學教授、譽滿國際的過敏症專家。當李教授於 2010 年在澳洲看到為食物過敏患者度身訂造的一些西方食譜時,靈機一觸地意識到:類似的中式食譜應該絕無僅有,更可能是個從未得到滿足的渴求。當時,李教授認為:如果能夠說服國際星級名廚的母親,共同合作撰寫一部以食物過敏患者為對象的中式食譜,醫學部分由兒子撰寫,食譜部分由母親負責,那將會是個「完美組合」。對兒子的建議,Maria 感到十分興奮,認為是個「夢幻組合」,又怎會拒絕呢!

但是,即使醫學部分由兒子撰寫,自己負責撰寫的食譜、裡面所用食材卻不能不萬二分小心地選擇,因為常用食材中不少人喜愛的貝殼類海鮮、花生、雞蛋和牛奶,都曾引起過敏症狀如痕癢、紅疹、舌頭腫脹、呼吸困難,甚至死亡的個案。可是,無論如何小心選擇食材,單靠自己過去 50 多年教授烹飪班的經驗,似乎並不充分,也絕不能保證沒有風險!

不過,Maria 選擇接受挑戰,而接受挑戰的勇氣和信心,則來自三方面:

(1)Maria 於 2006 年已修畢「中藥學」和「中醫基礎理論」兩個課程,對中國藥材的療效和食材的保健功能已有一定程度的掌握;

（2）她於 2007 年夥拍浸會大學中醫藥學院的李敏博士編寫了 26 款具中藥療效和保健功能的食譜；

（3）翌年初修讀的「現代營養學及中醫食養食療學」將會提供西方現代營養學的基礎知識，也提供中國傳統食養食療經過整理的經驗。

有以上三方面的因素，Maria 這次接受挑戰的決定，便不再是簡單的「勇字當頭」，也不是「未試過點知唔得」的「盲頭蒼蠅」亂碰亂撞了。

不過，當這個兩年制文憑課程第一次測驗時，Maria 交了白卷；她在試卷上寫著：「一片空白，不怕補考」，甚至對課程的專責老師表示，她願意「補考到合格為止」。以後每逢測驗或考試，必有兩位同學跟她一起複習，而考試前夕，其中一位更會留在 Maria 家中，通宵達旦地與她一起溫習。但當她面對一大堆科研報告與數據時，她不得不承認她的記憶力已經不像從前了；放棄的念頭多次閃過腦際，她也曾向親友、同學，甚至向老師和筆者表示，不能完成這個專業文憑課程的機會頗大。整個課程於 2012 年 8 月完結，而 Maria 於年初 1 月至 3 月間不小心跌倒三次，須臥床兩週，靜養三個月。子女都勸她，不要這麼辛苦了。

可是，她堅持著。為什麼？

她說：就是為了撰寫這本「獨一無二，絕無僅有」的食譜，因為它可以幫助許多食物過敏患者，也因為它可以幫助當醫生的兒子退休後，回到香港養和醫院全港首設的過敏病科中心的發展。

為此，Maria 是鼓足勇氣，下大決心，排除萬難，咬緊牙關，盡最大努力，去完成這個課程，也完成了這本以中英文撰寫的《過敏症安全食譜》。

「對我來說，撰寫新的食譜是一件輕而易舉的事，一般情況下，我很快便會寫出頗有創意的新食譜。但是，這本有關過敏症的安全食譜就不一樣了，我花了差不多一年的時間，做研究，翻查資料，寫完了會修改再修改，有時會工作到凌晨 5 點，才上床休息……。我不能背棄自己，也不能背棄承諾！」

2012 年 11 月 15 日，Maria 終於從專業進修學院院長手中接過專業文憑。至於這本獨一無二的安全食譜，卻早於 2012 年 6 月便在香港各大書局上架。

回望 2006-2012 年的七年，也就是 Maria 77-84 歲期間，Maria 重返學堂，學習新知識，開始並完成四個利他的創新項目；她透過電台廣播、實體接觸、舞台和文字去跟人分享利他的信息、勵志的經驗或健康的美食。過程中，她專注於概念的實踐、細節的執行，務求盡力而為；完成一個項目之後，她沒有停下來去評估成敗，也沒有計算得失，她似乎並不在意結果，只在乎過程。對她而言，新項目的完成，只意味著生命的篇章又完成了一頁，然後她會繼續往前行，譜寫生命中另一頁的新篇章。她似乎是個不願意停下來，一直向前望往前走，不斷與人分享的一個人。

第十一章

·多維視角下的 Maria·

過去不少充滿智慧的箴言都指出：一個豐盛的生命，並不在乎囤積，而在乎施與；一個快樂的人生，也不在乎聚斂，而在乎分享。

在本書代序中，Maria 一開始就說：「我喜歡分享！」結束時，她這樣解釋：「因它帶給分享者與接受分享的人一份喜樂。」

倘若將她的一生日子鋪陳開來仔細看看，便會發覺 Maria 早年的人生已充滿著分享的事例：七歲時隨著母親在廣州探訪孤兒院，離開時將自己喜愛的洋囡囡留下，送給一個年約三歲、面色蒼白的小女孩；1950 年代，每年清明節上山掃墓的日子，Maria 都會帶著一袋硬幣，每見到路上的乞丐，便將一枚硬幣塞到他們手中；1967 年母親離世，三兄弟姊妹將收起的帛金，加上三人的積蓄，於 1969 年捐給東華三院，以改善該院兒科病房的設施，這是 Maria 捐贈給社會服務機構的開始，而將個人捐贈發展為一個慈善事業，則始於 1980 年代中。

1980 年代是超群西餅飲食集團進入跨國發展全盛期，公司每年從中國港台地區及美國獲得的利潤、以至 Maria 的個人收入都十分豐厚。似乎有「分享基因」的 Maria，於 1984 年跟閨中密友芳艷芬首先在香港成立群芳慈善基金會；同年，不單止在美國加州成立了美國群芳慈善基金會，也在夏威夷設立分會，並開始進行經常性的籌募善款和籌辦慈善公益活動，服務有不同需要的社群。美國最早的慈善項目是：在紐約市丕士大學和加州路德大學設立獎學金及捐款給夏威夷弱智成人服務機構，支持他們為弱智成年人提供自立技能的訓練。最先在香港推出的慈善項目是：透過捐贈給香港耆康老人福利會，向政府申請用地以建築群芳念慈護理安老院，以及捐款建造東華三院群芳啟智兒童學校，為弱智兒童提供特殊教育。

群芳慈善基金會的籌募捐贈活動，從 1984 年開始，一直十分活躍，直到 1998 年 Maria 的公司清盤而結束。其間，基金會及 Maria 個人一共作出 27 項重要的捐贈，支持 20 間非政府非牟利的社會福利及教育機構的服務，包括醫院和專科醫院、小學大學及訓練醫生的醫專學院、安老院舍、提供不同殘障服務的機構，惠及孤寡老弱殘障和於自然災害及意外中有急切需要的人士；頒發獎學金支持優化及高等教育，提供經費支持大學教授的學術研究及出版工作，受惠機構遍及中國的香港和中山，美國的紐約、洛杉磯和夏威夷。

有趣的是，這種將掙到的金錢捐贈出來跟人分享的意念，也以不同的形態方式反映在 Maria 作為老闆跟員工的關係中：1978 年當超群西餅店開始賺錢越來越多的時候，Maria 從公司每年賺得的純利中抽出 30%，作為年終花紅與獎金分給員工，那是牟利的商業機構絕少會做的事。

事實上，Maria 的分享並不限於金錢，她曾於 1967 年至 1970 年代中，透過電視廣播將自己的烹飪秘技跟觀眾分享；1970 年代末將一些經常提醒自己的警世格言與相關故事，收錄在《我的座右銘》一書中出版，跟讀者分享；公司倒閉後於艱苦還債的十年中，她也經常在公開講座中，將自己面對逆境而自強不息的經驗與聽眾分享；知道巨額債項必將還清時，她於 77 歲高齡重返學堂，用七年時間學習新知識，應用在創新的健康食品中，透過文字和電台廣播，跟不同受眾分享具療效、有保健作用，或避免過敏症狀的各種烹調方法與食材的食譜；其間，也將自己面對人生起伏成敗得失，跌倒了再爬起來的經驗，以舞台劇的形式跟觀眾分享，傳揚積極豁達、逆境自強的人生觀。

其實，於大眾傳播媒體公開跟人分享逆境自強的人生體驗，並非始於 2008 年的慈善舞台劇《留住百味情》，而《留住百味情》也不是唯一一次透過大眾傳媒，公開分享她那份積極豁達的人生觀。根據筆者一份研究大眾傳媒的內容分析[1]顯示，當超群集團全線倒閉後不久，即從 1998 年 12 月至 2013 年 5 月的 15 年期間，香港的主流新聞媒體如中英文報章、雜誌、書籍、電台、電視台，以至中國中山市人民政府出版的官方刊物及美國一間電台和兩份雜誌等，就曾有 54 次以「人物素描」的形式去介紹 Maria 的人生多面體，大部分是有關她如何在逆境中積極面對挫敗的各項經歷。[2] 至於 Maria 跟芳艷芬於 1987-1997 年的十年間，三次同台演出粵劇折子戲，為超過 15 間非政府非牟利的社會服務機構慈善籌款，亦曾被絕大部分的新聞及大眾傳播媒體廣泛報道和評述。

因此，若說「李曾超群」是 20 世紀下半葉香港家傳戶曉眾所周知的一個名字，相信離開事實不遠，但經過媒體報道而折射出來的「李曾超群」，又是否現實世界中的 Maria？理論上：在不同年代不同處境的 Maria 應該展現不同的面相。究竟在過去 70 年間不同年代、不同處境裡跟 Maria 相識相處的人，對她的觀察與了解又是如何的呢？

1　有關這份專為本書所做的，涉及大眾及新聞傳播媒體的內容分析，詳情請參閱本書第八章第五節。

2　有關 Maria 於 77 歲後，不懼年紀老邁，以積極心態繼續於暮年活出彩虹人生，詳情請參閱本書第十章。

從 2011 年 2 月至 2013 年 6 月，筆者訪問了 18 位人士，同期內也收集了七份文件，內容涉及十位人士。這 28 位人士跟 Maria 在不同年代不同處境中各有不同程度的接觸，也因此在不同的關係中展現一個立體 Maria 的不同面相。他們包括四位認識 50 年以上的莫逆交、八位前超群集團的高層員工、一位曾短暫於超群西餅店生產線上工作的學徒、兩位分別教導過 Maria 一年多的老師、六位不同時期的同班同學、一位超群烹飪研究學院的學生、一位於 1967-1974 年為 Maria 製作電視烹飪節目的電視台監製、一位於 2008 年在舞台上演活了 Maria 傳奇人生的演員、兩位創意私房菜的食客、兩間曾頒授榮銜給 Maria 的大學、一位為慈善舞台劇場刊題辭的漫畫家：

第一節　六位不同時期的同學（1941-2012）

（一）1941-1944 年，Maria 於抗戰走難的四年期間，有一年零兩個月在桂林和柳州的嶺英中學繼續初中學業，1945 年抗戰勝利後回到廣州真光中學完成她的高中課程。隨後，Maria 到上海入讀滬江大學先修班，準備在上海接受大學本科教育。

在離開桂林時，同學之間彼此在對方的紀念冊上作臨別贈言，在 Maria 的紀念冊上有三位同學這樣描述她：

「……雖互處一起只是那麼短的日子，我卻深深地知道：你是個天真活潑的女孩，並富有超群藝術的天才。願你盡量發揮、活躍地走向為藝術而藝術的途徑，努力邁進……。」

「……我希望你能有茶花女般的高尚精神，而我並不希望你有像她一般的結果。你的結果應該是美滿的、可愛的，因你是一個天真和坦白的女子呢……。」

「……我知道超群是一個很好的女子，我不能找出一些批評的說話。我只知道你是一個動時活躍、靜時斯文的一個好姑娘，而且你是富有做戲劇的天才。可惜我離開桂林太早了，沒有機會去看你的傑作《茶花女》。我希望你利用你的天才去成就你的天才……。」

（二）1946 年 6 月，上海滬江大學臨時先修班的兩位同學，在 Maria 的結業紀念冊上如此寫：「……天下無不散之筵席，所以，我們相處不久又要分手了。但願我們下次再見的時候，你已經在藝術上用你超群的天才創造了不朽的作品……。」

另一位同學這樣寫：「……由於我們的相處而得知你的性情天真活潑，且具有藝術天才。我希望你以後能從事於藝術之努力，以你超群之天才來完成偉大的藝術……。」

（三）2007-2012 年香港中文大學專業進修學院兩個兩年制專業文憑課程的一位同班同學——陳碧珊——一位中、小學課餘興趣班的外聘教師，主要教授素描、口琴、非洲鼓、敲擊樂或網頁設計。接觸兒童多了，碧珊認為必須接受比較專業的訓練，於是在 2007 年春季報讀香港中文大學專業進修學院開辦的一個兩年制、面授的專業文憑課程「兒童成長治療」。在那裡，她碰到了 Maria。

在此之前，碧珊從未見過 Maria，對她的認識，只限於「超群西餅」。三個多月後，課程到了實踐理論的階段。當時碧珊與 Maria 被分派到同一個「角色扮演」的小組內，一起學習如何幫助有自閉症狀的兒童，而每個組員都要輪流扮演自閉兒童。

輪到 Maria 扮演時，她表現得「頑皮搞事，既煩躁、又不停地叫嚷，扭動身體和敲打書桌，叫老師也拿她沒法……。她這麼投入在角色裡，可真是個可愛的老頑童！」碧珊從這時候開始認識 Maria。

中期考試前，碧珊和一部分較年輕的同學因為需要日間工作、缺乏時間溫習而顯得有點徬徨，不知道在有限時間內應集中複習哪些課程內容。已為考試作出充分準備的 Maria，當時不僅鼓勵同學，並建議最應複習的課程內容，更在下課後要求老師留下來幫助同學討論一些重要的課題。根據碧珊憶述，課程下半部分比較沉悶艱澀，Maria 情真意切地鼓勵了一些很想逃課的年輕同學不要輕言放棄。

同學間年齡的差距 —— 哪怕是 40 歲的差別 —— 竟然築不起代溝：上課前交換喜愛的零食並不罕見，下課後，有空的同學會溜到附近的快餐店，一起喝咖啡嚐小吃，而 Maria 也會跟同學天南地北、毫無隔膜地聊上一兩小時；秋天遠足郊遊的日子，Maria 也從不缺席。「年齡的落差並沒有阻礙同學間友好親密關係的發展，因為 Maria 沒有架子，樂意體貼，肯投入而又玩得奔放。」碧珊對 Maria 似乎頗為了解。

到了 2008 年 9 月，課程進入第四個學期，碧珊觀賞了有關 Maria 傳奇一生的舞台劇《留住百味情》之後，才恍然而悟：原來，這位年長的同班同學有這麼多令人感動的經歷，「人的一生竟然可以活得如此精彩……！而令我感受最深刻的是：Maria 跟丈夫在古鶴水庫的湖邊嚐美酒看日落的一幕」。

對碧珊來說，「Maria 對學習的認真與用心、反思自己不足時的坦蕩與誠實、迎向困難與挑戰的勇氣、尋求幫助的決心」，啟迪和激勵了班中每一位同學，使人久久不能忘懷。

第二節　一位超群烹飪研究學院的學生

被 Maira 親口稱為「入室大弟子」的曾黃惠玲，於 1971 年進入「超群烹飪研究學院」學煮飯、炒菜、煲湯，除了學廚藝，也跟 Maira 學做人。

「我跟許多新婚媳婦一樣，初嫁入夫家，什麼都得適應，入廚做飯給家人，並不是一件易事。為了令家人在得享美食的色香味之餘可以吃得健康，我便向校長（Maria）拜師學藝，從 1971 年到 1978 年，我修畢校長所教的每一科。」

1975-1976 年時，惠玲雖仍是學生，卻已經在班上幫忙切菜切肉；從 1978 開始，Maria 實在太忙了，便請這位「入室大弟子」代勞，教授 Maria 所有的課。結果，惠玲成為超群烹飪研究學院的全職導師，直到 1987 年。其間，惠玲曾多次到世界各地的美食之都學習、觀摩和交流，也多次獲邀作烹飪比賽評判。

1989 年 1 月，惠玲跟家人移民加拿大，在人生交叉點上，她想：「究竟我要去哪裡，要做什麼？」

在旅遊多個美加城市之後，她選擇在溫哥華定居，並決定當義工，教烹飪，做她最擅長、最喜愛的工作。

於是，惠玲花了 3,000 元加幣，在列治文市中華文化中心門外設置了一個活動廚房，免費教授當地一些盼望以廚藝美食促進家庭樂的華裔婦女，一週兩日，在六個月內有 120 人參加。後來加入中華文化中心當烹飪導師，更獲邀為電台「華僑之聲」《入得廚房》的節目主持。結果，當了十年的烹飪導師，也當了十年的節目主持，直到 2004 年回流香港才停止。

擔任烹飪導師兩年後，惠玲開始感受到，不少學員的家庭生活並不愉快，於是在學員中組織了列治文市婦女會，讓他們在交流烹飪經驗的同時，也分享如何透過廚藝增進家庭樂。

「這個理念 ——（廚藝與家庭樂之關係）—— 是完完全全從校長那裡學的。其實，我在加拿大教烹飪的時候，好多教導的方法與理念，都是向校長學的，例如：煮菜一定要有心和用心，如此做的菜會特別好吃。授課的時候，我會好像校長一樣，不會有任何保留，將烹調不同菜式的秘訣都傾囊以授。」

在一旁聆聽了許久的 Maria 此時插進一句：「我不希望我的學生只精通一類煮法，故此，我要求學校裡的每一位導師，都必須旁聽我所教的其他烹飪課。」

「校長是一位了不起的老師，我跟了一位好師傅。在我剛開始當全職烹飪導師的時候，我好緊張，信心不夠，上台時口震，手亂加腳軟。可是，校長會安慰我、鼓勵我。有那麼的一兩次，我覺得實在不行的時候，校長卻毫不介意，繼續不斷地鼓勵我。

「其實，校長不光教我廚藝，還教我做人。她常說：『我們沒有什麼大學問、大能力，但可以將我們擅長的與人分享，貢獻社會。』能夠做她的學生，是我的福氣。」

因此，當她在加拿大聽到超群西餅飲食集團全線倒閉時，她感到十分難過，不知道該做什麼才可以安慰 Maria。後來，每當學員返港探望親友時，惠玲都鼓勵他們多買「師祖」的食譜；2001-2003 年，惠玲與學生一起返香港享用校長在畢拉山主理的「創意私房菜」；也組團返中國內地，參加 Maria 主辦的「中山美食文化旅遊團」。

可是，當看到校長汗流滿臉、拖著重重的行李箱子，為旅遊團到處尋找景點的時候，惠玲哭了。

「她已經 70 多歲了，還要這麼辛苦賺錢還債。可是，她很特別，受了那麼大的打擊，還是這麼豁達。」

2004 年 9 月，惠玲回流香港。當時，她十分渴望可以繼續做她喜愛而且擅長的工作：教烹飪。可是，從哪裡開始呢？沒有人認識曾黃惠玲。

回港不久，惠玲探望校長。Maria 立刻把惠玲推薦給香港煤氣公司。自此，惠玲一直在香港煤氣教授烹飪，直到如今，從起初 40 人一班，到現在 60-70 人一班。

2005 年 5 月，惠玲首次將那些從加拿大回流的烹飪班學員，重新組織起來，每月聚首一次，而李曾超群也必是被邀的首席嘉賓。能夠跟過去 40 年來教導過的徒子、徒孫聚首一堂，Maria 是絕不會缺席的。

對於校長，惠玲心中滿載感激：「我可以有今天，完全是校長給我機會，給我幫助……。」話還未說完，惠玲的淚珠又潸然流下。

第三節　七位前超群集團的高層員工[3]

在超群西餅 32 年的歷史中，差不多所有高級經理和部門經理都沒有唸過大學，當中一半只有中學三年級的學歷，只有會計行政經理擁

3　這七位前超群集團的高層員工包括：1. 李翠玲，於集團工作 32 年，離任時是公司副總經理；2. 黃國興，於集團工作 29 年，離任時是公司生產部及總務部經理；3. 鄭淑華，於集團工作 28 年，離任時是公司營業部經理；4. 邱志鵬，於集團工作 28 年，離任時是公司副經理；5. 樂汝輝，於集團工作 24 年，離任時是公司到會服務部經理；6. 黃麗薇，於集團工作 16 年，離任時是公司會計行政部經理；7. 郭錦霞，於集團工作十年，離任時是集團總裁 Maria 的中英文秘書。

有大學學位，並具有專業會計師資格。除了會計行政經理外，他們都從低層做起，對公司的信任、提拔、栽培和所給予的機會，他們都充滿感激。[4]

從 2011 年 2 月 10 日開始，到 7 月 20 日，筆者訪問了七位超群集團的前高層員工。作為下屬，他們對 Maria 這位公司總裁有以下的看法和感受：

「……Maria 是個實事求是、不重學歷，願意給人機會的老闆……。當李太認為你有能力勝任某個職位之後，她會信任你，放手讓你去幹……。李太給了我發展和升級的機會，而工作中也充滿滿足感……。從第一日開始，李太就從沒有把我當作外人看待。相反，她給了我很多學習和晉升的機會，並且悉心栽培我……。」

「……她是個一諾千金、很有誠信的老闆，應允了多賺錢便多分紅。結果，她真的把多賺的錢——全年利潤的 30%——拿出來分給員工……。李太對金錢並不計較，樂於付出與分享，故此，超群西餅的員工薪酬福利實在無可挑剔……，（因此）李太並不太適合做生意……。其實，李太是以辦慈善工作的心態去經營超群西餅的業務……。」

當一位女售餅員準備參加一個歌唱比賽，而發現沒有一條比較漂亮的裙子，Maria 就給她縫製一條參加比賽的裙子；在她婚後第一胎小產時，Maria 到醫院探望她；當她在一宗交通意外中受傷，Maria 把她接到西餅店樓上烹飪學校內的一個房間療傷調理休息，其間，Maria 每天煲雞湯給她喝，親自下廚烹調雞飯給她吃，為免她在個人衛生清潔時影

4 有關超群集團員工對公司的感情與感激，可從他們每一年的農曆新年期間，都分別向這位前公司總裁拜年，從集團清盤那一年直到如今，從未間斷，可見一斑。事實上，他們當中不少是一家老幼，帶同兒孫到 Maria 家中，見見這位他們心中敬重而且感激的前公司總裁。至於員工對公司的種種觀察與感受，詳情請參閱本書第八章第三節。

響傷口，Maria 還幫她護理傷口和洗澡。「……她是公司的總裁，我的老闆啊！但她待我如至親。」

第四節　一位曾於超群西餅店工作的學徒[5]

超群集團清盤後 13 年，2011 年 3 月的一個清晨，Maria 要到中環尋求一位律師的專業意見，以協助她處理內地中山市、一個仍未完成法律手續的物業買賣。由於約見時間是早上 9 時，Maria 必須於 7 時 30 分起床。匆匆忙忙地梳洗完畢，已是 8 時 10 分了。在港島，每天早上這個時刻都是交通最繁忙的時段，所以，Maria 並沒有慢下來，手提著沉甸甸的文件包，從所住的保祿大廈走上傾斜 30 度、100 公尺的斜坡，到大坑道寬闊的路旁候車處，她只費了一分半鐘。

氣喘吁吁的 Maria，在大坑道寬闊的行人道上看到一個人已在那裡等著。他雖然一直望向東面的車道，卻也不停地轉望腕上的手錶。Maria 當時有兩個小小的希望：一是小巴快快來到；二是來到的小巴必須有兩個或以上的空位。

五分鐘過去了，Maria 看到一輛小巴，從大坑道東邊遠遠、快速地開過來，第一個希望似乎實現了。早就在那裡等車的人跟 Maria 不約而同地舉起手兩邊搖，不停地搖、大力地搖，企圖搖停正以 40 公里時速在路上奔馳的小巴。可是，小巴司機似乎並沒有注意到路旁不停揮動的

5　2011 年 3 月 22 日，筆者跟 Maria 作了一個專訪，專訪中筆者聽到這個有趣的小故事。

兩隻手，原來車已經載滿了乘客，第二個希望落空了。

時間過得好像比平常快，都已經過了 8 時 25 分了，行人路上的兩個候車客仍然站在那裡。早來的人眼睛在大坑道西行車輛與腕錶之間來回轉動的頻率越來越快，而 Maria 的頭也不自覺地轉動起來。可是，接下來的兩部小巴都載滿了乘客。這時，Maria 有機會打量一下這個早來的候車客：他個子不高，膚色黝黑，唇上唇下留著不齊整的鬍鬚，穿在身上的是黏滿各種斑駁痕跡的工作服，看來是個「三行（泥水、木工、油漆）」技工。

這個時候，腕錶顯示的時間已過了 8 時 30 分。Maria 當時考量著，在這個一天之中最繁忙的時段坐小巴到銅鑼灣時代廣場，再轉乘地鐵而能夠在預約好的時間內到達位於中環的律師行，似乎已經是不可能的了。於是，她決定改乘計程車 —— 那是三年前才開始的「奢侈」享受：1998 年超群集團清盤、以後還債的十年中，Maria 只坐巴士、電車和小巴。

剛巧，一部車頂亮著燈的計程車，遠遠地在大坑道從東往西朝著她開過來。Maria 立刻揮手示意，計程車很快地在她面前停下來。她伸手拉開車門的時候，眼角斜斜地看到那個候車客一副羨慕的眼神，Maria 想也沒有想便衝口而出說：「你是不是要趕時間到時代廣場呀？如果是，請上車，我給你一個順風車程，好嗎？」Maria 一邊向他招手，一邊把文件包擲向車廂後座最右邊處，而身子同時往車內移。

「對、對、對！我也是必須盡快趕到時代廣場的⋯⋯。」這位「三行技工」毫不猶豫地跑前，跟著 Maria 登上計程車的後座，口中不停吐出那帶有外地口音的「謝謝、謝謝！」

Maria 沒有等待車門關上，便請司機送他們到時代廣場。本想即時啟動汽車的司機，從倒後鏡往後瞄了一眼，突然間把車停下來，一臉驚訝地轉過身，滿滿地打量著 Maria：「噢！您不是總裁嗎！？我是您以前的夥計呀！好久好久不見了，您還好嗎？」

「你是我以前的夥計？我好像沒有見過你……？」

「對、對、對，您應該沒有見過我，但我見過你。我是 30 多年前在黃竹坑西餅工場學造餅的。」計程車司機仍是轉過身、眼睛仰慕地注視著淡妝雍容的 Maria，似乎忘記了他要開車送乘客到時代廣場去的任務。

「對不起，你是不是可以一邊開車一邊談？」Maria 禮貌地催促著，心想：「不錯，我大部分時間是在九龍旭日街總部上班的。」

「我們是什麼時候見過面的呢？」Maria 的好奇心又來了，忘記了乘客跟司機在開車時聊天既犯法，又可能令司機因不能集中精神開車而引致交通意外。

「您當然沒有見過我這個差不多是工場內最低級的學徒啦！」司機一邊熟練流暢地把車轉左往樂活道下山的斜坡上，一邊說：「我是在 1977-1980 年在黃竹坑製餅工場學造西餅的，不過，我是越學就越覺得我不是西餅師傅的料子，我根本就沒有這種天分。您知道嗎？總裁，自從我進入超群，在西餅工場內當學徒的第一天開始，便聽到不少人稱讚您！」車子漸漸因為下山路上車多而只能慢慢地往山下蠕動。

「在工場裡，差不多每一個我所認識的人，不論是高級製餅師傅，還是門市部賣西餅的女孩，只要是見過您的，他們都讚不絕口地說：您是個很好的人……。當時，我覺得很奇怪：哪裡有這麼好的老闆！？」

這時候，下行的樂活道因車多給堵住了，司機又轉過頭來，向「三行技工」說道：「你知道這位坐在你旁邊的是誰嗎？」

「我、我……對不起，我不認識這位老闆……。」「三行技工」面上露出抱歉的神情。「我是十年前才從內地移民過來的。」

「啊！這就難怪了。剛才邀請你上車的這位好心人就是超群西餅的總裁，香港 70 年代開始人人皆知的李曾超群女士。」

堵住的車子又開始蠕動，司機坐正坐直了身子，小心地駕駛著軚盤，口中不停地細訴從前：「在超群做久了，便越想看看這位大老闆究竟是怎樣的？於是，有一天清早，趁著放假，我跑到九龍旭日街總部探望同事，便溜到總部大廈的停車場，去碰碰運氣，希望可以一睹名人風采。」

「有沒有看到了？」「三行技工」好奇地問。

「那一天的運氣好極了，簡直是夢想成真：我剛進停車場，就看到一個身穿西裝的男士，正在拉開一部大房車後座的門，讓一位儀容端莊、打扮高貴的女士下車。我當時只看到總裁的背部，婀娜多姿地慢慢走向辦公大樓，沿途跟每一位司機、職員或工人打招呼，她好像認識每一個員工似的，打招呼時總會講上兩三句。」

「她有沒有跟你打招呼呢？」「三行技工」好奇地提出了第二個問題，而 Maria 的耳朵也豎起來了。

「怎麼可能？我跟她距離有 20 多呎，她也沒有回頭看，她根本不會看到我的。可是，我看到跟她打招呼的員工，充滿笑意、親切地跟她鞠躬、握手，就曉得為什麼認識她或不認識她的員工，都說她是和藹可親、沒有架子，是個好人。」

計程車在交通燈前停下來。突然間，司機高興地叫起來：「哈哈！30 年前我只能遠遠地看到總裁的身影，今天我卻是近距離、面對面地跟總裁交談啊，哈哈！」

看來，這位製餅學徒在工場內工作三年之久，還是沒有機會見到公司的總裁，卻在 2011 年 3 月 8 日的早上，於他自己駕駛著的計程車車廂內，只花了十分鐘不到的時間，便圓了他 30 多年前的夢！

第五節　兩位老師

（一）教導作詞寫詩習書法的盧逸巖老師：1980 代後期是超群西餅飲食集團最興旺的五年，其間，工作壓力常令 Maria 處於精神緊張狀態中。為了舒緩工作壓力，忘記生活中不如意事和增加生活情趣，Maria 於 1984-1988 年從陳錦懷老師學水墨畫，於 1988 年中到 1989 年底從盧逸巖老師學作詞寫詩和書法。為了籌募善款，Maria 於 1989 年 10 月出版《玉蘭軒詩草》，而盧逸巖老師則於詩集的序言中這樣評價 Maria 的詩作：「……我已經很久沒有看見到中國傳統詩詞的創作，如今竟然在洋化十足的香港，尋覓到這位女詩人；……難得的是：這位長 善舞的商賈，竟能潛心苦學詩文的創作，文字不單千錘百煉，意境也深遠得令人讚嘆，筆下的褒、貶、清、濁，毫不含糊，涓涇分明，正合宋元年間詩人元好問所教的風格……。」（原文是行草書寫的古文，現以白話文表達。）

（二）中文大學專業進修學院兩年制專業文憑課程的老師：2011 年初至 2012 年末，Maria 於香港中文大學專業進修學院報讀了第二個兩年制面授的專業文憑課程「現代營養學及中醫食養食療學」，每週日上課三小時，其間更有兩個月的時間，是每週上三至五天課，平均每天四小時。每週日的三小時授課由該課程的專責老師主講，授課時間密集的兩個月則由課程專責老師安排下、由北京請來的教授負責。

經過了兩年近距離 —— Maria 每次上課時都坐在課室第一排中間的座位 —— 的觀察，批閱她每月一篇有關所學的感想、延伸和發揮，以及課後跟學生於快餐店的偶爾茶聚與閒聊，這位課程專責老師對 Maria

有以下的觀察：[6]

（1）課堂的學習與考試 —— Maria 十分尊重這個課堂的學習，「很當它是一回事」：

—— 每次上課都悉心打扮，整齊、高雅，衣著款式與飾物如胸針耳環等，不單配搭鮮艷、細緻，且有藝術感，常令人有驚艷但舒服的感覺；

—— 聽課時專心認真，有不明白又必須釐清的重點，都必發問；每堂課的內容都作筆錄；沒有小休時段的三小時課堂時間絕少倦容，令人印象深刻；

—— 同班同學都用電腦打印功課，唯獨 Maria 的功課都是在原稿紙上手寫的，文章雅潔，文字工整秀氣；

——「備考如備戰，知難而不退」，是課程專責老師的觀察，認為 Maria 對學生應盡的責任，或應該做的事，她都絕不輕言放棄，都會鍥而不捨地全力以赴，哪怕是徹夜不眠地複習課程的內容。[7]

（2）這位不願透露姓名的老師，嘗試以朋友的身份與角度，提出了她對 Maria 一個比較深入的觀察：

6 這位課程專責老師於 2012 年 4 月 9 日在 Maria 的家中接受專訪，訪問開始前，這位老師已將一頁打印好的對 Maria 的觀察遞給筆者。以上一部分內容來自打印好的觀察，一部分是根據打印好的書面內容跟進追問的結果。訪問過程中，Maria 一直坐在旁邊留心聆聽，偶爾加入一兩句，補充解釋。

7 有關 Maria 修讀「現代營養學及中醫食養食療學」時如何通宵達旦地溫習功課，準備翌日應考的努力，詳情請參閱本書第十章第五節。

—— Maria 是一個幽默、聰敏、自信的女士，是個熱愛生命、熱愛生活的人，雖年屆 82 歲高齡，卻沒有一般老人的孤獨心態；

—— 對人，她抱懷希望，付出誠和，擁有一副良善的心態；對長者，她是老吾老以及人之老；對年幼者，她是幼吾幼以及人之幼，表現得圓融和諧；

—— 面對困難與挑戰，她會求生求存，求新求變；

—— 框內框外，她都可以自由自在地穿梭於傳統與非傳統之間：Maria 一方面可以承傳傳統的思想與行為，例如孝敬長輩、對中國傳統節日的賀禮、餐桌禮儀的堅持等；另一方面她又可以稱心如意地融入不同年齡的群體中，例如跟比她年輕的同班同學課後一起於茶餐廳茶敘聊天，或郊遊活動，中間的 40 歲落差，沒有構成代溝障礙。時間、空間和年齡的落差似乎都沒有對她設限。

—— 缺點：事事力求完美，卻因律己過嚴而苦害了自己；熱愛生命熱愛生活之餘，卻未能做到生活有節，弄到晨昏顛倒，影響健康。

第六節　兩位創意私房菜食客

（一）成為乾兒子的食客——連博輝自幼在香港長大，看過 Maria 在電視節目中教授烹飪，經常吃超群西餅店的各式蛋糕，最喜愛的是 Maria 首創的芒果蛋糕，但對 Maria 的認識，僅此而已。

2000 年的夏天，經朋友介紹，他第一次到訪 Maria 於大坑道的寓所，嘗試她的創意私房菜，也是他第一次跟她面對面交談。

自此，連博輝除先後兩次到 Maria 於大坑道的寓所外，更多次到她畢拉山的寓所，不單止享用她獨有的「招牌菜」，也聽她講述自己的人生傳奇：生意上的成敗得失、還債期間逆境自強的經驗。

Maria 回到內地長住後，邀請親友同事組團參加她的中山文化美食旅遊團，到超群閣享美食、學烹飪，並遊覽當地名勝景點。2003-2004 年前後，Maria 返港長住，嘗試再戰江湖，連博輝於中秋節會向 Maria 訂購創新的健康月餅，農曆新年前則訂購新食材新口味的健康年糕及四季皆宜的杏仁薄餅，自用及送人。

以下的兩件事都是連博輝的親身經歷，資料來自 2013 年 5 月 25 日於 Maria 家中同時訪問連博輝與 Maria 時獲得：

（1）約在 2003 年夏天，連博輝組織了一個十多人的旅遊團，到 Maria 於中山的超群閣遊玩。出發那一天，十多位團員都到齊了，站在中國客運碼頭前等待著，但還沒有買票上船，因為帶團的 Maria 仍未出現。

船快要開行，碼頭閘口也快要關閉，Maria 才拖著一件 13 吋 ×18 吋的行李箱，匆匆趕到，大家都興高采烈地擁著她，趕忙買票上船。

一小時的航程，把乘客帶到九洲港。旅遊團團員魚貫下船，甫步出碼頭，便見到 Maria 早已聯絡好的中型旅遊車在那裡等著。因為時間尚早，Maria 吩咐司機先到國父孫中山故居觀賞一番，才返回中山市郊的超群閣。

當團員都在排隊等候進入國父故居參觀時，Maria 沒有隨團入內，卻趁機在故宮外邊、太陽照射不到的陰涼處，找到一塊石頭坐下歇息。

當時，仍在入口處排隊等待進入故宮的連博輝，看到以下一幅景象：Maria 雖然坐在酷熱陽光照射不到的地方，清風卻沒有徐徐吹到，她汗流浹背，額上臉上大汗疊細汗的。但坐下了的她，手並沒有停下來，從行李箱內挖出一個用薄毛巾纏裹著的塑膠瓶子，是前一天晚上放進冰箱內的；瓶子內的白開水於翌日清晨早已結冰，到下午在國父故居外打開時已經再次溶解為清水。Maria 打開瓶子的蓋，把仍然冰凍的水倒在毛巾上，再將浸透冰凍清水的毛巾纏在滿是汗水的頸上。剎那間，73 歲的 Maria，滿臉舒泰，閉上眼睛，享受著片刻的涼快。那一刻，遠遠望著 Maria 的連博輝，鼻子酸了。

（2）2004 年初，Maria 已經返回香港長住，為了多賺一點錢以應付生活及還債所需，她答應出任一個生產月餅的投資項目總顧問，卻耐不住投資者吝嗇於多請一個市場推廣助理，引致人手短缺。為此，她親自從家中搬運月餅到一間大型超市，並因為幫助唯一一個市場推廣助理在超市擺賣月餅而扭傷上腰背。[8] 結果，被迫立時返家躺在床上。那天，她發高燒，迷迷糊糊地，睡一刻、醒一會，沒有氣力也沒有意慾起床的 Maria，就這樣躺在床上一整天。

知道 Maria 東山復出，並親自監製一種創新的健康月餅，連博輝於當天晚上 11 時過後致電給 Maria，希望跟她訂購多盒健康月餅，自用及送給親友。可是，電話遲遲沒有人接聽；再撥，仍然沒有人接聽。到凌晨 12 時 30 分，連博輝臨睡前再撥了一次電話，仍然沒人接聽，連博輝臉上的問號慢慢轉為擔心與不安，正要放下聽筒，連博輝突然聽到對方有人提起聽筒的聲音。

「Maria，是您嗎？」連博輝提高聲調問。

對方傳來一陣模糊不清的聲音，確是 Maria，卻顯得低沉無力。

「Maria，是您嗎？您是不是覺得什麼地方不舒服呢？」連博輝關切地問。

8　有關 Maria 於 2004 年重出江湖，出任一個月餅的投資項目總顧問，卻要親自搬運月餅到大型超市、擺賣月餅而扭傷腰背，詳情請參閱本書第九章第三節。

「沒什麼！只是覺得後腰疼痛，額有點燙，好累、好睏，肚子餓！」Maria 有氣沒力地說著。

「現在太晚了，您好好休息吧！我明天早上拿一點吃的過來，好嗎？」連博輝安慰著 Maria，心中納悶地問：好好的為什麼會這樣子？掛斷電話後，連博輝便走到廚房，把一杯米和十多粒乾干貝分別用溫水浸開。

翌日清晨，連太用前一天晚上浸開了的白米和乾干貝煮了一大窩干貝白粥，給連博輝於上班前送到蟾宮給 Maria。

到達蟾宮時已經差不多 10 時，連博輝按鈴很久，才聽到 Maria 緩慢地拖著身子過來開門。門打開了，站在連博輝面前的 Maria，一隻手按著後腰，另一隻扶著門框，滿臉倦態病容，沒梳理過的頭髮，鬆散凌亂。連博輝扶著 Maria 走到客廳飯桌前坐下，把干貝白粥倒在碗內，一邊用湯匙攪拌著仍然冒著熱氣的粥水，一邊說：「白粥剛煮好，很燙，要小心慢慢地喝！」

「請坐，不要老是站著的！」Maria 以右手指向她背後的沙發，心裡想著：「我已經第二天沒有吃過任何東西了，我真不願意別人看到我的病容、餓相。」

當連博輝走到 Maria 背後的沙發，仍未坐下，Maria 已經急不及待地一湯匙、一湯匙地把粥水往嘴裡送。因為不用咀嚼的緣故，Maria 很快便把足夠兩餐用的干貝白粥喝過清光。

連博輝從背後看到 Maria 不停地把粥水往嘴裡送的樣子，便放下了心，但想到她過去風光的日子，他的眼睛開始潤濕了。

多年後，筆者為了深入了解 Maria 於公司倒閉後如何艱辛賺錢還債而做了多次專訪，過程中，Maria 曾多次提到最初是創意私房菜的一位食客，後來成為乾兒子的連博輝。

「……當我仍欠銀行幾千萬元，去賣月餅賺錢還債卻又扭傷腰背，臥病在床又無人照顧，那差不多是我一生人最潦倒的時候。連博輝主動給我送來干貝白粥，助我恢復體力，教我如何可以忘記他！」Maria 慢慢望向連博輝，感激地說。

「其實，我只是做我應該做的事罷了！」連博輝輕聲地回應，似乎只是在提醒他自己。

看來，Maria 可以忘記許多她曾經幫助過的人，卻不能忘懷一位在她潦倒病倒時給她送粥水的人。

（二）一位年長的美國遊客，於 2001 年夏天和另外 13 位美國遊客，離開到港不久的郵輪後便到達 Maria 於港島大坑道的寓所，享受可能是香港第一間十分獨特的創意私房菜，除了閱覽過去 50 年來曾跟 Maria 拍照的各國政要名人明星照外，他們一面享受主人即場炮製的菜餚美食，一面細聽她生意失敗後如何逆境自強的經歷。回國後，這位私房菜食客接受了美國明尼蘇達州公眾廣播電台國際頻道（Public Radio International）的訪問，[9] 跟美國聽眾分享他對 Maria 的觀察與感受：

「她（Maria）既是藝術家，又是烹調高手，更經常跟人分享箴言，真是難以想像她哪裡有時間睡眠。不過，最令我印象深刻的是：她那種對人生的樂觀態度，她說話的時候，就像在散播喜樂。」

9　有關美國明尼蘇達州公眾廣播電台國際頻道的訪問，轉載在 "Hong Kong's Martha Stewart", *Savvy Traveler*, July 13, 2001。

第七節　兩位影視舞台藝術工作者

（一）一位負責製作 Maria 八年（1967-1974）來電視烹飪節目的電視台節目監製——莊元庸，對 Maria 有以下的觀察：[10]

1967 年的香港，只有「麗的映聲」一間電視台，是按月繳費的有線電視廣播，而莊元庸則是該台一位節目監製。為了製作好香港第一間電視台的第一個電視烹飪節目，她需要物色一個「理想」的節目主持，而這個主持人必須具備「豐富的烹飪經驗、隨機應變的急智、清晰流利的口齒、大方得體的鏡頭外形和氣質」。

「由於主持人是一個節目的靈魂，『氣質』應該是最重要的條件！」元庸強調這是一個偶然的機會，她在友人家中茶敘時吃到以前從未嚐過的芒果蛋糕，味道香醇而蛋糕部分卻吃不到粉渣兒。詢問之下，友人告知那是超群西餅店的出品，老闆娘是李曾超群，每天都在店裡主持店務。

當時，元庸靈機一動：烹飪節目也許可以先由做蛋糕開始，但必須先見見老闆娘的廬山真面目，才能判斷她是否適合當這個節目主持。

1967 年夏天一個炎熱的下午，元庸跑到九龍太子道的超群西餅店。舖面不太大，顧客卻相當多，三四位小姐穿著呈橙色格仔紋的制服，忙碌地招呼顧客。待她道明來意後，李太應聲從店後走出來。

以電視監製的專業眼光打量，元庸對 Maria 的第一個印象是：她好高啊！緊隨而來的第二個印象是：她好高貴大方啊！

「滿臉親切的笑容，身上找不到一個『俗』字，確是事先沒有想到

10　有關前麗的映聲節目監製莊元庸對 Maria 的觀察、描述與品評的內容，全部來自莊元庸的一篇長文：〈我所認識的李曾超群：一個女強人中的標準模範〉，寫於 1989 年 3 月 7 日。

的！」這是元庸 22 年前跟李太首次相遇的觀感。

認定了李太便是理想人選，元庸力邀她擔任這個節目的主持。Maria 卻笑稱不敢接受，原因是她從未做過電視節目，根本不懂得如何去做。

元庸卻是個心中決定了的事情，一定要做到的人。「很容易嘛！我是節目監製，我會幫你。」而 Maria 則是個「勇字當頭」、「未試過點知唔得」的一個人。就這樣，他們倆便在麗的映聲合作攝製了一個長達八年並且讚譽不絕的長壽電視節目。

根據元庸憶述：「合作期間，Maria 喜歡提出意見，而我們的意見卻又常常不謀而合，使節目的製作，進行得更順暢，而且變化多端，並能精益求精。這是我在電視廣播圈中 40 多年來少見的例子，因為一般節目主持人還真的少有這樣的智能。因此，我們的合作可以說是天衣無縫，相處得非常融洽愉快。

「後來，我慢慢發現：在設計蛋糕上面那些新鮮忌廉的點綴花樣時，她並不喜歡千篇一律地抄襲傳統的古老花式，而是不斷嘗試新的設計。其實，我覺得 Maria 不僅善於烹飪，更有著豐富的藝術細胞。當她專注思考如何設計蛋糕上面的點綴花樣時，就像一個雕塑家，專注地雕塑著一件藝術品。

「我漸漸發覺我的觀察是正確的：她愛寫毛筆字，所寫的對聯，字體挺秀，筆鋒透勁；她愛詩詞，師從著名畫家鮑少游先生習中國傳統藝術中的水墨畫。而 Maria 是那麼謙虛地拜師，認真地學習；她的好學，令我震驚！我想，這就是為什麼當我第一次見到 Maria 的時候，我無法從她的言談舉止中找到一點點俗氣的原因吧！

「相識二十多年，我看到的 Maria，忠實敦厚，待人謙虛，從不刻意用化妝品或首飾來裝扮炫耀自己，永遠是淡妝和大方的衫裙。她不抽煙，不打牌，不在人群中喝下午茶，不擺架子，更不會浪費時間在紳士淑女的應酬宴會上盤桓。我在她身上找到的，是一般富有的中年婦人中找不到的：是那份好學、活力、衝勁、樂觀和開朗。」

（二）一位舞台上演活了 Maria 的藝員：描述李曾超群一生傳奇的慈善舞台劇《留住百味情》於 2008 年 9 月 26 日至 10 月 8 日於香港文化中心大劇院公演，扮演 Maria 的是著名影視舞台藝術工作者李司棋。舞台上演出的李司棋，舉手投足間所顯示出的從容，情緒激昂時發出高八度的嗓音，沉默時的氣質與神韻，都似足了台下觀賞著自己過去的 Maria！

在 2013 年 6 月 19 日的專訪中，筆者對李司棋發出的第一個問題是：「你和 Maria 是否相識了很久？你接受扮演 Maria 的邀請後，是否花了一段長時間近距離觀察她的一言一行，才達致這種舞台表演效果？」

「我第一次見到 Maria，是 40 年前透過麗的映聲觀賞她的電視烹飪節目，那時候是我認識她，而她並不認識我；而第二次見到 Maria 是 15 年前：當時也是在電視屏幕前虛擬地見到她。當時，超群集團全線停業，Maria 在清盤記者招待會中解釋公司結業的緣由，那當然是個極困難的決定，也是個令她十分難堪的宣告。可是，Maria 的解說卻是在傷感、唏噓和無奈中，顯得情理兼備、豁達與從容。

「電視機前的我，只感到震撼：她為什麼不宣佈破產？那是商業世界中常有的事，也是法律容許的商業行為啊！可是，為了減少員工的損失、讓他們取回應得的工資及遣散補償，她將 4,000 多萬元債項扛起來，她那時已是 70 歲了，實在不可思議，有點天方夜譚！

「當時，我開始仰慕和欣賞這個生意失敗的女強人，簡直是無可挑剔、何等高貴的氣質。那時候仍然是：我認識她，她並不認識我。」

李司棋和 Maria 現實生活中真正的相遇，是在 2001 年：當時，

Maria 開設希望賺到錢的「網上名人飯堂」差不多已有一年，也訪問了不少於十位明星或社會知名人士。她一方面在線上公開這些名人在家中烹調菜餚的訪問，另一方面在自己住所開展線下實體的創意私房菜，而 Maria 就是在這時候訪問李司棋，二人也因此加深了認識。

「我覺得我和 Maria 好有緣分：閒聊時投契，相處時也感到稱心的舒暢。」因此，二人會在彼此都有空的時候到銅鑼灣逛街消閒。見面多了，話題也多了，李司棋開始知道：Maria 雖然仍在努力賺錢還債中，卻也不忘到處演講，分享她逆境中自強不息的經驗，希望鼓勵一些「跌倒」後仍「未爬起來」的人。看到暮年的 Maria 這般忙碌的樣子，李司棋曾經強烈地向她建議：不要接受這麼多的演講邀請了，多休息吧！

到 2008 年的初夏，李司棋被邀參與演出慈善舞台劇《留住百味情》，扮演主角李曾超群的角色。對於如此勵志如此激勵人心的舞台演出，李司棋覺得實在是義不容辭的事，但考慮到：要成功演出這個舞台劇，就不能不參與劇情與台詞的修訂與斟酌，加上密集排練與正式的演出，可能需要在一段頗長時間內暫停電視台的劇集錄影工作。所以，李司棋最初拒絕了這個邀請，可是，拒絕後卻又恐怕會後悔遺憾，於是，她跟電視台商議，在電視台戲劇製作部總監曾勵珍的支持下，獲得電視台的允許參與舞台劇的演出。

結果，整個舞台劇從劇本的整體修訂、某些劇情的微調、台詞的增刪、分場以至整體排演，到正式公演，一氣呵成地在 40 天內完成。其間，李司棋三次細聽 Maria 的一生傳奇，常常面對面跟 Maria 商討如何演活這個角色，也刻意細緻地觀察著 Maria 的一言一行。對於這位她所仰慕欣賞、生意失敗的女強人，李司棋有以下的描述：「她美麗、高貴如女皇……她好學、聰明，可說是女性的楷模……她有堅強的性格，不容易放棄，常挑戰自己，不會讓自己停下來……。」

第八節 兩所曾頒予榮銜的大學[11]

（一）丕士大學（Pace University）：1984-1987 年的三年期間，Maria 每年捐款 40 萬美元給紐約市的丕士大學和加州路德大學，設立一個永久的學術基金，每年所得利息用來設立一個鼓勵華人和亞裔學生的獎學金、出版一份研究東亞文化的學術季刊，以及建立一個群芳藝術博物館。

2008 年秋天，描述 Maria 一生傳奇的慈善舞台劇公演，丕士大學校長史提芬・費特民（Steven Friedman）發信祝賀，信中這樣形容 Maria 和她的捐贈：「對許多人來說，你是個具洞察力的企業家，一個有遠見的商界女強人，而我們丕大人所認識的李曾超群博士，則是個對崇高事業都會積極推動和慷慨支持的人。你對捐贈的承擔與堅持，改善了無數人的生活質素，也讓我們的學術設施、課程和活動，獲益良多，讓丕大教授可以繼續他們的學術研究和專業發展，幫助他們夢想成真。」

到 2011 年，Maria 的弟弟曾昭陽教授從加州路德大學退休，於 11 月的時候到香港探望姊姊時透露：Maria 於 27 年前在丕士大學和路德大學設立的學術基金，仍然運作良好，繼續令多人得益。[12]

（二）南京大學：1998 年 6 月底，雖然跌傷後所做手術的傷口仍未完全痊癒，卻為了信守公司清盤前的一個承諾，Maria 到南京大學和昆

---

11 有關 Maria 所作的慈善捐贈、所參與的社會公益活動或事務，以及所獲頒授的榮銜，請參閱本書附錄一；而丕士大學和南京大學的祝賀信，則刊登在《留住百味情》場刊內。

12 有關 Maria 跟弟弟昭陽的關係，以及 Maria 於丕士大學和加州路德大學設立獎學金的詳情，請參閱本書第六章第五節。

明師範大學作公開演講。[13] 訪問南京大學期間，Maria 以「經商與哲學」為題，分享她生意上的成敗得失和其中的體驗。演講前，南京大學將「顧問教授」的榮銜頒授給 Maria。

2008 年秋天，慈善舞台劇《留住百味情》公演前，南京大學駐香港辦事處的主任左成慈教授，代表該校發信祝賀。信內這樣描述 Maria 的為人和她的慈善事業：「您自強自立創辦企業、信守承諾償還巨款、積極面對逆境、永不言敗的精神是我們教育學生的優秀素材。特別是你致力於社會慈善事業逾 50 年，造福弱勢社群，堪為吾等之楷模……。」

第九節　慈善舞台劇場刊題辭的漫畫家

描述李曾超群一生傳奇的慈善舞台劇《留住百味情》於 2008 年公演時，香港著名漫畫家「阿虫」（本名嚴以敬）被邀為場刊題辭。常用輕鬆手法將生活體驗融入作品中的「阿蟲」，這樣描述 Maria 的傳奇一生：

酸甜苦辣百味陳，
原來飲食似人生。
超群不只廚藝好，
面對人生亦超群。

13 有關 Maria 跌傷後手術傷口仍未痊癒便到南京大學和昆明師範大學演講，詳情請參閱本書第八章第五節。

第十節 四位認識 50 年以上的莫逆之交

（一）美國一年的同窗 Esther Fong：1949 年 1 月，Maria 到美國三藩市大學（University of San Francisco）進修，以完成她大學本科第四年的課程。由於 Maria 在上海滬江大學前三年的成績頗佳，有一部分學分獲得承認，故得以在一年內修完畢業所需的學分。留學美國的一年，Maria 跟一位華裔美國學生 Esther Fong 同住一個宿舍房間，由於主修科目不同，選讀的學科和每天上課的地點都不一樣，白天見面的時間其實並不多。可是，他們都喜愛吃中國菜，因此，沒有課的晚上，他們倆會在房間內以電飯鍋煮飯蒸餸，其中最常吃、而 Esther 又最喜歡吃的，是中國臘腸。

飯間與飯後，話題可多了：中西文化差異、不同生活習慣的文化意涵，如中西節日、傳統、習俗與文物，都是他們倆最常討論的話題，而經常談論、從不厭倦，並興致勃勃地談下去的：是二人各自的男朋友，除了因為他們都叫肯尼夫（Kenneth），[14] 也因為 Esther 和她的 Kenneth 都對中國旗袍著迷地喜愛；於是，該年初秋的一個晚上，Maria 讓 Esther 穿上自己的中國旗袍，去見她的美國男友。此外，兩個女孩子竊竊私語的還包括自己夢中情人的種種趣事與特徵。

倘若對外界事物的觀察、討論與分享，有助於彼此的認識；內心世界的感受交流，可以孕育出真摯的友情，那麼真摯的友情若要歷久常新，又需要怎麼樣的條件呢？

---

14 有關 Maria 於美國三藩市大學一年進修期間的課餘生活，特別是與男朋友唐哥哥（即 Kenneth）的一段感情生活，詳情請參閱本書第五章。

Maria 與 Esther 在 1949 年於美國三藩市大學相遇相識、同住一個宿舍的同一間房間一年之久，但一起走過的路其實並不遠，共同經歷的生活感受其實也不算多姿多彩。不過，他們之間的感情卻似乎十分真摯，雖說並不是非常深厚，卻透過書信或電郵維繫超過半個世紀，正是《莊子・山木》中所指的「君子之交淡若水」。以下兩個事例，以及兩通 Esther 給 Maria 的電郵與信件，相信可以說明一二：

（1）1949 年的一個晚上，美國三藩市大學的學生宿舍內 —— 由於 Maria 容易感到肚餓，故此經常購備餅乾或巧克力等零食，放在宿舍房內以備不時之需。一天晚上過了午夜的時候，Esther 早已熟睡，Maria 的肚子卻咕嚕咕嚕地響起來。於是，她靜靜地爬下床去找吃的，可是，拆開包裝紙和咀嚼餅乾的聲音，在寂靜的宿舍內卻顯得特別清脆響亮。被吵醒了的 Esther，以為是老鼠在偷吃零食，有懼鼠症的她立刻條件反射地拉被蒙頭，並大喊「Maria，救我！」Maria 當然立時跑到 Esther 床前看個究竟。（Maria 於 2011 年一個專訪內憶述）

（2）1949 年的一個長假期，Maria 和 Esther 相約一起往加州洛杉磯度假，同時探望 Maria 的弟弟昭陽 —— 在三藩市往機場的路上，二人擠上擁擠的公交車，各自投入五分錢鎳幣車費後便轉身尋找空座，還沒有坐下便聽到司機向著 Esther 高聲喊叫：「你還沒有付費啊！」的確投下車資而感到十分驚訝的 Esther，張大口卻無言以對，為了息事寧人，她把手伸進手袋內、準備再掏出車資投入錢箱內。可是路見不平的 Maria 卻按著 Esther 的手，不容好友被欺，同時理直氣壯地跟司機理論，喋喋不休地訴說著她看到的事實，直到司機不願意把車子繼續停在路旁而停止爭論。那時候，兩個不願意逆來順受的三藩市大學女生才靜靜地移向車廂後排的空座。眾目睽睽下，Esther 臉上仍然靦腆窘迫，但內心卻感到驕傲，用眼睛道出「Maria，你是捍衛著我的武士」的暖意。[15]

（3）2003 年 4 月 19 日，Esther 給 Maria 的電郵 —— 2002 年末，Maria 結束了畢拉山道家居的創意私房菜後，於 2003 年春天搬到內地中山市郊古鶴水庫湖邊的超群閣長住，準備在那裡退休終老。啟動長距離搬遷行動之前，Maria 將這個意願以電郵告知 Esther，在簡短六行的回郵中，Esther 除了向 Maria 索取她在內地的地址和電話號碼外，她還提醒 Maria，當時肆虐香港的沙士病毒（嚴重急性呼吸道症候群，SARS〔Severe Acute Respiratory Syndrome〕）極具殺傷力，「請你千萬要小心，因為對我來說，你是獨一無二的！」

（4）2011 年 6 月 5 日，Esther 給 Maria 的電郵 —— 2011 年的 Maria 已經將 4,000 多萬元債項於三年前還清，在三子女的孝心安排下，生活也無憂無慮，但她仍然忙於各項個人或社會服務工作，如：到學校跟學生分享逆境自強的經歷；到老人院舍分享彩虹般的暮年歲月；去探望安老院內孤單寂寞的長者 —— 其實，她自己也已是 83 歲的長者；到大學校外課程部修讀「現代營養學及中醫食養食療學」，希望獲得所需的新知識，以便跟長子李德康教授合作出版《過敏症安全食譜》，幫助過敏症患者在享受美食時，無需憂慮因不當食物誘發過敏症狀的風險。此外，她也現身鏡頭前、銷售個人護膚美容產品，希望將這些產品的好處，跟其他人分享，所賺的一部分作慈善捐贈給有需要的人；自己也可以有些餘錢，留給提早退休的女兒。Esther 的電郵是在這個背景下發給 Maria 的。

Esther 在電郵內如此說：「⋯⋯我知道：你最近忙於的護膚美容產

---

15 2008 年 9 月，演繹 Maria 人生傳奇的舞台劇《留住百味情》於香港文化中心大劇院作慈善演出，Esther 給 Maria 的祝賀信被刊登在場刊內，信內透露了以上內容。

品促銷活動將會十分成功，因為只要看到你那張容光煥發、活力十足的面容，便十分吸引。多年來，你所做的和所成就的，都令我充滿驚奇詫異的喜悅，可是，老實講，你這個促銷活動也極具挑戰性……；我真的希望你不要操勞過度……！你知道嗎：這麼多年來，我一直寶貝著你那一件白色的珠飾毛衣……而每一次當我咀嚼著中國臘腸時，我便想起那些於宿舍房間內、一起以電飯鍋煮飯蒸臘腸的日子，是何等令人回味！」

（二）共處同一大家庭的嬸母戴慶餘：1980 年代初，Maria 的生意蒸蒸日上，跨國業務發展迅速，每日工作繁忙壓力沉重，芳艷芬於此時建議 Maria 在緊張的日程中抽空跟她學唱粵曲，以鬆弛神經，舒緩壓力。不久更設立群芳藝苑，增添各種錄唱設備，聘請樂師到藝苑伴奏，學唱之餘也學編曲和作詞，並將二人合唱且唱錄表現優秀的粵劇折子戲灌錄成錄音盒帶，以作自娛或送給親友欣賞。

1984 年間，Maria 與芳艷芬一共灌錄了三卷錄音帶，其中第二卷灌錄了四首戲曲，包括〈百萬軍中尋妹喜〉、〈十繡香囊〉、〈苧蘿訪艷〉，而排在前面的一首卻並非什麼粵劇名曲或折子戲，而是由 Maria 自己作詞並主唱的〈妯娌情〉，為感謝她的嬸母戴慶餘而灌錄。

由於曲詞都是 Maria 所寫，內容頗為細緻地描述 Maria 於 1950 年從美國學成歸來不久，即嫁入香港一個富裕傳統大家庭，認識了嬸母戴慶餘，並發展出一段 Maria 形容為「刻骨銘心」的感情。不單止於 30 多年後，Maria 要填詞、唱曲和錄帶送給慶餘，以表謝意，並且於 60 多年後的今天，Maria 與慶餘仍然每週互通電話，聚首午膳時話題不絕，令兩人有一種同行六十多載的友情所產生的那種互信的喜悅和滿足。

究竟這是怎麼樣的一段感情，又是如何開始的？慶餘在頭 30 多年裡面，究竟做了些什麼，令 Maria 隆而重之地在錄音帶中「圖報傳話承後人……憑歌寄意頌姐恩」呢？

由 Maria 作詞、主唱，並灌錄於 1984 年 3 月 27 日的〈妯娌情〉，是這樣描述嬸母慶餘的：

（戀檀）驚秋深，西風透簾霧雨侵，
瞬息冬又臨，檢冬衣，溫馨友情在我心，
銘感伊人，記起贈衣情，心間印。
（士工慢板）重檢舊寒衣，追憶當年事，
正值暑往寒來，姐曾以輕裘相贈。
千金無吝嗇，物重情更重，
易求無價寶，難得知心人。
妹慣淡素粧，姐具美豐儀，
賜我四季華裳，使我平添風韻；
妯娌情，人間罕，
厚情高義，至今猶記送暖恩。
（詩白）一襲輕裘暖我心，世間知己遇難尋。
慶餘待我恩如海，妯娌情誇骨肉親。
（醉酒中段）記當初披嫁衣，燕爾新婚，
處世未明，帶天真，遠離娘親，
長嫂教導，善與指引，
閨中頓結良朋，定是緣分，
她是望族多家訓，我嬌羞尚畏人，
賢淑婦春風沐臨常親近。
（二王）負笈海外少知音，華夏禮儀久疏問，
初為新婦未習中饋之能，

妯娌相交，世態人情蒙善訓，
感您以誠相待，關懷我一笑一顰，
得此益友良師，我超群誠有幸。
（南音）姐有花容月貌，更具俠骨仁心，
妹受不平，挺身為護蔭，
妹招隙怨，勇作解鈴人。
（乙反）尚記當年我逢病困，
您親持湯藥倍憂心，
暗禱蒼天祝我離劫運，
衣不解帶憔悴了玉精神，
妯娌情，舉世亦難尋，
姐真古道熱腸愧難盡報恩，
此恩刻骨兮銘於心。
（昭君怨中段）相親數十載，至今也熱忱，
妯娌情未變，更深摯憂戚互慰問，
榮辱與成敗同樂憤，患難進退勉勵超群，
才華譽我前途力勉行，
良善永欽敬，情義永心印，圖報傳話承後人。
（滾花）從來妯娌每不和，多事家庭緣妒恨，
誰及慶餘肝膽照，憑歌寄意頌姐恩。

〈妯娌情〉的歌詞清晰明確表述了這位嬸母曾於秋冬時給 Maria 送寒衣，在她病中持藥侍候，教導她在傳統大家庭中如何當媳婦，受「不公平」的責備時為她解困。在初為人婦不久，家人已經移居海外，夫婿又因公幹經常不在家的情況下，Maria 或許會覺得孤單無助以至困惑

鬱悶，故對嬸母適時的關懷安慰和支持，自會十分感激。可是，〈妯娌情〉裡面卻用「厚情高義」、「舉世亦難尋」、「慶餘待我恩如海」、「此恩刻骨兮銘於心」去描述 Maria 內心對這位嬸母的感激是何等深切：因為慶餘雖然跟她同為李家媳婦，在同一個家庭環境內生活，受著同一樣的傳統禮教限制，卻突破身份、環境和傳統禮教的框框，為 Maria 排難解困。

在 2012 年 4 月 4 日的一個專訪中，筆者當著兩妯娌面前要求慶餘提供更多細節，以證 Maria 並非填詞過程中「言過其實」，也不是常有的那種「滴水之恩，湧泉相報」的感激情懷。對此，慶餘只是輕描淡寫地說：「我只是做了一些很平常的事罷了。」不過，她卻憶述了當年兩妯娌相聚的日子：由於慶餘丈夫是李家長子，所以慶餘的一房可以不跟老爺奶奶同住。可是，慶餘也必須每隔一天兩日便回到李家大宅請安，也因此經常見到 Maria。

「可是，在大宅裡碰到的 Maria，卻很少展現笑容⋯⋯我對她是極表同情的。」此時，慶餘望向 Maria，輕輕地透露：在大宅時，她會陪伴著 Maria，直到她不再皺眉。

「那是我一生人中最不開心的一段日子！」Maria 在筆者訪問慶餘中間插上一句。

由於慶餘的住處離大宅不遠，所以，每逢機會一到，Maria 便會跑到慶餘的家；慶餘也會帶著 Maria 去逛街、看電影、食飯、買衣服。

「有一次，我送了一匹衣料給 Maria，她自己裁剪縫紉了一套三件裝的長衫短褸，她開心極了。」

那麼，慶餘又如何看她與 Maria 60 年的相識與相交？

在 Maria 跟奶奶同住的那一段日子，慶餘認為 Maria 是一個接受西方文明洗禮的年青人，但嫁入李家後希望獲得認同、肯定和讚賞，是自然不過的。因此，活在傳統與現代的夾縫中感到苦悶也就可以理解，所以慶餘對 Maria 是極表同情、鼓勵和支持的，也因此常常陪著 Maria。

到了 1955 年，Maria 一家離開太子道的李家大宅，搬到九龍塘又一村李家自建的一座三層高洋房中，居住在二樓（四房住在三樓，而六房則住在樓下）。雖然跟李家二房人同住一幢大廈內，卻有了自己生活的空間與天地，而充滿創意、勇於嘗試、傳統框框困囿不了的 Maria，就在此時開始了她的創業生涯，從在家中教授烹飪，到 1958 年創辦小廚房烹飪學校（Little Kitchen Cooking School）；從 1966 年開辦超群西餅店，到 80 年代建成跨國集團，慶餘對 Maria 是極其欣賞的。

「以一個婦道人家，白手興家，從創辦一間西餅店，到建立一個跨國企業，Maria 真的很能幹。」

「她多才多藝，極有創意，是個才女。從她所寫的曲詞，便知她的中國語文基礎極佳。」慶餘望著 Maria 微笑地說。

1970 年代末到 1980 年代初，慶餘常常探望 Maria。最頻密的時候，她會一星期三次或四次到 Maria 的辦公室，或摩理臣山道的超群咖啡屋。每一次到土瓜灣旭日街總行辦公室的時候，Maria 總是把隔壁的副總裁馮太也請出來，一起到會議室，一邊喝著超群咖啡屋的咖啡，吃著超群西餅店自製的西餅，一邊談天說地，閒話家常。

「那是我繁瑣工作中一個愉快的小休。」Maria 點著頭微笑著說。

「那是 Maria 生意最成功的一段日子，忙裡偷閒地學寫詩學畫國畫。比起呆在大宅裡做二少奶的日子，她開心多了。我只是伴著她，分享她成功帶來的喜樂！」慶餘接著說。

可是，好景不常，1998 年 4 月 28 日，超群集團宣佈全線清盤，Maria 開始了十年艱苦還債的日子。

「我清楚記得，超群集團清盤的那一天，公司銀行戶口只剩下

30,000 元存款。」Maria 輕輕地說。

69 歲高齡且要背負 4,000 多萬元債務，Maria 並沒有被打垮，也沒有崩潰。不過，在那段日子裡，她必須每月向債務銀行償還 13 萬元。為了堅守清還債項的承諾，也為了生活所需，Maria 開設「網上名人飯堂」、搞創意私房菜、辦中山文化美食旅遊團，並自任導遊，也甘願當大妗姐。為了省錢，Maria 在其後的十年裡，不再坐計程車，而只坐巴士、小巴、電車，或者安步當車。

其間，慶餘知道 Maria 曾兩次從樓梯摔下跌傷，追問過 Maria 是否真的把一個飯盒分開兩餐吃，也親眼看到 Maria 孤身手持拐杖等巴士的情景。「雖然如此，Maria 的臉上仍然常常掛著笑容，跟朋友在一起的時候，她絕對不會讓身邊的人感到她的『苦況』。」認識 Maria 超過 60 年的慶餘指出。

2008 年債務還清之後，慶餘與 Maria 的妯娌情不減當年。都是 80 多歲的兩嬸母，每週一通電話，是少不了的。相聚的時候，總有話題；即便是沒有話題的沉默，並沒有帶來疏離孤單的感覺，卻滲透著知己情懷、那種君子之交的純淨與溫潤。

即使沒有通話沒有見面的日子，Maria 與慶餘的妯娌情誼，仍然延綿不絕。多年前慶餘跌倒受傷，她第一個撥電尋求幫助的就是 Maria，送她進醫院接受醫療照顧的也是 Maria。

（三）一起締造慈善事業傳奇的閨中密友芳艷芬：Maria 與芳艷芬曾一起成立中國香港、美國加州和夏威夷的群芳慈善基金會，幫助貧苦老弱的人，以及捐贈給其他提供重要社會服務的機構，如大學、醫院、安老院及智障兒童學校等。為籌募善款，二人曾三度同台演出粵劇折子戲，一起展出多年來二人合作的書畫藝術作品，也因此一同獲得大學的榮譽博士學位。

在眾多慈善捐贈的項目中，有不少捐贈是提供一次過的幫助，或捐款用盡後，捐贈的作用隨即消失的，例如 1987 年於香港政府社會福利署轄下成立的群芳救急扶危基金，用以幫助香港於自然災難或意外中有急切需要的人。可是，二人於同年透過私人捐贈給香港耆康老人福利會，向政府申請沙田威爾斯親王醫院旁邊的一塊土地，用以興建群芳念慈護理安老院，建成後便一直運作了 30 年；到如今，每年仍然繼續幫助著許多無助的孤寡老人，過著老有所依的晚年生活，發揚中國傳統中敬老護老的美德。

根據 Maria 憶述，她本人於 1967 年 5 月初，因母親離世時無法陪伴左右而感到深深的悲痛，令她產生了要籌建一所紀念母親的安老院的意念。這個想法在其後 20 年都只是一個夢想，不過，到了 1987 年當她的跨國西餅飲食集團發展到達頂峰的時候，這個夢想便變為事實：當時，Maria 希望捐出 1,000 萬元，以籌建一間紀念母親的安老院。侍母至孝的芳艷芬知道這個想法之後，立刻表示她也願意捐出 1,000 萬元，跟 Maria 一起展開這個深具社會意義的慈善舉措。當時，Maria 並沒有向社會福利署提出申請，卻直接寫信給當年仍未離世的港督尤德爵士，不久即收到政府正面的回覆，並且表示：政府會撥出 1,000 萬元配對專款，以滿足社會對老人服務的急切需求。

這兩個本來互不相識的女士，來自不同的家庭背景，有著十分不一樣的成長過程和經驗，也各有不同的文化素養和興趣，竟然能夠走在一起，沒有第三者的參與，也沒有任何慈善機構的支持，更沒有任何異議，便一起攜手展開各種各樣的慈善活動和捐獻。其中令人十分詫異的是：他們當中一個是粵劇花旦王，另一個是粵劇盲，對粵劇毫不認識、缺乏任何訓練，卻三度同台公開演出，為十多間慈善機構創紀錄籌得 4,600 萬元善款，實在是一個傳奇，而這個傳奇究竟是如何開始的呢？

根據 Maria 憶述，結婚後的頭五年，她與夫婿李明住在李家九龍太子道的大宅，因家族生意的需要，李明經常到新加坡或婆羅乃公幹，一去便是一週或兩週不等。故此，Maria 很多時候都要單獨留守家中照顧幼小兒女。由於李家照顧小孩的女傭都住在大宅的底層，他們各樣操作和活動，包括照顧小孩，都在底層進行。因此，Maria 便常常從樓上自己的房間，走到下面去看望小孩，跟他們玩樂。由於細嫲（奶奶的年長姊姊）也住在大宅底層，Maria 很快便跟細嫲相熟要好，而細嫲是粵劇迷，特別喜愛粵劇紅伶花旦王芳艷芬的舞台表演，所以常常跟 Maria 提到芳艷芬最擅長的劇目。可是，Maria 雖曾於早年演過話劇，也短暫學唱過京劇，但直到嫁入李家之前，都從未涉獵或觀賞過這個廣東傳統戲曲藝術，對粵劇以至芳艷芬，當然就更是一竅不通從未聽聞；對細嫲的論述，也就沒有記在心上。有一天，細嫲一位經常來往的近親到訪，加入了閒談，表示跟芳艷芬相熟，樂意介紹給細嫲認識這位粵劇花旦王。對此，細嫲是萬二分的雀躍。為了照顧細嫲，Maria 也在被邀之列。

那是一次彼此認識、尋常而沒有驚喜的聚會，但芳艷芬與 Maria 卻是一見如故，從此成為閨中密友，開展了一段 70 多年的深交。

由於 Maria 在香港並沒有經常往來的朋友，因此，自從嫁入李家，直到兒女懂得行走之前，她是沒有什麼社交生活的，每天都只是在太子道李家大宅內活動。自從德康和康文出生後，她每天下午晚飯前的活動範圍，便從大宅延伸出外，推著嬰兒車到九龍塘太子道以西，於居住密度低、汽車往來稀疏的公爵街附近散步溜達。自從認識了住在公爵街的芳艷芬後，Maria 便有了新的社交活動和明確的外出目的地。根據 Maria 憶述，並非每次到訪時芳艷芬都在家，而每次接待她的都是芳艷芬的助手八姑。八姑未移居香港前，在廣州當護士，所以跟 Maria 也有一定的共通語言。一天，八姑在考量著如何擺放外界頒贈給芳艷芬的數目眾多獎牌和紀念品時一直猶豫不決，Maria 那些充滿藝術性的建議，不單止讓八姑喜出望外，更受到芳艷芬認同和欣賞。從此，Maria 會為芳家的家具設計和擺設提出意見、替芳艷芬修改戲服，更為芳艷芬出席公開場合或儀式如剪綵時的衣著去跟裁縫師傅商討。

兩年後的 1955 年，Maria 與李明一家搬到九龍塘又一村之後，便開始有了自己獨立的生活空間，在幫忙照顧子女或跟他們嬉戲玩樂後，她便有機會安排自己的社交生活。可是，啟動新的社交活動對朋友不多的 Maria 而言似乎頗有難度，而跑到芳家盤桓卻是輕而易舉無需考慮的事。跟芳艷芬見面多了，友情深了，話題也闊了。由於 Maria 是個好動、喜歡工作、不能停下來的人，芳艷芬看在眼裡，於是鼓勵 Maria：「你既然每天都有不少閒暇時間，人又多才多藝，不如到社福機構做義工，既可善用閒暇時間，又可幫助有需要的人，豈不是一舉兩得？」

其實，經常離港公幹的夫婿也在搬到又一村後對太太作出相同的建議。在夫婿與好友都大力鼓勵下，Maria 便開始了她一生人第一份工作：在女青年會的烹飪班中義務教授家庭主婦烹調各式食物，讓班員的家人在享受美味菜餚之餘，增進彼此關係。這份沒有薪酬的工作，將她基因裡面對烹調美食的熱誠與創新意念，統統發揮出來。過沒多久，Maria 不單止在女青年會開班教授，也在家中開始小組研習，後來，更因報讀人數越來越多而開辦了可能是香港第一所正規的烹飪學校。[16]

所以，芳艷芬於 1955 年對 Maria 作出的鼓勵，似乎跟李明同期作出的建議，合成一股催化力量，為她後來開辦一所運作 30 年而仍然極受歡迎的烹飪研究學院，開了一個頭。同樣的一個過程在 30 年後又

16　有關 Maria 如何從義務教授烹飪到開辦自己的烹飪學院，如何成為香港第一個電視烹飪節目的主持人，再被邀請到紐西蘭介紹中國飲食文化，成為國際星級名廚，出版接近 30 本中英文食譜，詳情請閱本書第七章。

再出現 —— 從鼓勵開始，後來發展出一個長期實質的慈善事業。那是1980年代初，當時超群西餅飲食集團正邁進跨國發展的全盛時期，業務跨越亞洲和美洲四個地區的十多個城市。Maria忙碌極了，工作壓力不少，這些情況，芳艷芬也看在眼裡，於是鼓勵Maria學唱粵曲減壓。有趣的是：芳艷芬於1955年勉勵Maria去當義工以善用過多的空閒時間，而30年後，芳艷芬卻鼓勵Maria在忙碌緊湊的工作日程中，創造空閒時間去唱曲學畫以減壓；兩者都跟使用空閒時間有關，卻是知己諍友才會作出的改變別人生活常態的鼓勵。

其實，Maria和芳艷芬的關係並不止於兩個摯友間的互勉，也不止於二人共同締造慈善事業的傳奇：上世紀50年代中到60年代中，當孩子們都年幼的時候，兩個家庭經常相聚，旅行野餐晚飯；80年代中到90年代末，他們倆一起唱曲畫畫，也一起組織和推動各項慈善捐贈與活動；到Maria的跨國生意從高峰下滑、清盤結業，以至是艱辛還債的十年期間，芳艷芬在財務上也曾多次拔刀相助。

根據筆者的觀察，Maria喜歡分享，她樂意將自己努力賺到的薪酬和積蓄都捐贈出去，卻不喜歡接受別人的幫助，包括至親的子女與親人。但是，在她的生意徹底崩壞、經濟情況最差的十多年間，她卻接受三個人金額不小的饋贈或借款，都沒有寫下借據，他們是：閨中密友芳艷芬、生意夥伴馮太、表妹黃鄭國璋。[17]

（四）同行半世紀的師生、朋友、生意夥伴和鄰居 —— 馮劉旋君出生於廣州，於1955年跟隨母親到香港，不久跟馮先生結婚，人稱馮太。

婚後，馮太十分渴望能夠持家有道，以獲家姑信任和丈夫寵愛，

---

17 1998年4月30日超群集團的清盤消息，透過大眾傳媒報道後不久，表妹黃鄭國璋把一張現金支票放在Maria手上，說：「請你收下，數目不大，但你現在可能有需要，這是送給你的，不是借給你的。」話剛說完便掉頭離開，沒有給Maria任何機會說一句多謝的說話。

令家庭生活開心愉快，故此當她從電視上看到 Maria 的烹飪節目後，便躍躍欲試，希望報讀超群烹飪研究學院的課程。由於姑仔愛吃超群西餅店的曲奇餅，加上丈夫的鼓勵，馮太於 1969 年開始跟隨 Maria 學習烹飪。

（1）教與學的師生關係：馮太從最基本的烤焗各式西餅糕點開始學起，為期三個月的初級班還未完結，她便報讀第二個烹飪課程，然後，按著學校的課程設計及安排，一班一班地、一期一期地讀下去，從初級班的西餅糕點，到中級班的廣東點心、家常小菜，到高級班的上海菜、京菜，到各地的特色菜餚，無一不學。到 1972 年，馮太已經可以獨自炮製一桌 12 人的筵席，包括烹調出魚翅和海參。

「Maria 是一位極其優秀的老師。她用心教導，示範時詳細、慢慢地、十分有條理地清楚講解。不單如此，她會將不同菜式的烹調秘訣悉數教導學生，並不隱瞞⋯⋯我從未見過教得這麼好的烹飪老師。為期三個月的第一個西方初級糕點班還未完結，Maria 已經成為我的偶像。於是，我一期一期地讀下去。」馮太於 2011 年 7 月一個專訪中透露。

「其實，馮太很用心學習。一般來說，我會要求每一位學員回家練習，然後在課堂上分享經驗。可是，馮太卻把食材帶回學校，做給我看。這樣子的學習態度，實在難得、少見。」坐在一旁聆聽訪問的 Maria，這時候輕輕地加上一句。

（2）同遊同樂的朋友：彼此欣賞的師生關係維持了一年便開始深化。1970 年 6 月，一位懂日語的學員向 Maria 建議，老師跟學員一起到日本旅遊，以增進師生間的認識與友情。那是個十分受歡迎的提議，而好奇好學又進取的 Maria 在贊成之餘更將此行提升為「日本遊學考察旅行團」；一團十多人除了參觀東京博覽會之外，也在當地烹飪學校學習炮製麵拖炸魚／菜，以及各式壽司飯糰，而 Maria 自己則去考察烹飪學校的行政流程和教學法，並到另外兩所頂級烹飪學校修讀進階課程。

一向極少跟朋友交遊玩樂的馮太，渴望藉著此次外遊能夠認識一些好朋友，於是報名參加。旅途中，Maria 與馮太碰巧被編在同一房間內。朝夕相見與閒談將二人的關係拉近，談話內容不再限於烹飪的食材與方法。

「那實在是個愉快的旅程，我們無所不談，並且談得十分投契。」二人異口同聲地說。

不過，日本的遊學旅程只是二人更深關係的開始。到 9 月末，另一個同遊同樂的機會又出現了。

當時恒生銀行一位分行經理陳中岳先生既是香港四邑商會主席，同時又是紐西蘭四邑會館永遠名譽會長，他希望將中國的飲食文化介紹到紐西蘭，讓數目眾多的四邑華僑，特別是年輕的一代，多一點認識自己文化的根源。可是，陳中岳卻不曉得究竟誰可以擔當這種文化交流的重任，因為此人必須對中國不同菜系各款菜式有深厚認識，要能介紹且能示範講解，更必須能夠用英語公開演示。

恰巧的是：馮先生跟恒生銀行有頗密切的商務往來，跟陳中岳稔熟。故此，當陳中岳向馮先生提到這個難度不少的項目時，馮先生想到學習已滿一年的夫人，於是求教於她，而進入馮太腦袋的，毫無疑問就只有 Maria 這個名字。「那是理所當然的了！她不單止有多年教授烹調中外名菜和主持電視烹飪節目的經驗，具優雅風範，並擁有極佳的英文口語能力，我能作第二人想嗎？」馮太在 2011 年一個訪問中反問筆者。

透過馮先生夫婦倆的介紹，陳中岳的穿針引線，紐西蘭四邑會館的縝密細緻安排，Maria、馮太和 Maria 的女傭冰姐，於 1970 年 9 月 28 日飛往紐西蘭的首都威靈頓，展開了為期 33 天的飲食文化之旅。

回港後，Maria 把所有此行相關的邀請函件、拍下的照片和新聞報道，按時序整理成一本 118 頁的《南遊鱗爪》（*Recollection and Reflection*）。根據這份頗為完整的紀錄，Maria 在紐西蘭的 30 天中，作出了 26 個現場示範表演，為慈善、非牟利和商業機構用紐西蘭出產的食材作烹飪演示。其間，Maria 為紐西蘭廣播公司（NZBC）錄製了六輯每週一次的烹飪節目，現場示範表演時進行直播。而全國的印刷媒體，包括報章雜誌，則多番作專題、特寫或每天跟進報道。連紐西蘭國家圖書館和新南威爾士的州立圖書館都致函四邑會館，索取為此行重新整理出版的《超群烹飪秘訣》，收為藏書。

10 月 30 日，Maria、馮太和冰姐經澳洲悉尼返港。兩週後，仍有紐國市民致函 Maria，希望得到她的簽名照片，或《超群烹飪秘訣》一書。而一位名叫珍妮（Jenny）的少女就這樣寫信給她的叔叔：「……我今天在晚宴上看到李太，她優雅秀麗，令人印象深刻。我真想跑出去，叫街上的人都進來一睹李太的風采……。」

由此可見，Maria 此行，無論從國際文化交流、將中國飲食文化介紹給紐國華僑、為當地非牟利機構慈善籌款，到樹立 Maria「星級名廚」的國際地位，都是空前成功的。

返港三星期後，馮先生和馮太特邀 Maria 到澳洲遊樂一星期，以重溫月前超成功的文化之旅所帶來的喜悅與滿足。

回望 1970 年，日本與紐澳的三次同遊，將 Maria 與馮太二人的關係拉近、轉化與提升，從師生到好友，再發展為生意上的夥伴與戰友，而 1970 年也成為 Maria 一生的轉捩點。

（3）生意夥伴與戰友：如果日本的遊學考察令 Maria 和馮太成為無所不談、十分投契的好朋友，紐西蘭四週的烹飪示範和慈善籌款就讓 Maria 充分感受到她可以不只是一個傳統大家庭的二少奶、一間西餅小店的老闆娘，她可以做得更多。

1970 年代初期是香港經濟起飛的始點，香港人均收入快速增長，直接提升港人消費能力，為飲食、娛樂和傳媒行業發展提供經濟基礎。超群西餅店也將首年的借貸還清，生意額穩步增長，日常運作已上軌道，而不能停下來的 Maria 其實也在思考，下一階段應該如何？

因此，澳洲七天遊雖然是徹頭徹尾的吃喝玩樂，旅遊休憩，卻同時給 Maria 和馮氏夫婦大量交談彼此認識的機會。過程中，Maria 知道馮先生在出入口洋行業務以外，還經營四間中菜酒樓。好奇好學的 Maria，當然不會放過「取經」的機會，而馮先生也毫不吝嗇地分享其營商經驗與觀點。

在考慮投資當時十分興旺的製衣行業與飲食業之間，Maria 選擇開辦超群咖啡屋，既可拓展多元業務又可增加多一個西餅售賣點。此時正值超群西餅店的一位小股東要退出，為增加新股東提供機會，Maria 便毫不猶豫地邀請馮太加入新成立的超群咖啡屋，成為第二大股東。

從此，Maria 得到了一位在生意上同心同德的生意夥伴和互信互託同進退的戰友。這樣一位夥伴與戰友所提供的無縫協作與強大支持，在此時是十分重要和需要的，因為自從 1971 年 11 月超群咖啡屋開始運作之後的 12 年，超群西餅進入了一個積極拓展業務的時期。其間，新增設的西餅分店就有 50 多間，並建立了兩個現代化製餅總工場；同時開辦第二間規模更大的西餐廳，專提供自助餐服務；八間全港首創的自助麵包專門店也在這時期開辦。另外亦自設印刷廠，印製超群飲食集團所需餅盒、包裝用紙巾、飲食用餐巾、餐單等；並成立出版社，出版《超群婦女雜誌》、《兒童電視雜誌》和多種超群烹飪食譜。而業務國際化則始於 1974 年：當時，Maria 透過合資經營方式，將西餅業務帶進台灣市場，然後於 1980 年將台灣業務改為獨資經營；兩年後，第一間美國超群西餅店在美國洛杉磯蒙特利市開業。其後八年，超群的西餅可以在美國的洛杉磯、紐約、三藩市和加拿大的多倫多買到；至於進入中國市場，卻要等到 1991-1994 年了。

作為公司第二大股東，馮太知道：在執行決定、實施政策和監察營運的時候，管理知識和技巧是必須的。根據馮太記憶，馮先生曾帶她到台灣買書，並分享其管理經驗，而她自己也曾經修讀多個相關函授課程。

可是，生意夥伴真正的考驗並不限於公司積極拓展和賺大錢的全盛期，也在於公司遭遇挫折、商場上面對強橫對手、不幸作出錯誤的投資決定，或生意嚴重虧損令資金周轉不靈等不利情況。其實，這些情況曾在 80 年代全盛時期的中後期先後逐一出現。此時，期望於生意夥伴的，似乎已經不僅僅是生意賺蝕與共同協作和努力地維持，更是戰場上戰友間那種毫無保留義無反顧的共同進退、忠誠的互信互託，以及彼此扶持的委身與承擔。

馮太於 1971 年入股超群咖啡屋後，1974 年被委為常務董事，1980 年晉升為公司總經理，1987 年成為集團副總裁。在此期間，馮太一直負責公司內部運作，包括分店業務、生產事務、廠房貨倉管理和每月收支報告，並支持和協助 Maria 處理重大的棘手事件，包括 1980 年代初一起到台灣，展開挽救台灣超群因當地投資者拆股分手後，令製餅工廠癱瘓的行動，並成功重組台灣投資，再創高峰。

1970 年代末期到 1980 年代中，馮太被委調查處理一位高級經理不公平地分配年度花紅的事件，後來也調查同一人弄權搞小圈子並可能貪污一事。

1984 年 5 月 16 日，各西餅分店因謠言而出現人龍，造成著名的西餅擠提事件。在 Maria 面向傳媒解釋時，馮太在另一邊忙於督促兩個製餅工場的員工，不停地加速生產，以應付即時的大量需求；事件於兩天內平息。

1990 年代初，馮太被派到台灣，全權負責調查台灣超群的高層編造假帳虧空瞞稅事宜。

回望公司營運的最後十年，Maria 和馮太都承認，美洲業務在 1980 年代後期的高速拓展、開辦中菜館福來樓和 1990 年代進入內地市場都是錯誤的投資；而派去美國和中國台灣，主管當地業務的高層領導，都是所託非人。這些接二連三的嚴重失誤，對整個集團的營運流動資金構成極其重大的壓力。

結果，自 1991 年開始，Maria 和馮太已經不斷注資，同時向銀行以私人名義擔保，替公司貸款，並將私人物業變賣或按給銀行去支持公司營運。在不斷擴張卻持續虧蝕下，超群西餅終於不能在 1997-1998 年亞洲金融風暴的衝擊下繼續營運下去。到 1998 年 4 月底清盤時，超群西餅流動負債一億多元，而兩位股東 Maria 和馮太，除每人已各自注資 4,000 多萬元，仍各自負債 4,000 多萬元。

本來商場上的賺蝕是常有的事，只要申請破產，所有債項便會一筆勾銷。力勸 Maria 失敗之後，馮太決定跟隨 Maria，放棄法律容許的破產，而選擇倫理要求的誠信。

這個堅持誠信的決定，令 Maria 要到超群西餅結業十年後才把這筆龐大的債項全部還清。其間，二人除變賣自己物業償還所欠之外，比較富裕的馮太曾出資買下 Maria 的物業，讓她可以每月準時還債，也承擔了 Maria 投資一個月餅項目的虧蝕，以及讓 Maria 免租居住在她一個存放物料的空置單位內，達三年之久。

「其實，我一直是 Maria 的『粉絲』（fans），從 1969 年跟隨她學習烹飪到如今，即使多次轉換角色，我仍是她的『粉絲』。

「Maria 是我的伯樂，她認識我，把我帶進西餅行業，給我機會。參加『超群』之前，我沒有什麼學歷和相關的經驗，可是 Maria 信任我，並不懷疑我的能力，委以重任栽培我。

「『超群』給我極多極深刻的人生體驗。雖然在金錢上，我和她都失去許多，可是我並不後悔，因為我得到一個豐盛的人生。

「因此，無論公司立於高山，還是跌落低谷，我都是樂意跟隨她的『粉絲』。」

以上種種，似乎顯示：同行五十載，Maria 與馮太不再只是師生，也是朋友，更是生意夥伴和戰友，共同經歷福樂同享、風雨同路的日子。其實，公司結業之後的 20 年，她們也經歷了守望相顧的近鄰和互助互勉的同行者的新關係。

（4）互助互勉的同行者和守望相顧的近鄰：公司結業之後，Maria 和馮太之間生意夥伴的關係不復存在，但她們仍希望繼續同行，在暮年的日子，可以互助互勉。結果，她們選擇了做一對守望相顧的近鄰。

1998 年 5 月至 1999 年初跟銀行議定還債的時間表時，不願意倚賴別人的 Maria 就想：她必須工作，而且要努力地工作，賺到錢才能還債。可是，有誰會聘請一個 70 歲的長者呢？再投資創業嗎？哪裡來的資金？還沒有想到如何賺錢的時候，她必須節省開支。

首先，她不可以再住在九龍加多利山的豪宅了。這個兩層高共 2,750 呎的獨立洋房，除了花園，還有獨立車房和工人住宿的地方。「這是我一生人住得最舒適最愜意的居所。」

可是，為了節省開支，Maria 必須另覓面積較小租金較低的地方。當時，女兒康文住在港島半山大坑道，於是，Maria 和馮太分別搬進同一幢大廈的 12 樓和 10 樓。

其實，早在 1986-1992 年間，從公司全盛時期到公司生意下滑初期，Maria 和馮太就曾經做過「週末鄰居」——那時候，二人在內地中山市古鶴水庫的湖邊都建有別墅，兩對夫婦會在閒暇的週末，坐在湖邊，一同享美食、品美酒、看日落。

他們守望相顧卻早於 1998 年公司清盤之後已經開始：5 月初，Maria 到銀行洽談還債事宜後不慎從大堂出口的石級跌下，盆骨破裂倒地不能走路，馮太獲悉後立刻派遣兩菲傭和司機到銀行把 Maria 送到醫院接受即時穩固盆骨的手術。

1998-2002 年間，馮太經歷了一生人中最消沉最難過的四年 —— 丈夫離世，自己長期患病，生意失敗 —— 其間，如果 Maria 在香港，她每天都會給留在家中的馮太讀報。

公司清盤之後，除了 1999-2005 年間的六年，Maria 和馮太有九年時間住在同一幢大廈內（1998-1999, 2005-2013），另有六年分住在兩幢相隔不遠的大廈（2013 年至現在）中。作近鄰期間，Maria 會照顧馮太的飲食與健康，而馮太則提醒 Maria 金錢上的運用，同時她也是 Maria 的起床鬧鐘。二人每日子夜時分，必定電話交談，每兩天看同一份報章 —— 馮太先看自己訂閱的日報，而 Maria 於翌日便接手免費閱讀馮太送來的前一天的新聞 —— 每週必定同吃一次午餐；每月一次，馮太會連同十多位 Maria 以前烹飪班的學生，聚首一堂，除互通信息，了解近況，也會為其中的徒子徒孫慶祝生日。當身體健康響起警號時，他們會陪伴對方到診所，或給對方介紹自己相熟的醫生，若一起有小病小痛，他們會同見一位醫生。彼此守望相顧，16 年如一日。

（5）馮太眼中的 Maria：過去半世紀，Maria 和馮太經歷了以六種截然不同的角色相交 —— 或師生、或朋友、或生意夥伴、或商場戰友、或鄰居、或同行者 —— 都能和諧共處，互助互勉，彼此相顧。難得的是：這種積極正面的相交，在這 50 年裡面，沒有改變或褪色，而且沒有間斷過。

究竟，在馮太眼中，Maria是怎樣的一個人：

「我的朋友，都是常常逛街、打麻將和買名牌的人。可是，Maria不逛街、不打麻將，不買名牌、獨愛做善事。

「Maria宅心仁厚，是個很善良的人。因此，她很容易相信別人，總覺得天下間所有的人都是好人。結果，她常常被利用、被瞞騙、被欺負。

「Maria不拘小節，不斤斤計較，也不怕吃虧，所以她絕少罵人，即便是曾經利用過她、欺騙過她，甚至是傷害過她的人，Maria頂多絕口不提這個人的名字，或只是輕描淡寫地說：『這個人只可以做朋友，不可以做生意夥伴』。」

對於Maria，馮太是深深感激的：「她是我的良師益友，是我的『伯樂』，她給我機會，幫助我譜寫了一個豐盛的人生！」

結語：當衆水之聲歸於平靜

第十二章

·回顧與反思[1]·

Maria 的一生可以分為幾個重要的里程、階段或生命的篇章，包括：童年時代的成長過程（本書第三章）、抗戰時逃避戰亂的磨煉（本書第四章）、常規學校教育與非常規的學習過程（本書第五章）、愛情婚姻與家庭生活（本書第六章）、30 年教授烹飪的成就（本書第七章）、32 年成功建立西餅飲食跨國集團的傳奇（本書第八章一至四節）、「西餅王國」的沒落（本書第八章四至五節）、令人詫異的清盤選擇和十年還債的艱辛歲月（本書第八章六節和第九章）、無懼夕陽黃昏，於暮年譜寫彩虹般的生活篇章（本書第十章）等。

以上每一個階段或生命中不同的篇章內容，其實都值得懷念、回顧與反思。可是，在 2002-2005 年期間，在接受香港大學亞洲研究中心口述歷史檔案的訪問時——那是橫跨五年一共九次的詳盡訪問——Maria 回顧得最多、反思得最深刻的，卻是跟西餅集團的成敗興衰起跌得失有關的各個環節。

1 本章絕大部分的內容——特別是 Maria 的直接引述——都來自香港大學亞洲研究中心、香港口述歷史檔案計劃的訪問紀錄，而內容行文和當中的發展背景，則由筆者按其發展時序及因應當時的處境而整理。

第一節　對生意失敗的回顧與反思

（一）對未能挽救公司的無助

「1989年初的時候，集團生意仍然處於高峰，公司利潤仍未掉頭向下，當時，我仍無半點危機意識，好整以暇、心安理得。哪知，到了1991-1992年間，我已經在挖空心思地考慮，如何才可以托住集團的生意：我極不願意凍薪、減薪、裁員……；為了讓員工繼續有工做、每月可繼續支取薪津，維持既有福利，我個人注資5,000多萬元、馮太注資4,000多萬元，一共一億元，以支持公司繼續營運，不讓公司即時倒閉，同時積極去尋找買家。由於公司內大部分員工都是做了十年或以上，特別是部門經理和高級經理，都是做了20-30年的老臣子，要遣散他們需要一筆極大數目的遣散費，加上1997-1998年的亞洲金融風暴，令許多潛在買家卻步。事實上，在公司營運的最後五年期間，我和馮太以個人身份作擔保人，為公司向銀行貸款用作營運經費，希望等到買家出現。可是，事與願違，借來的一億元是白白地付諸流水，我和馮太於結束打拚多年的集團生意時，都背負著一身債務。」

（二）對堅守還債的承諾

1998年4月30日，超群集團正式宣佈自動清盤結業，為此，Maria負債4,000萬元。根據Maria憶述，以當時香港的經濟狀況和地產市道，即使她將自己私人所有物業賣掉，所得全數都未能清還全部債項。可幸，三名子女早已商議好，他們會妥善照顧母親生活上一切的需要，包括衣食住行、醫療健康，以至旅遊娛樂，Maria 都無需擔憂，可以舒適快活地去過每一天。

可是，生活無憂的 Maria，心中仍然惦記著曾經答允過要清還的債項。對 Maria 來說，實名簽署作為公司貸款的擔保人，她可不能不信守承諾，欠債不還錢。因此，跟銀行商議好清還債項的計劃與時間表後，從 1999 年初到 2002 年中，Maria 一天工作 18 小時：包括為 1999 年 6 月出版中英雙語的《李曾超群中菜食譜》，而重新編寫 40 年來教授烹飪期間自己最滿意的家常菜式；跟女兒康文學習電腦的基本技巧，以建立自己的個人網頁「李曾超群漫步人生路」；同時創設「網上名人飯堂」，包括訪問的前期策劃與安排、中期的拍攝、後期的剪接工序，將視頻上傳於網頁中；為線下實體運作的創意私房菜開展宣傳，並於 2000 年中開始在住所招待預約的食客。

其實，以上每個項目都包含繁複的工序，工序中的每個細節都必須小心、專注和認真，才能有令人滿意的成果。根據 Maria 所憶述，每天工作 18 小時去學習電腦以建立個人網站、開設「網上名人飯堂」，以及出版帶著母愛的雙語食譜，都是為了賺錢還債。

「每天這麼長時間地工作，確實令人感到辛苦勞累，可是，賺到的錢並不多，扣去生活所需，剩下來還給銀行的錢其實微不足道，只佔債項中極少的一個數目。可是，我仍然堅持著，每天、每星期、每月的去工作，為了賺取金錢，只要不犯法，我什麼都願意做；無論如何辛苦，我都會去做。賺到的錢，無論多少，我都會用來還債，賺得一個錢就還一個吧！」

(三) 對破產和清盤之間的選擇

「當公司清盤，我作為公司貸款的擔保人，便須附上清還債務的法律責任。許多人都勸我，申請破產便可以保存自己私人的產業，可是，我做不到……。」

在宣佈破產和自動清盤之間，Maria 選擇了後者，因為她認為：宣佈破產並不是她的選項，雖然宣佈破產可保存自己的私人財產，她的員工卻不可能領取他們多年工作應得的長期服務金，這是他們辛勞儲存的血汗錢，是應得的報酬。因此，Maria 寧肯自動清盤，變賣自己私人物業，向銀行作擔保為公司借貸，結果負上巨額債項。不過，Maria 並沒有後悔。

「我寧肯自己吃虧，也不願意別人受損！」

(四) 對忘恩負義的下屬

「其實，當公司清盤的時候，我已經很疲累……想到我信賴多年的下屬，蒙我破格提拔，將公司股權無償地分配給他，讓他全權負責一個海外業務，而我所信任的另一個海外業務的主管，更是我摯友的好友。但他們都因貪婪舞弊，把我一手建立起來的跨國生意摧毀，令我傾家蕩產、背負巨債，我真的做到很疲累、很夠了！」

有關北美和中國台灣兩位親信因貪腐引致超群集團全線崩潰並自動清盤告終，Maria 這樣回應：「我就是太過信任自己揀選的人，將所有責任和權力都集中在一個人身上，而沒有設立問責和監管的機制……。以前我很天真、很傻，總以為人是不會埋沒良心的，我總相信：只要你對人好，人一定會對你好的……。

「由於我的三個子女都是頗有成就的專業人士，他們不會喜歡、也不會接手管理我公司的業務。為了公司可以延續下去，我退而考慮將生意轉移給我十分信賴的員工。事實上，我曾經親口對其中一個說，我會委任他作為我的接班人。可惜，他並不相信，以為我用口頭承諾去誘騙他對公司的忠誠。其實，只要他仔細想想：我為什麼會將公司三分之一股權無償地送給他，便曉得我所言非假……。可是他仍然欺騙我，私自挪用公司的錢，做兩本帳簿，不單欺騙我、欺騙公司，也瞞稅欺騙政府。結果，令公司流動現金出現極大的問題，最後以清盤結業。」

對於這兩位忘恩背義、對公司和對 Maria 造成極大傷害的員工，Maria 絕口不提他們的名字，直到筆者直接要求的時候，她仍然只提事件的發展、分析成敗得失的因由、透露自己的失望，甚至承認自己的天真、過分信任對方，而不設立監察和制衡的機制，卻始終不願意提及他們的名字。其實，當 Maria 表露自己極度失望的時候，她也有提到對方初期的誠實可信與才幹，卻因受到許多外在的理由而做了不應該做的事、損人利己，甚至犯法。對於公司的損失，以至個人受到的傷害，Maria 並沒有選擇採取法律的手段，因為她認為：

「對方有家庭，有子女，仍然年輕，仍有機會，我不能也不願意損害他的名譽和前途。我當然生氣，並且十分失望，可是，我不願意做任何事情傷害對方，不如任由他自生自滅吧。我相信神，深信上帝知道如何對待這樣的人。」

（五）對投資中菜館的錯判

1987-1989 年是超群集團全盛期中生意最興旺，也是 Maria 事業到達巔峰的三年，就在這時候，Maria 決定將生意版圖拓展到中菜酒樓。

可是，這個福來樓的巨額投資卻成為超群跨國集團成與敗的分水嶺，不單止結束了公司的全盛期，令公司生意迅速下滑到不斷虧蝕的最後八年，結果，集團於 1998 年自動清盤全線結業。

對於這個嚴重的投資失誤決定，Maria 這樣回應：

「……回想當年開辦西餅店時，我也是毫無經驗，也失敗過，虧掉所有借款。後來，我再嘗試，不是成功了！？我知道我是個好勝的人，喜歡嘗試新事物，也喜歡挑戰，我常常對自己說：『未試過點知唔得？』

「記得當年決定投資中菜館福來樓的時候，我是這樣想的：『公司既然已經擁有西餅專門連鎖店、快餐店、餐飲到會服務，更創辦麵包專門店，也曾開設西餐廳，唯獨從未投資中菜館業務。倘若將生意版圖拓展至中菜館，超群西餅飲食集團的業務足跡，便可遍及飲食行業的每一個重要支柱。這豈不是一頁完美的篇章？』

「其實，我知道我對中菜館的營運毫無經驗，這個投資有一定風險。事實上，馮太也認為我太急進、太冒險，曾經作出警告。可是，我堅持嘗試，認為『未試過點知唔得？』

「浸淫在這個想法中，我並沒有經過太多詳細的考量，也沒有進行相關市場調查，便簽約租下一個在酒樓運作上有嚴重瑕疵的場址。

「那是一個錯誤，一個嚴重的投資失誤！」

（六）對到銀行尋求減債失敗的感受

公司清盤後四年，Maria 繼續努力工作賺錢以清還債務，可是，除去生活所需之後，所餘不多。到 2002 年，還給銀行的款項已達 600 多萬元，可是，這數目只佔全部債項的 15%，清還 4,000 多萬元債項的路仍然遙遠。為了降低所負債項的數額，以減低高昂利息的支付，Maria決定到其中一間債權銀行走一趟。

2002年中的一天，Maria跑到該銀行的總行，跟這位有財務往來多年的總經理見面。步入他的辦公室，坐下後，Maria誠懇地說：

「……這四年來，我每個月都按時給銀行攤還欠款，從來沒有遲交的紀錄，也未嘗少交一分一毫，現在我已經沒有太多現金償還欠款了。可是，我仍擁有一個廠房物業，買入時價值500多萬元，目前市價卻跌到只有100多萬元。可喜的是：這個物業坐落的地段已經從工廠用地修改為住宅商業用途，故此，不久將來，這些廠房單位必然會賣得相當好的價錢。既然我已經實踐擔保人的承諾，清還了接近一半的債項，雖然目前我已經沒有足夠現金作還債之用，但按給你們銀行的廠房物業卻必然會大大升值；貴行能否考慮將已經按給銀行作抵押、又必然會升值的廠房物業，作為一次過清還剩餘欠款的建議呢？」

Maria聲情並茂地懇求，差不多到了聲淚俱下的情況，可是，這位總經理卻是鐵面一塊，毫無商量地餘地。Maria當然是極其難過和失望地離開這間她光顧了數十年的銀行。

雖然這次到銀行減債的意圖並不成功，但仍然背負巨額債項的Maria，卻沒有氣餒，相反地，她把清還巨債看作一個必須完成的任務、一定要達致的目標。

當時的Maria，要求自己必須保持身心開朗。

「我現在想的都是十分積極正面的東西，我不會再回想：為什麼會如此失敗，被人欺騙，虧蝕這麼多錢；對此，我也不會埋怨。欠債還錢是應該的，作出了承諾必須堅守，我不能也不會逃避責任。……不少人認為這是『痴呆』的『倔強』，並不明白為什麼我要如此辛苦地為銀行打工？其實，我知道這是一條不易走的路，但我覺得：我必須向自己、向別人負責，我不懼怕向難度挑戰，因為我知道有一天當我還清債項之後，我會好開心好高興！」

(七)對公司清盤結業的失與得

「1966 年，當我創辦超群西餅的時候，我從零開始，到 1998 年清盤時，我以零告終。零與零之間的 32 年，我賺過的錢不少，大部分都捐贈出去，做了很多與人有益的事。生意失敗了，損失的金錢當然很多，但是，在整個過程中，失與得之間，我得到的比失去的更多。因此，我可以安然面對，心安理得，也感到自豪。

「清盤後，我不再有錢、不再有名氣，我以為務實的香港人會慢慢疏遠我，不會再跟我來往，事實上，一些親戚也曾經對我橫加白眼，對此，我沒有任何自卑感，因為集團生意的失敗，並非我一個人造成的，當中有社會因素和環境的影響。我公司雖然清盤，我卻沒有做任何不法的勾當，我誠實地用自己私人的錢去結束這盤生意，為員工最佳的利益設想，沒有為自己留下一條後路 —— 看我十年還債的艱辛歲月便曉得。公司清盤那一年，我處於一生人中最黑暗、最低谷、最難過的時候，而認識我的朋友，或是那些明白事理的人，卻沒有分毫鄙視我、輕看我，相反地，他們對我都十分關心、照顧，甚至給我機會工作，賺錢還債……。為此，我感恩、感激！

「我做西餅生意 32 年，賺過的錢不少，花過的錢也不少，但我覺得，要花的錢，必須花得合宜；不合宜的花錢，不論多少，都是浪費，因為不會有人得到好處，而且，所有人都是輸家……。我就是如此，莫名其妙地將不少錢或送或借地給了人，可惜送錯了對象，結果，害得公司倒閉，幾百人失業……。

「不過，我也有恰當用錢的時候，那是將賺到的錢，捐贈給有需要的人……。現在，我認識到金錢並非一切，事實上，目前我的錢已經不多了，但我仍然可以愉快地生活，更重要的是：別人對我的誠信，仍然信賴。

「公司清盤，生意失敗，的確令我損失很多。不過，這 32 年來，我在知識、見聞，特別是對人與人的關係，以至人性等各方面的認知，都增長了很多。我的品性有了極大的改變：年幼年青的時候，家裡雖有三兄弟姊妹，但我是唯一的女兒，故此十分嬌縱、任性、固執、逞強。可是，生意失敗之後我學到了柔和、寬容、饒恕和忘記，不再回想令自己不開心的事。……我深深地理解：忍一時之氣，海闊天空。……做人不可以太執著，要學會忍耐和饒恕……。

「所以，對於跨國生意要清盤結束，我並沒有太多的傷感，因為我有耶穌基督在我裡面，既然神叫我停下來，不要再做，我便為這一頁的人生畫上句號，然後，我可以開始譜寫生命裡另一篇章。其實，我覺得每個人的一生，都像是在撰寫一本書，書內有許多篇章，每一篇章都記載著生命中不同階段的歷程。」

（八）對欠債時只獲三位非親屬人士援助

Maria 喜歡分享，樂意將自己努力賺到的薪酬和積蓄都捐贈出去，卻不喜歡接受別人的幫助。但是，在她生意徹底崩壞，經濟情況最差的十多年間，那是她最需要金錢幫助的時候，她卻只接受過三個人的幫助，那是閨中密友芳艷芬、生意夥伴馮太和表妹黃鄭國璋，而不是她至親的三個子女。許多人都會奇怪，但這是家庭的私隱，筆者並沒有加以追問，在支吾以對、沒有正面回應後，Maria 似乎表示了她的想法：在她平凡與傳奇交錯的一生中，留下一些問號，似乎並非壞事！不過，Maria 對子女深深的愛，卻是絕不含糊的。事實上，這在她一生不同的階段中，都留下了清晰的痕跡。

第二節 對生意的成敗得失以外的反思

（一）不再是金錢的捐贈與分享

生意失敗，背負巨債，令過去 15 年來不停作出各項慈善捐獻、積極牽頭為各類弱勢社群籌募善款的 Maria，不得不停下來，因為她再沒有餘錢作慈善捐贈，也無法再積極牽頭籌募善款，但充滿分享基因的 Maria，卻沒有停止非金錢的捐贈與分享。

2002 年 10 月，Maria 結束了她於畢拉山道住所的創意私房菜生意，準備返回內地中山市古鶴水庫湖邊的超群閣長住，過其田園間的退休生活。可是，停不下來的 Maria，在遷居期間已經接受邀請，準備長途跋涉地從中山跑回香港，於不同的公開講座中分享自己生意失敗後，如何面對逆境、自強不息的經歷；也接受邀請，加入香港政府常設的安老事務委員會，繼續為香港的長者服務出謀獻策；每年秋天將至，Maria 也沒有忘記香港的院舍老人和特殊學校的弱智兒童，她必然回港，帶著捐贈得來的月餅，聯同幾位影視娛樂界的朋友一起去探望極需關懷的老人和弱智兒童，跟他們共度中秋。

故此，從 2003 年初至 2005 年末遷居中山超群閣期間，70 多歲、仍然背負巨債的 Maria 經常返回香港，參與各種社會公益服務，當中最令她動心動容的是跟院舍長者共度中秋的時刻：

「……看到這些每天都孤單寂寞地生活的長者，享受著每一口一年一次送到他們手中的月餅，以及觀賞娛樂表演時那種毫無拘束的開懷歡笑，我內心充滿了喜樂……；我雖然定居於中山，我一定會返港跟他們一起度過每年的中秋佳節……。」

同樣令 Maria 滿心感恩的是跟他人分享逆境自強經歷的時候：「……當我在公開場合分享個人經歷時，看到座中有人默默地點頭、微笑或落淚，那也許是：「我聽到了，明白了」，也許是表示著「有得著」、「有啟發」、「得鼓勵」，那一刻，我有極大的滿足！

「有一次，電台廣播的分享後，有聽眾致電去電台，說：我剛聽完你在節目中分享的說話，本來已經買了炭，準備燒炭自盡。不過，我現在不再如此想了！

「對這個回應，我實在太開心了！」

（二）個人處世之道

（1）對金錢財物的看法 ——「我賺過不少錢，但大部分都捐贈給有需要的人……。」

「有錢的時候，我極少花費在自己身上：衣著方面，我不慕名牌，故此極不願意購買高價的名牌服飾。我當然不會批評別人花巨款去購買限量版或全球只有一套的名牌服飾，因為不同的人有不同價值觀……。幾十萬以至過百萬的珠寶首飾嗎？我當然有能力購買下來，可是，買回來之後，又只能滿足眼球一時的慾望，而不能整天望著它；整天都帶著它嗎？我又怕被人打劫，有生命危險；放在保險箱內嗎？又必須繳交費用，更要花錢保養。其實，我也有一些頗為貴重的首飾放在保險箱內，但我極少帶上，因為我覺得它們都是些冰冷、毫無感情的東西，不會給人喜樂……。地產物業嗎？我的經驗是：幾幢物業可以一夜之間變得有價無市，價值蕩然……。

「……其實，富貴如浮雲，我的生活簡單、樸實、淡薄，自己用錢很少……。不過，如果花錢可以幫助別人，或解決困難、或度過難關、或建立自己以實現夢想，我會十分樂意去花這些錢……。令別人快樂，我自己會更快樂！」

事實上，早於抗戰走難的時候，十二三歲的 Maria 便對贈與有著深刻的體會：當時，Maria、哥哥昭遠和三弟昭陽，跟隨著父母逃避戰難，從廣東省西南端的廣州灣步行到廣西省的柳州，在十多天行程的頭一天，Maria 把自己十分喜愛、絕不願意放棄的玩具和衣物，都塞滿了挑在肩膀上的兩個袋子裡。可是，從來沒有挑擔重物的 Maria，很快便覺得力不從心，越走越慢，結果，一天的行程還未走完，肩膀上的重擔越來越重，兩條腿再也抬不起來了。當時的 Maria，內心雖然極不捨得，還是要堆起笑臉，把心愛的東西送給別人，甚至將再也抬不起來的東西丟掉。

「那時候，我是一面走、一面丟棄、一面送人，到達柳州的時候，挑在肩上的擔子輕省了，內心也輕鬆了，我開始體會到：世界上沒有什麼東西是永遠屬於你的，我們需要學懂放下、放棄。物質上，我雖然並不富有，但我內心富有！」

（2）對環境、世情、高齡歲月與友情的看法 —— 2002 年末至 2003 年初，Maria 74 歲，決定結束畢拉山道住所的私房菜生意，回到內地中山市古鶴水庫旁的湖邊別墅超群閣居住，本想從此退出江湖，在田園間過著恬靜的歸隱生活：早起看日出，日中養雞種菜，黃昏坐看西山日落。

一天下午的黃昏時分，Maria 坐在別墅的陽台上，遠眺不太耀眼的太陽慢慢墜落湖邊的西山背後，此時映入 Maria 眼簾的是一條不停閃爍的金色光芒，從湖的西邊反映穿越到湖的另一邊，在微風飄過水面時作出節奏性的躍動。此情此境觸動了 Maria 的藝術細胞，在其後幾個星期，她創作了一幅 36 吋 ×66 吋的大型水墨畫《黃昏未必暗無光》，並在上面寫下七言絕句一首：

西山紅日半凝妝，
海浪滔天浴夕陽。
一片金鱗生閃爍，
黃昏未必暗無光。

這首七言絕句，每句都是翔實地寫景：首句點出西山落日的時與地，而景中人也已卸下日間工作妝扮，表示時間已進入日暮時分，而景中人也步入退隱；第二句描述景中人將眼前景象的焦距拉近，看到夕間太陽已有一半浸浴在滔滔湖水中；第三句更細緻地描寫落霞在水面上躍動，產生一片金鱗般的光輝，寓意日中太陽雖然漸漸隱沒在西山後水平線下，滔滔海浪雖也將要淹沒夕陽，但黃昏的夕陽卻仍然能夠發出閃爍光芒，而景中人雖然會慢慢退出江湖，也將面對如滔滔海浪的諸般年齡、健康和體力的限制與挑戰；可是，最後的一句卻畫龍點睛地將第三句內所描寫的閃爍金輝景象再次拉回到現實的大圖像中，Maria 所看到的是：雖是夕陽黃昏，卻不是暗淡無光的。

這樣的畫和詩，無論有心還是無意，都顯示了：作者懷抱在心底的那份歲月和環境都掩蓋不了、繼續發光發熱的意志和胸襟。

同樣，顯示著 Maria 內心世界中那份不被時間、空間和年齡設限的意志和胸懷的，還有她所寫的另外一幅大型水墨畫和其上一首七言絕句〈松鶴延年〉：

九霄雲外鬱蔥蔥，
歷盡人間雪幾重。
群鶴有情忘歲月，
管他春夏與秋冬。

從詩與畫的意境看，Maria 是個以人為本、極重情義的人：不論環境何處，遭遇如何——「九霄雲外鬱蔥蔥，歷盡人間雪幾重」；也不理年齡差距，不管時令季節的變化——「群鶴有情忘歲月，管他春夏與秋冬」，這份以友情為重的情懷就單純地引領著她，在過去 70 年中自由穿梭於不同處境中，跟背景相異的人建立起真摯的感情。無論是莫逆之交、員工下屬、老師、同學、學生、私房菜食客、演藝界朋友如電視台烹飪節目的監製、舞台上演活了 Maria 的演員，以及為舞台劇場刊題辭的漫畫家，都感受到 Maria 那種待人以真以誠，毫無保留地為對方著想的個性。[2]

（3）「做人必須有始有終」——「……開始了的事情，我一定會完成；答允了的事，又豈能背信，我必須負責、把事情做完做好……；我的個性可能比較倔強，要做的事，一定會做……。」

這種對堅守承諾的自我反思與實踐，具體而微地顯示於公司清盤時，在宣佈破產與自動清盤之間，Maria 選擇了後者。為此，她過了十

2 有關過去 70 年間不同年代不同處境中跟 Maria 相識相處的人，對她有何觀察與了解，詳情請參閱本書第十一章。

年艱辛的還債歲月。其間，她節衣縮食，可以賺錢而不犯法的工作，她都考慮和嘗試，賺多少就清還多少，為的就是：要承擔曾經實名簽署作為公司貸款擔保人的法律責任，為不再存在的公司清還所貸款項。這種對承諾的堅守和實踐，都清晰地反映在以下經歷中：[3]

- 1960 年代末期：顧客訂購結婚蛋糕卻一年後才送到 —— 1969 年中，一位顧客來到太子道的超群西餅店訂購結婚蛋糕，因售餅員漏寫訂購單據，而未能將結婚蛋糕按時做妥，令該顧客於結婚日儀式進行後瞎等不果，只能進行一個沒有結婚蛋糕的婚禮。店東 Maria 當然是連番道歉，卻也不能改變已發生的事實。一年後，Maria 特別做了一個慶祝結婚一週年的大蛋糕，送到宴會場所，讓主人和賓客在婚禮進行一年後得以一併享受新婚與結婚一週年的「雙倍甜蜜」。
- 1998 年 6 月尾 7 月初：答允了到內地演講，卻在香港跌倒受傷而需動手術，令 Maria 落入兩難之中：

「清盤前，我曾經答允到南京大學和昆明師範大學演講，可是，清盤後不久便跌倒，盆骨爆裂。此情此境，我絕對有充分理由推掉之前所作的承諾。可是，他們卻已作出所有安排，並廣為宣傳，似乎是勢在必行。加上他們又願意修改日期，全程用輪椅接送，並派護士看守在旁。

「當時手術過後都已經一個多月，我也開始使用扶杖慢行，故此，我以為只要盡量減少行走，只坐輪椅，於必要時才使用扶杖，應該是可

3　有關 Maria 生意失敗後如何節衣縮食，學電腦去設立「網上名人飯堂」，兩度遷居辦創意私房菜，經營文化美食旅遊團，於 73-74 歲高齡帶領旅遊團遊走於陸港兩地，詳情請參閱本書第九章。

以應付的。其實，盆骨爆裂須動手術而不能應約是個完全可以理解，也是不難被接受的背約理由。可是，我是個十分重視責任承擔、堅守承諾的人，我極不願意因我的背約而令到他人言而無信。所以，雖然醫生老早警告，我必須臥床三個月，不能胡亂走動，否則會有嚴重後果，但我還是在未完全康復下便隻身應約。

「其實，我根本不適宜旅行，更不適宜長途旅行，攀登長城強作好漢更是萬萬不能、不應該做的事。可是，我還是爬上去了，就是因為我不願意拒絕主人家誠意拳拳的邀請。

「果然，回程路上，我已經感到疼痛非常，知道必須立刻去見主診的外科醫生，看看是否真的導致了嚴重後果。因此雖然感到十分窘迫尷尬，更懼怕醫生責難，但在劇痛不斷，止痛藥又完全失效的情況下，只得硬著頭皮、厚著臉皮，裝著極其後悔的表情求診。捱了一頓痛罵之後，醫生立刻為我再次開刀，拔去所有鬆脫的鋼釘，以新鋼釘重新穩固裂骨。

「在傷患處再開刀一次，辛苦多三個月，要再多付一次昂貴的手術費用，就只因為我的性格：極不願意背棄承諾，寧肯自己吃虧，也不能令人受損。」

- 2010 年 —— 身為醫學教授、過敏症專家的兒子德康向母親建議，二人合作撰寫一部以食物過敏患者為對象的中式菜譜，以幫助過敏症患者享受美食之餘，無需憂慮過敏症狀被引發出來，影響健康甚至危害生命。對兒子的建議，Maria 不單感到興奮雀躍，並且於 2011 年夏天報讀香港中文大學專業進修學院的一個兩年制、面授的專業文憑課程「現代營養學及中醫食養食療學」，以幫助她在編寫食譜時尋找到不會引發敏感症狀的恰當食材。

其實，未報讀前她已知該課程艱深難唸，相關營養學和醫學名詞難懂難記，科研報告不少，涉及數據又特別多，加上 2012 年初，Maria 曾摔倒三次，需臥床兩週、靜養三個月；子女都勸她，已年過 82 歲，又何必這麼辛苦呢？事實上，Maria 曾向同學、老師、親友，甚至筆者，多次表示：由於記憶力不復從前，她有可能會放棄、不去完成這個課程了。可是，Maria 最後還是堅持著：「我不能背棄自己，也不能背棄承諾！」結果，這本母子同心、中英雙語的專著，順利於 2012 年 6 月出版。

（三）充滿創意的 70 年

從 1941 年到 2012 年的 70 年間，Maria 經歷了四個時期，都各自顯示出 Maria 那份「創新」的天賦，既有意念，也有將意念變為現實的熱忱和能力。由於不同年紀處於不同時代背景、面對不一樣的處境限制和挑戰，這四個時期的創意行為雖然都出於解決當前問題，卻是為了達致不同的目標；有趣的是：四個時期的創意行為都跟飲食有關：

（1）討人喜歡的創意（1941-1944）——這時，Maria 剛過 12 歲，第二次世界大戰已開始了幾年，日本侵華的軍隊也佔據了香港。為了逃避戰亂，Maria 舉家遷居澳門，一年後再遷移到廣西，結果在桂林、八步和柳州住了三年多。在桂林的時候，每日晚上做飯的責任已落在 14 歲不到的 Maria 身上。在戰亂時期，當大部分生活必需品、煮食用具，以至食材都十分短缺時，要為一家人烹調出一頓美味菜餚，並非易事，卻為 Maria 創造了極多學習烹調美食的機會，也讓充滿創意基因的 Maria，在各種環境或資源的限制下，以土法烹調出當時所需的飲食，包括：

- 在缺乏適當的炊具下，為了讓一向喜愛西方美食的父親可以享受到已經很久沒有一嚐的西方煙肉，Maria 在中國民間常用的柴爐上煙燻醃製過的五花腩肉，令父親得享那被認為是「真有煙肉味道」的「中國土製煙肉」。
- 在沒有牛油，缺乏雞蛋，也沒有烤爐的情況下，Maria 用豬油、鴨蛋和一個大火水鐵罐加上一個細小的餅乾鐵罐，烤焙出一個西方蛋糕給父親享用，令父母同聲讚賞，並作出「你長大後應該開設餅店」的戲言。
- 第二次大戰結束，侵華日軍投降，人們都走到街上歡呼，走在一起慶祝和平的重臨。Maria 的父親也沒有例外，在家中舉行一個慶祝和平的派對，廣邀跟他有銀行業務來往的財金界朋友和跟他相熟的演藝界朋友參加。為了增加歡樂氣氛，Maria 買了一大疊五彩花紙，裁剪成圓形尖頂的派對帽，給每個賓客戴上；跑到中藥店買滑石粉，撒在地板上以增加跳舞活動的樂趣；整個下午都忙著為晚上的自助餐預備各款飲料和食品，令賓客盡興到深夜。
- 第二次大戰結束後，絕大部分寄居於桂林和八步的家庭都不會把過去幾年積累下來的舊家具和舊衣物帶返老家，而放在市集或家門前面的地攤上低價販賣。除了舊家具和舊衣物，Maria 家裡還有大量麵粉，不是短時間內可以消耗掉，也不便於長途攜帶，於是，Maria 趁著兄長昭遠在門前擺地攤的時候，自己卻在廚房專注做起蔥油餅來，叫弟弟昭陽將一盤盤仍然熱氣騰騰的蔥油餅端送到門前「出爐熱賣」。結果，Maria 不單止為父母解決了一個「三難處境」——無須每日三餐都以麵粉為主食；無須將大量麵粉帶在回家的路上；也無須把吃不完送不了人、攜帶不了的大量麵粉丟棄掉，浪費並污染環境——同時讓顧客得享美食，也讓自己創立一個成功賺錢，包含直接生產、物流運送和門市售賣的商業模式。

（2）增加利潤的創意（1958-1998）——在這 40 年裡面，Maria 創立了香港第一所正規的烹飪學校，八年後創辦香港第一間西餅專門連鎖店：

- 1958-1987 年——累積了三年於女青年會義教烹飪班的經驗後，Maria 於 1958 年創立了小廚房烹飪學校（Little Kitchen Cooking School），九年後將這所烹飪學校的課程擴大並重組為超群烹飪研究學院，提供中菜、西菜、西餅糕點、中式點心和燒臘等全面的烹飪課程。Maria 這所烹飪研究學院特別之處在於以學生為本的辦學宗旨：

  1/. 十分重視教學質素：授課期內，每一位學生都要在老師面前實習；三個月的授課期結束前，每一位學生都必須在老師面前烹調所學的菜式，考試不合格可以免費補習後補考。這是一種實質具體地提升烹調技巧的教學方式，一方面極有效地吸引新學員，另一方面又為舊學員提供繼續修讀其他課程的誘因；

  2/. 辦學宗旨和教學精神：除了烹飪技術的傳授以外，研究學院的辦學宗旨強調：幫助學員透過烹調美食增進家人之間的愉快和諧關係，也重視發展尊師重道的精神。這種非一般的辦學宗旨和精神給學員一份超越飲食的學習動機。

結果，烹飪學院的發展極其順利和成功，申請修讀各項課程的學生一直源源不絕，直到 1987 年超群西餅飲食集團的跨國業務發展達到頂峰時，Maria 已經不能再兼顧烹飪班的業務，才將學院賣給她的一位學生，讓她繼續發展這所以學生為本的烹飪學院。

- 1966-1998 年 —— 1966 年 12 月 11 日，超群西餅店開業的頭一天，便已顯示 Maria 那份創新的精神，並在往後的 32 年中創意不斷，包括：

  1/. 開業第一天即供應香港首創的芒果蛋糕，也從上海引進香港人從未嚐過的栗子蛋糕，更提供運送訂購西餅糕點的服務；

  2/. 為滿足西餅店附近學校的全日制學生對中午飯的需求，Maria 以西餅店的設施，向學生提供燒臘和中式飯盒，並設計運送飯盒的保暖箱，讓學生每天都可以享受一頓溫熱的午餐；

  3/. 為統一公司形象以產生品牌效應，使人經常聯想到超群西餅店的產品，Maria 在女售餅員的制服、盛載西餅糕點的餅盒、餐廳用的餐巾餐單餐牌、送貨小巴，甚至租賃的兩部雙層巴士，都印上橙色方格、鮮明醒目、溫暖健康的品牌設計；

  4/. 為了增廣客源、促銷產品，並快速增加盈利，超群西餅採納以下嶄新的商業運作模式：

  —— 於 70 年代初，跟一間連鎖超級市場達成協議，讓超群西餅店的專賣櫃可以放在超市一個招眼的地點，擺賣不同款式而又吸引眼球的西餅糕點，從而產生協同效應，令兩間商業機構同獲益處。在 70 年代初，超級市場仍是新生事物，那是創舉，但這個協議卻對超群西餅店每天烘焗西餅糕點的能力，產生極大的壓力。結果，Maria 利用規模經濟擁有壓縮生產成本以增加盈利的特點，於 1974 年在九龍土瓜灣旭日街設立第一個製餅總工場，1976 年於香港仔黃竹坑道設立第二個製餅總工場，大大增加每日西餅糕點的生產量，以滿足 70 年代分店從兩間極速增長到 50 多間的產品需求，同時充分享受到規模經濟帶來的巨大盈利；

——為了提供極速增加分店數目所需的資金，超群西餅店於 1975 年發行新一輯超群餅卡時，除了維持先付錢後取餅的安排，Maria 為餅卡提供 35% 的巨額折讓，更提供兩款寓意吉祥的贈品，大大增強顧客購買餅卡自用或送禮的意慾。結果，這個每年一次的促銷活動，在中國內地、中國港台地區，都大受歡迎，為公司帶來巨大的利潤；

5/. 為了鞏固和增強長期的盈利能力，Maria 於 70 年代初已經開始多元新業務的拓展，包括：

—— 1971 年 11 月，超群咖啡屋在港島摩理臣山道開業，除了增加九龍太子道老店以外的另一個西餅銷售點，更開拓多一個新的盈利來源；

—— 西餅連鎖專門店的規模擴展接近完成的時候，Maria 於 1979 年 4 月開辦專營自助餐的西餐廳，一週七天晚上都有自助餐供應，而當時只有比較高級的酒店才有這樣的服務；

——同年11月，超群西餅店創辦裝設開放式焗房的自助麵包專門店，讓顧客可以用眼睛觀賞、鼻子嗅到，又可以親手從透明塑膠罩蓋裡挑選自己喜愛的西餅糕點。這種兼及多重感官享受的購買經驗，在香港應該是創舉；

——1979年末至1980年初，Maria設計了香港第一部流動餐車，將快餐食物帶到潛在顧客很多但午飯時間很短的商業區，為午間短休填肚的白領階級提供多一個選擇。

（3）結合個人與文化元素的創意（1999-2005）——1999年初，Maria跟銀行談妥還債的策略和時間表後，她滿腦子想著的就是工作、賺錢、還債。考慮到年紀和體力的情況，Maria知道：她那份烹調美食的創意與能力並沒有被歲月與體力奪去，故此，在還債期的頭七年，她持續多番嘗試，包括出版食譜、搞「網上名人飯堂」、辦創意私房菜、經營中山文化美食旅遊團和製作個人設計的月餅，以圖賺錢還債。Maria這次加上了個人的魅力和文化的元素，令這些飲食的體驗並不單單局限在舌頭的味蕾上：

- 出版中英雙語的愛心食譜《李曾超群中菜食譜》（1999年6月）——為了出版一部與眾不同的食譜，Maria從過去40年教授烹飪的食譜中揀選並重新編寫了41款最令她滿意的家常菜式，加上兩篇自己特為此書而寫的新詩作〈念慈顏〉，以及三篇有關父母對子女養育恩情和關愛的座右銘，希望讀者端上飯桌的菜餚都帶著母親的愛。

- 創設「網上名人飯堂」和創辦住所內的創意私房菜（1999 年末至 2002 年中）——席捲全球的科網熱潮於 1999 年初出現，但也因科網泡沫爆破於 2000 年中消退，令大部分新興科網公司倒閉，延續亞洲金融風暴帶來的經濟蕭條。

  不過，Maria 卻開始理解到：21 世紀是電訊科技的世代，越來越多人會從網上購物、獲取各類資訊，並參與各式各樣的線上線下活動。於是，她開始學習電腦的基本操作，得女兒康文的幫助，於 1999 年末建立起自己的網絡平台「李曾超群漫步人生路」，除了將自己的童年生活、各項慈善捐贈、社會公益活動、所獲榮譽、寫過的詩作和水墨畫，都放在網上，也將自己過去多年來最受歡迎的食譜放在網上，其後更邀請明星名流在他們家中烹調自選菜式，以增加網民的點擊觀賞次數。可是這個香港首創的「網上名人飯堂」，雖然網上點擊率在短短三個月內便達到 50,000 次，卻未能為 Maria 賺錢還債。於是，Maria 開始在自己住所內開設「創意私房菜」，除了親自入廚炮製著名的招牌或特選菜式，更在開始用餐後，跟客人一起用膳。用膳期間，Maria 會分享烹調美食的秘訣、跨國生意失敗的原因、逆境中自強的個人經驗，以及個人處世之道等各種話題，令飯菜交錯之間，交流互動多了，話題也擴闊了，信任與友誼也不自覺地產生了。這種超商業、超飲食的創意私房菜運作模式，很快便大受歡迎，令到大坑道只有 1,200 呎的住所不敷應付太多的食客要求。結果，Maria 搬遷到畢拉山道一個 2,800 呎的住所，以滿足更多食客的要求。不過，2,800 呎的私房菜營運空間仍然不足以應付慕名而來的大量食客，食客在等待空座時所產生的滋擾噪音、使用升降機而令其他住客久候不果、行人通道阻塞對其他住客造成的不便、經常霸佔車位等，令極受歡迎的創意私房菜營運收到極多投訴。結果，一個兩年租約於 2002 年完結時便不獲續租。

- 創辦「中山文化美食旅遊團」(2003 年初至 2005 年中)——2002 年末，Maria 結束了畢拉山道住所的私房菜生意後，於 2003 年初遷回內地中山市三鄉鎮古鶴水庫旁的自建別墅超群閣，準備在那裡退休終老。

  可是，停不下來的 Maria，實在放不下香港的眾多公益事務——如應邀作逆境自強的專題演講、傳媒訪問、作西餅糕點酒樓食肆的顧問、探訪老人院與特殊學校、參加政府常設的長者事務委員會例會等——對賺錢還債更是念念不忘。故此，她將香港版創意私房菜修訂為包括有文化、美食和遊覽景點的「中山文化美食旅遊團」項目：當她在香港辦妥計劃中的公益事務後，便親自帶領已經組成的旅遊團返回中山，住在超群閣四天或七天，除了參觀屋內充滿文化藝術氣息的建築裝飾設計、藝術收藏品、紀念品，以及 Maria 自己所寫的詩詞書畫；也可上一個由 Maria 親自教授的烹飪班；晚上跟主人一起用膳，席間 Maria 會分享烹調美食的秘訣、跨國生意失敗的原因、逆境自強的個人經驗，或個人處世之道等各種話題。當地旅遊則包括：品嚐街頭小吃和傳統美食、趕市集選購當地產品、參加節日活動和參觀歷史博物館等。

(4) 促進健康的創意 (2004-2012)——為了賺錢還債，Maria 早於 2004 年初，便以「月滿庭」的新商標生產及銷售四種創新味道的健康月餅，包括白蓮蓉、桂花、鳳梨和螺旋藻的素食月餅，以及八款不同味道的迷你月餅。除了味道創新，Maria 還選用了麥芽糖醇代替一般常用的蔗糖，適合糖尿病者享用；同時採用零膽固醇的植物油，讓膽固醇過高者也可以安心食用。

2006 年末，當 Maria 修讀完兩個有關中醫基礎理論和中藥療效的網上課程不久，就研發了當歸蛋糕和西洋蔘蛋糕；約在 2007-2010 年間每年的農曆新年前，Maria 所推出新研發的健康糕點，不再是片糖加椰汁的傳統黃色年糕，而是採用新食材和配料如合桃、南棗和桂花的「五代同堂糕」。另外，Maria 也研製了「生磨杏汁雪耳糕」、「五行糕」及幾款鹹味年糕，當中的「金翡翠螺旋藻糕」更有降低膽固醇的效果。

對於大半個世紀的創意人生，Maria 簡明扼要地說：「……我喜歡創新……因為是第一個做，所以會與眾不同，容易突出吸引，產生預期效果……。」

（四）宗教信仰

Maria 極少談論她的宗教信仰，在公眾場合更是絕口不提。可是，在接受筆者訪問、談論到以下事項，或跟筆者閒談聊天時，她曾輕描淡寫地提及她的宗教信仰：

- 1989 年，丈夫李明被確診患上直腸癌，大概只有三個月到六個月壽命。Maria 向醫生查詢：這個估計是否存在彈性？作為妻子，她盼望丈夫可以活到七十大壽之後才離去。可是，醫生斷言，那是不可能的事。於是，Maria 決定向丈夫隱瞞診斷結果，不讓他知道病情，免得他每天都活在憂慮中，而自己卻每天祈禱，求上帝延長丈夫兩年的壽命。

結果，李明於 70 歲生日後一個半月的一個晚上，安然離世。「感謝讚美神，祂聆聽並應允了我的禱告，讓他毫無憂慮、愉快地度過人生最後的一程！」2012 年的一個專訪中，Maria 若有所思地對筆者透露。

- 論到集團清盤結業的時候，Maria 這樣說：「……我並不傷感，因為有耶穌基督在我裡面。神既然叫我停下來，不要再做，我便為這一頁的人生畫上句號。想一些別的，開始人生另一頁吧！」
- 2011 年 2 月 25 日的一個專訪中，Maria 向筆者憶述：1998 年 5 月中，公司清盤後不久，Maria 與德康兩母子分別在香港和倫敦進醫院動手術，療養期間的一天晚上，Maria 寫了一封電郵給德康，透露自己對他的牽掛惦念，希望知道兒子要進醫院動手術的原因，更表示因不知道手術成功與否而憂心忡忡。

  「……電郵寫完後，我以祈禱的心將電郵傳送出去，相信一切都會轉好的，而我一直並不安寧的心緒也慢慢平復下來，我開始感謝上帝。」

  15 分鐘後，從倫敦掛來的電話得知，德康的手術順利成功。

  「雖然德康並沒有提到有沒有收到我的電郵，也沒有為到母親的憂慮而感到歉意，但這個電郵確是帶來一個大喜的信息啊！……感謝上帝，祂對我真好！」
- 對曾信賴多年卻忘恩負義，因貪婪舞弊而令自己傾家蕩產和背負巨債的下屬，Maria 一直不肯對別人透露他的名字，卻這樣說：「對方有家庭，有子女，仍然年輕，仍有機會……；我不願意做任何事情傷害對方，不如任由他自生自滅吧。我相信神，深信上帝知道如何對待這樣的人。」

- 提到十年還債的艱辛歲月，Maria 坦承：日子是辛苦的，「……但我從未流過淚，因為我有宗教信仰，神既然安排要我停下來，必然有祂的理由……其實，神很疼惜我……。」

第十三章

·見微知著：Maria 的另一面·

第一節 相信環保、實踐循環再用

2011 年 3 月 16 日的早晨，筆者收到 Maria 以郵政快遞送來的兩份文件：一份是載有法律文件的副本及剪報，另一份則載有兩張光盤（DVD）。

載著有關台灣超群於 1997 年結業的法律文件副本和相關報章報道的，是個淺啡色的大信封，是香港嶺南大學於 2003 年 2 月 4 日郵寄大學刊物給 Maria 所用的信封。

用來載著香港無綫電視（TVB）於 1998 年 4 月 30 日晚間新聞所報道有關香港超群集團自動清盤消息的光盤，是一個 5 吋 ×5 吋半、精緻的銀白色小信封，右下角印有中英文「請柬」字樣，是別人郵寄邀請卡給 Maria 所用的信封，上邊郵戳日期是 2010 年 12 月 14 日。

另外載著亞洲電視（ATV）同日晚間新聞相關報道的光盤的，也是一個舊信封，是香港浸會大學工商管理學院於 2010 年 2 月 4 日郵寄邀請卡給 Maria 所用的小信封。

為了妥善保護這兩張光盤，Maria 再用兩張橙色厚身 A4（8 吋半

×11 吋）信紙包裹著這兩個小信封，這張信紙是 Maria 的個人信箋，左上角印有"Maria Lee"的英文字樣，右下角則印有她個人印章「李曾超群」的中文字樣，信箋下面橫印著"11 Magnolia Road, Kowloon, Hong Kong. Telephone 3-813949"的通訊地址和電話號碼。空白的信箋後面卻是個電郵紀錄，是香港理工大學於 2011 年 3 月 11 日發給 Maria，希望提名她為該年度「優秀專業 / 創業人士」的候選人。

根據 Maria 的財務檔案，原來這張個人信箋是在 1975 年 9 月印製的。上世紀 70 年代中正是超群西餅食品有限公司從西餅連鎖店的業務快速多元拓展為跨國西餅飲食集團的過渡時期。那時候，超群集團已開始有自己的出版社和印刷廠。

這是個頗為有趣的發現：Maria 在郵寄資料文件給筆者時，用了橫跨近 40 年、分別來自三個機構的三個舊信封和兩張舊信箋去包裹文件。這個行為表示：

（1）Maria 並不隨便丟棄她認為可能仍然有用的東西，哪怕它只是一張曾經用過一面的舊信箋，抑或一個曾經用過的「二手」信封；

（2）Maria 相信並且實踐循環再用的信念，她一直收藏著這些用過的舊信封和紙張，哪怕是一年後、八年後，還是 40 年後才用得著。

第二節　創意活動以保留記憶

大兒子德康於 2011 年從倫敦大學國王學院和帝國學院的醫學院退休，2012 年回港後在養和醫院創立全港首間過敏病科中心。

除了事業更上一層樓之外，德康能夠重回闊別半世紀的香港，不單止將生理過敏的前沿醫療研究和技術帶回香港，造福香港市民，更可以跟母親同住一個城市，那當然是令人十分興奮和喜悅的事。

返港第一件事便是要找一個較大的居所跟媽媽同住，以便近距離照顧母親。

可是，父親離世都 20 年了，母親已習慣了單獨生活，自己照顧自己，何況自己在英國生活也超過半世紀，生活習慣很不一樣；退而求其次，德康提出不容母親拒絕或改變的要求：83 歲高齡的 Maria，必須每半年作詳盡深入的體檢。

對於作為國王學院和帝國學院醫學教授多年的李德康博士，為母親度身訂造一套全面而適切的體檢安排，當然易事一樁。於是，Maria 從六年前開始便一年兩次作詳盡的全身檢查。

結果是：過去幾年的健康狀況十分良好，身體各器官運作正常，目明耳聰站得直。惟五年前開始，Maria 發覺自己的記憶力有少許不如從前那麼過目不忘。對此，絕大多數的人，包括長者在內，都會視之為再正常不過的生理現象而轉身忘掉。

可是，這並不是 Maria！

Maria 有執念：她對真的、善的、美的，都有所執著；認為是好的、對的，她都會堅持。有困難嗎？她會去克服；似乎沒有解決的方法時，她會想辦法；沒有人試過的，她會嘗試，她會創新。

面對記憶力慢慢減退，雖明明知道這絕對是正常的生理過程，Maria 卻希望將過程拖慢，甚至阻止，因為這對家人、助理、菲傭，以至醫務人員和自己都有好處。

Maria 如何面對呢？她從最熟悉的事物和經驗開始：多年來，Maria 有每天讀報的習慣，每次讀到感人的故事、佳句或成語，她都會抄到一本簿子內，有空時翻閱，以便學習、提醒自己或反思，以提高個人修養。

於是，除了安坐家中能知天下事之外，Maria 的每天讀報從此便有另一個明確清晰的目標：首先，每讀到跟健康、幸福、快樂、美滿、豐盛、成就，或與自己和家人可以拉上任何關係的報道或文章，她都會圈起並改寫為約十個字的短句，然後用剪刀從原文剪下已經撮要成短句的每一個字，橫向排列並黏貼在白紙上。倘若撮要的短句中有一兩個字不能在該則新聞中找到，Maria 會從當天其他報道或文章內尋找。然後，在五彩繽紛的廣告版中，按短句的大小長短剪下單色的紙塊，再將最初貼有黑字短句的白紙貼在單色紙塊中間，彩色背景中貼有黑字白底的短句，一如彩色相框中跳出黑白聚焦的勵志金句。

這是費心費力的工序。

八個月後，Maria 已在兩個小鐵盒裡載滿了這些帶著美滿、回憶、盼望、祝福、禱告或感恩的彩色小紙塊。

在這個新穎的創意活動過程中，Maria 其實在不斷地鍛煉身心的各種物理、心理和思維活動的功能，包括：

1/. 敏銳的觀察：讀報前，Maria 並不知道當天會有什麼新聞內容，故此，她必須有意識地維持高度敏銳的觀察觸角，碰到任何可能被採用的文字或詞句，都能及時停下來作評估和判斷；

2/. 理性思維和價值判斷：在決定採納一段報道或文字作為短句改寫之前，Maria 必須分析其內容的意涵是否適切，跟自己或家人關係的密切程度，並判斷它是否足以改寫為短句；

3/. 文字表達的鍛煉：在重整和組織短句的過程中，Maria 必須在建構句子和遣詞用字的過程中思考，並不斷修訂以達到暢順表達的效果；

4/. 手眼的協調：由於報章字體細小，在剪與貼的過程中，眼睛跟腦袋、腦袋跟手腕、手腕跟手指、手指跟剪刀，以至將短句黏貼在彩紙中間恰當位置的各個工序，無論是力度、精準度，還是兩者同時進行時所需的協調，都必須十分小心在意，否則可能前功盡廢而無法重新再做，因為短句中的文字再次出現在當天的報道中，機會不大。

以上四個創意活動的工序中，無論是藉敏銳觸覺去捕捉有關的報道或文章，透過理性思維和價值判斷去選擇，為了暢順表達而必須在文字上作改動或修飾，還是腦袋跟眼睛和手的配合協調，都需要大腦神經細胞與神經網絡積極運作，這樣的創意思維可能會對留住記憶有所幫助。

事實上，在 Maria 慶祝 90 歲（2019 年）壽宴前六星期，她曾對筆者表示，她這項新穎的創意活動已進行了八個月，似乎產生積極正面的效果。雖然 Maria 所說的效果缺乏嚴謹的醫學驗證，以下三點卻是可以肯定的：

1/. 近年的醫學研究結果顯示：大腦神經細胞是否一定不能增生，已被越來越多對大腦神經組織的研究結果質疑，但神經網絡卻已有足夠研究證實是可以激活增生的；

2/. 近年的醫學刊物和健康網站都鼓勵記憶逐漸消退的長者，多嘗試嶄新的活動，以產生新的經驗。對不熟悉的議題作多維視覺的思考，對新挑戰新困難提出新的可能解決方案，目的在於激活神經網絡的功能，令它可以活躍起來。可是，Maria 並沒有聽從醫生的建議，去跟朋友多做「攻打四方城」（打麻將）的遊戲，卻選擇自創激活神經網絡的四維度個人創意活動；

3/. Maria 堅持每天都做的四個創意活動，其工序都需要思考，思考的內容都是預先不知道的，內涵既是新的，所需的理性邏輯思維和價值判斷自然各異，而改寫修訂短句的方式和所需技巧也就不可能相同。因此，為了留住美好的或與家人有關的記憶，Maria 每天都憑著一份對美善的執著與堅持，不斷重複這些工序。

第三節　不復記憶的「念念不忘」

2019 年 5 月 2 日的一次 30 分鐘電話聊天中，Maria 對筆者說：「我有一個不近人情的請求：希望你多來我家中跟我聊天，因為我覺得在你的談話裡面，我常常可以找到一些具啟發性的東西，是我可以、也應該學習的。

「我經常這樣做，卻不會告訴跟我交談的人。他們大概不會曉得，我會在交談中向他們學習。」

這是 Maria 90 歲生日之後跟筆者的第三次電話聊天。當中，她告訴筆者，農曆新年前的身體檢查顯示，她的健康狀況良好，只是記憶力會慢慢減退。

也許，Maria 已經忘記了：這是她第七次向筆者提及她的記憶力會慢慢減退的診斷結果。

也許，Maria 已經忘記了：她過去有許多未能忘懷的人、許多觸動心弦的親身經歷，到了都不復記憶的時候，Maria 卻仍「念念不忘」地「向他們學習」。

跋語

人的一生，有長有短，

但人生卻不在乎長短，而在乎內容。

生命的內容，可以單調空洞乏味，

也可以是豐盛、別具意義而令人感到滿足。

2024 年 3 月 27 日，Maria 將要慶祝 95 歲生日！

重讀她過去日子的紀錄，深深覺得她生命的篇章多元豐盛，精彩繽紛如彩虹，饒具意義得令人欣賞讚嘆詫異！

原來平凡的日子，可以過得如此不平凡。

人所走過的每一天，留下的並不只是消逝於時間的虛空，而是可紀念的美與善、可跟隨的足印與痕跡、值得堅持與分享的典範！

附錄

一、慈善捐贈、社會公益、獲頒榮譽

（一）慈善捐贈

（1）群芳慈善基金會：

1984 年 Maria 和芳艷芬在香港成立群芳慈善基金會，以籌辦慈善公益、服務社群為宗旨。同年春天，於加州成立美國群芳慈善基金會，並在夏威夷成立分會：

1984 年捐款予夏威夷弱智成人服務機構（Helemano Plantation Opportunities for Retarded, Inc.），支持他們為弱智成年人提供訓練及自立機會；

1984-1987 年每年捐款 40 萬美元予加州路德大學（California Lutheran University）和紐約丕士大學（Pace University），一共三年，以設立一個永久學術基金，所得利息則用來設立一個鼓勵華人和亞裔學生的獎學金、出版一份研究東亞文化的學術季刊，以及建立群芳藝術博物館；

1987 年透過捐贈香港耆康老人福利會，向政府申請用地以建築群芳念慈護理安老院；

1987 年與粵劇紅伶花旦楊梁燕芳（芳艷芬）粉墨登場，為香港十間慈善機構 —— 東華三院、保良局、香港防癌會、公益金、救世軍、香港盲人輔導會、大口環根德公爵夫人兒童醫院、安貧小姊妹安老院、觀塘廣蔭老人院、香港佛教醫院——義演，共籌得善款 1,260 萬；

1987 年捐款予香港政府社會福利署，成立群芳救急扶危基金，幫助香港於自然災難或意外中有急切需要的人士；

1988 年捐款予東華三院，成立群芳幼兒中心；

1989 年與芳艷芬舉辦慈善雙人畫展，所得善款捐贈予群芳念慈護理安老院；

1990 年捐贈冷氣設備予香港南朗醫院癌症病房；

1990 年捐款予家鄉中山市三鄉鎮三鄉醫院興建群芳兒科大樓；

1991 年捐贈一座電影及舞台戲院予中山市三鄉鎮古鶴村，供老人享用；

1994 年與芳艷芬二度登台，兩天晚上共籌得善款 2,640 萬，分別捐贈予香港醫學專科學院和群芳慈善基金會；

1997 年與芳艷芬三度登台，為香港四所大學設立推動中國文化藝術的基金籌款；

1998 年捐款予香港大學，成立「優秀中國音樂講座教授基金」，協助香港大學推廣及發展中國音樂藝術；

Maria 的公司清盤之後，群芳慈善基金會最後一筆比較巨額的捐助，約為 300 萬元，全數捐贈予培苗基金會——一個專門重建或修葺中國內地山區破舊校舍的慈善組織。其後，Maria 的三子女也透過培苗基金會捐款予內地兩間山區學校。

（2）Maria 的個人捐贈：

1969 年捐款予東華三院以改善兒科病房設施；

1984 年捐款予美國哥倫比亞大學中國研究中心，推廣國際商業資訊的流通分享；

1987 年捐款予美國哥倫比亞大學舊生會作慈善基金；

1988 年捐款予中山市三鄉鎮古鶴村設立曾卓軒老人福利中心，為當地老人提供休閒康樂場地；

1990 年捐款予香港滬江小學，設立「曾超群學科獎學金」。

（二）社會公益

1967 年應香港婦女福利會邀請，擔任該會義務顧問。Maria 曾於 1956-1960 年代末，為香港婦女福利會義教烹飪班 15 年；

1970 年應紐西蘭四邑會館與紐西蘭政府邀請，到該國介紹中國飲食文化，透過全國電視廣播，示範以當地食材烹調中國佳餚美食；同時，為當地多個非牟利機構慈善籌款而作公開示範表演；

1984 年訪問加州路德大學和紐約丕士大學，介紹中國文化藝術，並即場作水墨畫演示；

1987 年應紐約丕士大學邀請為大學董事局成員；

1988 年應美國首府華盛頓婦女團體之邀請出席晚宴及公開演講；

1991 年應香港女青年商會邀請，以「婦女創業之艱辛」為題作公開演講；

1993 年獲邀為香港滬江小學董事局成員。

（三）獲頒榮譽

1984 年獲加州路德大學頒發「高等教育傑出貢獻獎牌」；

1984 年獲紐約丕士大學頒授「商業科學榮譽博士」銜；

1984 年獲紐約中美文化中心頒發「推動中西文化成就獎」；

1987 年獲紐約中國城城市規劃會選為「風雲人物」；

1987 年獲紐約唐人街發展委員會頒發「成功企業家」獎；

1988 年獲美國人民與人民國際議會頒發「艾森豪威爾獎」；

1988 年獲美國華盛頓首府三大婦女團體——美中婦女協會、美中婦女組織、少數民族商業女性聯盟——頒發「1988 年度國際商界風雲人物」大獎；

1989 年獲美國國會參議院邀請，參加 37 週年白宮祈禱早餐會，並獲列根總統及夫人接見；

1991 年獲國際華人婦女社團頒發「傑出國際商界婦女成就獎」；

1995 年獲加州路德大學頒授「榮譽法學博士」銜；

1995 年獲英國女皇伊利沙伯二世頒授 MBE 勳銜；

1997 年獲中國昆明雲南師範大學授以「客座教授」銜，並以「我的人生哲學」為題作公開演講；

1997 年獲香港最傑出的「老有所為」之長者服務榮銜；

1998 年獲中國南京大學授予「顧問教授」銜，並以「經商與哲學」為題作公開演講；

1998 年獲摩洛哥頒授「世界最傑出女企業家獎」，並獲雷尼爾親王接見；

1999 年獲香港大學頒授「大學院士」銜。

二、香港主流新聞媒體如何看待生意失敗的 Maria

- 1998 年 4 月 29、30 日和 5 月 1 日，《東方日報》連日報道超群西餅飲食集團自動清盤的詳情：每日都以整版的篇幅報道，其中以 4 月 30 日的報道最為詳盡，以三整版的篇幅報道各方面的詳情，包括社論和專欄評論都以這事件為題。

- 1998年4月29、30日和5月1日，《文匯報》連日報道超群西餅飲食集團自動清盤的詳情：包括高等法院發出自動清盤令、委任安永會計師事務所為臨時清盤人、超群集團清盤前後的財務狀況，以及分析其清盤原因。
- 1998年5月1日，《星島日報》本地要聞版以整版的篇幅去報道超群集團清盤的真相、負債詳情，另有記者招待會的一篇特寫，以及政府對清盤公司還款優先次序的說明。
- 1998年5月1日《天天日報》，頭版報道超群西餅於市面流通的西餅券的賠償問題，包括公司截至該年3月的資產負債、公司賣盤的情況，以及法律改革委員會對債項優先次序安排的看法。
- 1998年5月2日，《東方日報》繼續追訪超群集團清盤事件，「貴人」專題報道Maria生意失敗後，將要遷離3,000呎的豪宅。
- 1998年5月4日，《東方日報》專欄作者關頌玲為超群西餅集團的清盤結業慨嘆傷感，認為世界上沒有什麼東西是「一生一世」的。
- 1998年5月5日，《東方日報》的「探射燈」專頁，以整版的篇幅探討在內地14間超群西餅分店發出的餅卡如何兌換西餅的問題。另文於娛樂版報道歌手葉蒨文私人回購作廢的超群餅卡，並認為Maria已盡全力承擔應盡的責任。
- 1998年5月6日，《文匯報》報道：聖安娜餅屋宣佈，持有超群餅卡者，可以加$20換取該餅屋價值$45.6的聖安娜餅卡。
- 1998年5月7日，《文匯報》報道：截至今日為止，勞工處已經替439名超群員工登記，申請破產欠薪保障基金，但仍有20

名員工未有登記。

- 1998年5月7日，《東方日報》繼續報道社會自發的餅卡回收行動，包括詳細介紹多間餅店換領超群餅卡的條款。
- 1998年5月7日，聖安娜餅屋於《蘋果日報》刊登整版廣告，指出：「超群餅卡並非廢紙！聖安娜餅屋發起超群餅卡換領行動。」
- 1998年5月7日，《蘋果日報》頭版報道：「聖安娜東海堂圖挽市民信心，超群廢卡補 $20 可換餅」，另以專文詳細報道超群餅卡回收行動的種種。
- 1998年5月7日，《南華早報》以整版的篇幅報道超群西餅集團的創辦興起至倒閉的故事，同時報道它於結業後所引起的社會迴響。
- 1998年5月8日，《蘋果日報》在要聞版詳細報道：「超群券換餅、商號續加入」和「製餅換餅兩忙」的新聞，被認為是作廢的超群餅卡竟然成為搶手貨，多間餅店以優惠方式供兌換西餅蛋糕。
- 1998年5月8日，《東方日報》要聞版以整版的篇幅報道「不同行業投入救市認識五花八門，超群廢卡可換西餅餐券戲票」。
- 1998年5月8日，潮州城集團旗下的八間酒樓，聯手以半版篇幅的廣告宣傳一張超群廢卡可免費享用潮州滷水鵝的信息。
- 1998年5月8日，導演張堅庭發起超群廢卡換戲票行動，一張超群餅卡可換一張戲票，免費觀看港產電影《全職大盜》。同文報道一餐廳不設優待持有超群餅卡的顧客。
- 1998年5月8日，農場餐廳在《蘋果日報》刊登廣告：顧客在該餐廳消費，可將一張超群餅卡作 $60 元使用。

- 1998 年 5 月 9 日，《東方日報》報道雖然餅店結業，Maria 卻獲美國一個企業集團選為第三屆世界突出女企業家獎。同版另文報道五間商號加入換購超群餅卡行動。
- 1998 年 5 月 10 日，《東方日報》報道：早於 1997 年 11 月 20 日已向法庭申請自動清盤的八佰伴（香港）百貨，其已作廢的八佰伴現金印花持有人接受訪問時表示：希望效法超群集團的餅卡回收行動，以現金券換取八佰伴貨品。
- 1998 年 5 月 10 日，《東方日報》專欄作者黃毓民認為商家參與超群餅卡回收行動只是為了自己公司宣傳和促銷。

（超群集團清盤後七個月）

- 1998 年 12 月 11 日，《蘋果日報》之「文化現場」報道 Maria 暮年再創業的想法。
- 1998 年 12 月 11 日，《文滙報》報道：香港大學於該年度頒授名譽大學院士銜與七位香港傑出人士，Maria 是其中一位，其社會貢獻包括致力慈善工作，與楊梁燕芳（即粵劇紅伶芳艷芬）創立群芳慈善基金會，透過各種籌款活動及私人捐獻，捐助多個慈善團體及教育機構。
- 1998 年 12 月 13 日，《東方日報》報道 Maria 在創業賺錢方面的想法，例如：擔任餅店的顧問、再次開授烹飪班、出版食譜等。
- 1999 年 2 月 7 日，《南華早報》的報道聚焦於 Maria 的超群西餅飲食集團，從創辦到倒閉，認為她於 1966 年由零開始，到 1998 年以零結束，她已盡力而無憾。

- 1999年2月9日，《天天日報》報道：Maria預告，自己將完成的《李曾超群中菜食譜》，會交由名作家張小嫻的明心社出版。
- 1999年6月25日，《星島日報》報道，Maria的新作《李曾超群中菜食譜》已經出版，內容包括40多款家常菜式，分為：海鮮水產類、蔬菜類、豆腐類、豬牛類和雞鴨類。這本食譜特別之處在於：內含食物配搭心得、營養價值、烹製及選料貼士、中英文對照並附有圖片，以及作者多段關於親人或家庭的親身經歷，藉此宣揚孝道。
- 1999年6月26日，《東方日報》之「名人版」以半版的篇幅報道宣傳Maria最近出版的《李曾超群中菜食譜》，同時以圖片介紹她剛搬入的新居。
- 1999年7月2日，《明報》之「壯志驕陽」版以四分三頁的篇幅專訪Maria，不單止報道她最近出版的《李曾超群中菜食譜》，也報道她與家人的關係、從獨立大屋搬遷往較細居住單位的經驗，並比較以下兩種感受：從英女皇手上領取MBE勳銜及創辦超群西餅初期從顧客手中領取一元鈔票的小費。
- 1999年7月10日，Maria於《天天日報》的訪問中透露：她對烹飪的濃厚興趣「皆來自母親的影響」，母親陳鳳瓊精通中國南北菜系和歐美菜點，並曾於美國出版英文烹飪食譜*Chinese Cooking Made Easy*。

（超群集團清盤後14個月）

- 1999年10月12日，Maria於《星島日報》的訪問中透露正在學習電腦，並將與CTI城市互聯網絡合作，製作一個「李曾超群之豐盛人生」網頁，內容包括每日食譜，而曾進入網頁的人都可參加抽獎，中獎者有機會到 Maria 家中吃一頓晚餐，席上傾談人生經驗與哲學。

- 1999 年 11 月 3 日，《星島日報》之「社交版」除了報道 Maria 於 6 月出版的《李曾超群中菜食譜》已經在 9 月出版第二版，同時預告她將於該年末設立以生活情趣為主的個人網頁，內容包括 Maria 個人的人生經驗、中西烹飪，還結合時事新知、市場導向，透過超群會，會員可以跟 Maria 共進午餐，分享烹飪成果與技巧。
- 1999 年 11 月 3 日，《星島日報》的「法庭新聞」版以頭條位置報道 Maria 最近擔任一位素未謀面的女士的遺產執行人，入稟高等法院追討這位已故女士曾向契仔借出的兩筆共逾 100 萬元的債款。根據報道，這位女士在美國的侄女是 Maria 於 40 年代末留學美國三藩市時的大學同學，是同住一個宿舍房間的好友。收到好友越洋委託，Maria「義不容辭」地跟進。
- 1999 年 12 月 21 日，Maria 接受《明報》訪問時這樣說：「……做完西餅後，不想停下來，見現在最當紅的就是高科技，但又不懂，便學囉！」年初女兒康文耐心教她用電腦上網之後，空閒時自修電腦書籍，打打電郵設計賀卡給孫兒，溫情洋溢。熟習了便想再經營一盤生意：當時的目標：「……做得開心就是收穫，有沒有打算賺多少錢？目標嘛，最好有人買下（這個網站）啦！」
- 2000 年 1 月 24 日的《星島電腦日報》專訪 Maria，報道她邀請九位年青朋友回家飯聚，並介紹她「網上名人飯堂」的計劃，在導言中指出：「李太網站教烹飪、也教人生哲理。」

（超群集團清盤後 23 個月）

- 2000 年 3 月 1 日，透露自從開放網頁之後，三個月來已有 50,000 人瀏覽。
- 2000 年 3 月 9 日，《壹週刊》訪問 Maria，徵詢她對食用燕窩的意見，並列出她自創的燕麥燕窩的食譜與烹調法。
- 2000 年 3 月 21 日，Maria 應邀在婦女服務聯會和香港耆英協進會舉辦的「積極人生畫出彩虹」午間茶聚中分享個人積極面對人生逆境的經歷，指出兩年前由她一手創辦、有 32 年歷史的「西餅王國」雖然倒閉了，卻未有令她「倒地不起」。回首前事，Maria 承認惋惜及不捨之情難免，不過，她努力勇敢樂觀地面對，雖年屆 71 歲，仍相信只要積極、有毅力、不認老，充分把握時間，即使人到黃昏的階段，仍可闖出彩虹。
- 2000 年 6 月 1 日的《新報》專訪 Maria，報道她生意失敗後，學電腦搞網站辦「網上名人飯堂」。
- 2000 年 10 月 16 日，《東方日報》的報道預告 Maria 的「李曾超群漫步人生路」網頁正式啟用，公開瀏覽。
- 2003 年 11 月 11-13 日，首屆世界華商婦女大會在澳門舉行，Maria 獲邀請為大會八位主席團成員之一，並在會中致開幕及閉幕辭，為世界華商女企業家營造一個更大的發展空間和暢通的交流平台。
- 2004 年 9 月，以長者為主要讀者的雜誌《松柏之聲》，用「西餅皇后、敗不氣餒、退而不休、再創高峰」作標題，報道 Maria 於 1998 年公司清盤後，並沒有因此放下腳步，而是不斷多方嘗試，例如出版食譜、開辦創意私房菜、組織中山文化美食旅遊團等，今年更打算捲土重來，推出採用植物油、不加蔗糖和蛋黃的創新健康月餅「月滿庭」，尋求事業與人生的另一個突破。Maria 更在專訪中勉勵長者：「年紀大並不是一無是處的，其實，老人家還可以做很多事，例如入讀老人大學，培養興趣如學電腦，甚至做義工回饋社會，那麼，活著就有意義。」

- 2005 年 4 月 2 日，《明報》副刊之〈輝煌歲月系列〉和〈周末閒情〉都以整頁的篇幅專訪報道仍在努力工作還債的 Maria。後者以「李曾超群：為還債，繼續做 —— 美食戰場再出征」為標題，報道還債六年後，Maria 將於 2005 年的農曆新年推出創意糕點和特色小食如杏仁片、合桃酥、曲奇餅等，努力賺錢還債。
- 2005 年 8 月 1 日，《大公報》的報道指出生意倒閉後六年的 Maria，仍要繼續賺錢還債，於搞網站、辦私房菜、做導遊之後，目前在創製藥膳蛋糕，推出懷舊月餅。

（超群集團清盤後八年）

- 2006 年 1 月 26 日，佛教溫暖人間慈善基金會出版的《溫暖人間》雜誌，在農曆新年前的一期專訪 Maria，以「李曾超群、人生多美」去描述她一生的起跌得失，「西餅王國」的興衰成敗，用十年還清債務後重回大學校園、以 76 歲高齡修讀網上中醫課程以研製藥膳糕點，讓大家吃得健康一點。作者劉潔芬這樣形容 Maria：「⋯⋯香港能有李曾超群這樣的人，是香港人的福氣。品嚐她的食物，更品嚐著食物中含藏的那股堅毅精神和不可思議的生命力。她敢於創作，勇於承擔，謙虛無華，把握生命，不斷努力，堪作後輩的典範，令人肅然起敬！」

- 2006年冬天，香港嶺南大學亞太老年學研究中心和人文學科研究中心聯合出版《活出璀璨人生》一書，內容包括專訪香港12位不同背景人士，讓讀者細聽他們的人生際遇，並且從中得到啟發，對生命有更深的體會；Maria 是其中一位。在書裡九頁的內文中，Maria 被稱為西餅皇后，她一生經歷，包括超群西餅的創辦到清盤、還債的十年、慈善捐獻和活動、家庭關係與生活等，都被簡單敘述，另包括專訪過程中訪員對 Maria 的觀察。
- 2007年7月25日，香港電台《名人館》訪問 Maria。《成報》報道：透過《名人館》的專訪，Maria 細說她一生的成敗得失，並預告一生經歷將會被搬上舞台，透過即將公演的舞台劇《留住百味情》，與觀眾分享其永不言敗的拚搏精神和堅守承諾的做人態度。記者認為：「雖然超群西餅已成過去，但它承載著我們甜美的集體回憶，更重要的是：李曾超群逆境自強的奮鬥經歷，就正好是香港人奮鬥拚搏的寫照。」
- 2007年10月，《大公報》出版了《香港一家人》這本被認為是反映香港20世紀下半葉家庭生活的一幅社會畫卷，也反映了同期香港幾代人的光榮與夢想的書。根據該報社長王國華於序言中所言，自從2005年開始，該報便開設〈香港一家人〉專欄，透過記者的視角，對社會中不同行業和階層的家庭作專訪，對他們的喜怒哀樂、心路歷程和人生際遇，作一手記錄。本書從116個家庭專訪中輯錄了56個，而 Maria 是其中一位。在七頁夾雜圖文的內容中，展示了版圖遍及中國內地、中國港台地區及美國、加拿大的超群西餅，因誤信他人以致於金融風暴中倒閉結業。可是，公司雖然倒閉，Maria 卻沒有倒下，沒有華廈沒有金錢的她，學電腦搞網站、搞私房菜、做導遊、製藥膳蛋糕和懷舊月餅，孜孜不倦，兢兢業業，彷彿不時提醒香港人，「困境積極面對、逆境可以自強」。

（超群集團清盤後十年）

- 2008 年初，香港無綫電視收費頻道「生活台」的節目《志雲飯局》，主持人陳志雲於專訪中預告慈善舞台劇《留住百味情》將於同年 9 月公演，將 Maria 一生的成敗起伏甜酸苦辣的傳奇經歷，跟觀眾分享。
- 2008 年 5 月 2 日，《經濟日報》副刊〈Lifestyle〉在整版篇幅的慈善活動廣告中，報道 Maria 跟另外七位社會知名人士參與支持智行基金會為慶祝十週年誌慶所舉辦的救助愛滋遺孤籌款夜宴。
- 2008 年 5 月 21 日，《東周刊》於 Maria 清還所有債務之後，差不多第一時間報道她用十年還債的艱辛歲月，並以她在大型水墨畫上所題的七言絕句去描述她那種守承諾負責任、擇善固執的堅持：「九霄雲外鬱蔥蔥，歷盡人間雪幾重。群鶴有情忘歲月，管他春夏與秋冬。」
- 2008 年 5 月 30 日，《東方日報》娛樂版報道，近 40 位烹飪班的徒子徒孫，筵開四席為 Maria 慶祝 80 歲生日。
- 2008 年 6 月 16 日，《成報》副刊以整版的篇幅專訪 Maria，詳述其生意失敗的原因，雖被欺詐，引致生意失敗，卻並不記仇不記恨，沒有尋求法律途徑去還自己一個公道。其後十年還債的艱辛歲月，也沒有停止她一貫的慈善活動，繼續奉行「不放棄、不沮喪、不怨尤」的生活態度。她一生成敗得失的經歷將會搬上舞台，透過於同年 9 月 26 日公演的舞台劇《留住百味情》，與觀眾分享她那種永不言敗的拚搏精神和擇善固執的做人態度。

- 2008 年 7 月 29 日，財經雜誌《資本壹周》為慈善舞台劇《留住百味情》的公演作宣傳報道，專訪以「笑看風雲人生」為題，細說 Maria 以豁達樂天的性格，走過人生不同階段，迎接挑戰克服困難，即使「西餅王國」清盤倒閉後，仍堅守承諾還清所欠 4,000 多萬元的債務，瀟灑面對，度過十年還債的艱辛歲月，賺到用錢也買不到的尊敬和愛戴。
- 2008 年夏天，在 Maria 還清債務後、反映她一生經歷的慈善舞台劇《留住百味情》公開演出前，婦女雜誌 *Marie Claire*（《瑪利嘉兒》）為 Maria 作了專訪，詳述她一生成敗起伏逆境自強的傳奇人生，並為《留住百味情》作宣傳報道。
- 2008 年 8 月 14 日，《成報》「娛樂新聞版」報道前一日慈善舞台劇《留住百味情》記者招待會所公佈的公演詳情。《文匯報》娛樂版頭版為《留住百味情》舞台劇的慈善演出作宣傳報道。
- 2008 年 8 月 21 日，《信報》早於慈善舞台劇《留住百味情》公演前一個月，便在其文化版上為該劇作宣傳和評論。
- 2008 年 9 月 16 日，《成報》娛樂版頭條，透過訪問李司棋，為慈善舞台劇《留住百味情》的公演作預告宣傳。
- 2008 年 9 月 17 日，《南華早報》之「生活專頁」（“Life Section”）於該專頁頭版，透過介紹《留住百味情》舞台劇去報道 Maria 於還債的日子中反思人生的種種。

- 2008 年 9 月 18 日，《東方日報》娛樂版為《留住百味情》舞台劇作宣傳報道。
- 2008 年 9 月 28 日，《成報》娛樂版以半版的篇幅報道舞台劇《留住百味情》於香港文化中心舉行的慈善首映取得成功。
- 2008 年 9 月 29 日，《經濟日報》副刊〈世事〉版專欄作家梁玳寧這樣描述 Maria：「……生意失敗周身債，沒有選擇破產，反而咬緊牙關去承擔，逾七十高齡，十年後居然還掉 4,000 萬元債項……與病魔搏鬥但無嗟無怨，樂觀，依然……分了紅股的貪心夥計，穿櫃桶還不特止，更取了她的製餅方法說是自己所創作，她竟不嗔不恨……20 蚊（元）一個飯盒分三餐吃，一次跌了落地，執番照食，非常慳儉……中山帶旅遊團，在麵包車前座爬上爬落，親自打點一切，賺取團費……賣年糕（月餅），獨個兒拖著一篋重盒，從利園山道拖到崇光送貨……不懂電腦打字，操練到日日自行更新個人中英網頁……最困難的時候，李曾超群也從不抱怨，日日扮靚靚，笑哈哈，亦未放棄行善，沒錢就出力……年近八旬，仍去中大上課，孜孜不倦，讀食療和兒童心理……。」
- 2008 年 10 月 1 日，《東周刊》專訪 Maria，為正在公演、描述她一生傳奇經歷的慈善舞台劇《留住百味情》作宣傳報道，重點卻一如專訪標題：「耀眼的黃昏」，記述她清還債務前學電腦寫網頁辦「網上名人飯堂」，清還債務後即重返學堂修讀專上文憑課程，還參與內地扶貧工作，比年輕人更具活力；同文也收錄了 Maria 過去的珍貴照片，例如五六歲時在廬山度假跟哥哥昭遠的合照、20 歲美國留學的生活照、1973 年錄製的《超群烹飪秘訣》黑膠唱片、1950 年下嫁李明的教堂結婚照、1991

年李明離世前最後一個結婚週年紀念共吃結婚紀念蛋糕的照片、參與內地扶貧工作的照片，以及稀有的全家福合照——是一篇優秀的專訪。

- 2008 年 10 月 2 日，《壹週刊》專訪 Maria，為描述她一生傳奇經歷的慈善舞台劇《留住百味情》於下週公開首演作宣傳報道，重點卻一如專訪標題：「留住往日情」，將她一生重要珍貴的照片重新展現讀者眼前，例如 1973 年錄製的《超群烹飪秘訣》黑膠唱片、十歲時的男仔頭照片、1950 年下嫁李明的教堂結婚照、跟哥哥昭遠於五歲和 75 歲時拍下的相同姿勢合照、於 33 歲時在美國朋友家中游泳池的留影等——實在是不一般的精彩專訪。
- 2008 年 10 月 6 日，《蘋果日報》娛樂版為慈善舞台劇《留住百味情》的公演而專訪飾演李曾超群的李司棋，除報道是次舞台劇的公演是為癌轉譯研究組織籌募經費外，也報道李司棋和 Maria 都曾患癌的經歷。
- 2008 年 10 月 8-21 日，英文雜誌 *Time Out* 於 Maria 以十年時間清還 4,000 多萬元債項後，差不多是第一時間報道她以 79 歲高齡重返校園，於香港中文大學專業進修學院修讀專上課程，同時馬不停蹄地參與義務工作和慈善活動，亦報道剛完成了十場公開演出、有關 Maria 一生經歷的舞台劇《留住百味情》。
- 2008 年 10 月 10 日，《成報》娛樂版報道慈善舞台劇《留住百味情》十場公演圓滿結束。
- 2008 年 10 月 11 日，《南華早報》的專欄〈Lai See〉將超群西餅飲食集團於 1998 年亞洲金融風暴中的倒閉，跟美國第四大投資銀行雷曼兄弟公司於 2008 年 9 月倒閉相提並論，並勸喻

2008 年全球金融危機下受影響的人，向 Maria 學習如何積極豁達地面對公司倒閉後的各種困境。

- 2008 年 10 月 20 日，《南華早報》在 Maria 以十年時間還清債務之後，於副刊〈The Back Page〉頭版報道她清還債務的詳細經歷、心路歷程和積極樂觀的態度。
- 2008 年 10 月 29 日，《頭條日報》以「李曾超群：從西餅皇后到慈善天后」的標題去詳述 Maria 的一生，從幼年時候逃難的磨煉，到婚後創辦超群西餅，其後 32 年發展為跨國飲食集團，到誤信他人令「西餅王國」倒閉結業，以及隨之而來的十年還債的艱苦日子，到 80 歲高齡仍不斷學習，繼續做著幫助別人的事情。
- 2008 年 11 月，《長訊》（*Golden Age Magazine*）專訪十位「香港庶民英雄」，有電影明星、作家、學者和教育界的民運人士，而 Maria 被視為「創意無限」的香港「西餅皇后」，是香港人的「Icon」之一。
- 2008 年 11 月 21 日，《經濟日報》的「新界東生活區報」〈Take Me Home〉的專訪，內容包括 Maria 一生的經歷，特別是超群西餅的創辦、成功拓展為跨國企業，卻因錯信別人而以清盤結業；更多的篇幅卻放在艱辛還債的歲月，十年後因清還債務贏得自尊及別人的尊重。
- 2008 年 11 月 26 日，《東周刊》報道 Maria 到公共屋邨一露天粥檔當義工：在獲悉何文田愛民邨一露天粥檔，每天早上向逾百位長者免費派粥的善行後，80 歲高齡的 Maria 專程到該粥檔當義工，先到街市肉檔買豬肉給粥檔老闆作食材，然後將一碗碗的熱粥及油器、炒麵等親手送到公公婆婆面前，離開前又到附近的生果檔買了一箱橙送給長者。

- 2008 年 12 月 28 日，正是超群西餅飲食集團清盤結業後剛滿十年不久，Maria 的家鄉、中山市三鄉鎮人民政府出版的《三鄉風采》專訪了 Maria，用頭版及第二版各半版的篇幅共 8,500 字，去介紹「從三鄉走出去的西餅皇后李曾超群」一生的經歷：從設立香港第一所烹飪學校、創辦香港第一間西餅連鎖店，到開展橫跨中國中山、香港與美國的慈善事業，並以此作為該刊物所推出的一系列人物專訪的頭一個特寫，以發揚三鄉鎮的人物風采。

（慈善舞台劇《留住百味情》圓滿結束之後）

- 2009 年 1 月 19-27 日，香港有線電視花了四天、在十個不同的場景，拍攝了一個農曆新年的特輯，為觀眾介紹 Maria 的過去與現在，包括創辦超群西餅、建立跨國企業、因誤信他人而令「西餅王國」倒閉清盤、其後十年還債的艱辛歲月；記述 Maria 在困難的日子中繼續幫助別人克服生意上遭遇的困境，並以樂天瀟灑的心態逆境自強，到現在仍然參與各種慈善公益活動，重返校園修讀專上課程，目的在學習更多知識與技巧，令自己對別人的幫助更為有效。
- 2009 年 1 月至 10 月，長者安居服務協會和香港電台第五台，合作播出每月一集共十個特輯的電台節目《香江暖流：健康人生樂安居》，介紹長者不同的生活需要，鼓勵長者從不同層面，包括體力、心理、人際關係及理財等去建立健康人生，提高生活質素。每個特輯都會邀請專業人士為嘉賓與聽眾分享不同的健康信息及解答問題；Maria 是其中一位被邀請的嘉賓。

- 2009 年 5 月 6 日，《東方日報》報道：當港人受金融海嘯及豬流感橫行肆虐的時候，一批中小企自發舉行「香港有我」關懷行動，除設計 12 款幽默勵志的 T 恤推出義賣，也邀請逆境自強的知名人士組成「香港有我」十二勇士，而 Maria 是其中一個。
- 2010 年 1 月農曆新年前，婦女雜誌 *Jessica* 在一個教授「子母雞」的烹飪班中這樣形容 Maria 的示範講解：「……今年 81 歲的李曾超群，仍高雅慈祥，生動又幽默地講解這道款客菜式的製法……空氣裡浮著的，是荷葉、鮮雞和冬菜融合而來的一種香味，就是那種讓中國人會聯想到家、團年和幸福的氣味……那一室的香氣，能令多萎靡的靈魂都重新振作；能吃的人，大抵相信還會有明天……。」除了這一段有關當日訪問的情景描述外，整篇三頁的訪問都在細說 Maria 這位擁有能擔起責任的胸襟、又能放下身段的瀟灑，其一生經歷與其中反思。
- 2013 年 5 月 28 日，《明報》副刊「人生下半場」全版專訪：2012 年，Maria 完成了兩個有重大意義關連的專案項目——在香港中文大學專業進修學院完成了為期兩年的「現代營養學及中醫食養食療學」專業文憑課程，跟醫學教授及過敏症權威的兒子合寫出版《過敏症安全食譜》——之後，她在專訪中跟《明報》讀者分享她目前每天生活的狀況與點滴：除了繼續進修，她樂意接受邀請，到大、中、小學演講，分享個人逆境自強的經驗。Maria 認為：「我（每次）出外演講……總不能只提舊事。」於是，她每天讀報，緊貼時事抓緊社會脈搏，在過去的經驗中，加入新資料、新概念和新元素，令年輕一代的受眾更容易明白，有更切身的感受。副刊編輯以「超群 BB，熱血 84 歲」為題，去描述這位 84 歲高齡卻仍然充滿熱誠和活力去學習、工作，向年輕一代分享逆境自強經驗的 Maria。

策劃編輯　　梁偉基
責任編輯　　張軒誦　許正旺
書籍設計　　陳朗思

書　　名　　平凡中的不平凡：香港西餅皇后李曾超群
著　　者　　梁偉賢　倪耀芝
出　　版　　三聯書店（香港）有限公司
　　　　　　香港北角英皇道四九九號北角工業大廈二十樓
香港發行　　香港聯合書刊物流有限公司
　　　　　　香港新界荃灣德士古道二二〇至二四八號十六樓
印　　刷　　美雅印刷製本有限公司
　　　　　　香港九龍觀塘榮業街六號四樓 A 室
版　　次　　二〇二四年十二月香港第一版第一次印刷
規　　格　　十六開（170 mm × 240 mm）四九六面
國際書號　　ISBN 978-962-04-5552-0

Published & Printed in Hong Kong, China.